“十二五”职业教育国家规划教材

经全国职业教育教材审定委员会审定

ZHENGCHANG RENTI JIEGOU

正常人体结构

（第2版）

林迳苍 王庆林 主编

高等教育出版社·北京

内容提要

本书为“十二五”职业教育国家规划教材，内容包括绪论、细胞、基本组织、运动系统、消化系统、呼吸系统、泌尿系统、生殖系统、脉管系统、内分泌系统、感觉器、神经系统、胚胎发育等章节内容。从人体的基本结构功能单位细胞及四大基本组织开始，分别介绍九大系统的组成，各个器官的宏观和微观的结构，并生动描述了人的起源——胚胎的发育。采用了大量的彩色图片，图文并茂，并在每个章节中插入适量的护理临床运用、相关知识链接及知识拓展，更注重学生的临床护理运用能力。

本书主要的适用对象为高职高专的护理、助产专业学生。

图书在版编目（CIP）数据

正常人体结构 / 林迳苍，王庆林主编. --2 版. --北京：高等教育出版社，2014.12

ISBN 978-7-04-041097-6

Ⅰ.①正… Ⅱ.①林… ②王… Ⅲ.①人体结构 - 高等职业教育 - 教材 Ⅳ.① Q983

中国版本图书馆 CIP 数据核字（2014）第 213414 号

策划编辑 夏 宇　　责任编辑 夏 宇　　封面设计 李小璐

责任印制 朱学忠

出版发行 高等教育出版社

社　　址 北京市西城区德外大街4号

邮政编码 100120

印　　刷 北京信彩瑞禾印刷厂

开　　本 787mm×1092mm 1/16

印　　张 22

字　　数 490千字

购书热线 010-58581118

咨询电话 400-810-0598

网　　址 http://www.hep.edu.cn

http://www.hep.com.cn

网上订购 http://www.landraco.com

http://www.landraco.com.cn

版　　次 2011年9月第1版

2014年12月第2版

印　　次 2014年12月第1次印刷

定　　价 65.00元

物 料 号 41097-00

本书编写人员

主　编：林迳苍　王庆林

副主编：李德水　张义伟　黄建强　黄　煌　吴碧莲

编　委（按姓氏汉语拼音排序）

丁小明　泉州医学高等专科学校
杜志昭　漳州卫生职业学院
高洪泉　厦门医学高等专科学校
顾良红　三明职业技术学院护理系
黄　煌　泉州医学高等专科学校
黄建斌　漳州卫生职业学院
黄建强　福建医科大学附属第二医院
李德水　泉州医学高等专科学校
李　容　泉州医学高等专科学校
林迳苍　泉州医学高等专科学校
王劲松　福建医科大学附属第二医院
王庆林　泉州医学高等专科学校
王守安　莆田学院医学部
王文赤　泉州医学高等专科学校
吴碧莲　福建卫生职业技术学院
许险艳　泉州医学高等专科学校
许相洋　泉州医学高等专科学校
张少明　泉州皮肤防治医院
张义伟　宁夏医科大学

出版说明

教材是教学过程的重要载体，加强教材建设是深化职业教育教学改革的有效途径，推进人才培养模式改革的重要条件，也是推动中高职协调发展的基础性工程，对促进现代职业教育体系建设，切实提高职业教育人才培养质量具有十分重要的作用。

为了认真贯彻《教育部关于“十二五”职业教育教材建设的若干意见》(教职成〔2012〕9号)，2012年12月，教育部职业教育与成人教育司启动了“十二五”职业教育国家规划教材（高等职业教育部分）的选题立项工作。作为全国最大的职业教育教材出版基地，我社按照“统筹规划，优化结构，锤炼精品，鼓励创新”的原则，完成了立项选题的论证遴选与申报工作。在教育部职业教育与成人教育司随后组织的选题评审中，由我社申报的1338种选题被确定为“十二五”职业教育国家规划教材立项选题。现在，这批选题相继完成了编写工作，并由全国职业教育教材审定委员会审定通过后，陆续出版。

这批规划教材中，部分为修订版，其前身多为普通高等教育“十一五”国家级规划教材(高职高专）或普通高等教育“十五”国家级规划教材（高职高专)，在高等职业教育教学改革进程中不断吐故纳新，在长期的教学实践中接受检验并修改完善，是“锤炼精品”的基础与传承创新的硕果；部分为新编教材，反映了近年来高职院校教学内容与课程体系改革的成果，并对接新的职业标准和新的产业需求，反映新知识、新技术、新工艺和新方法，具有鲜明的时代特色和职教特色。无论是修订版，还是新编版，我社都将发挥自身在数字化教学资源建设方面的优势，为规划教材开发配备数字化教学资源，实现教材的一体化服务。

这批规划教材立项之时，也是国家职业教育专业教学资源库建设项目及国家精品资源共享课建设项目深入开展之际，而专业、课程、教材之间的紧密联系，无疑为融通教改项目、整合优质资源、打造精品力作奠定了基础。我社作为国家专业教学资源库平台建设和资源运营机构及国家精品开放课程项目组织实施单位，将建设成果以系列教材的形式成功申报立项，并在审定通过后陆续推出。这两个系列的规划教材，具有作者队伍强大、教改基础深厚、示范效应显著、配套资源丰富、纸质教材与在线资源一体化设计的鲜明特点，将是职业教育信息化条件下，扩展教学手段和范围，推动教学方式方法变革的重要媒介与典型代表。

教学改革无止境，精品教材永追求。我社将在今后一到两年内，集中优势力量，全力以赴，出版好、推广好这批规划教材，力促优质教材进校园、精品资源进课堂，从而更好地服务于高等职业教育教学改革，更好地服务于现代职教体系建设，更好地服务于青年成才。

高等教育出版社

2014年7月

前　言

本书编者学习领会全国教育工作会议和《全国中长期教育改革和发展规划纲要（2010–2020 年）》的精神，贯彻教材必须具备思想性、科学性、实用性、可读性和创新性原则，按照“基础理论教学要以应用为目的，以必须够用为度；专业课要加强针对性和实用性”的要求，结合医学高职高专教育的培养目标编写了本书。

本书包括组织学、系统解剖学、胚胎学总论三部分内容，在每个章节教学内容之前提出教学重点和难点，便于师生的教与学。在每个章节中插入适量的护理临床运用、相关知识链接及知识拓展，更注重学生的临床护理运用能力。这样既符合教学的实际需要，又使理论与实践紧密结合。

本书所有名词均以全国自然科学名词审定委员会 1991 年公布的《人体解剖学名词》、1993 年公布的《组织学、胚胎学名词》为依据。

本书在编写过程中得到泉州医学高等专科学校、宁夏医科大学高等卫生职业技术学院、厦门医学高等专科学校、三明职业技术学院、漳州卫生职业学院、莆田学院医学部、福建医科大学附属第二医院、泉州市皮肤病防治院等的大力支持和帮助，在此深表谢意！殷切希望各学校师生和广大读者在使用中提出宝贵意见，使本书更臻完善。

编　者

2014 年 1 月

目 录

绪 论

学习目标

1. 归纳人体解剖学与组织胚胎学的定义及其在医学中的地位。
2. 讨论人体的组成及分部。
3. 熟练使用解剖学姿势、方位术语以及轴和面。
4. 解释组织、器官和HE染色的概念。

一、正常人体结构的定义、分科和地位

正常人体结构是研究正常人体形态结构及其发生发展规律的科学，是护理专业中一门重要的医学基础课程，是学习其他基础医学与临床医学的先修课和必修课，它包括人体解剖学、组织学和胚胎学三门学科。

（一）人体解剖学

当您步入博大精深的医学殿堂，去领略它深邃而又丰富的内涵时，首先跃入眼帘的便是人体解剖学这门古老、经典而又具有现代特色的学科。自1543年比利时解剖学家维萨利的开山之作《人体结构》一书问世以来，人体解剖学迄今已经历了近500年的历程。常言道："万丈高楼平地起"，人体解剖学作为医学的入门课，充分显示了其重要意义之所在。

人体解剖学主要是以持刀切割，用肉眼观察的方法研究人体形态结构的科学。它是一门比较古老的科学。解剖一词含有切割、剖开的意思。由于科学技术的进步，相关学科的发展和医学实践的促进等推动了解剖学的不断发展，解剖学的研究范围不断扩大和加深，

逐渐分化形成许多新的分支学科。人体解剖学又可分为系统解剖学和局部解剖学。

1. 系统解剖学　按照人体的功能系统（如运动系统、消化系统、呼吸系统、神经系统等）阐述人体器官形态结构的科学，称系统解剖学。一般所说的解剖学就是指系统解剖学。

2. 局部解剖学　在系统解剖学的基础上，按人体的某一局部（如头部、颈部、胸部、腹部等）由浅至深研究各部结构的形态及其相互位置关系的解剖学，称为局部解剖学。

由于研究角度、方法和目的的不同，人体解剖学又分出若干门类。如人体解剖学依据研究的角度、对象、目的和方法的不同，又可以分为：① 临床解剖学：结合临床学科发展需求，研究人体形态结构的科学；② 护理应用解剖学：密切联系护理操作技术的解剖学；③ 表面解剖学：联系临床应用，研究人体表面形态特征的科学；④ X线解剖学：运用X线摄影技术研究人体器官形态结构的科学；⑤ 断层解剖学：运用切片和断层成像技术研究人体各局部或器官的断面形态结构的科学；⑥ 数字解剖学：采用数字化技术研究人体结构的解剖学；⑦ 运动解剖学：分析研究人体器官的形态结构，提高体育运动效率的解剖学；⑧ 生长（或年龄）解剖学：研究个体生长发育、年龄变化的科学；⑨ 艺术解剖学：研究人体的外形特征和结构比例，为绘画造型打基础的科学等。

人体解剖学发展简史

人体解剖学像数学和天文学一样，是一门发展较早，迄今仍在不断充实、发展的古老的学科。它是伴随着医学的发展而逐渐发展起来的。通常认为有文字记载的解剖学资料，始于古希腊和中国。

西方医学对解剖学的记载，是从古希腊名医希波克拉底（被称为西欧的医学之祖，公元前460—公元前377年）开始的，他对颅骨做了正确的叙述，但却把神经和肌腱混淆起来。古希腊的亚里士多德（公元前384—公元前322年）对解剖学的发展做出了重大贡献，他把神经和肌腱区别开来，并指出心是血液循环的中心。盖伦（公元130—201年）是古罗马的名医和解剖学家，他编写了解剖学巨著《医经》，他明确指出了血管内运行的是血液而不是空气，神经按区分布等，但其资料主要来自动物解剖，与人体相差较多。

西欧的文艺复兴时期，各种科学都有了蓬勃的发展，解剖学也有了相应的进步。达·芬奇（1452—1519年）不仅以不朽的绘画流传后世，其所绘解剖学图谱精确细致，即使今日也令人叹为观止。这是缘于达·芬奇曾做了较为系统的人体解剖学研究，他的解剖透视名画《维特鲁威人》就是例证（图绪-1）。维萨利（1514—1564年）是近代人体解剖学的创始人，建立了真正的人体解剖学。西班牙著名解剖生理学家塞尔维特（1511—1553年）发现了人体血液的"肺循环"奥秘。哈维（1578—1657年）证明了血液是在一个封闭的管道系统内循环，为从解剖学中划分出生理学开辟了道路。马尔辟基（1628—1694年）用显微镜观察到蛙的微循环血管，证明了动脉与静脉相连通，为微循环学说的建立提供了形态学基础。他在动物和植物微细结构的研究中，总结出动植物均由细胞组成，为组织学从解剖学中分出并形成一门新学科打下了坚实的基础。施旺（1810—1882年）和施莱登（1804—1881年）创立了细胞学。高尔基（1843—1926年）对神经组织结构的仔细研究奠定了现代神经解剖学的基础；Cajal和Nissl的研究，更把神经解剖学的研究引向深入。19世纪，达尔文（1809—1882年）的《物种起源》、《人类起源与性的选择》等著作的出版，提出了人类起源和进化的理论，为探索人体形态结构的发展规律提供了理论依据。至19世纪末，结合临床医学的发展，人体解剖学的研究也达到了极盛时代。恩格斯评价说："没有解剖学，就没有医学。"精辟论述了人体解剖学在医学中的重要地位。

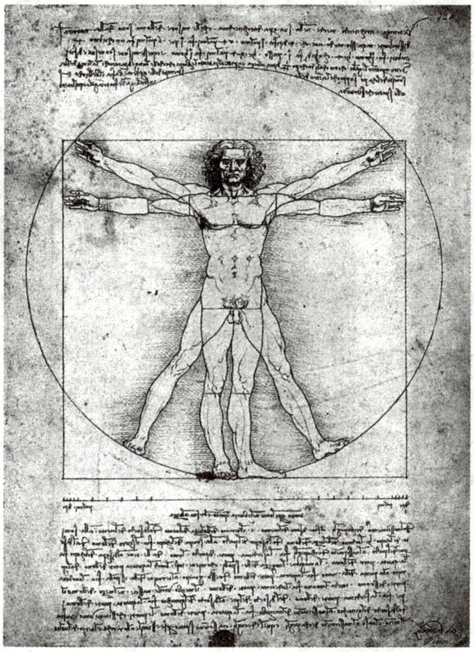

图绪-1　达·芬奇（1452—1519年）：维特鲁威人

1632年，年近26岁的伦勃朗应著名医学家杜普教授和其他七位医生的要求，绘制一幅群体肖像画（图绪-2）。在画中，画家着重突出了杜普教授。他独坐在一边，面对着七位学者，一边做着解剖一边阐述着人体的结构原理。七位学者：有的情不自禁地凑上前来吃惊而专注地看着教授所示的地方；有的手拿教材默默地思索；有的好像茅塞顿开；有的又好像如梦初醒……这丰富多彩的表情，这鲜明的个性，这生动的姿态，在这冰冷、苍白的尸体的反衬下显得异常生动。

（二）组织学

组织学是借助切片技术和显微镜观察等方法，研究人体器官、组织和细胞微细结构及其相关功能的科学。其研究内容包括细胞、基本组织和器官系统三部分。微细结构是指在显微镜下才能清晰地观察到的结构，故又称为显微解剖学。显微镜有光学显微镜（简称光镜）和电子显微镜（简称电镜）之分，因此，微细结构也有光镜结构和电镜结构之别。

1. 光学显微镜技术　光学显微镜（光镜，LM），借助光镜观察组织切片是学习组织学最基本、最常用的观测工具，最好的光镜分辨率为0.2 μm，可将物体放大1500倍。借助光镜能够观察到细胞、组织的微细结构，称为光镜结构。光镜观察要求组织细胞有较好的透明

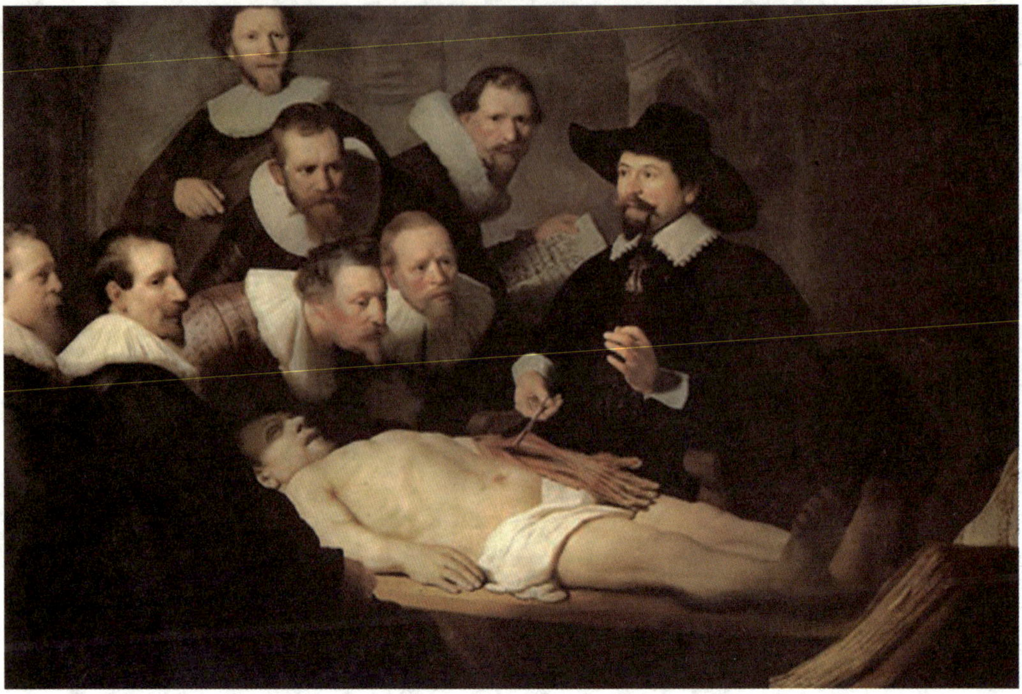

图绪-2　伦勃朗（1606—1669年）：杜普教授的解剖学课

度，故必须把组织制成很薄的切片。最常用的切片是石蜡切片，其制备程序简介如下：先从人体或动物身上取所需要的组织材料，大小在3 mm×3 mm左右，放入固定液内，使蛋白质等成分迅速凝固，以保持组织细胞活体状态的结构，固定一段时间后取出，依次经低浓度到高浓度的乙醇溶液中脱水，二甲苯透明，石蜡浸透、包埋使软组织变成具有一定硬度的组织蜡块，再将蜡块在切片机上切成5~7 μm薄片，贴于玻片上，经脱蜡后进行染色，最后用树胶将盖片封固。

除石蜡切片法外尚有如下几种：① 冷冻切片法：即把组织块置于低温下迅速冻结后，直接切片。此法不经脱水和包埋，常用于快速病理诊断。② 涂片：将液体成分（如血液、骨髓、腹水）涂于玻片上。③ 铺片：把柔软的组织（如疏松结缔组织）撕成薄膜，贴于玻片上。④ 磨片：将骨和牙等硬组织磨成薄片，贴于玻片上。以上各种制片经染色后方可在光镜下观察。

2. 电子显微镜技术　电子显微镜（电镜，EM），其原理与光镜相似，是以电子放射器代替光源，以电子束代替光线，以电磁透镜代替光学透镜，最后将放大的物像投射到荧光屏上进行观察。分辨率可达0.2 nm，可放大几十万倍甚至100万倍，所观察的结构称超微结构。

（1）透射电子显微镜（TEM）：用于观察细胞内部超微结构。由于电子易被散射或被样品吸收，故穿透能力低，须制备超薄切片（50~80 nm）。电镜照片上呈黑色或深灰色，称该结构为高电子密度；反之，呈浅灰色，称低电子密度。

（2）扫描电子显微镜（SEM）：主要用于观察组织、细胞和器官表面的立体结构。扫描电镜不需要制备切片。标本经固定、脱水、干燥和喷镀薄层碳与金属膜后即可观察。扫描电镜的分辨率一般为5~7 nm。它的特点是视场大，图像有立体感、真实感。

在光镜下和电镜下观察切片，常用的长度计量单位为：

1毫米（mm）=1000微米（μm）　　1微米（μm）=1000纳米（nm）

3. 苏木精–伊红染色（简称HE染色） 染色是用染料使组织切片着色，便于镜下分辨细胞和组织的不同结构。常用的染色液为苏木精和伊红，苏木精将细胞核染成紫蓝色，伊红把细胞质和细胞外基质中的成分染成粉红色，使二者对比明显。由于苏木精为碱性染料，故能被苏木精染色的结构称为嗜碱性；伊红为酸性染料，能被伊红染色的结构称嗜酸性。对碱性或酸性染料亲和力均不强者，称中性。

此外，有些组织结构经硝酸银处理后呈现黑色，此现象称为嗜银性。有些结构用蓝色的甲苯胺蓝染色后而呈现紫红色，将这种现象称为异染性。

（三）胚胎学

胚胎学是研究人体发生、发育规律的科学。其研究内容包括生殖细胞的发生、受精卵的形成，以及通过细胞的分裂、分化，发育成胎儿的全过程。胚胎学在研究正常胚胎发育的基础上还要进一步探讨先天畸形的形成机制，为优生优育提供理论依据。学习胚胎学能帮助我们用科学唯物主义的观点理解生命个体的发生和发育，只有学习了胚胎学才能真正地了解人，了解人体内各器官系统、组织、细胞是如何发生和演化的，才能更深入更准确地理解解剖学、组织学、病理学、遗传学等学科中的某些内容。

二、正常人体结构的任务

正常人体结构的任务是阐明人体各组织器官的形态、结构、位置与毗邻关系和功能。人类自诞生之日起，就要与疾病做斗争，而人体的结构和功能极其复杂，打开人体这扇奥秘之门的最关键钥匙就是在正确认识人体组织器官形态结构的基础上，正确理解人体的生理功能与病理变化，判断人体的正常与异常，区别生理与病理状态，胸有成竹地提出灵活的、有针对性的、合理的应对方案，从而对疾病进行正确的诊断和采取有效的预防、护理及治疗措施。为增进人类健康、延长人类寿命提供科学的理论依据，并为学习其他医学课程奠定坚实的形态学基础。另外医学中1/3以上的名词、术语来源于解剖学与组织胚胎学，所以正常人体结构是学习医学的必修课，每个医学生都必须努力学好这门基础课。

三、人体的组成和分部

构成人体最基本的结构、功能单位是细胞。成人全身约有1×10^{15}个细胞，可分为200余种，细胞的形态和功能是多种多样的。许多形态相似、功能相近的细胞与细胞外基质组合在一起构成组织。人体的组织有4种，即上皮组织、结缔组织、肌组织和神经组织。几种不同的组织构成具有一定形态、完成一定功能的结构称器官，如心、肝、脾、肺、肾等。若干功能相关的器官组合起来共同完成某方面的功能，构成系统。人体有运动系统、消化系统、呼吸系统、泌尿系统、生殖系统、脉管系统、内分泌系统、感觉器和神经系统，其中消化系统、呼吸系统、泌尿系统和生殖系统的器官总称为内脏。人体各系统在神经、体液的调节下，彼此联系，相互协调，共同构成一个完整的机体。

人体可分为头部、颈部、躯干和四肢四大部分。头部包括颅部和面部。颈的后部称为项部。躯干又分为背部、胸部、腹部、盆部和会阴部。背的下部也称为腰。四肢分为上肢和下肢。上肢分为肩、臂、前臂和手。下肢分为臀部、大腿、小腿和足（图绪-2）。

四、正常人体结构基本术语

为了正确地描述人体各部器官的形态结构和位置关系，必须有公认的统一标准和描述用术语，以便统一认识，避免错误描述。

（一）人体的标准解剖学姿势

身体直立，两眼向前方平视，上肢自然下垂于躯干的两侧，手掌朝前，下肢并拢，足尖向前（图绪-3）。描述人体任何结构时，均应以此姿势为标准。不管被观察对象（活体、标本或模型）处于何种位置（仰卧位、侧卧位、坐位、横位或倒置），或身体的一部分，均应依人体的标准解剖学姿势进行描述。

（二）方位术语

按照人体的标准解剖学姿势，又规定了一些表示方位的术语。这些术语都是相应成对的，它们可以正确地描述各器官或结构的相互位置关系（图绪-3）。

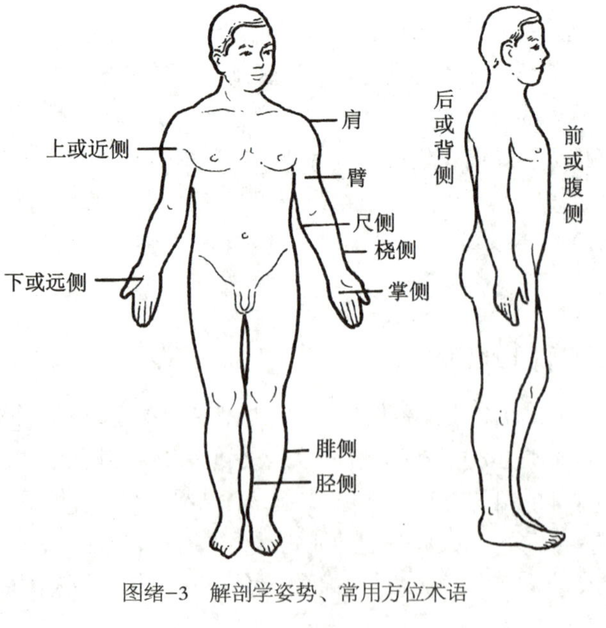

图绪-3　解剖学姿势、常用方位术语

1. 上和下　近颅者为上，近足者为下。如眼位于鼻的上方，而口位于鼻的下方。

2. 前和后　近腹者为前，又称腹侧；近背者为后，又称背侧。在胚胎学中，描述胚胎有关结构的位置时，不用上、下和前、后，而分别采用颅侧和尾侧、腹侧和背侧。

3. 内侧和外侧　以身体正中矢状面为准，距正中矢状面近者为内侧，远者为外侧。如眼位于鼻的外侧，耳的内侧。前臂的内侧也称尺侧，外侧也称桡侧；小腿的内侧也称胫侧，外侧也称腓侧。

4. 内和外　是描述空腔器官相互位置关系的术语。近内腔者为内，远离内腔者为外。

5. 浅和深　以体表为准，离体表近者为浅，离体表远者为深。

6. 近侧和远侧　在四肢，距肢体根部较近者为近侧，距肢体根部较远者为远侧。

其他一些术语，如：左和右、垂直、水平、中央等与一般概念相同。

（三）轴和面

1. 轴　为了分析关节的运动，在人体的标准解剖学姿势条件下，可设置相互垂直的3个轴（图绪–4）。

（1）垂直轴为上下方向，垂直于水平面，与人体长轴平行的轴。

（2）矢状轴为前后方向，与垂直轴直角相交的轴。

（3）冠状轴也称额状轴，为左右方向与上述两轴垂直相交的轴。

2. 面　在人体的标准解剖学姿势条件下，人体或任一局部均可做互相垂直的3个面（图绪–4）。

（1）矢状面：为前后方向将人体纵切为左、右两部分的切面。通过人体正中线的矢状面称正中矢状面，它将人体分为左右相等的两半。

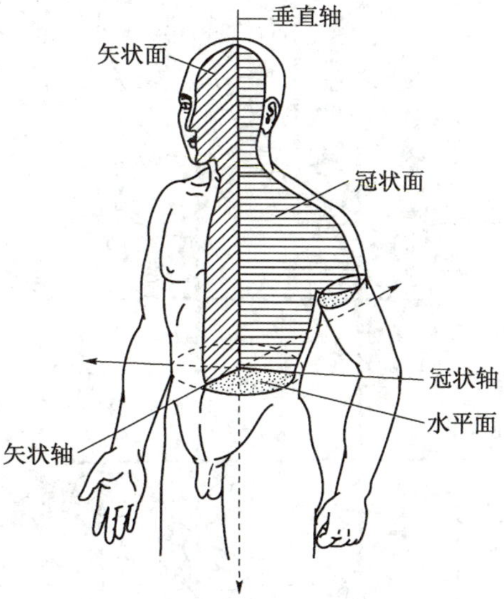

图绪–4　轴和面

（2）冠状面：也称额状面，于左右方向将人体纵切为前、后两部的切面。

（3）水平面：也称横切面，与上述两个面垂直将人体横切为上、下两部的切面。

在描述器官的切面时，则以器官的长轴为准，沿其长轴所做的切面称纵切面，与其长轴垂直的切面称横切面。

（四）胸腹部标志线和分区

消化、呼吸、泌尿、生殖系统大部分器官位于胸、腹腔内，并借管道直接或间接与外界相通，这4个系统的器官总称为内脏，为了便于描述内脏器官的正常位置，通常在胸、腹部体表确定若干标志线和分区。常用的标志线和分区如图绪-5所示。

1. 胸部的标志线

（1）前正中线：沿身体前面正中所做的垂直线。

（2）胸骨线：经胸骨最宽处的外侧缘所做的垂直线。

（3）锁骨中线：经锁骨中点所做的垂直线。

（4）胸骨旁线：沿胸骨线和锁骨中线之间的中点所做的垂直线。

（5）腋前线：经腋前襞所做的垂直线。

（6）腋后线：经腋后襞所做的垂直线。

（7）腋中线：沿腋前、后线之间中点所做的垂直线。

（8）肩胛线：经肩胛骨下角所做的垂直线。

（9）后正中线：沿身体后面正中（通过各椎骨棘突）所做的垂直线。

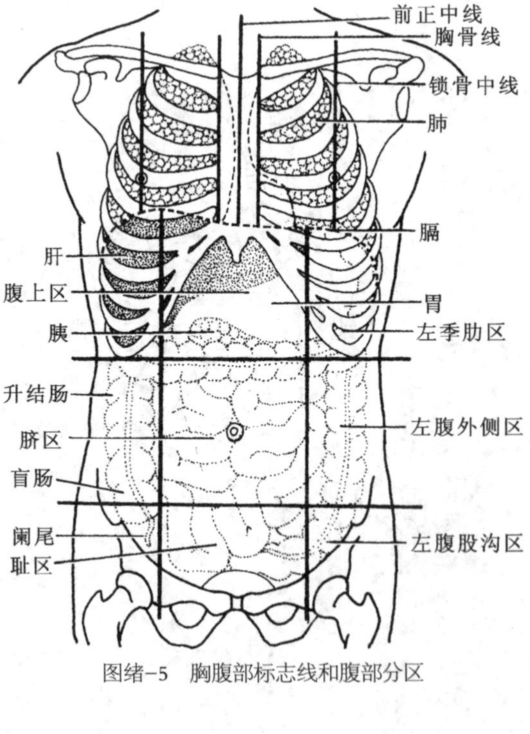

图绪-5　胸腹部标志线和腹部分区

2．腹部的标志线和分区

（1）解剖学上通常用两条横线和两条纵线将腹部分为9个区。上横线是两侧肋弓最低点间的连线；下横线是两侧髂结节间的连线；左、右纵线分别是通过两侧腹股沟韧带中点向上所做的垂线。

（2）通过上、下横线将腹部分为上、中、下3部分，再通过左、右纵线将腹部分为9个区。包括上腹部的左季肋区、腹上区和右季肋区；中腹部的左腹外侧区（左腰区）、脐区和右腹外侧区（右腰区）；下腹部的左腹股沟区（左髂区）、耻区（腹下区）和右腹股沟区（右髂区）。

临床上常通过脐做一条横线和一条垂线，将腹部分为左上腹部、右上腹部、左下腹部、右下腹部4个区。

五、学习的基本观点和方法

1. 进化发展的观点　古生物学资料证明，人类是亿万年来由低等动物进化发展而来的，经历了种系发生的漫长过程，才使人类成为迄今唯一主宰世界的万物之灵。因此，人既具有脊椎动物的基本特征，又具备哺乳动物的特征。如两侧对称的身体，脊髓位于消化管的背侧，体腔分为胸腔和腹腔等。但人类与其他动物相比又有一系列的本质区别，如上、下肢的分工，语言功能的产生，脑的思维活动等。人既不是凭空产生的，也不是上帝创造的，人体的个体发生反映了种系发生的某些特征。因此，在发生返祖现象（如多乳、有尾、毛人等）时，若从种系发生和个体发生的角度去分析和认识也就不足为怪了。

知识卡片

器官的变异与畸形

正常人体解剖学记载的数据，如器官的形态、构造、位置、大小及神经、血管的分支、配布等，均为正常，这是在统计学上约占50%以上的多数或大多数。人类在长期进化发展的过程中，人体器官的位置、形态和结构常出现某些变异或畸形。变异是指出现率较低，其中有些与大多数有所不同，但较为接近，差异不显著，且对外观或功能没有影响或影响不大者。畸形则是指出现率极低，对外观和功能影响严重的形态结构异常。

2. 形态与功能相联系的观点　人体的形态结构是生理功能的物质基础，而生理功能的改变也必然会影响其形态结构，形态结构的变化也必将导致生理功能的改变。如加强体育锻炼能使肌肉发达，长期卧床可导致肌肉萎缩和骨质疏松；红细胞含有大量的血红蛋白，具有携带O_2的功能；凡具有较强吞噬功能的细胞，必然含有较多的溶酶体，以消化吞噬异物；分泌蛋白质旺盛的细胞，富含粗面内质网和发达的高尔基复合体等。因此，人体的形态结构与生理功能是相互依赖、互相影响的，深入理解这种辩证关系，对于更好地认识和掌握人体的形态结构具有十分重要的意义。

3. 局部与整体相统一的观点　人体是由许多器官系统或众多局部组成的一个有机的统一整体，各器官系统在神经体液的调节下，相互影响，彼此协调，才能完成一定的功能。因此，任何一个器官或局部都是整体不可分割的一部分。学习时虽从个别器官或系统入手，但必须始终注意局部与整体的关系，即从整体的观点去理解局部，由局部更深入地理解整体，防止认识上的片面性。学习时，要善于归纳、综合，建立从细胞到组织、从组织到器官、从器官到系统、从局部到整体的概念。

4. 理论与实际相结合的观点　正常人体结构是一门直观的形态科学，虽无深奥的原理和复杂的运算公式，但却含有繁多的名词、复杂的结构，偏重于记忆是其特点。因此，在学习中，必须注意理论联系实际，基础联系临床，形态联系功能，标本联系活体，做到学用结合。同时必须重视实验课，把理论与实际结合起来，把书本知识与解剖标本或活体观察以及必要的临床应用联系起来。充分利用教学资源（如标本、模型、组织切片、多媒体教学等），注重活体的触摸和观察，学会运用图谱等形象教材，以加深理解，增强记忆，以达到正确全面地认识人体形态结构的目的。

5. 注意平面与立体的关系　人体结构中有关细胞、组织、器官的图谱以及在显微镜下所观察到的显微图像都是平面的。但人体真实的结构是立体的，同一结构由于切面的不同往往会出现形态结构上的差异。如一个细胞由于所切的部位不同，有的断面可见细胞核，有的断面则没有细胞核。因此，在观察组织切片时，应注意从平面结构的观察，构筑三维立体结构的概念；从局部结构的观察，建立整体结构的概念。

6. 建立静态与动态的概念　活体中的细胞和组织始终处于动态变化之中，胚胎时期的生长发育变化则更为明显，它是一个动态的、连续变化的、不间断的过程。而组织切片和显微图像所显示的结构是细胞、组织和胚胎在某一时刻的静态现象，同一细胞因取材时间的不同，其结构可能不同。因此，在学习中，要全面观察，认真思考，从大量静止的结构中发现其动态变化规律，建立动态概念。

7. 掌握正确有效的学习方法　学习是一种艰苦的劳动。第一，要有吃苦耐劳、独立思考、勤奋钻研的精神；第二，要应摸索出适合自己的学习方法，在理解的基础上进行记忆是学习解剖学基础的重要方法之一；第三，要重视实验课；第四，要运用勤动脑、勤动口（问老师、问同学、问自己、问网络）和勤动手（多摸、多写、多画）的“三勤”学习方法；第五，要努力做到以下的联系与结合，即外形结合内部结构、形态结合功能作用、平面结合立体形象、后面结合前面内容、静态结合动态活体、正常结合临床应用、系统结合局部关系、典型结合变异畸形。使所学知识融会贯通，全面理解，牢固记忆，并可触类旁通，举一反三，从而收到事半功倍的学习效果。

小结

人体是复杂的，人体是进化的，人体是科学的，人体更是美丽的。人体结构的组成和配布总体而言是科学的。人体不仅仅是细胞、组织、器官，更重要的是生命的载体。人类为了适应自然环境，经过许多世代更迭的磨难，历经沧桑岁月的洗礼，才一步步沿着天择的方向，在付出了高昂的演化代价的过程中才换来如今的敏捷身手和聪明才智。在250多个灵长类同宗的物种里，只有人类一枝独秀是用两条腿走路的。挺拔秀丽的身躯，昂首挺胸的姿态，明亮的眼睛，娇美的容貌，灵活的四肢，细腻润泽的皮肤……使古往今来的各种动物，乃至人类的近亲也只能望美兴叹。爱美之心，人皆有之。古往今来，爱美、发现美和追求美几乎成为人的天性。人类对美的不懈追求，不仅成为推动人类文明不断进步的动力，也成就了迄今成为万物之灵的人体之美。健康的人体是一种美，疾病是对美的破坏，医疗是对美的修复，护理是对美的呵护，解剖是对美的追求。认识人体的美是热爱生命及尊重生命的基础，从医学学习开始，让我们的天使以美的心灵去呵护美丽的生命，让我们从众多的正常人体结构知识细节中感受到生命的美好、生命的崇高和生命的伟大。

第一章 细胞

学习目标

1. 归纳细胞的概念及其光镜下的基本结构。
2. 比较细胞膜及各种细胞器的超微结构特点和主要功能。
3. 自学细胞周期和有丝分裂的分期和特点。

第一节 细胞概况

细胞是生物体形态结构和功能的基本单位。所有生物体都由细胞构成，虽然组成不同组织和器官的细胞大小、形态和功能彼此不同，但细胞的基本结构是相似的。

真核细胞的形态多种多样，均与其执行的功能和所处的环境相适应。游离于体液中的细胞多近于球形，如红细胞和卵细胞；组织中的细胞一般呈椭圆形、立方形、扁平形、梭形和多角形，如上皮细胞多为扁平形或立方形，具有收缩功能的肌肉细胞多为梭形，具有接受和传导各种刺激的神经细胞常呈多角形，并出现多个星状突起，反映出细胞的结构与其功能状态密切相关（图1–1）。

不同类型细胞的大小差异很大，大多数细胞的直径在10~20 μm，较小的细胞，如小淋巴细胞，直径只有6 μm；较大的细胞，如成熟的卵细胞，直径约为135 μm；最长的细胞，是神经细胞，它的突起最长可超过1 m；肌细胞大小还可随生理需要发生变化：骨骼肌可因锻炼使肌细胞变粗大；子宫平滑肌的长度在妊娠期可由50 μm增大到500 μm。构成人体的细胞一般都很小，必须用显微镜才能看到（图1–1）。

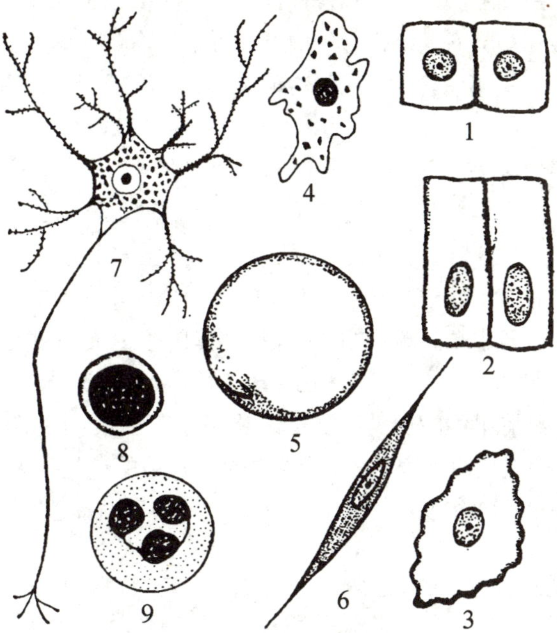

图1-1　各种形态的细胞

1～3．上皮细胞；4．巨噬细胞；5．脂肪细胞；
6．肌细胞；7．神经细胞；8、9．血细胞

虽然人体细胞的大小和形态千差万别，但在结构上具有共同特点：在光镜下的结构，细胞由细胞膜、细胞质和细胞核三部分构成；在电镜下结构，细胞可分为膜性结构和非膜性结构两部分（表1-1）。

表1-1　电镜下细胞的结构

膜性结构	细胞膜、高尔基复合体、过氧化物酶体、内质网、溶酶体、线粒体、核膜
非膜性结构	细胞基质、细胞骨架、中心粒、核糖体、核仁、染色质、核基质

第二节　细胞的结构

（一）细胞膜

细胞膜为包围在细胞外的一层薄膜，又称质膜。它将细胞与外界微环境分隔,形成一种屏障，参与细胞的生命活动。

真核细胞是细胞的最高级形式，除了细胞膜外，在细胞内还有很多膜性结构,称为细胞内膜系统，包括细胞器膜（溶酶体、高尔基复合体、线粒体、过氧化物酶体、内质网）和

核膜。它们构成了许多细胞器的界膜，将各种细胞器与细胞质基质分隔开，以执行各自的功能。人们把细胞膜和细胞内膜统称为生物膜。所有生物膜都呈现典型的三层结构，即内外两层深色的致密层，中间夹着一层浅色的疏松层。一般把细胞膜的三层结构作为一个单位，称为单位膜。

1. 细胞膜的化学组成和分子结构　细胞膜主要由脂类、蛋白质和糖类组成。目前较为公认的是“液态镶嵌模型”学说。液态镶嵌模型（图1–2）认为：液态可活动的脂质双分子层构成了细胞膜的基本骨架，细胞膜中的脂质是以磷脂分子为主，磷脂分子是极性分子，一端为头部，头部具有亲水性称亲水端，亲水的头端分别朝向膜的内外表面；另一端为尾部，尾部具有疏水性称疏水端，疏水的尾端朝向膜的中央；蛋白质分子以球状形式镶嵌在脂质双分子层（嵌入蛋白）或附着在其表面（表在蛋白），这些蛋白质分子能在脂质双分子层内或其表面移动；细胞膜中的糖类主要与膜蛋白或膜脂结合形成糖蛋白或糖脂，其中糖链部分多呈树枝状分布在质膜外表面，这种外伸糖链形成的结构称为糖衣（细胞衣）。由于细胞膜的化学组成和分子结构决定了细胞膜具有不对称性和流动性。

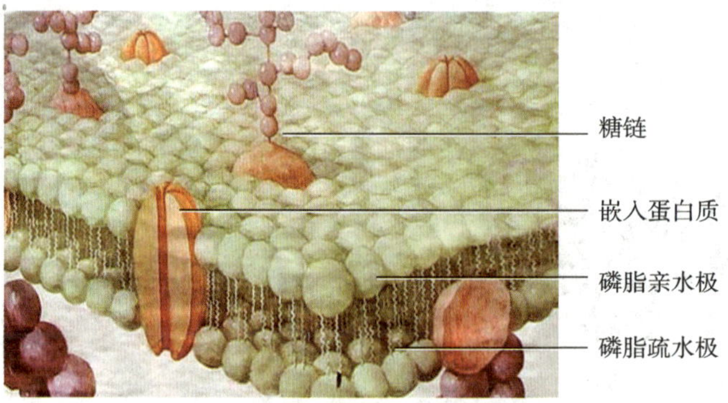

图1–2　生物膜分子结构图

2. 细胞膜的功能　细胞膜是细胞与细胞周围环境之间的一道半透膜屏障，对于物质进出细胞有选择性调节作用。这种选择性通透保持了膜内外渗透压的平衡，维持了膜内外离子浓度差和膜电位，是细胞进行正常生理活动所必需的基本条件。

（1）小分子与离子的跨膜运输：细胞膜对小分子物质和离子的运输主要有三种方式：单纯扩散、易化扩散和主动运输。

1）单纯扩散：是指一些脂溶性的小分子物质能顺浓度梯度自由穿越脂质双层，既不消耗能量又不需膜蛋白帮助的运输方式。如O_2、CO_2、乙醇和尿素等。

2）易化扩散：是指一些无机离子、非脂溶性的或亲水性的小分子物质在跨膜蛋白的“帮助”下，顺浓度梯度进行扩散的运输方式。如葡萄糖、氨基酸就是依靠这种方式进出细胞的。

3）主动运输（active transport）：是指细胞膜上的载体蛋白直接利用细胞代谢产生的能量将物质逆浓度梯度和电位梯度跨膜转运的过程。最常见的主动运输有钠钾泵、钙泵等。

（2）大分子物质的跨膜运输：膜蛋白可以介导水溶性小分子物质通过细胞膜，但它不能转运大分子和一些颗粒性的物质，如蛋白质、多核苷酸、多聚糖、细菌和细胞的碎片等。研究发现，这些大分子乃至颗粒物质是借助与生物膜结合后形成小泡的方式进行运输的，称“膜泡运输”。“膜泡运输”需要消耗细胞的代谢能,包括胞吞作用和胞吐作用两种形式（图1-3）。

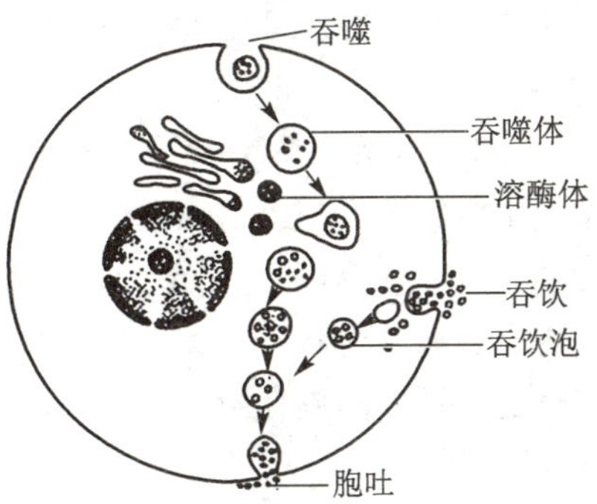

图1-3 胞吞作用和胞吐作用示意图

1）胞吞作用：外界进入细胞的大分子物质先附着在细胞膜的外表面，此处的细胞膜凹陷入细胞内，将该物质包围形成小泡，最后小泡与细胞膜断离而进入细胞内。固态的物质进入细胞内，则称为吞噬作用，吞入的小泡叫吞噬体；液态的物质进入细胞内，则称为吞饮作用，其吞入的小泡称吞饮泡。

2）胞吐作用：大分子物质由细胞内排到细胞外时，被排出的物质先在细胞内被膜包裹，形成小泡，小泡逐渐与细胞膜相接触，并在接触处出现小孔，该物质经小孔排到细胞外。

（二）细胞质

细胞质膜与细胞核之间的部分为细胞质，又称细胞浆，细胞质在生活状态下为透明胶状物，在固定标本上常呈颗粒状、泡沫状或网状。由基质、细胞器和包含物组成，是细胞新陈代谢与物质合成的重要场所。

1. 基质 基质是细胞中无定型结构的胶状物质，呈液态，构成细胞的内环境。主要由水、无机盐、离子、糖、脂质及蛋白质组成，并含有多种酶，是细胞进行各种物质代谢的场所，也为细胞器提供必需的环境。

2. 细胞器 分布在细胞质基质内、具有特定形态与功能的结构称为细胞器。包括光学显微镜下可见的线粒体、高尔基复合体、中心体等，以及只有在电子显微镜下才可见的内质网、核糖体、溶酶体、微管、微丝等（图1-4）。

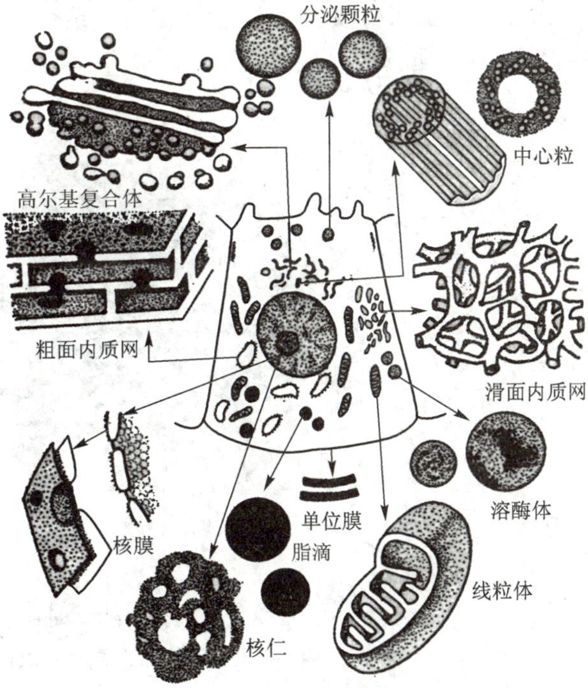

图1-4 细胞器

（1）线粒体：线粒体在光学显微镜下，呈杆状、线状或颗粒状，直径0.5μm左右，长3~7μm。电镜下由内外两层单位膜构成封闭的囊状结构，外膜光滑，内膜向内折叠形成线粒体嵴，线粒体内含有一系列氧化酶系，能将细胞摄入的蛋白质、脂肪、糖等氧化分解而释放出能量，以备细胞生理活动需要。因此，线粒体被称为细胞的“能量工厂”。

（2）内质网（图1-5）：在电子显微镜下观察，内质网是由单位膜形成扁囊状或大、小不同的管、泡，并互相吻合而成的网状结构。根据内质网膜表面是否有核糖体附着，可将内质网分为两种：

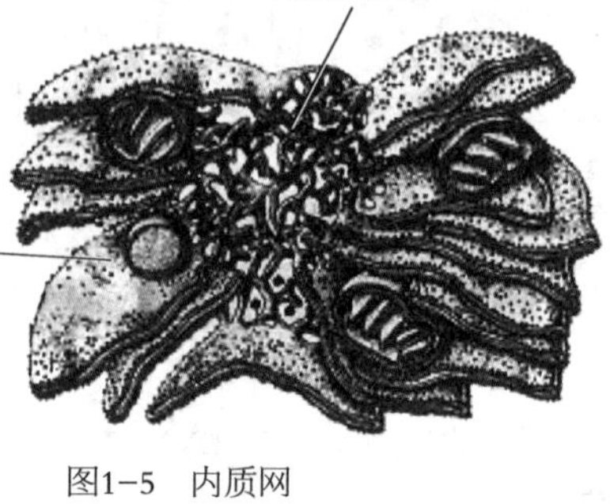

图1-5　内质网

1）粗面内质网：粗面内质网由平行排列的扁囊和附着在膜外表面的核糖体构成，表面粗糙，主要是合成分泌蛋白质，另外也参与自身所需蛋白质的合成。

2）滑面内质网：滑面内质网为形状及直径不一的小管，互通成网，小管膜外表面光滑，无核糖体附着。主要参与类固醇的合成，脂类的代谢，糖的分解代谢，细胞解毒和药物代谢作用，以及对激素灭活、调节离子浓度等。

（3）高尔基复合体：在光学显微镜下，多位于细胞核附近，常呈小泡及网状结构，称高尔基复合体，又称内网器。在电子显微镜下，高尔基复合体主要由扁平囊、大囊泡和小囊泡组成（图1-6），它是细胞内的运输和加工系统，对内质网中合成的蛋白质进一步加工、浓缩并用膜包装起来或形成分泌颗粒。

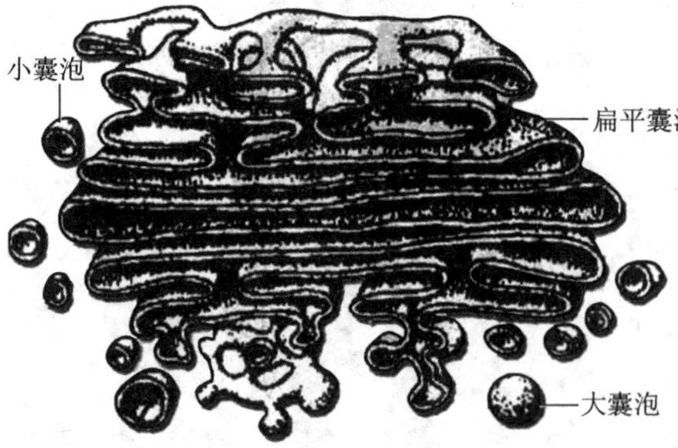

图1-6　高尔基复合体

（4）溶酶体：在电子显微镜下观察，溶酶体是由一层单位膜围成的圆形或卵圆形小泡，内含60多种酸性水解酶（图1-7），可分解蛋白质、糖类、脂肪、核酸等物质，主要消化经吞噬或吞饮进入细胞内的物质，或细胞自身衰老的结构。在活细胞中，这些酶不能透过溶酶体膜，当被水解的有机物进入溶酶体内部时，酶才发挥作用。一旦膜破裂，酶释放可导致细胞自溶。溶酶体可分为三种：① 从高尔基复合体形成、尚未参与消化活动的溶酶体，称为初级溶酶体。② 当初级溶酶体与来自细胞内、外物质相融合后称为次级溶酶体。③ 溶酶体中的异物经分解成小分子，通过溶酶体膜扩散到细胞质，剩余一些不能被消化的部分（如脂褐素等）残存在溶酶体内形成的结构称为残余体。

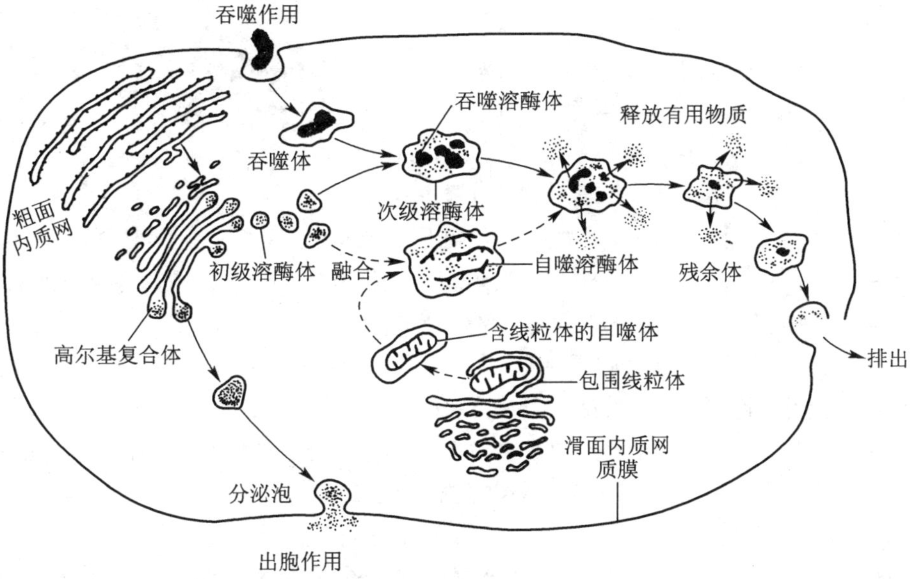

图1-7　溶酶体形成示意图

（5）核糖体：核糖体又称核蛋白体，是细胞内合成蛋白质的场所。在电子显微镜下观察，核糖体是由大小两个亚单位组成的球形颗粒，其主要化学成分是核糖核酸（RNA）和蛋白质（图1-8）。核糖体可分为游离核糖体和附着核糖体两种：游离核糖体游离于细胞质内，主要参与合成细胞自身需要的内源性蛋白质；附着核糖体附着于内质网或核膜表面，主要参与合成向细胞外输出的分泌性蛋白质（如抗体、激素等）、溶酶体酶和膜蛋白。

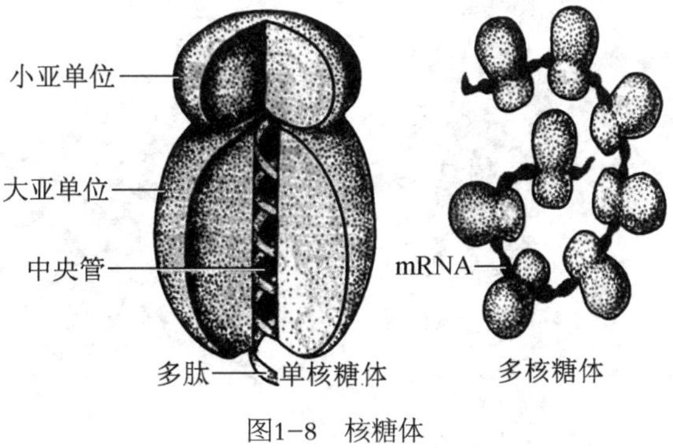

图1-8　核糖体

（6）微体：微体又称过氧化物酶体，在电子显微镜下观察，微体是由一层单位膜围成的圆形或椭圆形小体，微体内存在的酶可达40种以上，主要有过氧化物酶、过氧化氢酶以及多种氧化酶等，其中过氧化氢酶（标志酶）能催化过氧化氢生成水并逸出氧，以清除细胞内过多的过氧化氢，对细胞起保护作用。

（7）细胞骨架：细胞骨架是细胞质内细丝状结构的总称，包括微管、微丝、中间丝（图1-9）。

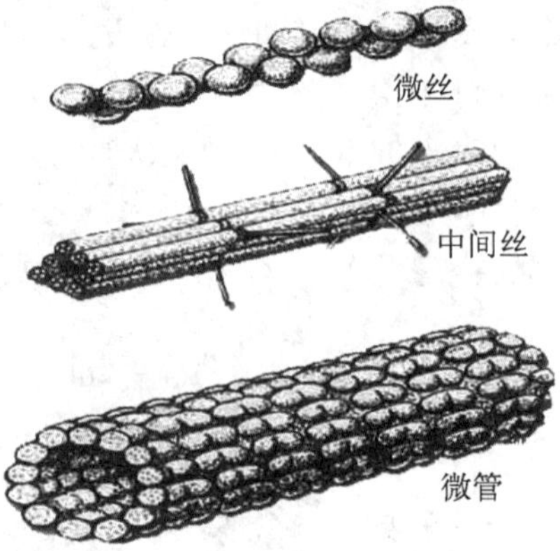

图1-9　微管、微丝、中间丝

1）微管：微管是一种中空圆柱状结构，直径约25 nm，管壁厚约5 nm。可以分散在细胞质内，也可以聚合成束参与细胞器的构成，如纤毛、鞭毛、纺锤体、中心粒等。微管的主要成分是微管蛋白。微管的主要功能是构成细胞的支架，维持细胞的形状，参与细胞内某些颗粒物质或各类小泡的运输，细胞分裂以及细胞器的运动等。

2）微丝：微丝是存在于细胞质内的一种实心细丝状结构，直径为5~7 nm，主要由肌动蛋白构成。微丝普遍存在于各种细胞内，特别在细胞的周边部，在质膜下形成网。微丝不但参与构成细胞的支架，而且与细胞吞噬、微绒毛收缩、细胞伪足的伸缩、细胞分裂、分泌颗粒的移动和排除、细胞器的移动及肌细胞的收缩有关。

3）中间丝：中间丝是一种实心细丝，直径为8~11 nm，介于微丝与微管之间。主要由蛋白质构成。散在或成束分布，具有维持细胞收缩和细胞间相互联系等作用。上皮细胞中的张力原纤维、肌细胞Z线处的连接蛋白丝以及神经细胞中的神经丝均属于中间丝。

（8）中心体：中心体在光学显微镜下观察，中心体呈球状，由中心粒和中心球（中心粒周围的细胞基质）构成，在间期细胞中，中心体不易见到，但在细胞进行有丝分裂时特别明显。在电子显微镜下观察，中心粒是两个互相垂直的短筒状小体，在横断面上其壁由9组微管构成（图1-10）。中心粒上有与细胞能量代谢有关的ATP酶，中心粒不仅能自我复制，

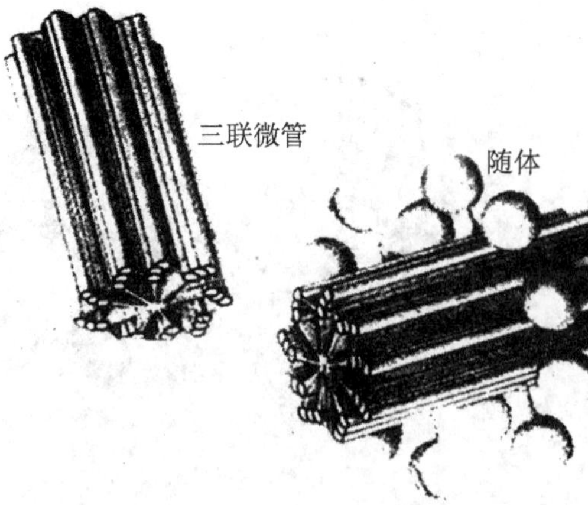

图1-10　中心粒结构模式图

参与细胞分裂活动，还能为细胞运动和染色体移动提供能量，故称中心体为细胞分裂的推动器。

3. 包含物　包含物是细胞质中的非细胞器结构，是一些有形的代谢产物或储备的营养物质。包括糖原、脂滴、色素及分泌颗粒等。数量随细胞生理状态不同而改变。

（三）细胞核

细胞核是真核细胞中体积最大、功能最重要的细胞器，是细胞遗传和代谢活动的控制中心，在细胞生命活动中起着决定性的作用。细胞核形态大小一般与细胞的形态大小相适应，圆形、立方形和星形细胞的细胞核，多为圆形；柱状、梭形细胞的细胞核，多为椭圆形或长杆状等。细胞核多位于细胞中央或基底部，也有的位于周边，如骨骼肌细胞和脂肪细胞。除成熟红细胞外，人体所有的细胞都有细胞核，多数细胞只有一个细胞核，但也有两个或多个，如骨骼肌细胞可有数百个。

存在于间期的细胞核称间期核，由核膜、核仁、染色质和核基质四部分构成（图1-11）。

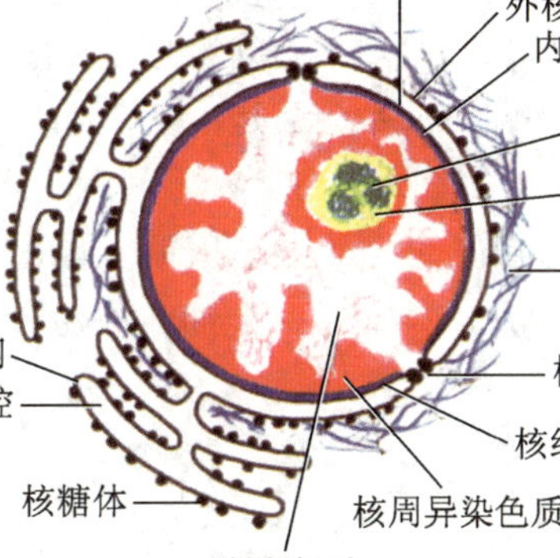

图1-11　细胞核模式图

1. 核膜　电镜下，核膜由内、外两层单位膜构成，外层核膜表面有核糖体附着，与粗面内质网结构相似，在某些部位还与粗面内质网相连续；内层核膜表面光滑，无核糖体附着；两层膜之间的间隙称为核周隙，核周隙与内质网腔相通；核膜内、外层彼此融合，形成许多小孔，称核孔，核孔是核与细胞质之间进行物质交换的通道。

2. 核仁　光镜下，核仁呈圆形或卵圆形，其大小、数量及在核内的位置，随细胞功能而变化。电镜下，核仁主要由细丝和颗粒组成，外无膜包被。核仁的化学成分主要是蛋白质与核糖核酸（RNA），功能是装配核糖体亚单位，参与核糖体的合成。

3. 染色质和染色体　是遗传物质的载体。染色质是间期细胞核内易被碱性染料染色的结构，其化学成分主要是蛋白质和脱氧核糖核酸（DNA）。DNA分子由两条核苷酸链组成，两条长链缠绕成双股右螺旋状。

在分裂间期的细胞核中，DNA分子的螺旋化程度不同，螺旋紧密的部分，光镜下着色深，呈颗粒状或团块状，称异染色质；螺旋松散伸长的部分，在光镜下着色较浅，称常染色质。

在细胞分裂期，染色质DNA分子的双股螺旋全部旋紧、变粗、变短，成为光镜下所见的粗棒状，即为染色体。所以染色质和染色体是同一种物质在细胞周期不同时期的不同表现形式。

人体细胞的染色体为46条，组成23对。其中22对为常染色体，其形态在男女性都一样；其余一对为性染色体，男性为XY，女性为XX，决定性别。

4. 核基质　核基质是无定型胶状物质，为核内代谢活动提供了适宜的环境。其组成除含有水、蛋白质和无机盐外，还有由酸性蛋白构成的核内骨架，对细胞核起支架作用。

第三节　细胞的增殖

细胞的增殖是生命体的基本特征之一，细胞的增殖方式是细胞分裂，以此适应人体的生长发育、细胞更新和损伤后的修复等。细胞分裂的方式有三种：无丝分裂、有丝分裂和减数分裂。无丝分裂在人体很少见，减数分裂是生殖细胞的分裂方式，人体的体细胞以有丝分裂为主。

细胞进行有丝分裂是有周期性的，即细胞周期。指连续分裂的细胞，从一次分裂完成时开始，到下一次分裂完成时为止为一个细胞周期，一个细胞周期包括以下两个阶段。

（一）分裂间期

分裂间期是指从细胞在一次分裂结束之后到下一次分裂之前。可分为：

1. DNA合成前期（G_1期）　此期细胞内主要为DNA复制做物质准备，如合成必要的核苷酸、蛋白质和酶等。

2. DNA合成期（S期）　在此期进行DNA复制，使细胞内的DNA含量增加一倍。保证将来分裂时两个子细胞的DNA含量不变。

3. DNA合成后期（G_2期）　在此期将合成少量RNA、蛋白质和其他物质，为分裂期做准备。

（二）分裂期（M期）

在细胞分裂期最明显的变化是细胞核中染色体的变化。根据形态变化将其分为四个时期：即前期、中期、后期和末期。但各期之间没有截然的界限（图1-12）。

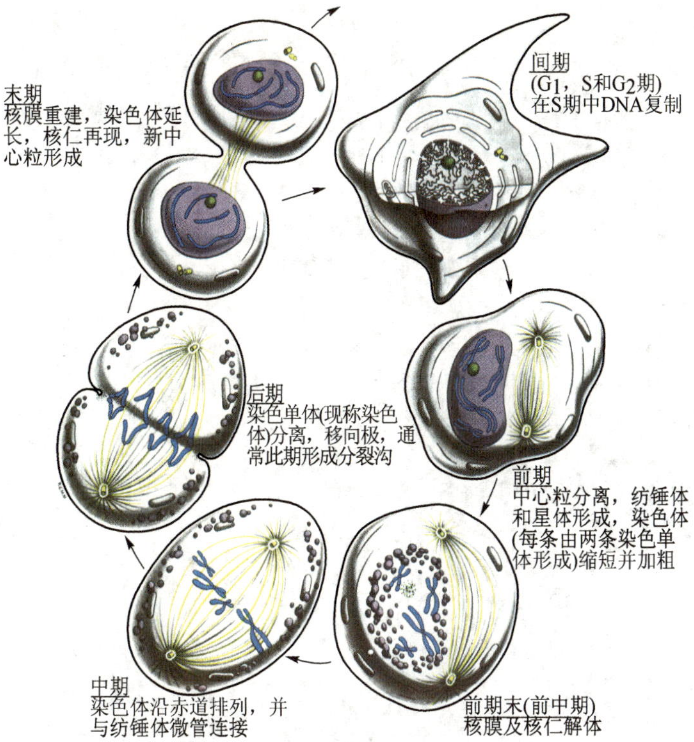

图1-12　细胞有丝分裂周期主要的阶段

1. 前期　前期的主要特点是染色质凝集、核膜崩解、核仁消失和纺锤体形成。

染色质凝集：进入有丝分裂前期时染色质就开始不断浓缩，实质上是螺旋化、折叠、包装的过程。光镜下可见染色质呈带颗粒的线团状，进一步缩短变粗，即形成棒状或杆状的染色体。核膜、核仁逐渐消失。前期开始时，细胞中的一对中心粒已复制成两对。两对中心粒沿核膜外边彼此远离，到达相对应位置时决定了细胞的分裂极。中心粒是微管组织中心，两个中心粒之间的微管聚合起来，到前期末，形成纺锤形结构，称纺锤体。

2. 中期　中心粒已分向细胞的两极，纺锤体更发达，并穿过细胞中部。染色体达到最大程度的凝集并排列在细胞的中央，排列在细胞的赤道板上。分裂中期的细胞，染色体的形态比较固定，数目比较清晰，此期是染色体分析的最佳时期。

3. 后期　排列在赤道部位的每一条染色体的着丝粒纵裂，两条染色单体分开，各染色单体受纺锤体纤维的牵引，逐渐移至细胞的两极，所以分到细胞两极的染色单体与原来染色体的数目相等。成为两条独立的染色体。此时相当赤道板部位的细胞膜出现环状缩窄，细胞质开始分裂。

4. 末期　细胞拉长，细胞膜进一步缩窄，逐渐将细胞质分开，纤维也随之消失，两个新的子细胞形成。与此同时，已进入细胞两极的染色体解螺旋化，逐渐松开，变成染色质，两个子细胞核形成，核仁又重新出现。至此，细胞完成有丝分裂全过程，两个子核形成。

知识卡片

细胞膜的结构变化与“失控”的癌细胞

癌细胞由“叛变”的正常细胞衍生而来，细胞癌变所表现出的几大特征都与细胞膜的组成和结构变化有关。

1. 细胞膜的通透性增强　癌细胞膜对某些糖类和氨基酸的转运比正常细胞大得多，以致其能快速生长。而某些酶（如组织蛋白酶）或代谢产物（如乳酸）的向外“渗漏”现象，能使正常组织结构被破坏，有助于癌细胞的侵蚀。

2. 无限增殖　正常情况下，细胞生长到互相接触时其运动和分裂活动都要停顿下来，即“接触抑制”（contact inhibition）现象，而癌变细胞的这种接触抑制机制丧失，使细胞无限制生长。

3. 细胞间黏着性减弱　正常细胞表面的某些蛋白质，如纤黏连蛋白具有细胞间或细胞与细胞外基质间的黏着作用，癌细胞的纤黏连蛋白显著减少，脱落分散，失控转移。

4. 易于被凝集素凝集　癌细胞容易被凝集素所凝集，其凝集性增强是由于细胞表面的糖蛋白结构发生变化及在质膜中的运动性增强所致。

5. 免疫逃逸现象　癌细胞膜中糖蛋白的唾液酸增加，掩盖了肿瘤抗原决定簇，降低了癌细胞的免疫原性，使机体免疫活性细胞不能识别和攻击它。

6. 抗原性的改变　癌细胞表面可出现一些新的相关性膜抗原。如肠癌细胞膜上的癌胚抗原，肝细胞癌能合成胎儿所产生的甲胎蛋白（AFP），检查这些抗原，可帮助诊断相应的肿瘤。

讨论角

1. 光镜下细胞的基本结构是怎样的？
2. 细胞器包括哪些？超微结构特点是什么？
3. 什么是细胞周期？细胞周期可分为哪几个期？
4. 什么是有丝分裂？有丝分裂过程中各期细胞的主要特点是什么？
5. 细胞运动包括哪些现象？

第二章
基本组织

第一节　上皮组织

学习目标

1. 归纳上皮的结构特点。
2. 比较各类被覆上皮的结构特点、分布和功能。
3. 识别各种细胞特化结构的结构特点和功能。
4. 理解腺上皮和腺的概念。

上皮组织简称上皮，依据其形态和功能的不同，上皮可分为被覆上皮、腺上皮。被覆上皮覆盖于人的体表和衬在各种管、腔和囊的内表面，腺上皮是以分泌为主的上皮。上皮有以下特征：① 细胞多、间质少，排列紧密；一般呈膜状。② 上皮细胞有极性，即细胞两端在结构和功能上有明显的差别，朝向体表或腔的一面，称游离面；相对的另一面，称基底面。基底面附着于基膜上，借此与深部结缔组织相连。③ 无血管、淋巴管，其营养由深部结缔组织内的血管透过基膜供给。④ 有丰富的神经末梢。

上皮组织具有保护、吸收、分泌和排泄等功能。

一、被覆上皮

被覆上皮覆盖在人体的管、腔、囊的内表面和机体的外表面，以保护等功能为主。根

据细胞的形态及层数，分为下列类型（表2-1）

表2-1　被覆上皮的分类和主要分布

层数	上皮类型	主要分布
单层上皮	单层扁平上皮	内皮：心、血管和淋巴管 间皮：胸膜、腹膜和心包膜 其他：肺泡和肾小囊壁层
	单层立方上皮	肾小管、甲状腺滤泡等
	单层柱状上皮	胃、肠、子宫和输卵管等
	假复层纤毛柱状上皮	呼吸道等的腔面
复层上皮	复层扁平上皮	未角化型：口腔、食管和阴道。角化型：皮肤的表皮
	复层柱状上皮	睑结膜、男性尿道等
	变移上皮	肾盏、肾盂、输尿管和膀胱

（一）单层上皮

1. 单层扁平上皮　又名单层鳞状上皮。仅由一层扁平如鳞状的细胞组成。表面观，细胞为多边形，边缘呈锯齿状，互相嵌合；胞核椭圆形，位于细胞中央。侧面观，胞核扁形，胞质很薄，含核部分略厚（图2-1）。衬贴在心脏、血管和淋巴管腔面的单层扁平上皮，称内皮；分布在胸膜、心包膜和腹膜表面的单层扁平上皮，称间皮。其功能主要是有利于物质的透过和液体的流动，保持器官表面的润滑。内皮细胞能分泌多种生物活性物质。

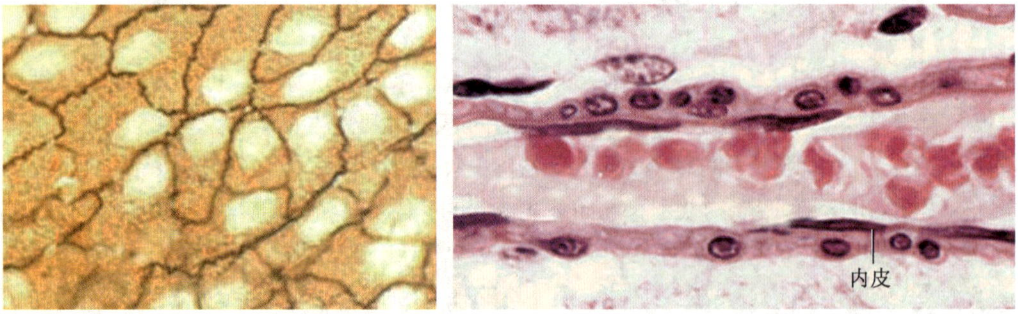

图2-1　单层扁平上皮

2. 单层立方上皮　由一层立方形细胞组成。表面观，细胞呈多边形；侧面观，细胞大致呈正方形；核圆，位于中央（图2-2）。分布于甲状腺滤泡、肾小管等处，有分泌和吸收功能。

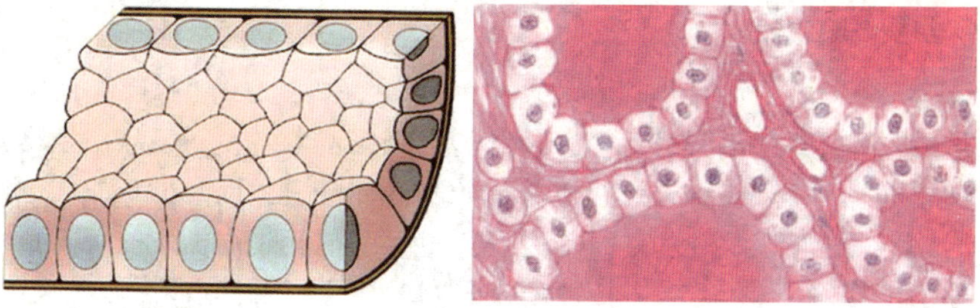

图2-2　单层立方上皮

3. 单层柱状上皮　由一层棱柱状细胞组成。表面观，细胞呈多角形；侧面观，细胞长方形，核长，呈椭圆形，多位于细胞近基底部（图2-3）。此种上皮分布在胃肠、胆囊和子宫等器官。在消化管道（小肠与大肠）的单层柱状上皮细胞间散在有杯状细胞，是一种单细胞的外分泌细胞。该类上皮大多有吸收或分泌功能。

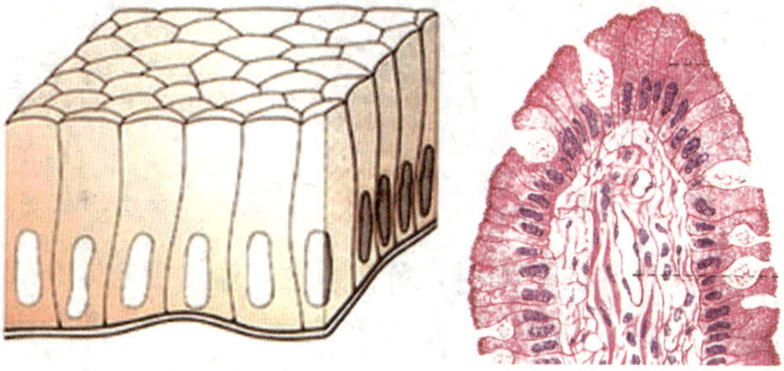

图2-3　单层柱状上皮

4. 假复层纤毛柱状上皮　由一层高矮不等的柱状、梭形、锥形和杯状细胞组成。柱状细胞最多，表面有大量纤毛。上皮细胞形态不同、高低不一，胞核的位置不在同一平面上，但基部均附着于基膜，侧面观，貌似复层，实为单层（图2-4）；上皮内杯状细胞较多。此种上皮主要分布在呼吸道黏膜，有保护和分泌功能。

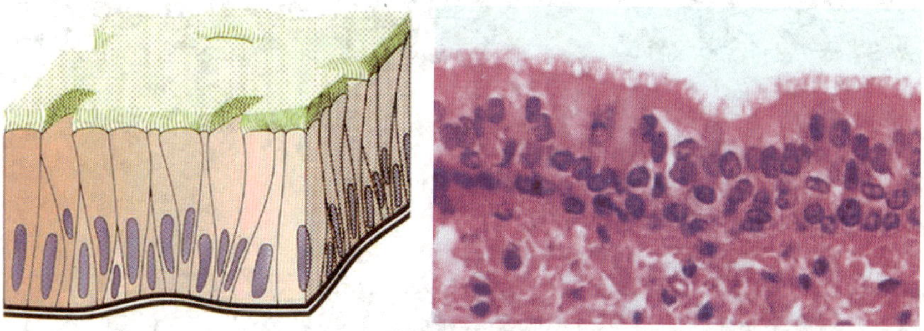

图2-4　假复层纤毛柱状上皮

（二）复层上皮

1. 复层扁平上皮　由多层细胞组成。侧面观，表层为数层扁平鳞片状细胞，故又称复层鳞状上皮；中间数层由深至浅为多边形和梭形细胞；紧靠基膜一层为砥柱状细胞，是有分裂增殖能力的干细胞（图2-5）。上皮与深部结缔组织的连接面凹凸不平。该类上皮能在最表层形成角化层的，称角化的复层扁平上皮，主要分布于皮肤的表皮；不形成角化层的，称未角化的复层扁平上皮（图2-6），主要分布在口腔、食管和阴道黏膜。复层扁平上皮具有很强的机械性保护作用。

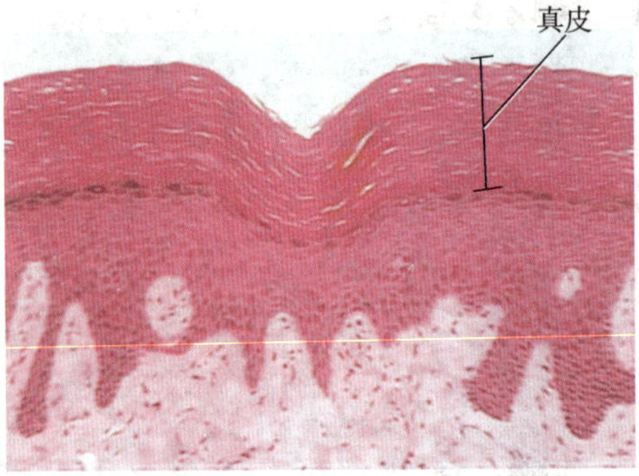

图2-5　角化的复层扁平上皮

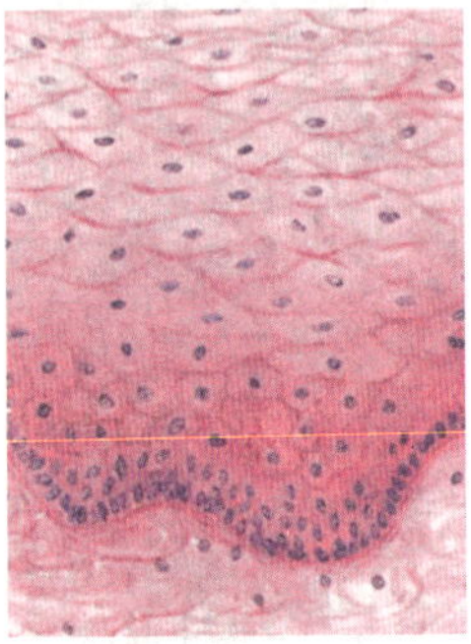
图2-6　未角化的复层扁平上皮

2. 变移上皮　又名移行上皮，主要分布在肾盂、输尿管、膀胱等处。由多层细胞组成，细胞形状和层数可随所在器官容积的大小变化而改变。如膀胱空虚时，上皮变厚，细胞层数变多，细胞体积变大；膀胱充盈扩张时，上皮变薄，细胞层数减少，细胞形状变扁。变移上皮有防止尿液侵蚀的作用（图2-7）。

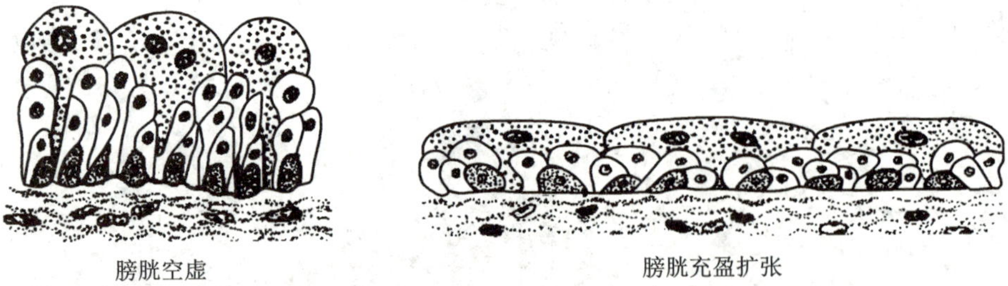

图2-7　变移上皮

二、腺上皮和腺

以分泌功能为主的上皮称腺上皮，以腺上皮为主构成的器官称腺。腺分为外分泌腺和内分泌腺，腺的发生见图2-8。外分泌腺的分泌物经导管排泌到体表或器官的腔面，如唾液腺、汗腺、乳腺等；内分泌腺无导管，腺细胞周围有丰富的毛细血管，其分泌物（称激素）直接释入血液，如垂体、甲状腺和肾上腺等。

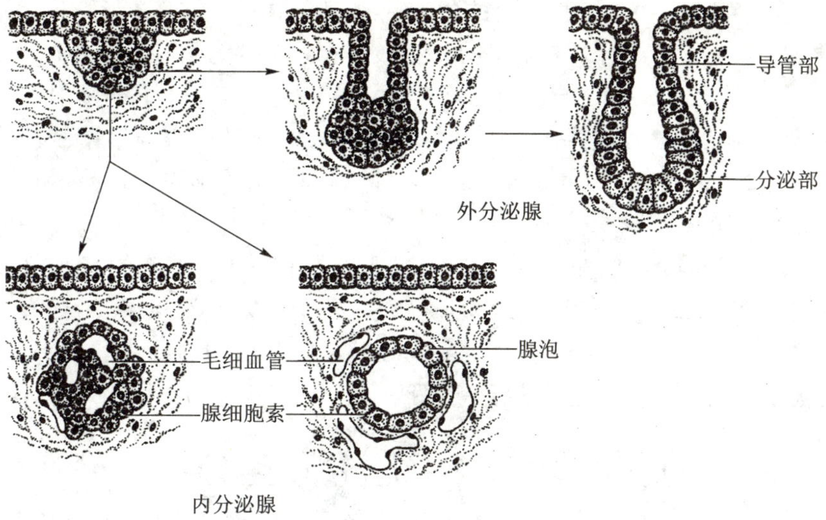

图2-8　腺发生模式图

1. 分泌部　分泌部呈泡状或管泡状，称腺泡；腺泡一般由单层腺细胞围成，中间有腺泡腔。腺细胞有浆液性腺细胞和黏液性腺细胞两种（图2-9）。

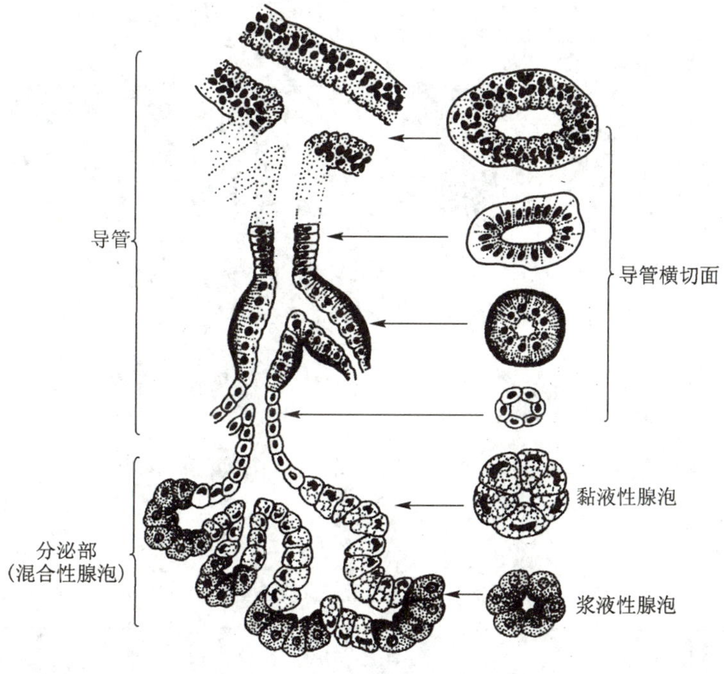

图2-9　外分泌腺的一般结构

（1）浆液性腺泡：由单层锥形或立方形的浆液性腺细胞围成，腺细胞具有分泌蛋白质细胞的结构特点。核圆形，位于基底部；顶部胞质嗜酸性，含有分泌颗粒；基部胞质嗜碱性，有丰富的粗面内质网和核糖体。其分泌物为稀薄的液体，通常含有丰富的酶。

（2）黏液性腺泡：由单层立方形的黏液性腺细胞围成，核扁圆形，位于细胞基底部。胞质色浅，含大量黏原颗粒。其分泌物较黏稠，主要为黏液，主要起润滑和保护作用。

（3）混合性腺泡：由浆液性腺细胞和黏液性腺细胞共同组成，常见形式为在黏液性腺泡的底部附有几个浆液性细胞，形如新月，称半月。浆液性腺细胞的分泌物经黏液性腺细胞间的小管排入腺泡腔。

2. 导管　导管与分泌部直接连通，有单层或复层上皮围成。导管的主要功能是排出分泌物，有的导管上皮细胞还兼有分泌功能。导管有无分支的腺体称单腺，有分支的称复腺；通常根据导管是否分支和分泌部的形状将外分泌腺命名为单管状腺、单泡状腺、单管泡状腺、复管状腺、复泡状腺、复管泡状腺等（图2-10）。

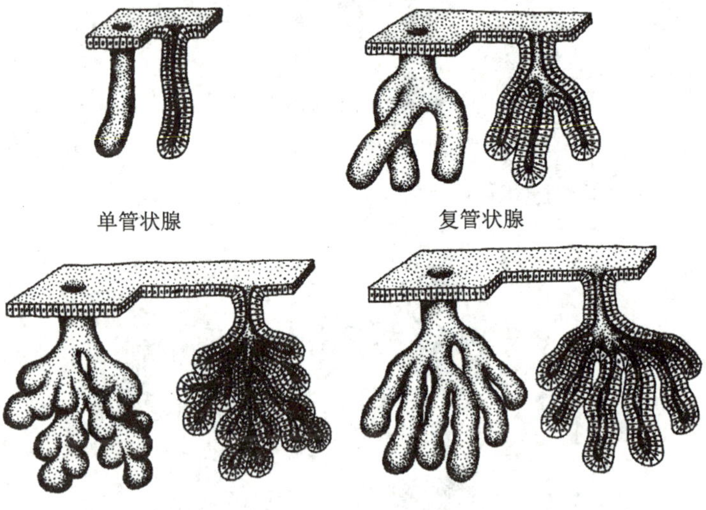

图2-10　外分泌腺的形态分类

三、上皮细胞的特殊结构

上皮细胞呈极性分布，由于功能的需要，在上皮细胞的游离面、基底面和侧面常形成一些特殊结构（表2-2，图2-11）。

表2-2　上皮细胞的特殊结构

位置	名称	结构特点	功能
游离面	微绒毛	上皮细胞的膜与胞质向表面伸出的细小的指状突起，内含纵行的微丝	显著扩大细胞表面积
	纤毛	上皮细胞的膜与胞质向表面伸出的粗且长的突起，内含纵行的9+2微管	定向节律性摆动

续表

位置	名称	结构特点	功能
侧面	紧密连接（闭锁小带）	靠近游离面，相邻细胞侧面间断性融合，呈箍状	连接和封闭作用
	中间连接（黏着小带）	紧密连接下方，相邻细胞间隙内充满丝状物，质膜的胞质面附有致密物和细丝	保持细胞形状和传递细胞收缩力
	桥粒（黏着斑）	中间连接的深部，细胞间隙中央有一条致密的中线，胞质面有致密物质构成的附着板，张力丝附着于该板上	一种很牢固的细胞连接，在易受机械性刺激和摩擦的复层扁平上皮多见
	缝管连接（通讯连接）	相邻细胞质膜上有直径为2nm小管通连	细胞间小分子物质交换和传递信息
基底面	基膜	上皮细胞基底面的质膜向细胞内凹陷形成，周围有纵向排列的线粒体	连接和支持作用，是一种半透膜
	质膜内褶	上皮与结缔组织间薄层均质膜，分为基板和网板	扩大细胞基底面的面积，利于水和电解质的转运
	半桥粒	上皮细胞一侧形成桥粒一半的结构	加强上皮与基膜的连接

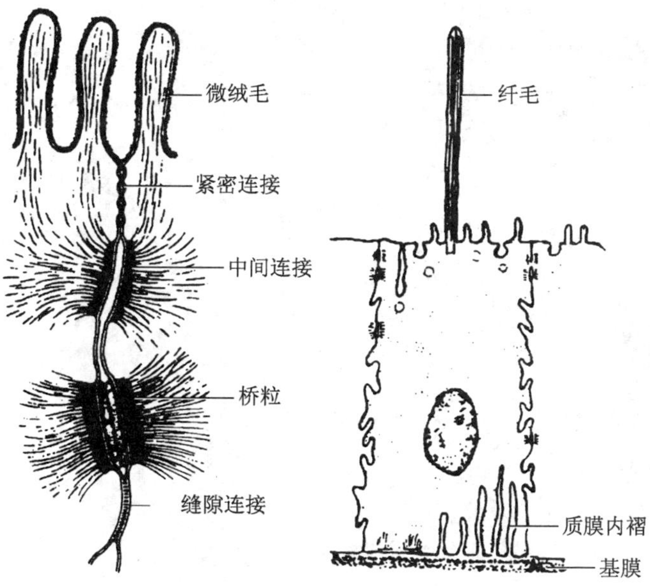

图2-11　上皮的特殊结构

上述细胞连接不但存在于上皮细胞间，也可见于其他组织的细胞间。当有两种或两种以上的细胞连接排列在一起时，称连接复合体。

知识卡片

上皮组织的生理功能及病理联系

一个健康人的全身有皮肤包裹，所有的内脏腔壁都有黏膜覆盖，健康的皮肤和黏膜形成完整的屏障，作为人体第一道防线，阻拦病原微生物入侵体内，起到保护层的作用。上呼吸道黏膜细胞表面密布纤毛，不停地朝咽喉部摆动，再由此咳出痰液和异物。冬春之际气候寒冷干燥，使支气管黏膜受到损伤，因而易患感冒。长期吸烟者易损伤呼吸道黏膜细胞，麻痹纤毛，所以易患慢性支气管炎等呼吸系统疾病。

慢性支气管炎患者支气管黏膜的假复层纤毛柱状上皮在慢性炎症的长期刺激下可转变为鳞状上皮。鳞状上皮对炎症抵抗力较强，但失去了假复层纤毛柱状上皮排除异物等正常功能。

被覆上皮细胞平时不断地进行生理性衰亡与再生，损伤后，也具有较强的再生能力。

上皮组织中含较多原癌基因，在致癌因素作用下可转化为癌基因，导致肿瘤的产生。来源于上皮组织的恶性肿瘤称为癌，癌是恶性肿瘤中最多见的类型。

据英国的皮肤科顾问医生安德鲁·莱特博士介绍。随着生成胶原蛋白（充当构建皮肤的支柱）的速度减缓，加上能够让皮肤迅速弹回去的弹性蛋白弹性降低，甚至发生断裂，人们在25岁左右皮肤开始自然衰老。但是，死皮细胞不会很快脱落。生成新皮细胞可能会略微减少。从而带来细纹和薄而透明的皮肤，这种现象一般可能到35岁左右才明显显现。抽烟或阳光损害会加快皮肤的老化。

讨论角

1. 名词解释：内皮、间皮。
2. 简述上皮组织的特点。
3. 详述各种被覆上皮的结构及分布。
4. 简述微绒毛、纤毛和基膜的结构及其功能。

第二节　结缔组织

学习目标

1. 比较结缔组织的分类、分布及其各类型的结构特点。
2. 分析疏松结缔组织、透明软骨组织、骨组织的结构。
3. 描述软骨分类、弹性软骨和纤维软骨的结构特点和功能。
4. 比较骨发生的基本过程，造血干细胞的基本概念和骨髓的组织结构。
5. 分析血液的组成和各种血细胞及血小板的结构、功能和正常值。
6. 描述血细胞和血小板的发生。

结缔组织在人体分布广泛，形态多样，由细胞和细胞外基质（又称细胞间质）组成。它与上皮组织相比，具有细胞种类多、数量少，细胞外基质成分多、结构复杂等特点；细胞无极性，分散存在于细胞外基质中。细胞外基质则由基质、纤维和不断更新的组织液组成。结缔组织有支持、连接、充填、营养、保护、修复和防御等功能。广义的结缔组织包括柔软的固有结缔组织、液态的血液和固态的软骨组织和骨组织。

结缔组织来源于胚胎时期的间充质，由间充质细胞和无定形基质组成。间充质细胞分化程度低，有很强的增殖分化潜能，在胚胎发生过程中可分化为各种结缔组织、平滑肌纤维和血管内皮等。出生后，结缔组织内仍保留少量未分化的间充质细胞。

一、固有结缔组织

一般所说的结缔组织指固有结缔组织，包括疏松结缔组织、致密结缔组织、脂肪组织和网状组织。

（一）疏松结缔组织

疏松结缔组织又称蜂窝组织，其特点是细胞种类较多，纤维数量少，排列稀疏；分布于器官、组织以及细胞之间；有支持、连接、充填、营养、保护、修复和防御等功能。

1. 细胞　疏松结缔组织的细胞包括成纤维细胞、巨噬细胞、浆细胞、肥大细胞、脂肪细胞、未分化的间充质细胞等（图2-12）。各类细胞的数量和分布随结缔组织存在的部位和功能状态而不同。

（1）成纤维细胞：是疏松结缔组织最常见的细胞，一般附在胶原纤维上。光镜下，细胞形态不规则，呈扁平多突起状；核较大，卵圆形，着色浅，核仁明显，HE染色标本上细胞轮廓不清（图2-12）。电镜下，胞质内有大量的粗面内质网、游离核糖体和发达的高尔基复合体。

成纤维细胞的功能是合成蛋白质，后者构成了疏松结缔组织中的各种纤维和基质。

成纤维细胞在功能处于静止状态时，称纤维细胞，其体积较小，细长梭形；核小色深。

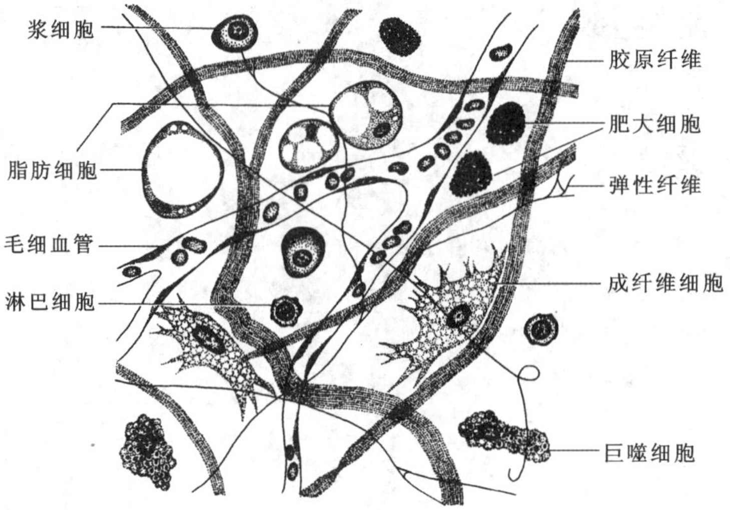

图2-12　疏松结缔组织

电镜下，胞质内粗面内质网少，高尔基复合体不发达（图2-13）。在创伤修复等情况下，纤维细胞可再转化为成纤维细胞。

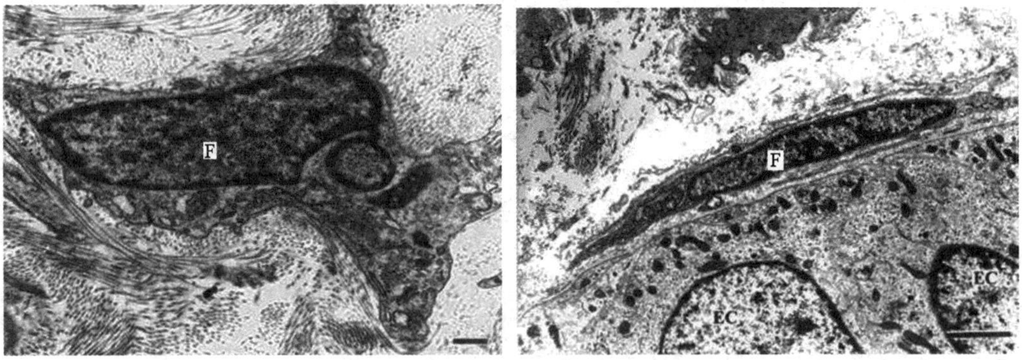

图2-13　成纤维细胞（左）和纤维细胞（右）超微结构模式图

（2）巨噬细胞：是体内广泛存在的一种免疫细胞，具有强大的吞噬功能，由血液内单核细胞穿出血管后分化形成。光镜下，形态多样，圆形或卵圆形；功能活跃者，常伸出突起；核小，卵圆形，染色深；胞质嗜酸性。电镜下，细胞表面布满许多不规则的皱褶和微绒毛，胞质内含大量的溶酶体，吞噬体，微丝和微管（图2-14）。

在疏松结缔组织内固定的巨噬细胞又称组织细胞，常沿胶原纤维散在分布。当巨噬细胞周围出现细菌的产物、炎症变性蛋白等物质时，它就会伸出伪足，沿这些化学物质的浓度梯度向高浓度部位移动，聚集到产生和释放这些化学物质的部位，这种特性称趋化性，这类化学物质，统称趋化因子。在趋化因子的作用下，固定的巨噬细胞活化为游走的巨噬细胞，并发挥以下功能。

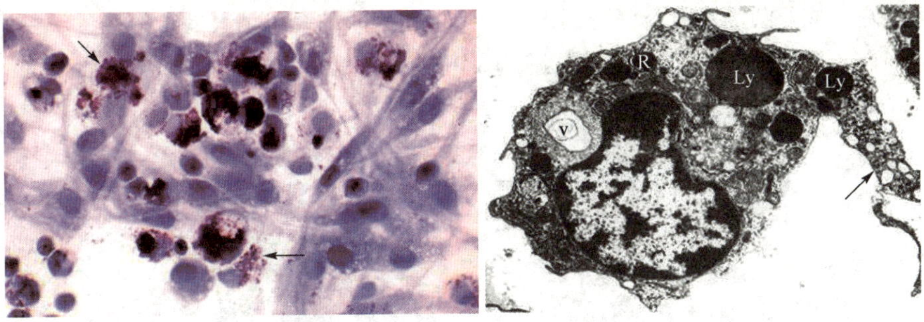

图2-14　巨噬细胞光镜结构（左）和超微结构（右）

1）吞噬功能：巨噬细胞有强大的吞噬功能，能吞噬细菌、异物和衰老的细胞，形成吞噬体或吞饮小泡；与初级溶酶体融合，形成次级溶酶体；异物颗粒被溶酶体酶消化分解，不能被消化的则成为残余体（如尘埃颗粒）。

2）抗原呈递作用：巨噬细胞吞噬抗原后，对抗原物质进行分解处理，并将抗原信息呈递给淋巴细胞，启动淋巴细胞的免疫应答。

3）分泌功能：巨噬细胞能合成和分泌上百种生物活性物质，如溶菌酶、干扰素、补体、白细胞介素-1（IL-1）等。溶菌酶能分解细菌的细胞壁，以杀灭细菌；干扰素是一种抗病毒的细胞因子；补体参与炎症反应、对病原微生物的溶解等过程；IL-1 能刺激骨髓中白细胞的增殖和释放入血。

（3）浆细胞：在疏松结缔组织内较少，而在病原微生物易于侵犯的部位如消化道、呼吸道固有结缔组织内含量较多。由B细胞在接受抗原刺激后转化而来。光镜下，浆细胞呈圆形或卵圆形；核圆形，多偏于细胞一侧，异染色质颗粒沿核膜呈辐射状排列；细胞质丰富，嗜碱性，核旁可见一浅染区。电镜下，浆细胞胞质内含有大量平行排列的粗面内质网、游离核糖体、发达的高尔基复合体和中心体（图2-15）。

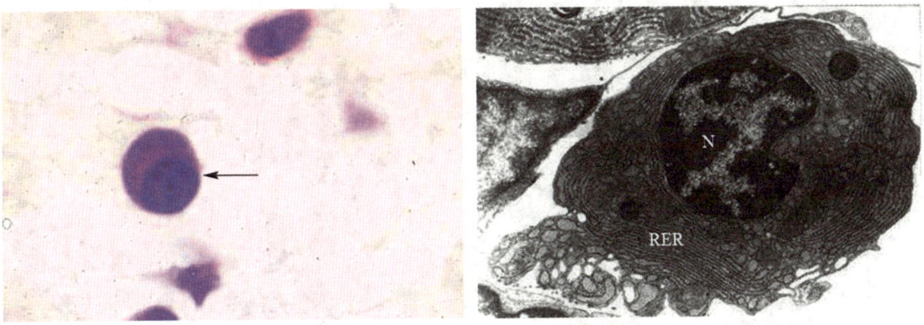

图2-15　浆细胞光镜结构（左）和超微结构（右）

浆细胞能合成和分泌免疫球蛋白，即抗体，参与机体体液免疫；能与抗原特异性结合形成抗原抗体复合物。

（4）肥大细胞：分布很广，常成群或散在于结缔组织中的小血管和小淋巴管周围。在身体与外界接触部位，如皮肤、呼吸道和消化道的结缔组织内较多。光镜下，肥大细胞体积较大，呈圆形或卵圆形；核小而圆，多位于中央；胞质内充满粗大的嗜碱性分泌颗粒。电镜下，肥大细胞表面有微绒毛及颗粒状隆起，胞质内含有大量的膜包颗粒（图2-16）。颗粒内含有肝素、组胺、嗜酸性粒细胞趋化因子等。

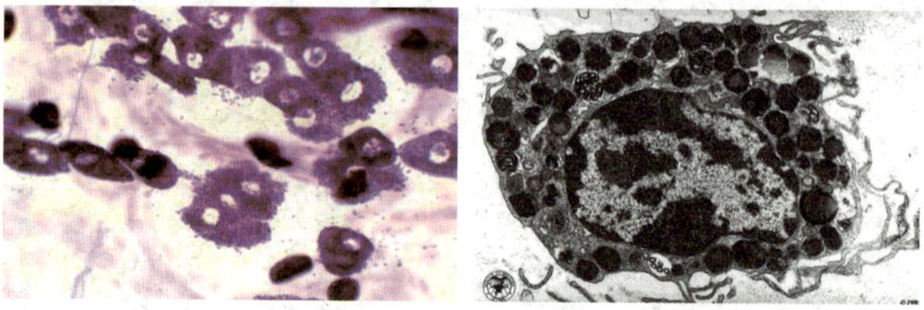

图2-16 肥大细胞光镜结构（甲苯胺蓝染色，左）和超微结构（右）

肥大细胞的功能是参与过敏反应。当肥大细胞受到过敏原刺激后，释放胞质内的白三烯和颗粒内的组胺，可使毛细血管扩张和通透性增加，小支气管平滑肌收缩，引起全身或局部的过敏反应，如过敏性休克、荨麻疹和支气管哮喘等。嗜酸性粒细胞趋化因子可引导嗜酸性粒细胞向过敏反应的部位迁移，从而减轻过敏反应；肝素则有抗凝血作用。

（5）脂肪细胞：单个或成群存在。光镜下，细胞体积大，呈球形或多边形；胞质内充满脂滴；核呈扁圆形，连同部分胞质位于细胞一侧，呈新月形。在HE染色标本中，脂滴被溶解，使细胞呈空泡状（图2-17）。脂肪细胞能合成、储存脂肪，并参与脂质代谢。

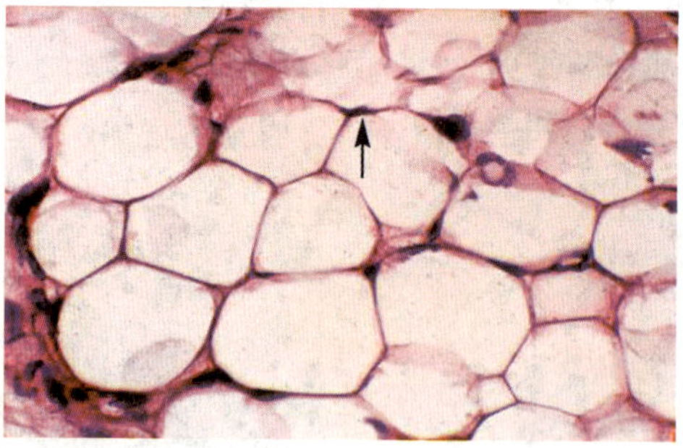

图2-17 脂肪细胞（↑）

（6）未分化的间充质细胞：分布在结缔组织的毛细血管周围，是结缔组织内的干细胞。其形态似纤维细胞，在HE染色标本上不易辨认。在炎症及创伤修复时可增殖分化为成纤维细胞、内皮细胞和平滑肌纤维等。

2. 纤维　疏松结缔组织中的纤维有胶原纤维、弹性纤维和网状纤维三种。

（1）胶原纤维：是疏松结缔组织中数量最多的纤维成分，新鲜时呈亮白色，故又称白纤维；HE染色嗜酸性，呈波浪状，粗细不等（图2-18）。胶原纤维韧性大，抗拉力强。

（2）弹性纤维：数量比胶原纤维少，新鲜时呈黄色，故又称黄纤维；HE染色呈红色，纤维较细，有分支并交织成网，断端常卷曲（图2-18），折光性较强；特殊染色可清晰显示。弹性纤维弹性强，易拉长，除去外力后立即恢复原状。

（3）网状纤维：HE染色不着色，可被银盐染为黑褐色，故又称嗜银纤维。网状纤维细而短，分支多，交织成网。主要分布在基膜的网板、淋巴管和造血器官等处。

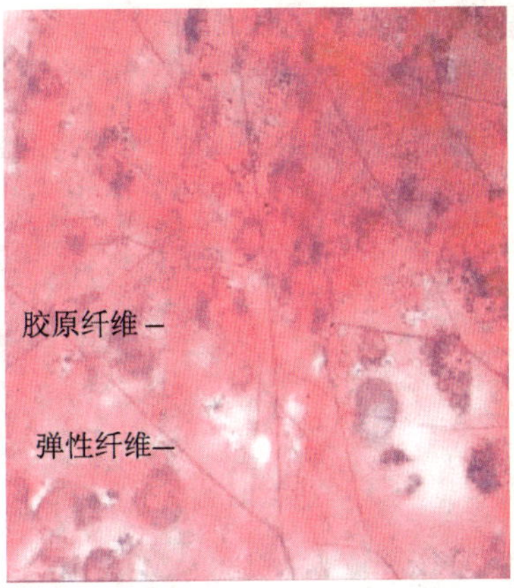

图2-18　胶原纤维和弹性纤维

3. 基质　疏松结缔组织中的基质为无定形的胶样物，无色透明，具有一定黏性，孔隙中有组织液。填充在结缔组织和纤维之间，其生物大分子主要为蛋白多糖。

（1）蛋白多糖：是蛋白质和糖胺多糖结合而成，又称黏多糖，为基质的主要成分。蛋白质包括连接蛋白和核心蛋白；糖胺多糖包括透明质酸，硫酸软骨素A、C，硫酸角质素，硫酸肝素等。蛋白多糖以透明质酸为中心，其他糖胺多糖则与核心蛋白结合，构成蛋白多糖亚单位；通过连接蛋白与透明质酸结合在一起。此构形为多微孔的立体分子筛（图2-19），该分子筛具有屏障作用，小于孔隙的物质可以通过，大于孔隙的如细菌、异物等不能通过。溶血型链球菌、癌细胞和蛇毒等能分泌透明质酸酶，分解透明质酸，使屏障解体，致使感染和肿瘤扩散。

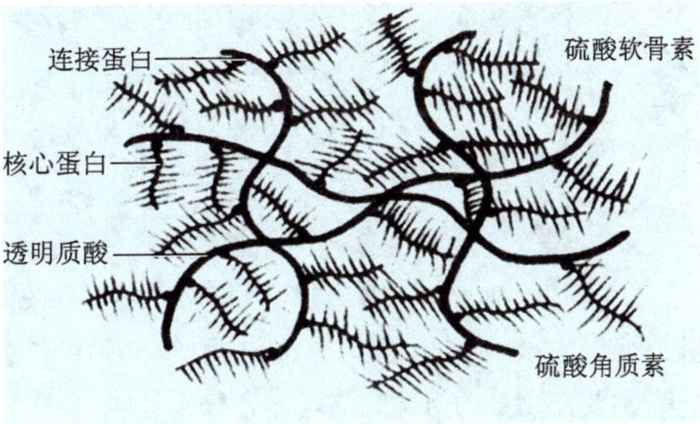

图2-19　分子筛结构模式图

（2）组织液：在毛细血管动脉端，血浆中的水、电解质、单糖、气体分子等物质通过毛细血管壁，渗入基质中，成为组织液。细胞通过组织液获得营养和氧气，并向其中排出代谢产物和CO_2。组织液在毛细血管静脉端或毛细淋巴管返回到血液中。组织液的不断更新，有利于血液与组织中的细胞进行物质交换，成为细胞赖以生存的内环境。

（二）致密结缔组织

致密结缔组织是一种含有大量纤维的固有结缔组织，纤维粗大，排列致密，细胞和基质成分很少，其主要功能是支持和连接。根据纤维的性质和排列方式，可将致密结缔组织分为两种。

1. 不规则致密结缔组织　主要见于真皮、硬脑膜、巩膜及许多器官的被膜等处，其特点是含有粗大的胶原纤维，而且纤维排列纵横交错，纤维之间含少量基质和成纤维细胞（图2-20）。

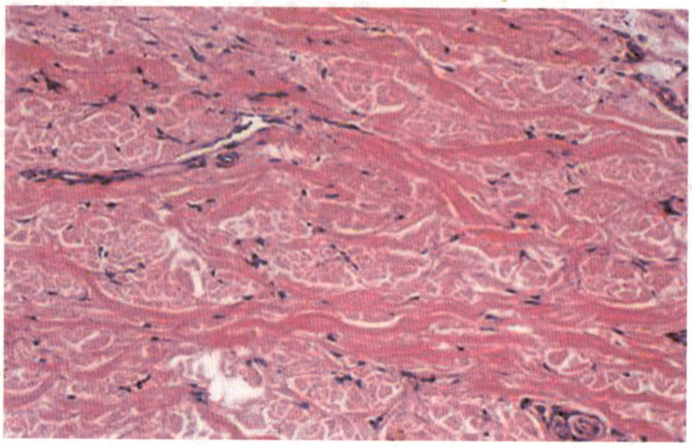

图2-20　不规则致密结缔组织（真皮）

2. 规则致密结缔组织　主要构成肌腱和腱膜。其特点是大量密集的胶原纤维沿着受力方向平行排列成束，束间有腱细胞，后者是一种特殊形态的成纤维细胞（图2-21）。

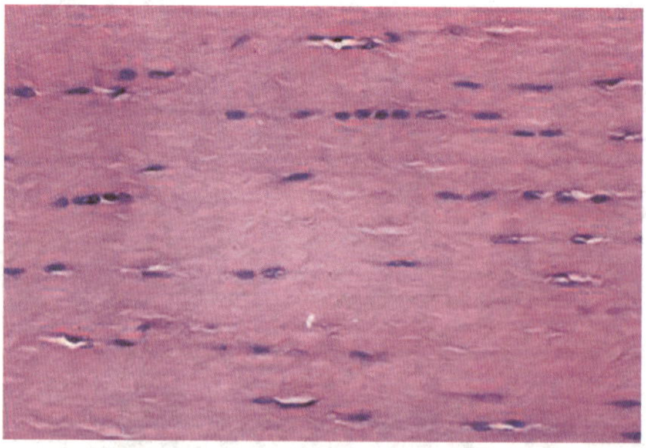

图2-21　规则致密结缔组织（肌腱）

3. 脂肪组织　脂肪组织主要由群集的脂肪细胞构成，并由疏松结缔组织分隔成许多脂肪小叶（图2-22）。主要作用是为机体的活动储存和提供能量。

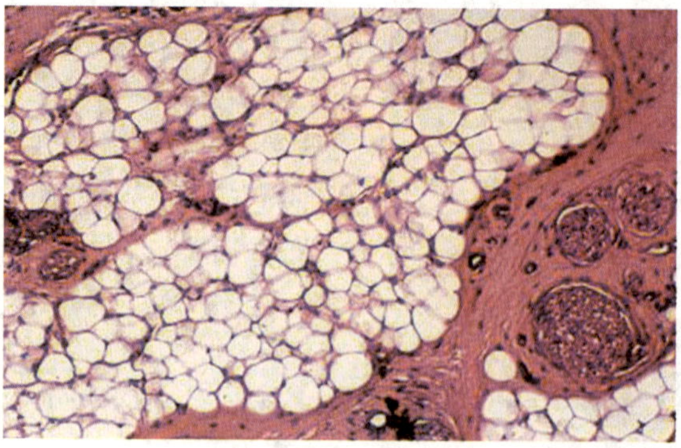

图2-22　脂肪组织

4. 网状组织　网状组织由网状细胞和网状纤维和基质构成（图2-23）。网状细胞成星形、多突起，突起彼此互相连接，能合成产生网状纤维。网状纤维分支交错，连接成网，是网状细胞依附支架。网状组织主要分布于淋巴器官、造血器官，为血细胞的发生和淋巴细胞的发育提供适宜的微环境。

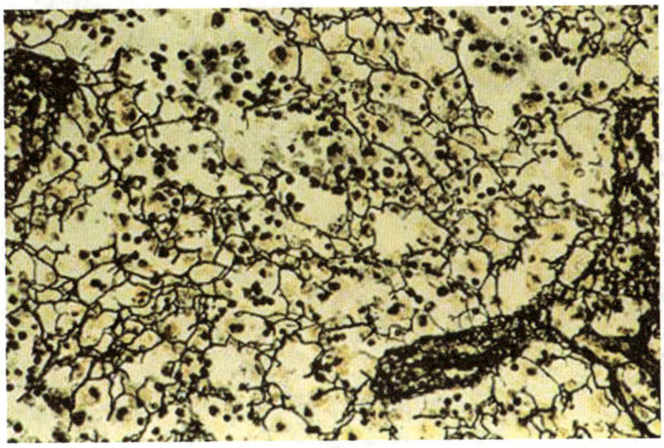

图2-23　网状组织

二、软骨与骨

软骨和骨构成人体的骨骼系统，分别是由软骨组织和骨组织为主要成分构成的器官。软骨组织和骨组织的共同特点是细胞外基质均呈固态，软骨组和骨组织不同之处在于细胞外基质的纤维与基质的成分与性质不同。

（一）软骨

软骨是由软骨组织及其周围的软骨膜构成。软骨内无血管、淋巴管和神经。软骨的营养由软骨膜经软骨基质渗透至软骨深部。软骨较硬并略有弹性，是胚胎早期的主要支架成分，有一定的支持和保护作用。

1. 软骨组织　软骨组织为固态的结缔组织，由软骨细胞、基质及纤维构成。

（1）软骨细胞：由软骨膜内的骨祖细胞分化而来。靠近软骨表面的是幼稚软骨细胞，体积小，单个分布。越向软骨中央，软骨细胞越成熟，体积逐渐增大，呈圆形或椭圆形，胞质丰富（图2-24）。电镜下，可见胞质内含丰富的粗面内质网和发达的高尔基复合体，还有一些脂滴和糖原。软骨细胞有形成纤维和基质的功能。

软骨细胞位于基质中的软骨陷窝内。软骨细胞周围的基质染色深，称软骨囊。软骨中央部分常见2~8个软骨细胞同位于一个软骨陷窝内，它们由一个软骨细胞分裂而来，称同源细胞群。

（2）软骨基质：即软骨细胞分泌的细胞外基质，由纤维和基质组成。纤维成分埋于基质中，使软骨具有一定的韧性和弹性，纤维成分的种类及多少因软骨类型而异。基质为固态，主要成分为软骨黏蛋白，并结合了大量的水。软骨黏蛋白由蛋白质和多糖（如硫酸软骨素等）组成，硫酸软骨素的含量越多，基质嗜碱性越强。

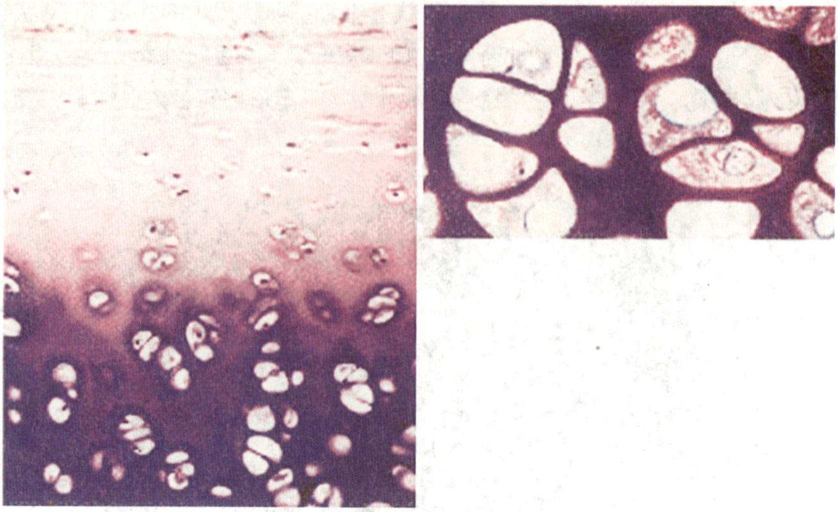

图2-24 软骨组织（透明软骨）光镜像

2. 软骨膜　除关节软骨外，其表面被覆一层致密的结缔组织，即软骨膜（图2-24）。软骨膜内除含有血管、淋巴管和神经外，还有骨祖细胞。

3. 软骨的类型　根据软骨基质中所含纤维成分的不同，软骨可分为透明软骨、纤维软骨和弹性软骨。

（1）透明软骨：新鲜时呈半透明状，分布于气管软骨、关节软骨和肋软骨等处。基质中纤维成分主要是交织排列的胶原原纤维，纤维很细，折光率与基质相同，故在HE染色切片上不能分辨。基质中含大量水分，使透明软骨呈半透明状（图2-24）。透明软骨具有较强的抗压性，并有一定的弹性和韧性。

（2）弹性软骨：分布于耳郭、会厌等处，其结构与透明软骨相似，仅在基质中含有大量交织成网的弹性纤维（图2-25），其特点为弹性大。

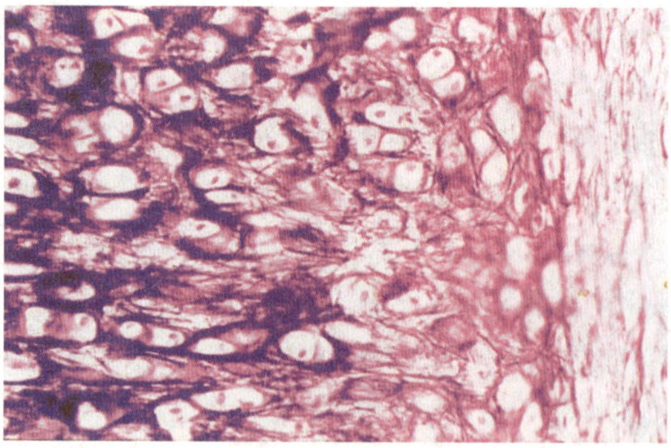

图2-25 弹性软骨

（3）纤维软骨：分布于椎间盘、关节盘及耻骨联合等处。其结构特点为基质内含大量成束的胶原纤维，平行或交错排列；软骨细胞较小而少，成行排列于胶原纤维束之间（图2-26）。

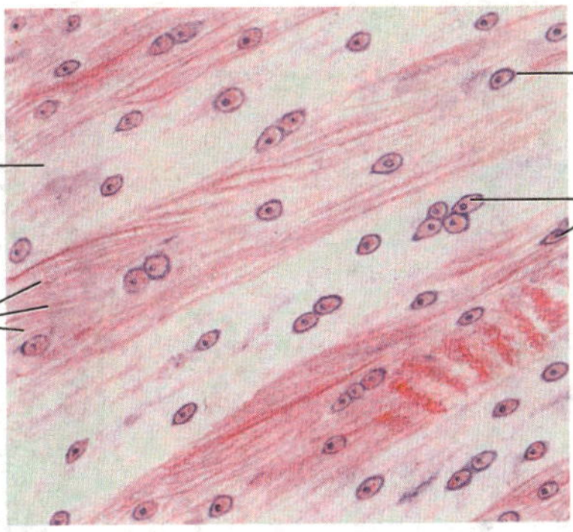

图2-26　纤维软骨

（二）骨

骨主要由骨组织、骨膜及骨髓等构成。骨组织是坚硬而有一定弹性的结缔组织。

1. 骨组织　骨组织由细胞及大量钙化的细胞外基质（又称骨基质）构成（图2-27，图2-28）。

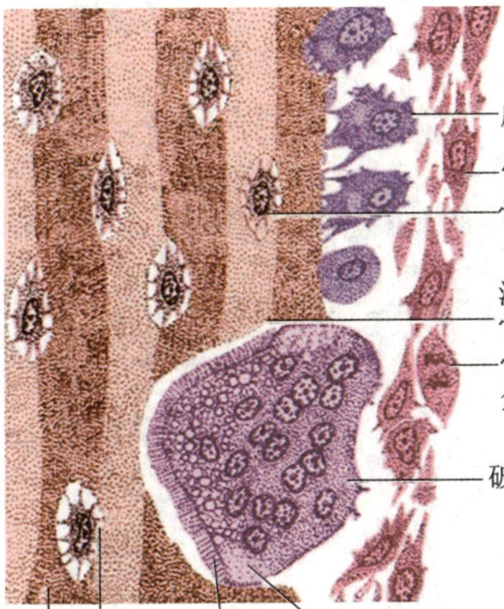

图2-27　骨组织的各种细胞

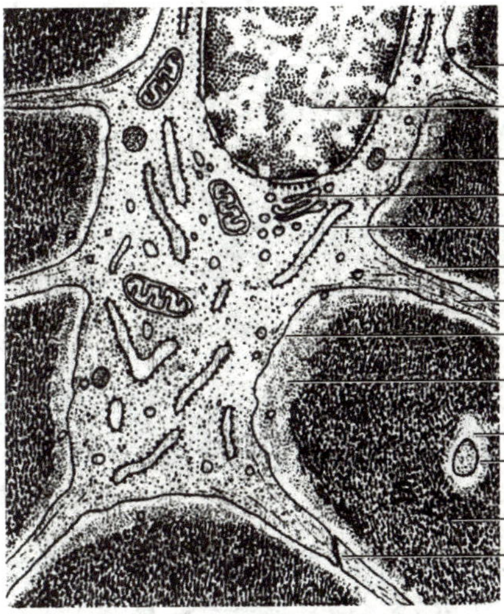

图2-28　骨组织的超微结构模式图

（1）细胞：骨组织内的细胞种类较多，有骨祖细胞、成骨细胞、骨细胞及破骨细胞等（图2-27）。

1）骨祖细胞：又称骨原细胞，存在于骨外膜及骨内膜贴近骨组织处（图2-27）。骨祖细胞是一种干细胞，当骨组织生长或改建时，增殖分化为成骨细胞。

2）成骨细胞：胞体较大，核大而圆，胞质嗜碱性。分布在骨组织表面。电镜下，可见胞质内大量粗面内质网和发达的高尔基复合体。成骨细胞产生胶原纤维和基质，形成类骨质；类骨质钙化为骨质，成骨细胞被埋于骨基质中，转变为骨细胞。

3）骨细胞：细胞体小，呈扁椭圆形，具有许多细长的突起，单个分散于骨板内或骨板间。骨细胞的胞体占据的空间，称骨陷窝，骨细胞突起所占据的空间，称骨小管。骨小管彼此通连，相邻骨细胞突起之间有缝管连接。骨陷窝和骨小管内含有组织液，骨细胞从中获取营养并排出代谢产物。

4）破骨细胞：数量较少，散在分布于骨组织边缘，由多个单核细胞融合而成，是一种多核巨细胞，胞质嗜酸性。电镜下，细胞贴近骨基质的一侧有许多不规则的微绒毛，称皱褶缘。破骨细胞可释放溶酶体酶和乳酸等，有溶解和吸收骨基质的作用（图2–29）。破骨细胞属于单核–吞噬细胞系统的成员，具有很强的溶骨、吞噬和消化能力。在骨组织内，破骨细胞和成骨细胞相辅相成，共同参与骨的生长和改建。

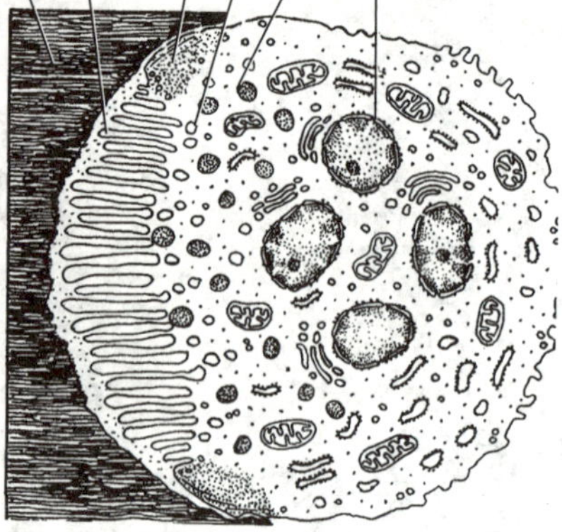

图2–29　破骨细胞超微结构模式图

（2）骨基质：即骨质，由有机成分和无机成分组成。有机成分约占骨组织重量的35%，含有大量（占有机成分的90%）骨胶纤维（即胶原纤维）及少量无定形基质。骨组织的胶原纤维约为人体胶原纤维总量的50%。无定形基质占有机成分的10%，主要成分是糖蛋白及其复合物，除有黏合胶原纤维的作用外，还对钙离子和羟基磷灰石有很高的亲和性，促进骨盐的形成。骨基质内的无机成分称骨盐，约占骨组织重量的65%，主要为羟基磷灰石结晶，呈细针状，沿胶原原纤维长轴排列。骨盐沉积于呈板层状排列的骨胶纤维上，形成坚硬的板状结构，称骨板。同一骨板内的骨胶纤维平行排列，相邻骨板内的骨胶纤维相互垂直。这种结构特点，有效地增加了骨的支撑力。

骨板是骨组织的特征性结构。以骨板为基本结构的骨，称板层骨。成人骨绝大多数为板层骨。

2. 长骨的结构　长骨由骨松质、骨密质、骨膜、关节软骨及血管、神经等构成。

（1）骨松质：多分布于长骨的骨骺，为大量针状或片状的骨小梁相互连接而成的多孔隙网架结构，网眼中充满红骨髓。

（2）骨密质：多分布于长骨骨干处，由不同类型的骨板构成。根据骨板排列方式的不同，骨板分为四种（图2–30）。

1）外环骨板：环行排列于骨干的外周面，较厚而整齐。

2）内环骨板：沿骨干的骨髓腔面排列，较薄，不整齐。内、外环骨板均有横向穿行的管道，称穿通管，其内含血管、神经等。

3）骨单位：又称哈弗斯系统，是长骨中其支持作用的主要结构。呈长筒状，位于内、外环骨板之间，是骨密质的主要结构单位（图

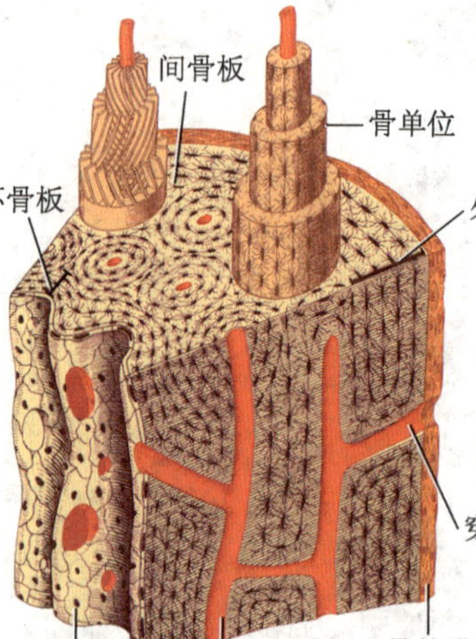

图2–30　长骨骨干立体结构模式图

2-31)。骨单位中央有一条纵行的管道，称中央管，又称哈弗斯管；哈弗斯管周围是10~20层同心圆排列的哈弗斯骨板，又称骨单位骨板。哈弗斯管与穿通管相通，是血管和神经的通路。

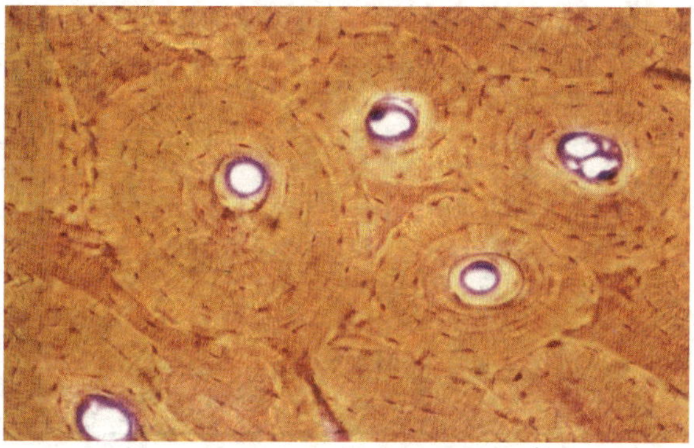

图2-31　哈弗斯系统（长骨横切面）

4）间骨板：是充填在骨单位间或骨单位与环骨板之间的一些不规则平行骨板，是骨生长和改建过程中，旧的骨单位或内、外环骨板被破坏吸收后残留的部分。

（3）骨膜：除关节面以外，骨的内、外表面均被覆一层致密结缔组织膜，即骨膜。在外表者，称骨外膜，其结构和功能与软骨膜相似。在骨髓腔面、骨小梁的表面、中央管及穿通管的内表面者，称骨内膜。其纤维细而少，富含血管、神经和骨祖细胞。骨膜的主要作用是营养骨组织，并为骨的生长和修复提供成骨细胞。

三、血液

血液是流动于心血管内的一种液状结缔组织，由血浆和血细胞组成。成人的循环血容量约5L，占体重的7%~8%。抽取少量血液加入适量抗凝剂，静止或离心沉淀后，可分出3层：上层为淡黄色的液体，称血浆；中间的薄层为白细胞和血小板；下层为红细胞（图2-32）。血浆相当于结缔组织的细胞外基质，约占血液容积的55%，其中90%是水，其余为血浆蛋白（包括白蛋白、球蛋白、纤维蛋白原等）、脂蛋白、无机盐、酶、激素和各种代谢产物。血液流出血管后，溶解状态的纤维蛋白原转变为不溶解状态的纤维蛋白，凝固成血块。血块静置后即析出淡黄色透明的液体，称血清。

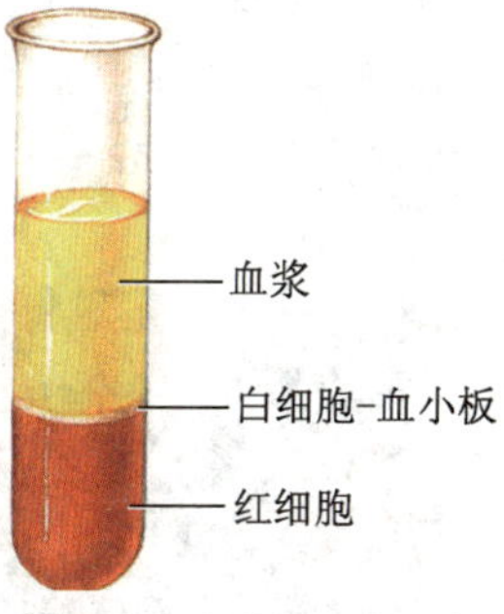

图2-32　血浆与细胞比容

血细胞约占血液容积的45%。常用光镜下观察血涂片的染色方法为Wright或Giemsa染色。在正常生理情况下，血细胞有一定的形态结构，并有相对稳定的数量（表2-3）。血细胞形态、数量、比例和血红蛋白含量的测定，称血象。患病时，血象常有显著变化，故检查血象对了解机体状况和诊断疾病十分重要。

表2-3　血细胞分类和计数的正常值

<table>
<tr><th>血细胞</th><th colspan="2">正常值</th></tr>
<tr><td>红细胞</td><td colspan="2">男：（4.0~5.5）$\times 10^{12}$/L
女：（3.5~5.0）$\times 10^{12}$/L</td></tr>
<tr><td>白细胞</td><td>（4.0~10）$\times 10^{9}$/L</td><td>中性粒细胞50%~70%
嗜酸性粒细胞0.5%~3%
嗜碱性粒细胞0~1%
单核细胞3%~8%
淋巴细胞25%~30%</td></tr>
<tr><td>血小板</td><td colspan="2">（100~300）$\times 10^{9}$/L</td></tr>
</table>

（一）血细胞

1. 红细胞　红细胞呈双凹圆盘状，中央较薄，周缘较厚，直径7.0~8.5μm，故在血涂片标本上中央染色较浅、周缘较深（图2-33）。这种形态的红细胞具有较大的表面积，以适应其携带O_2和CO_2的功能。新鲜大量红细胞使血液呈猩红色。

成熟红细胞没有细胞核，胞质内也无细胞器，而在胞质内充满血红蛋白，使红细胞呈红色。正常成人血液中血红蛋白的含量：男性为120~150g/L，女性为110~140g/L。血红蛋白有结合与运输O_2和CO_2的功能。

红细胞的形态具有可塑性，当红细胞遇到小于自身直径的毛细血管时，可改变形状，通过毛细血管后再恢复为双凹圆盘状。

红细胞质膜上有血型抗原A和（或）血型抗原B，是一种糖蛋白，构成人类的ABO血型抗原系统，在临床输血中具有重要意义。

红细胞的平均寿命约120天。衰老的红细胞在经过脾和肝时，被巨噬细胞所吞噬。与此同时，每天红骨髓生成和释放一定数量幼稚红细胞进入外周血液，这种未成熟红细胞，称为网织红细胞（图2-34）。网织红细胞内残留部分核糖体，用煌焦油蓝染色后呈细网状。成

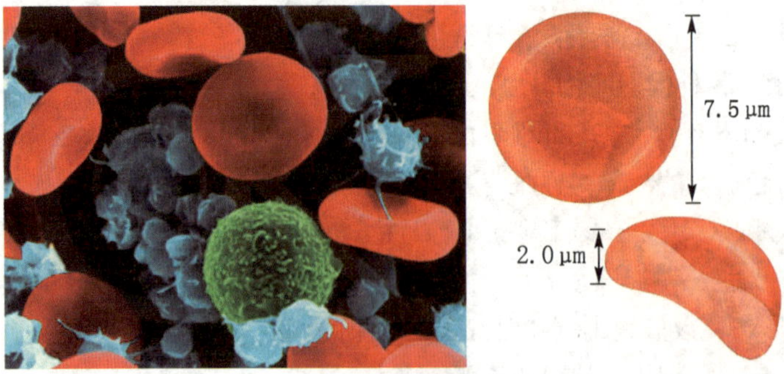

图2-33　人红细胞扫描电镜像

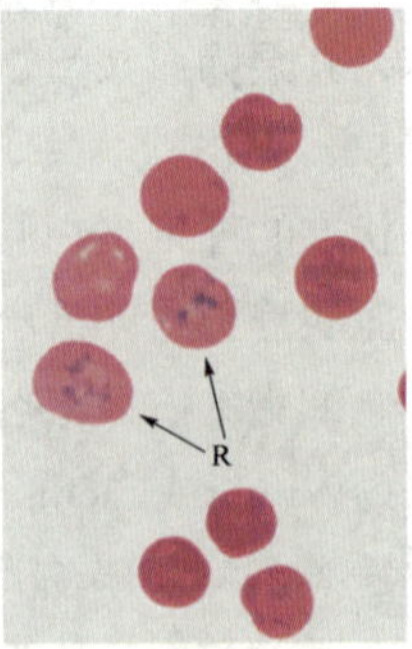

图2-34　网织红细胞

人血液内的网织红细胞占红细胞总数的0.5%~1.5%，新生儿可高达3%~6%。网织红细胞在血流中经过1~3天后完全成熟，核糖体消失。在骨髓造血功能发生障碍的病人，网织红细胞计数降低。若贫血患者的网织红细胞在治疗后计数增加，说明治疗有效。

2. 白细胞　白细胞为一类有核的球形细胞，体积比红细胞大，能做变形运动，主要执行防御和免疫功能。成人白细胞的正常值为（4.0~10.0）$\times 10^9$/L。婴幼儿稍高于成人。血液中白细胞的数量受多种生理因素的影响，如劳动、运动、饮食及妇女月经期等。光镜下，根据白细胞胞质内有无特殊颗粒，可将其分为有粒白细胞和无粒白细胞两类。有粒白细胞又根据颗粒的嗜色性，分为中性粒细胞、嗜酸性粒细胞和嗜碱性粒细胞。无粒白细胞分为单核细胞和淋巴细胞。

（1）中性粒细胞：数量最多，占白细胞总数的50%~70%。核染色质呈团块状。核形态多样，有的呈弯曲杆状，称杆状核；有的呈分叶状，叶间有细丝相连，称分叶核。核以2~3叶者居多（图2-35）。核的分叶数与细胞在血流中停留的时间长短有关，核分叶数越多表明细胞越老化。当机体受细菌严重感染时，大量中性粒细胞从骨髓进入血液，杆状核与2叶核的细胞增多，称核左移；4~5叶核的细胞增多，称核右移，表明骨髓造血功能有障。中性粒细胞的胞质染成粉红色，含有许多细小的淡紫色及淡红色颗粒。颗粒有嗜天青颗粒和特殊颗粒。嗜天青颗粒较少，呈紫色，约占颗粒总数的20%；电镜下呈圆形或椭圆形，是一种溶酶体，含有酸性磷酸酶和髓过氧化物酶等，能消化分解吞噬的异物（图2-35）；髓过氧化物酶是中性粒细胞的标志酶。特殊颗粒约占颗粒总数的80%，内含碱性磷酸酶、吞噬素、溶菌酶等。吞噬素又称防御素，具有杀菌作用。溶菌酶能溶解细菌表面的糖蛋白。

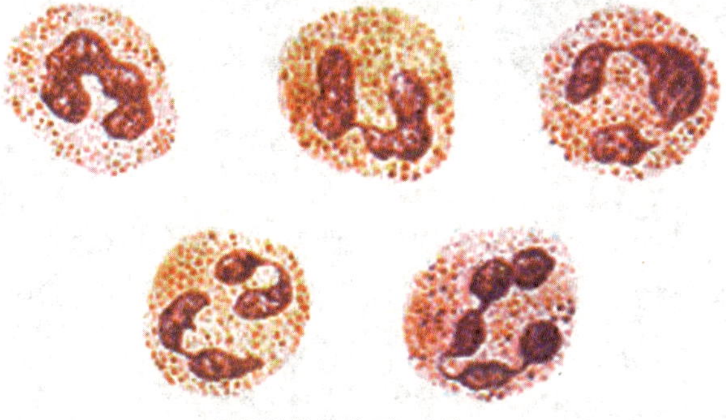

示杆状核演变至5叶核

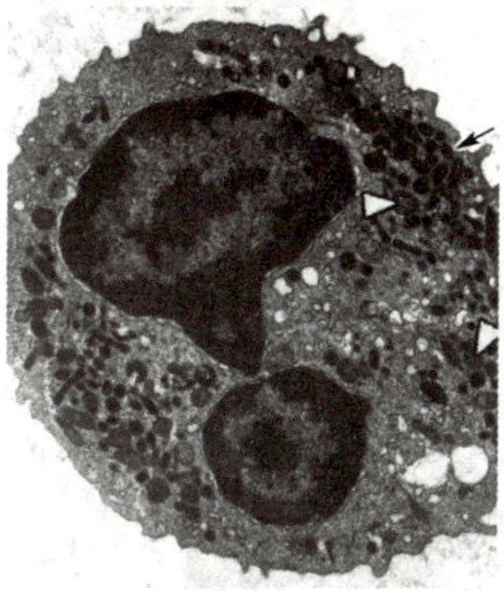

图2-35　中性粒细胞光镜结构（左）和超微结构（右）

中性粒细胞有吞噬功能和趋化作用。中性粒细胞以变形运动穿出毛细血管，聚集到细菌感染部位；吞噬细菌后，在胞质内形成吞噬体。吞噬体被各种水解酶、溶菌酶和其他有杀菌作用的蛋白质、多肽等成分以及经呼吸爆发过程（氧依赖性杀菌途径）杀死并分解消化。中性粒细胞吞噬细菌后，自身也死亡，成为脓细胞。

（2）嗜酸性粒细胞：占白细胞总数的0.5%~3.0%。核常为2叶，胞质内充满粗大、均匀的嗜酸性颗粒。颗粒含有酸性磷酸酶、芳基硫酸酯酶、过氧化物酶和组胺酶等（图2-36）。嗜酸性粒细胞能吞噬抗原抗体复合物，释放组胺酶灭活组胺，从而减弱过敏反应。在过敏性疾病或寄生虫感染时，血液中嗜酸性粒细胞增多。

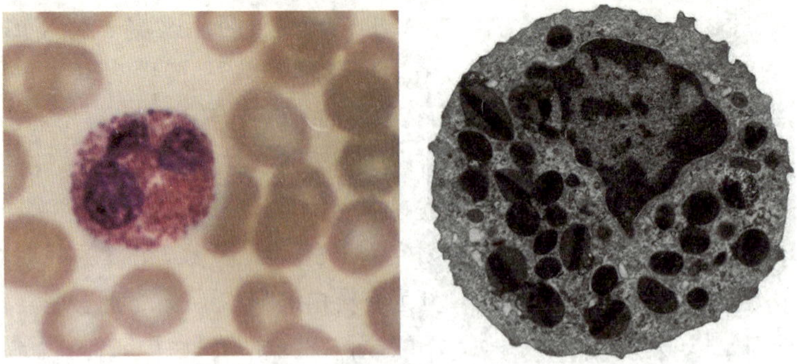

图2-36　嗜酸性粒细胞光镜结构（左）和超微结构（右）

（3）嗜碱性粒细胞：数量最少，占白细胞总数的0~1%。胞核分叶。胞质内含有嗜碱性颗粒，大小不等，分布不均。电镜下，嗜碱性颗粒内充满细小微粒（图2-37）。颗粒内含有肝素、组胺，胞质内含白三烯。嗜碱性粒细胞与肥大细胞的分泌成分相同，也参与过敏反应。

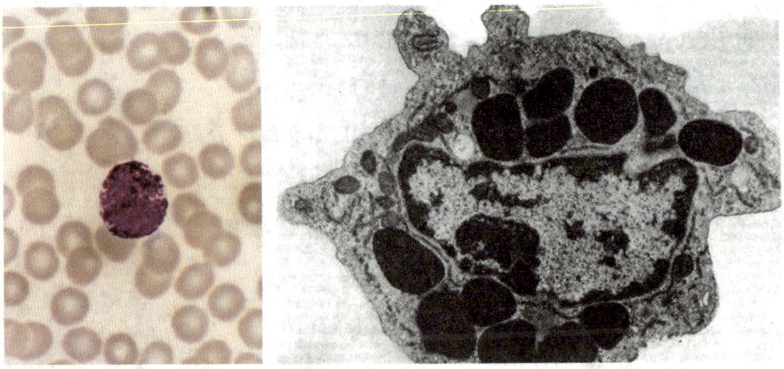

图2-37　嗜碱性粒细胞光镜结构（左）和超微结构（右）

（4）单核细胞：占白细胞总数的3%~8%，是体积最大的白细胞，呈圆形或椭圆形，直径14~20 μm。核呈卵圆形、肾形或马蹄形等。染色质着色较浅。胞质较多，含有许多细小的嗜天青颗粒。颗粒内含过氧化物酶、酸性磷酸酶、非特异性酯酶和溶菌酶。电镜下，细胞表面有皱褶和微绒毛，胞质内有许多吞噬泡，颗粒有溶酶体样结构（图2-38）。

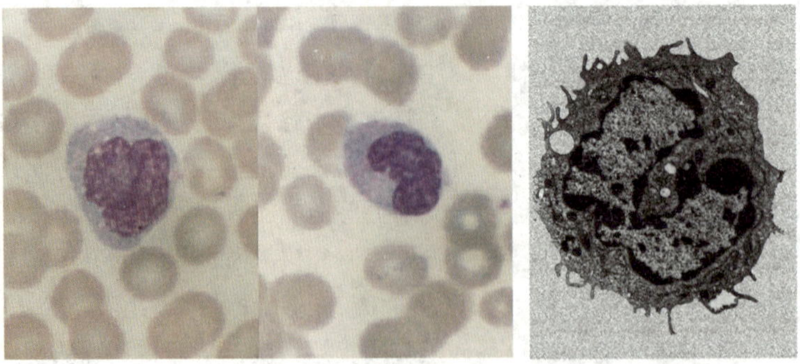

图2-38　单核细胞光镜结构（左、中）和超微结构（右）

单核细胞有活跃的变形运动、明显的趋化性和吞噬功能。单核细胞在血流中停留12~48h后，穿出血管，进入结缔组织或其他组织后分化为巨噬细胞等具有强吞噬功能的细胞。

（5）淋巴细胞：占白细胞总数的25%~30%，呈圆形或椭圆形，大小不等。分为小淋巴细胞（直径6~8 μm）、中淋巴细胞（直径9~12 μm）和大淋巴细胞（直径9~12 μm）。三种淋巴细胞可以相互转化，大淋巴细胞通过多次分裂变成小淋巴细胞，小淋巴细胞可母化成大淋巴细胞。小淋巴细胞，数量最多，核圆形，染色质着色深，胞质很少，含少量嗜天青颗粒。中淋巴细胞，胞质较多，可见少量嗜天青颗粒。少数大、中淋巴细胞的核呈肾形，胞质内含有较多大嗜天青颗粒的，称大颗粒淋巴细胞。电镜下，淋巴细胞胞质内主要是大量的游离核糖体，其他细胞器均不发达（图2–39）。

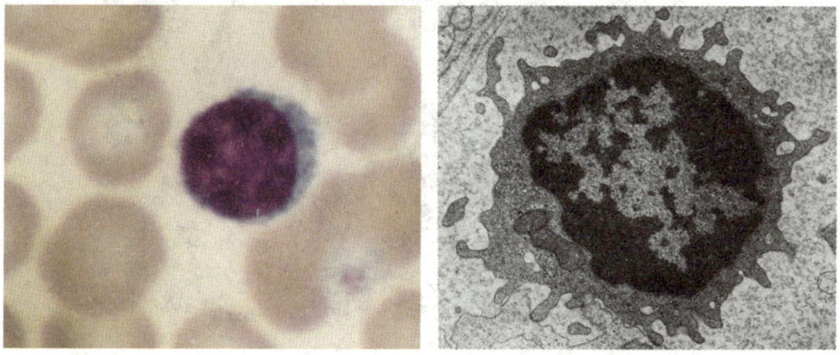

图2–39　淋巴细胞光镜结构（左）和超微结构（右）

3. 血小板　正常值为（100~300）×10^9/L。血小板是从骨髓中巨核细胞胞质脱落的碎片，故无细胞核，表面有完整的质膜。血小板呈双凸圆盘状。在血涂片中，常呈多角形，聚集成群；中央部有蓝紫色的颗粒，称颗粒区；周边部呈均质浅蓝色，称透明区。颗粒区有特殊颗粒、致密颗粒和少量溶酶体；特殊颗粒内含血小板因子Ⅳ、血小板源性生长因子等；致密颗粒较小，内含5–羟色胺、钙离子等。透明区含微管和微丝，参与血小板形状的维持和变形。血小板内还有开放小管系统和致密小管系统；开放小管系统的管道与血小板质膜相连续，借此可增加血小板与血浆的接触面积，利于摄取血浆物质和释放颗粒内容物；致密小管系统是封闭的小管，能收集钙离子和合成前列腺素等。血小板参与止血和凝血过程。血小板减少到一定程度引起的皮下出血，临床上称为血小板减少性紫癜。血小板寿命为7~14天（图2–40）。

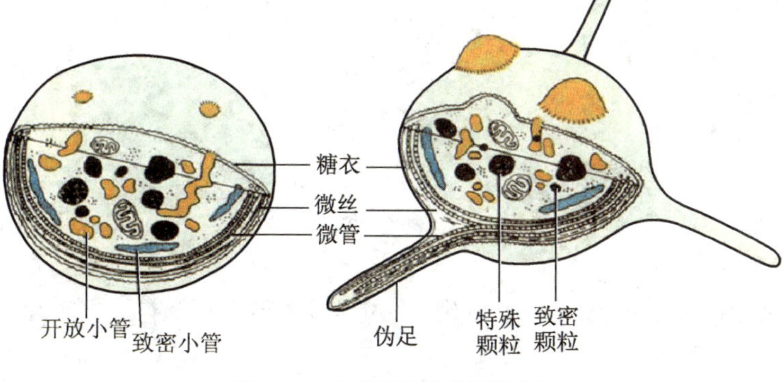

图2–40　血小板超微结构模式图

（二）造血组织

1. 造血组织的发生　人最早的血细胞发生于胚胎卵黄囊的血岛。胚胎第6周，从卵黄囊迁入肝的造血干细胞开始造血，第4~5个月脾内造血干细胞增殖分化产生各种血细胞。从胚胎后期至出生后，骨髓成为主要的造血器官，并保持终生。

2. 骨髓　位于骨髓腔中，占体重的4%~6%，是人体最大的造血器官（图2-41）。骨髓分红骨髓和黄骨髓。

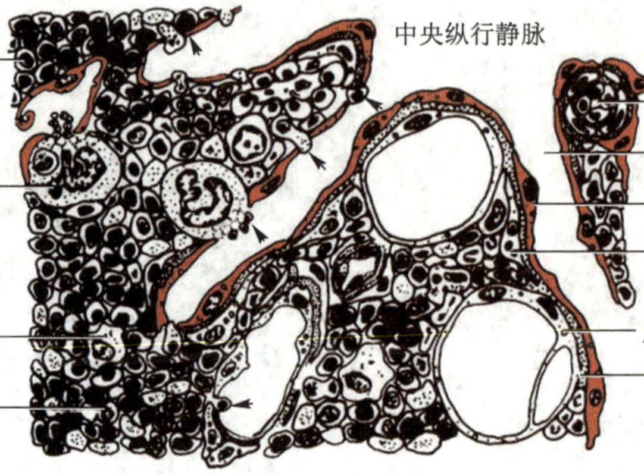

图2-41　骨髓组织结构

红骨髓主要由造血组织和血窦构成，造血组织位于血窦之间。

（1）造血组织：主要由网状组织和造血细胞组成。网状细胞和网状纤维构成造血组织的网架。网孔中充满不同发育阶段的各种血细胞，以及少量造血干细胞、巨噬细胞、脂肪细胞和间充质细胞等。

造血细胞赖以生长发育的内环境，称造血诱导微环境。造血诱导微环境由骨髓神经成分、微血管系统、纤维、基质以及各类基质细胞等组成。基质细胞包括网状细胞、成纤维细胞、血窦内皮细胞、巨噬细胞和脂肪细胞等。基质细胞不仅起支持作用，且分泌多种细胞因子，调节造血细胞的增殖与分化。

（2）血窦：骨髓血窦腔大、形状不规则，内皮基膜不完整。血窦壁是骨髓造血组织与血循环间的一道屏障，称骨髓-血屏障。

（三）血细胞发生

1. 造血干细胞　是生成各种血细胞的原始细胞，又称多能干细胞，起源于卵黄囊血岛，其基本特性是：① 有很强的增殖潜能，在一定条件下能反复分裂，大量增殖；② 有多向分化能力，在一些因素的作用下能分化形成不同的祖细胞；③ 有自我复制能力，形成一个数量稳定的造血干细胞库。

2. 造血祖细胞　是由造血干细胞分化来的定向干细胞，主要有：① 红细胞系造血祖细胞，在红细胞生成素作用下生成红细胞；② 粒细胞-单核细胞系造血祖细胞，是中性粒细胞和单核细胞共同的祖细胞；③ 巨核细胞系造血祖细胞，需在血小板生成素作用下形成巨核细胞集落，最终产生血小板。

3. 血细胞发生过程的形态演变　血细胞的发生是一连续发展过程（图2-42），各种血细胞的发育大致可分为三个阶段：原始阶段、幼稚阶段（又分早、中、晚三期）和成熟阶段。骨髓涂片检查是血液病诊断的重要依据。

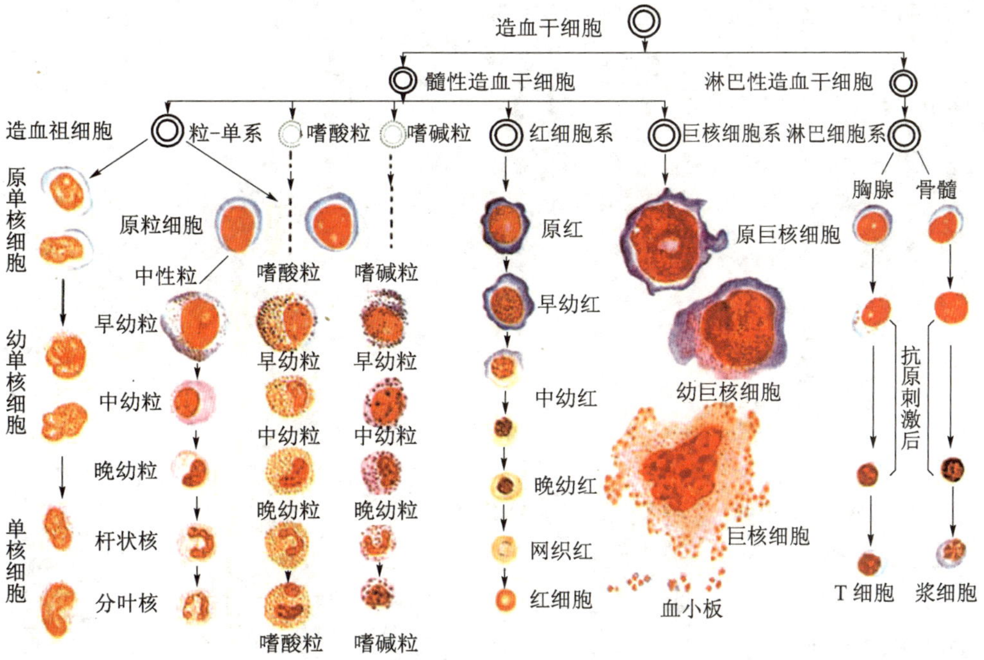

图2-42　血细胞发生示意图

血细胞发生过程中形态变化的一般规律是：① 胞体由大变小，而巨核细胞则由小变大。② 核由大变小，红细胞的核最后消失；粒细胞的核逐渐变成杆状至分叶；巨核细胞的核由小变大。③ 胞质的量由少逐渐增多，胞质嗜碱性逐渐变弱，但单核细胞和淋巴细胞仍保持嗜碱性，胞质内的特殊结构由无到有并逐渐增多。④ 细胞分裂能力从有到无（淋巴细胞除外）。

知识卡片

脐带血干细胞移植

多年来，骨髓干细胞移植一直是治疗白血病的方案之一，而脐带血干细胞移植是一种全新的治疗方法。脐带血指新生婴儿在被结扎后留存在脐带和胎盘中的血液，这些血液中含有大量具有增殖活力的干细胞，能根据需要分化为不同的血细胞。与骨髓干细胞移植相比，脐带血干细胞移植有独特的优势：① 脐带血资源丰富；② 对供者（母婴）无任何不良影响；③ 病毒感染的风险较低；

④ 对人类白细胞抗原（HLA）配型相合的要求相对降低，可扩大供者范围；⑤ 能快速获得移植供者，避免大范围寻找供者耽误时间；⑥ 移植后发生排斥反应的危险性较低。脐带血干细胞移植治疗的疾病主要包括：白血病、再生障碍性贫血、各种恶性肿瘤等。此外，有望在不久的将来，脐带血干细胞可用于治疗糖尿病、肝病、肾病和老年病等40余种疾病。

英国风湿病学教授罗伯特•穆兹解释说："在我们的一生中，老化骨骼总是被破骨细胞破坏，由造骨细胞代替，这个过程叫骨转换"。儿童骨骼生长速度很快，只需2年就可完全再生。成年人的骨骼完全再生需要10年。25岁前，骨密度一直在增加。但是，35岁骨质开始流失，进入自然老化过程，绝经后女性的骨质流失更快，可能会导致骨质疏松。骨骼大小和密度的缩减可能会导致身高降低，椎骨中间的骨骼会萎缩或者碎裂，80岁时人们的身高会降低5cm。

讨论角

1. 结缔组织有哪些类型？有何共同特点？与上皮组织相比，固有结缔组织有何特点？
2. 疏松结缔组织由哪些成分组成？其纤维和基质有何结构与功能特点？
3. 试述巨噬细胞、浆细胞、成纤维细胞、肥大细胞的分布、光镜结构及主要功能。
4. 试述成纤维细胞与纤维细胞的形态结构与两者的功能联系。
5. 试述疏松结缔组织、致密结缔组织和网状组织的结构特点与分布。
6. 比较透明软骨、弹性软骨和纤维软骨在分布、结构和功能上的不同。
7. 骨组织的细胞有哪些？骨祖细胞、成骨细胞、骨细胞结构各有何特点？三者之间在功能上有何联系？
8. 何谓类骨质、骨基质、骨板、骨单位？
9. 骨基质与骨板之间是什么关系？骨密质与骨松质的区别是什么？
10. 简述长骨骨干之密质骨的结构特点（或骨密质骨板存在的形式）。
11. 试述血细胞的分类及各类血细胞的正常值。
12. 试述红细胞的主要形态特点及功能。
13. 试述有粒白细胞、无粒白细胞的结构和功能特点。
14. 简述红骨髓的组织结构。
15. 血细胞的发生分为哪几个阶段？分化过程中，血细胞的形态变化有哪些规律？

第三节　肌组织

学习目标

1. 掌握三种肌组织的光镜结构。
2. 归纳骨骼肌纤维和心肌纤维超微结构的异同点。

肌组织主要由具有收缩功能的肌细胞构成，肌细胞之间有少量结缔组织、血管、淋巴管和神经等。肌细胞呈细长的纤维状，所以又称肌纤维。肌细胞膜称肌膜，细胞质称肌质，肌质中有大量与细胞长轴平行排列的肌丝，肌丝是肌纤维收缩、舒张的结构基础。

根据结构和功能特点，肌组织分为骨骼肌、心肌、平滑肌3类。骨骼肌和心肌在光镜下显示明暗相间的横纹，又称横纹肌。骨骼肌的收缩活动受意识控制，为随意肌。心肌和平滑肌的活动不受意识控制，为不随意肌。

一、骨骼肌

骨骼肌一般借肌腱附于骨骼，收缩迅速而有力，主要分布于头颈部、躯干和四肢等处。

（一）骨骼肌纤维的光镜结构

骨骼肌纤维呈细长圆柱状，直径10~100μm，长短不一，短的仅数毫米，长的可达数厘米。骨骼肌纤维是有横纹的多核细胞，一条肌纤维内有几十个甚至几百个核，核呈扁椭圆形，位于细胞周边靠肌膜分布。肌质内有大量与肌纤维平行排列的肌原纤维，每条肌原纤

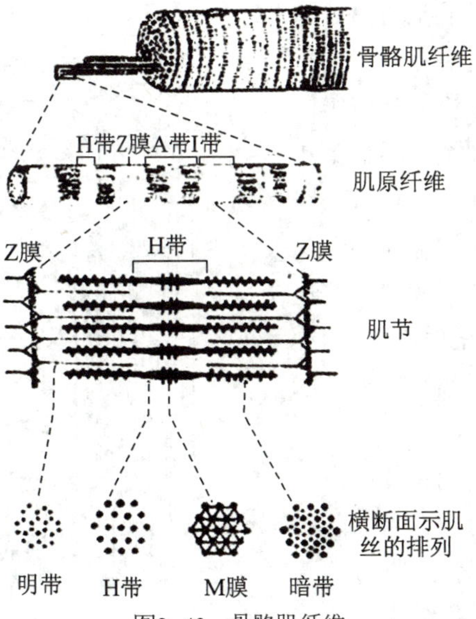

图2-43　骨骼肌纤维

维上都有明暗相间的带，对位整齐地排列在同一平面上，因而使肌纤维在纵切面上呈现出明暗相间的周期性横纹（图2-43）。明带又称I带，暗带又称A带。暗带中央有一色浅的窄带，称H带，H带中央有一条色深的M线。在明带中央也有一条色深的线，称Z线。相邻两条Z线之间的一段肌原纤维称为肌节（图2-44）。每个肌节由1/2I带+A带+1/2I带组成。因此，肌原纤维是由许多肌节连接而成的，一条肌原纤维可以由几百个肌节组成。肌节是肌原纤维结构和功能的基本单位，是骨骼肌纤维收缩和舒张的结构基础。

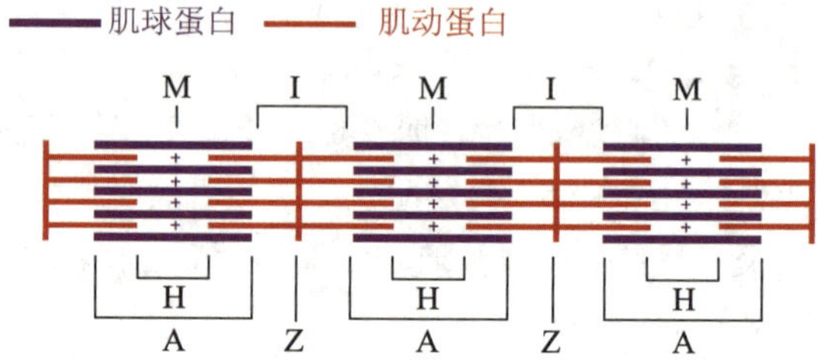

图2-44 肌节

I带：含细肌丝；H带（A带中部）：含粗肌丝；H带两侧的A带：含粗、细肌丝

（二）骨骼肌纤维的超微结构

在电镜下，可见到肌原纤维、横小管、肌质网、线粒体等结构（图2-45）。

1. 肌原纤维 每条肌原纤维由数千条粗、细两种肌丝有规律地平行排列组成，肌丝由蛋白质分子聚合而成。粗肌丝位于A带，中央固定于M线上，两端游离，表面有许多小的突起，称横桥；细肌丝的一端固定在Z线上，位于I带，另一端伸入A带内，围绕在粗肌丝的周围，达H带的边缘。当肌纤维收缩时，粗肌丝的横桥与细肌丝结合，牵拉细肌丝向M线的方向滑行，使I带和H带的宽度同步缩窄，肌节随之缩短；当肌纤维舒张时，I带和H带同步变宽，肌节延长；A带的宽度在肌纤维收缩或舒张时均不改变。

2. 横小管 又称T小管，是肌膜陷入肌纤维内部，围绕在肌原纤维周围的小管，其走行方向与肌纤维长轴垂直（图2-45）。人和哺乳动物的横小管位于A带和I带交界处。同一水平的横小管相互连通，其功能是将肌膜的兴奋迅速传入肌纤维内部，从而引起一条肌原纤维各肌节的同步收缩。

3. 肌质网 是肌纤维内特化的滑面内质网，位于相邻两条横小管之间，包绕在肌原纤维的周围，大部分走行方向与肌纤维的长轴一致，故又称纵小管（图

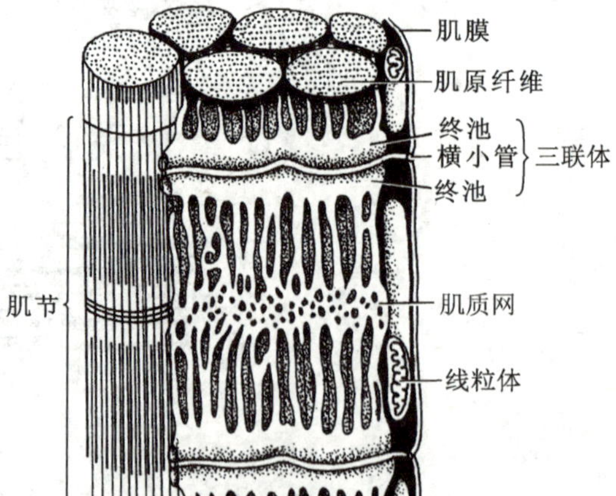

图2-45 骨骼肌纤维超微结构模式图

2-45）。肌质网在靠近横小管的两侧较扩大，并互相吻合成与横小管平行并紧密相贴的环形扁囊，称为终池。横小管及其两侧的终池合称三联体（图2-45）。肌质网的功能是通过储存和释放钙离子，调节肌质中钙离子的浓度，参与骨骼肌纤维的收缩与舒张过程。

二、心肌

心肌主要由心肌纤维构成，分布于心壁及靠近心的大血管根部。心肌收缩具有自动节律性，缓慢而持久，不易疲劳。

1. 心肌纤维的光镜结构　心肌纤维呈短圆柱形，有分支。多数心肌纤维有一个椭圆形的核，少数有两个核，位于细胞中央。心肌纤维也有横纹，但不如骨骼肌的横纹明显。相邻心肌纤维两端的连接处，有着色较深的线，称闰盘（图2-46）。

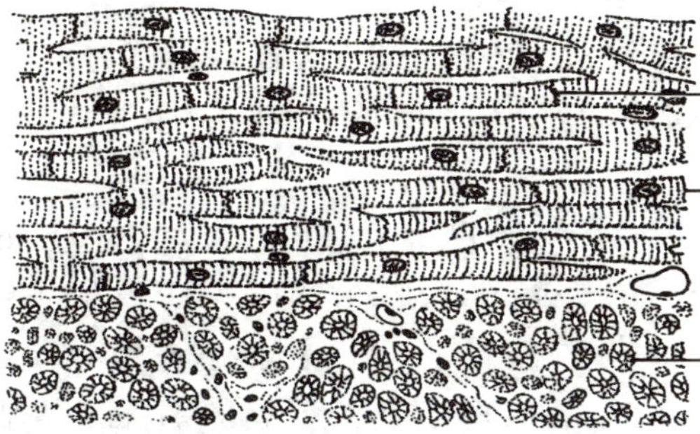

图2-46　心肌纤维光镜结构

2. 心肌纤维的超微结构　心肌纤维的超微结构与骨骼肌纤维基本相似，既有规则排列的粗、细肌丝及其构成的肌节，又有横小管和肌质网等结构，但与骨骼肌纤维相比较，心肌纤维具有如下特点：① 没有明显的肌原纤维，而是粗细不等的肌丝束。② 横小管较粗，位于Z线水平（图2-47）。③ 肌质网稀疏，纵小管不发达，终池小而且少，多见横小管与一侧的终池相贴形成二联体。因此，心肌纤维的储钙能力低。④ 闰盘位于Z线水平，它的横向连接面上有中间连接和桥粒，起牢固的连接作用；纵向连接面上存在缝隙连接，便于细胞间化学信息的交流和电冲动的传导，这对于心肌收缩和舒张的同步化是十分重要的。

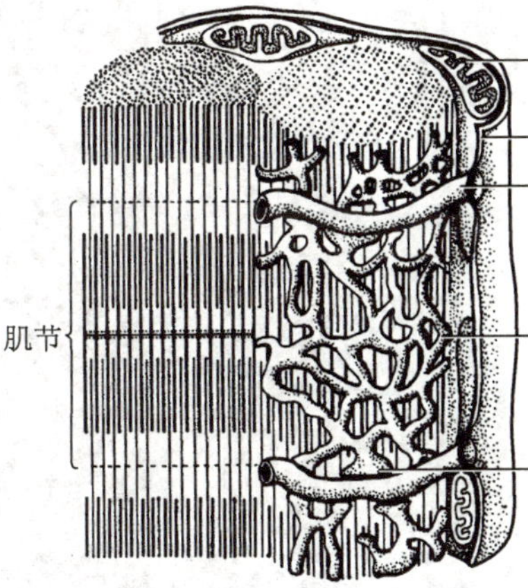

图2-47　心肌纤维超微结构模式图

知识卡片

心肌纤维的分类

根据形态、结构、分布和功能，心肌纤维可分为三类：① 工作心肌纤维，是指心室、心房有收缩功能的普通心肌纤维；② 传导系统心肌纤维，是一种特殊分化的心肌纤维，构成心的传导系统，包括窦房结、房室结和房室束；③ 具有内分泌功能的心肌纤维。经研究表明（1983年），心肌纤维不仅具有节律性收缩功能，还可以分泌多种激素和生物活性物质，如心房钠尿肽、脑出血钠素、内源性类洋地黄素、抗心律失常肽、肾素血管紧张素、心肌生长因子等，对促进心肌组织的生长，增强心肌收缩力等有重要作用。

三、平滑肌

平滑肌主要由平滑肌纤维构成，广泛分布于内脏器官和血管壁等中空性器官的管壁内，故又称内脏肌。此外，皮肤的竖毛肌、眼球壁的睫状肌、瞳孔括约肌、瞳孔开大肌等也都属于平滑肌。

平滑肌纤维呈长梭形，长短不一，短的只有20μm，长者可达500μm（如妊娠子宫平滑肌）。每条平滑肌纤维只有一个杆状或长椭圆形的细胞核，位于细胞的中央。核两端的胞质丰富，呈嗜酸性。平滑肌纤维可单独存在，但多数是成束或成层分布的（图2-48）。在同一层内，相邻的平滑肌纤维彼此平行排列并互相嵌合。故在横切面上，肌纤维的直径显得粗细不等，有的可见细胞核，有的未见细胞核（图2-48）。

平滑肌纤维多成层或成束排列。在相邻的肌纤维间有发达的缝隙连接，便于细胞间化学信息交流和冲动传递，使成层或成束的平滑肌纤维同步收缩，从而形成一个功能整体。

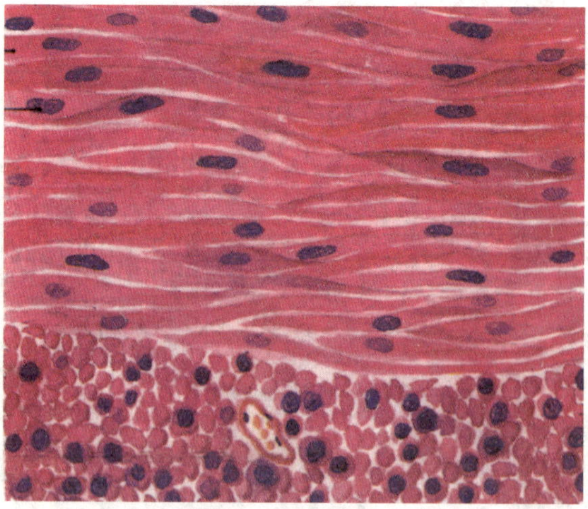

图2-48　平滑肌横切和纵切（HE染色）

讨论角

案例分析题：患者，女，22岁，2周前曾患感冒，因心悸、胸闷、胸痛2天入院。体格检查：体温36.9℃，心率108次/min，心脏扩大不明显，第一心音减弱，心尖部可闻及舒张期奔马律。心电图显示频发室性期前收缩。实验室检查：心肌肌酸激酶（CK-MB）增高，血沉加快。初步诊断：病毒性心肌炎。

在讨论中提出了以下问题：① 何为闰盘？② 心肌纤维在光镜下有何特点？③ 心肌纤维的超微结构有何特点？

第四节　神经组织

学习目标

1. 归纳神经组织的基本组成、神经元的光镜结构与超微结构及神经元的分类。
2. 解释突触的含义、功能、分类及结构特点。了解神经递质的分类。
3. 描述神经胶质细胞的分类、光镜结构、分布及功能。
4. 描述神经纤维的分类、光镜结构和超微结构。了解神经的结构。
5. 归纳神经末梢的分类、结构及功能，掌握运动终板的结构特点及功能。

神经组织由神经细胞和神经胶质细胞组成，是构成神经系统的主要成分。神经细胞是神经系统的结构和功能单位，故又称神经元，约有10^{12}个，具有感受刺激、整合信息和传导冲动的功能。神经胶质细胞的数量为神经元的10~50倍，但与神经元不同，对神经元起支持、营养、保护和绝缘等作用。

一、神经元

（一）神经元的形态结构

神经元是高度分化具有突起的细胞，形态多样，大小不一，由胞体和突起两部分构成（图2-49）。

1. 胞体　胞体主要位于大脑和小脑的皮质、脑干和脊髓的灰质以及神经节内，是神经元的营养和代谢中心。胞体形态多样，大小悬殊，有圆形、梭形、锥体形和星形等。细胞体表面的细胞膜具有接受刺激、处理信息、产生和传导神经冲动的功能。胞体中央有大而圆的细胞核，核染色淡，核仁大而明显（图2-50）。胞质内除一般的细胞器外，尚有两种特殊的细胞器。

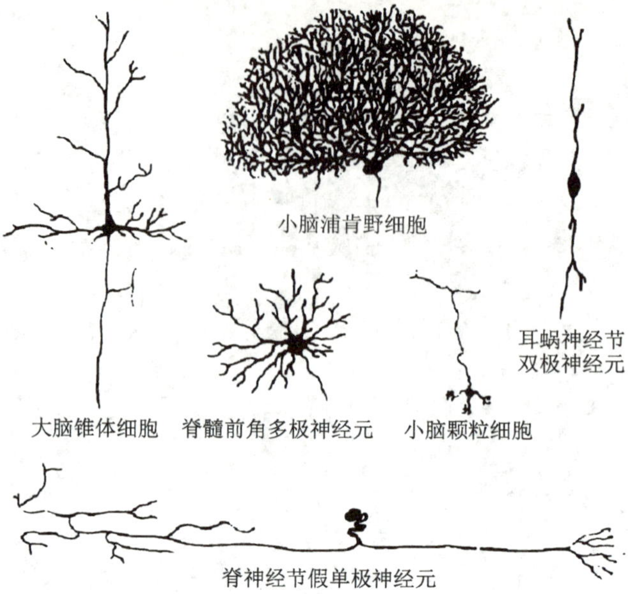

图2-49　神经元

（1）嗜染质：嗜染质又称尼氏体（Nissl body），呈斑块状，均匀分布于胞质中（图2-50），具强嗜碱性。电镜下观察，嗜染质由发达的粗面内质网和游离核糖体构成，表明神经元具有活跃的合成蛋白质的功能。所合成的蛋白质除供给神经元代谢利用外，有的则是与神经信息传导有关的化学物质，即神经递质。

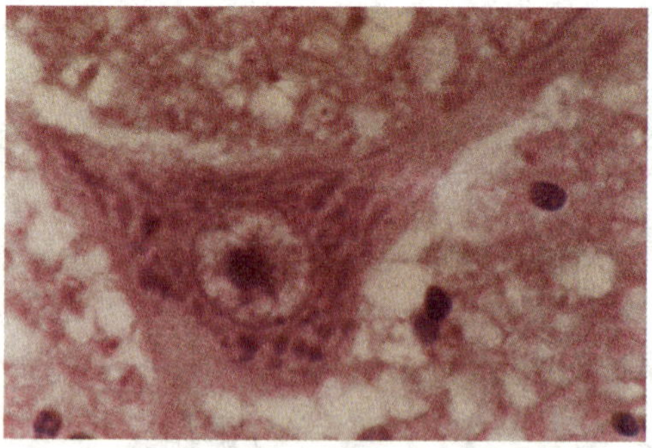
图2-50　神经元胞体

（2）神经原纤维：呈细丝状交织成网，并伸入突起内。在HE染色的切片上不能分辨，镀银染色标本中呈棕黑色。电镜观察，神经原纤维是由神经丝和微管构成。神经原纤维具有细胞骨架的作用，还与营养物质、神经递质及离子的运输有关。

2. 突起　由神经元胞体局部的细胞膜和部分细胞质向周围伸展而成，分为树突和轴突。

（1）树突：每个神经元一般有一至多个，较短，呈树枝状分支，分支的表面常见大量的短小突起，称树突棘。树突内部的细胞质结构与胞体基本相似，含有嗜染质和神经原纤维。树突的功能是接受刺激，树突分支和树突棘使神经元接受刺激的面积大为增加。

（2）轴突：每个神经元只有一个，长短不一，短的仅数微米，长的可达1m以上。光镜下，可见胞体发出轴突的部位呈圆锥形，称轴丘，此区域不含嗜染质，染色淡，是识别轴突的标志。轴突一般较树突细而长，粗细均匀，分支少，通常在距胞体较远或近末端处才有分支。轴突表面的细胞膜称轴膜，内含的细胞质称轴质。轴质内含有神经原纤维和线粒体等细胞器，但无嗜染质。轴突的功能是将胞体的兴奋传向轴突末端，神经冲动的传导是在轴膜上进行的，其还负责细胞中的物质运输。

（二）神经元的分类

1. **按突起的数目**　神经元分为假单极神经元、双极神经元和多极神经元三类（图2-51）。

（1）假单极神经元从胞体发出一个突起，在距胞体不远处立即分为两支，一支分布到外周组织或器官，称周围突；另一支进入中枢神经系统，称中枢突。周围突的末梢分布于皮肤和黏膜等处，接受刺激；中枢突则将冲动传向中枢。

（2）双极神经元有一个树突和一个轴突。

（3）多极神经元有多个树突和一个轴突。

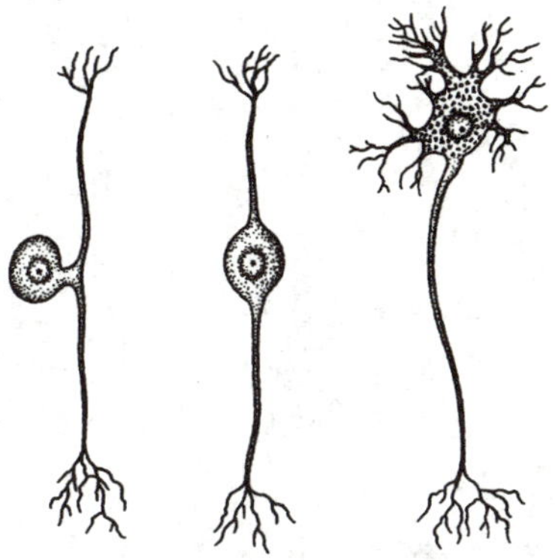

图2-51　神经元的分类（按突起的数目）

2. **按神经元的功能**　分为感觉神经元、运动神经元和中间神经元三类（图2-52）。

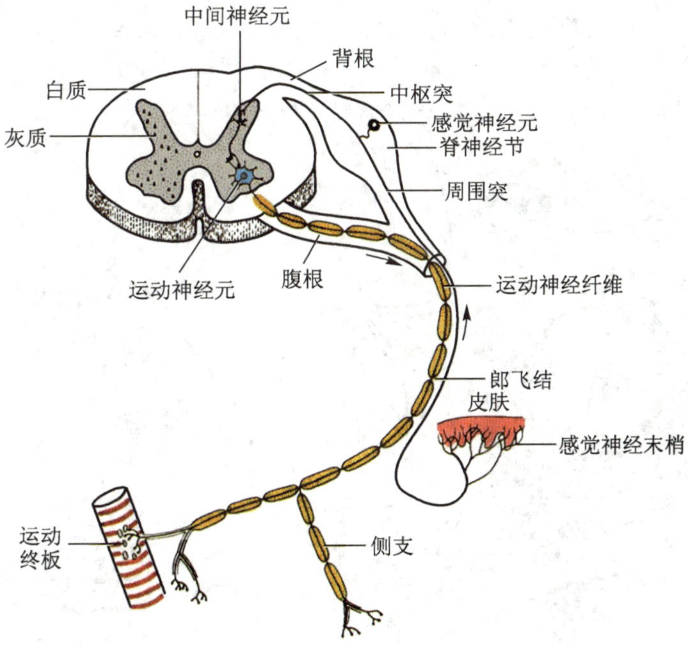

图2-52　神经元的分类（按功能）

（1）感觉神经元：又称传入神经元，能接受体内、外各种刺激，并将神经冲动传入中枢。此类多为假单极神经元和双极神经元。

（2）运动神经元：又称传出神经元，负责将中枢的信息传递给肌细胞或腺细胞。此类多为多极神经元。

（3）中间神经元：又称联络神经元，在各种神经元之间建立联系，构成复杂的神经通路。此类大多属于多极神经元。

3. 按神经元释放的神经递质和神经调质　可分为4类，一般一种神经元只能释放一种神经递质：① 胆碱能神经元；② 胺能神经元；③ 氨基酸能神经元；④ 肽能神经元。

二、突触

（一）突触的概念

突触是神经元与神经元之间，或神经元与非神经细胞之间一种特化的细胞连接，是神经元传递信息的重要结构。神经元通过突触相互衔接组成复杂的神经网络和神经传导通路，从而完成神经系统的各种功能活动。

（二）突触的分类

根据突触传导信息的方式，可将突触分为电突触和化学突触两类。

1. 电突触　即缝隙连接，是以电讯号（电流）传递信息的，冲动的传递不需要神经递质，冲动的传导是双向性的。人类很少，在某些低等动物较发达。

2. 化学突触　是以神经递质作为传递信息的媒介，通常所说的突触是指化学突触而言。在化学突触中，最常见的是一个神经元的轴突与另一个神经元的树突、树突棘或胞体连接，分别构成轴-树突触、轴-棘突触或轴-体突触（图2-53）。

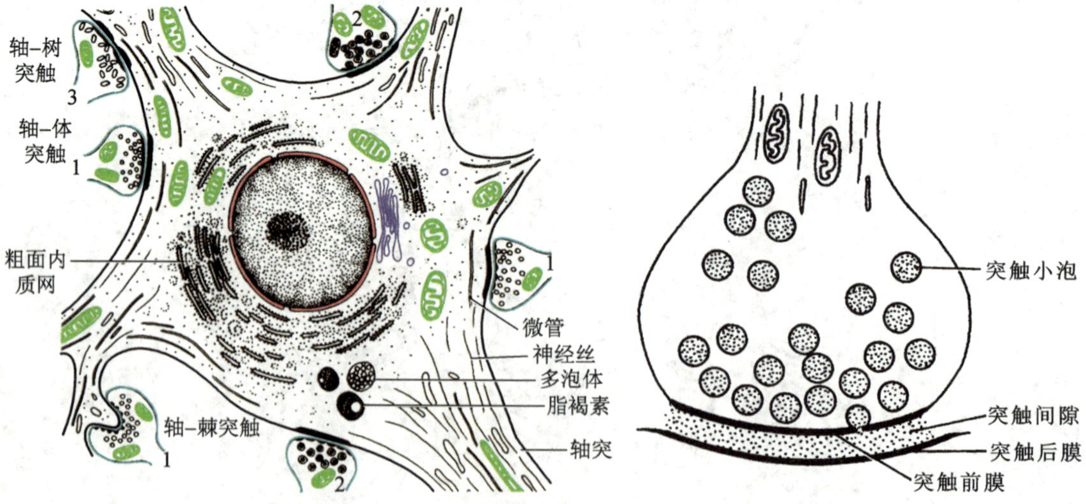

图2-53　化学突触

（三）化学突触的超微结构

在电镜下，化学突触由突触前部、突触间隙和突触后部三部分构成（图2–53）。突触前、后部彼此相对的细胞膜局部增厚分别称为突触前膜和突触后膜，两者之间的狭窄间隙称为突触间隙。突触前部通常是神经元的轴突终末，内含大量突触小泡和少量线粒体等。突触小泡是突触前部的特征性结构，内含神经递质或神经调质（一般为肽类，它能增强或减弱神经元对神经递质的反应，起调节作用）。突触后膜上具有特异性接受神经递质的受体，一种受体只能与一种神经递质相结合，因此，不同神经递质对突触后膜所起的作用不同。

当神经冲动传递到突触前膜时，突触小泡贴近突触前膜并与之融合，神经递质以胞吐方式释放到突触间隙内，并与突触后膜上的相应受体结合，从而引起突触后神经元的兴奋或抑制。使突触后膜发生兴奋的突触，称为兴奋性突触；使突触后膜发生抑制的突触，称为抑制性突触。化学突触在神经元之间的冲动传递是单向性传导。

当突触前神经元的兴奋沿轴膜传至突触前膜时，突触小泡与突触前膜接触并与之融合，以出胞的方式将神经递质释放到突触间隙，神经递质与突触后膜特异受体结合，导致突触后神经元膜电位发生变化（兴奋或抑制）。于是，信息便由一个神经元传向另一个神经元或效应细胞。

知识卡片

突触与记忆

2000年诺贝尔生理学或医学奖获得者Kardel发现：在学习的过程中，突触的形态和功能会发生变化。据此表明，突触可塑性是记忆产生和维持的结构基础；促进记忆形成的是神经递质；突触间信息传递过程中产生的蛋白磷酸化可加速突触传递的效率，在短时记忆中起主要作用；在长时记忆力的形成过程中，能引起细胞内不同蛋白质合成，随着新的蛋白质形成，亦可引起突触的结构和功能发生变化。由此可见，学习促进记忆，记忆引起脑的结构和功能不断变化，在变化的过程中脑功能得以开发。所以，一个人活到老学到老，其脑功能就不会老，正是学习与记忆的辩证法。

三、神经胶质细胞

神经胶质细胞广泛分布于神经元之间或神经元与非神经元之间，其数量为神经元的10~50倍。这种细胞也有突起，但无树突和轴突之分。按分布部位区分为中枢神经系统的神经胶质细胞和周围神经系统的神经胶质细胞两类。

1. 中枢神经系统的神经胶质细胞　中枢神经系统有四种胶质细胞（图2–54），在HE染色的切片中，只能显示其细胞核，用银染或免疫组织化学法可显示细胞的全貌，包括：①星形胶质细胞，是胶质细胞中体积最大的一种，起支持和绝缘作用。有些星形胶质细胞的突起末梢膨大形成脚板，附着在毛细血管壁上，参与血–脑屏障的构成（见第十一章神经系统）。② 少突胶质细胞，其突起末端扩展成扁平薄膜状，包绕轴突形成中枢神经系统有髓神经纤维的髓鞘。③ 小胶质细胞，是胶质细胞中体积最小的一种，是血液中的单核细胞迁入神经组织后演化而成，当中枢神经系统损伤时，可转变为巨噬细胞，吞噬死亡细胞的碎屑。④ 室管膜细胞，分布于脑室和脊髓中央管腔面的单层立方或柱状上皮，参与脉络丛的构成。

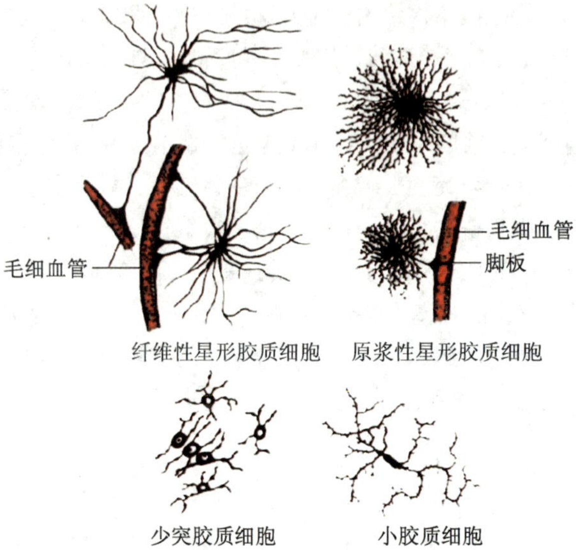

图2-54　中枢神经系统的神经胶质细胞

2. 周围神经系统的神经胶质细胞　有两种，包括：① 神经膜细胞又称施万细胞（Schwann cell），参与构成周围神经系统的神经纤维。② 卫星细胞，又称神经节胶质细胞，参与构成神经节。

知识卡片

爱因斯坦的大脑之谜

爱因斯坦是天才的科学家，他的大脑始终是医学家感兴趣的研究课题。1955年4月，爱因斯坦博士逝世于美国东海岸新泽西州的普林斯顿市，享年76岁。他逝世后，三位科学家保存了他的大脑，经过辗转周折，1985年，由美国加州大学柏克莱分校的神经科学家戴蒙德教授做了脑组织切片研究，在与11位死者的脑切片比较后发现，爱因斯坦的大脑神经胶质细胞异常多，每个神经元周围神经胶质细胞的数量比普通人多73%以上。有些学者因而推测，神经元执行的功能越复杂，越需要神经胶质细胞的支持。人们发现神经元离开了神经胶质细胞，犹如鱼儿离开了水。也就是说，在哺乳类动物中，神经元与神经胶质细胞的比例可当做反映智力的量表。神经胶质细胞的增多，对思维活动的保持具有重要意义，对人的智力也产生举足轻重的影响。

另有专家研究指出，爱因斯坦大脑的顶叶异常发达，在形态上也有特异之处。他的脑重仅有1230g，低于男性的平均值（1350~1400g）。但是，在他的大脑皮质中，神经元的密度较高，使爱因斯坦的大脑皮质有甚佳的传感效率，因而可以解释为何爱因斯坦成为卓越的天才。

四、神经纤维

神经纤维由神经元的长突起及其包绕在周围的神经胶质细胞构成。根据胶质细胞是否形成髓鞘，可分为有髓神经纤维和无髓神经纤维两种。

1. 有髓神经纤维　在周围神经系统，有髓神经纤维的中央为神经元的长突起（轴索），周围包有神经膜细胞膜形成的多层膜结构，称髓鞘。髓鞘呈节段性包绕轴索，其间的狭窄处称神经纤维节（郎飞结，Ranvier node），此处的轴膜是裸露的。相邻两个郎飞结之间的一段神经纤维称节间体，每个节间体的外周包有一个神经膜细胞。髓鞘的化学成分主要是髓磷脂和蛋白质，在HE染色标本上，因髓磷脂被溶解而蛋白质被保留，所以呈空白网状（图2-55）。

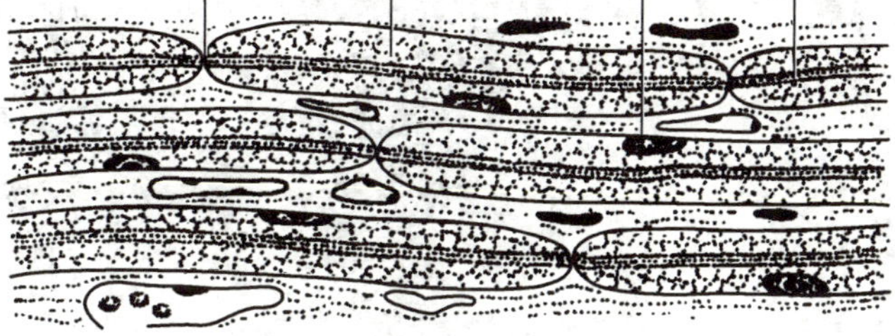

图2-55　有髓神经纤维（纵切面）

中枢神经系统的有髓神经纤维，其结构与周围神经系统的有髓神经纤维基本相似，不同之处主要在于形成髓鞘的细胞是少突胶质细胞。中枢有髓神经纤维外表面没有基膜。

2. 无髓神经纤维　由轴索及包在外面的神经胶质细胞（周围神经系统为神经膜细胞，中枢神经系统为少突胶质细胞）构成，但无髓鞘和郎飞结。

神经纤维的功能是传导神经冲动，兴奋传导是在轴膜上进行的。有髓神经纤维的髓鞘具有绝缘作用，仅郎飞结处的轴膜裸露，兴奋从一个郎飞结到另一个郎飞结呈现跳跃式传导，因此传导速度快。节间体越长，跳跃的距离则越大，传导速度也就越快。无髓神经纤维没有髓鞘和郎飞结，神经冲动只能沿轴膜连续传导，因此传导速度慢。

五、神经末梢

神经末梢是周围神经纤维的终末部分，在全身各组织器官内形成各种末梢装置。按功能分为感觉神经末梢和运动神经末梢两大类。

1. 感觉神经末梢　感觉神经末梢是感觉神经元（假单极神经元）周围突的末端，它们与周围的其他组织共同构成感受器。感受器将各种刺激转变为神经冲动，通过感觉神经纤维传入中枢，产生感觉。感觉神经末梢可分为游离神经末梢和有被囊的神经末梢两类（图2-56）。

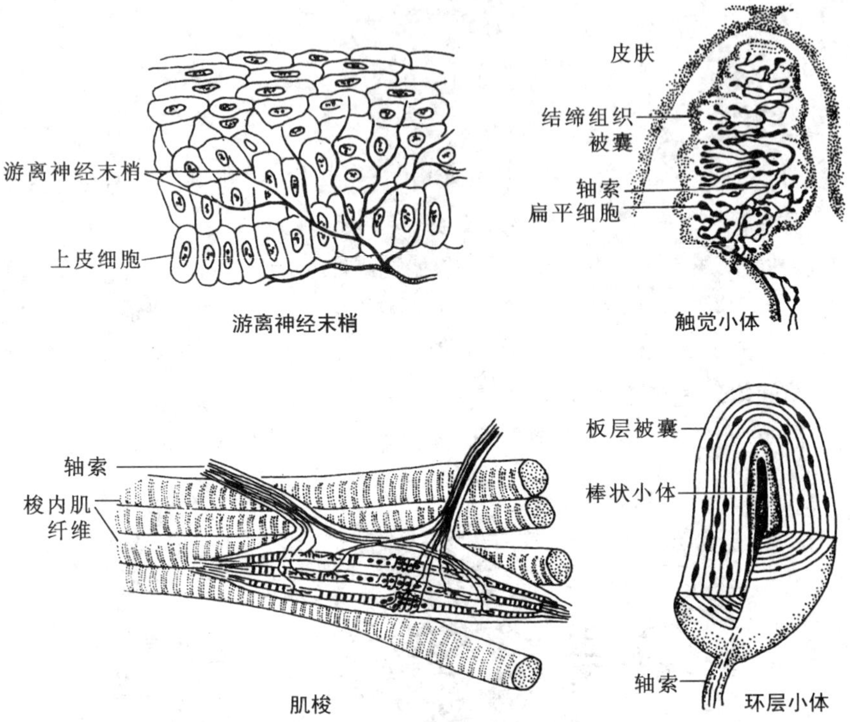

图2-56　感觉神经末梢

（1）游离神经末梢（图2-56）：由较细的感觉神经纤维终末部分失去髓鞘，分支形成。主要分布于上皮组织和结缔组织内，感受痛、冷、热和轻触的刺激。

（2）有被囊的神经末梢（图2-56）：形式多样，主要包括：① 触觉小体，呈卵圆形，分布于皮肤真皮的乳头层内，以手指掌侧的皮肤内最多，能感受触觉；② 环层小体，呈圆形或卵圆形，广泛分布于皮下组织、肠系膜、韧带和关节囊等处，能感受压觉和振动觉；③ 神经肌梭，是分布于骨骼肌内的长梭形结构，表面为结缔组织被囊，内有数条骨骼肌纤维，称梭内肌，肌梭属于本体感受器，能感受肌张力的变化和运动的刺激。

2. 运动神经末梢　是运动神经元的轴突在肌组织和腺体的终末结构，能支配肌纤维的收缩和调节腺体的分泌活动。可分为躯体运动神经末梢和内脏运动神经末梢两类。

（1）躯体运动神经末梢：躯体运动神经末梢分布于骨骼肌。神经纤维抵达骨骼肌纤维之前失去髓鞘并反复分支，每一分支终末与一条骨骼肌纤维形成一个椭圆形板状隆起，这种结构称为运动终板（图2-57）。电镜观察，运动终板的结构与突触相同，又称神经肌连接。

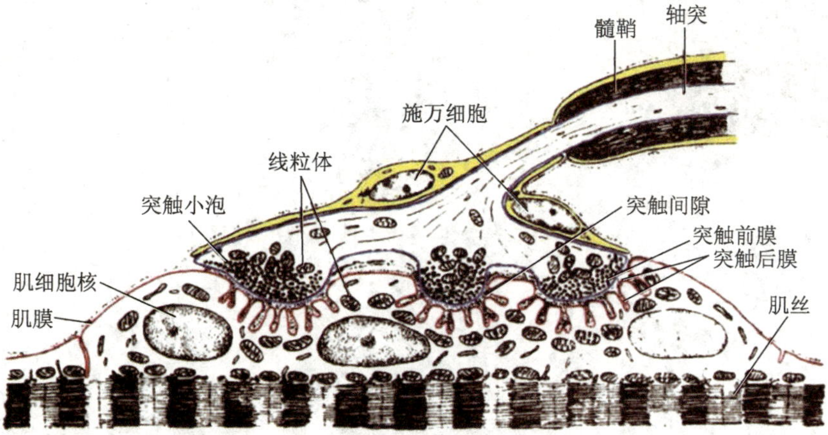

图2-57　运动终板

（2）内脏运动神经末梢：内脏运动神经纤维分布于心肌、平滑肌和腺体等处所形成的终末结构，与效应细胞构成突触结构。当神经冲动传至神经末梢时，神经递质释放，作用于效应细胞膜上的相应受体，从而引起肌纤维的收缩和腺细胞的分泌。

第三章
运动系统

运动系统由骨、关节和骨骼肌组成。对人体起运动、支持和保护作用，并形成人体的基本外形轮廓。在运动过程中，肌是运动的动力，关节是运动的枢纽，骨起杠杆作用。肌的收缩，牵拉着骨以关节为枢纽，发生位置的改变而产生运动。

能在体表看到或摸到的一些骨的突起（凹陷）或肌的隆起，称为体表标志。它们对于确定内脏器官的位置等具有重要意义。

第一节　骨学

学习目标

1. 归纳：骨的形态、分类和构造（应用）；躯干骨的组成，椎骨的一般形态和各部椎骨的特点，胸骨和肋骨的位置和形态。颅的组成和分部，新生儿颅的特点。上、下肢骨的形态和位置。

2. 识别：骨的理化特性，骶骨、尾骨、肋的数目和形态，肱骨、肩胛骨、尺骨、桡骨的主要结构，髋骨、股骨、胫骨的主要结构，颅的整体观，全身主要骨性标志。

3. 了解：骨的发生和生长。

一、概述

骨学是全身骨的总称。

成人有骨206块（图3-1），按部位可分为颅骨29块（包括中耳鼓室内3对听小骨）、躯干骨51块、上肢骨64块和下肢骨62块。骨有造血和储备钙与磷的作用，并有破坏、改建及再生能力。

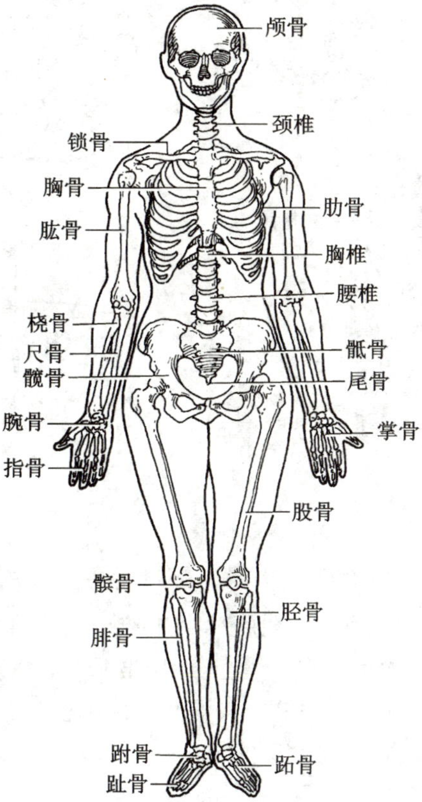

图3-1　人体骨骼

（一）骨的形态

按照骨的形态，可分长骨、短骨、扁骨和不规则骨四种。

1. 长骨　长骨呈管状，可分为一体两端，中部细长称骨干，或骨体，其内有较大的骨髓腔。两端膨大称骺，骺表面有一层光滑的关节软骨。长骨多位于四肢，如上肢的肱骨和下肢的股骨等。

2. 短骨　短骨一般呈立方体，成群分布于手腕和足的后部，如手的腕骨和足的跗骨等。

3. 扁骨　扁骨呈板状，主要参与体腔壁的构成，如颅顶各骨、胸廓的胸骨、肋等，对其内部器官起保护作用。

4. 不规则骨　不规则骨形状不规则，如躯干的椎骨、颅底的蝶骨等。某些不规则颅骨内尚有含气的空腔，如上颌骨。

另外，在手、足和膝部肌腱内还有一种形如豆粒状的小骨，称籽骨。运动时它既可减少对肌腱的摩擦，又可改变力的方向。

（二）骨的构造

骨由骨膜、骨质和骨髓三部分构成（图3-2）。

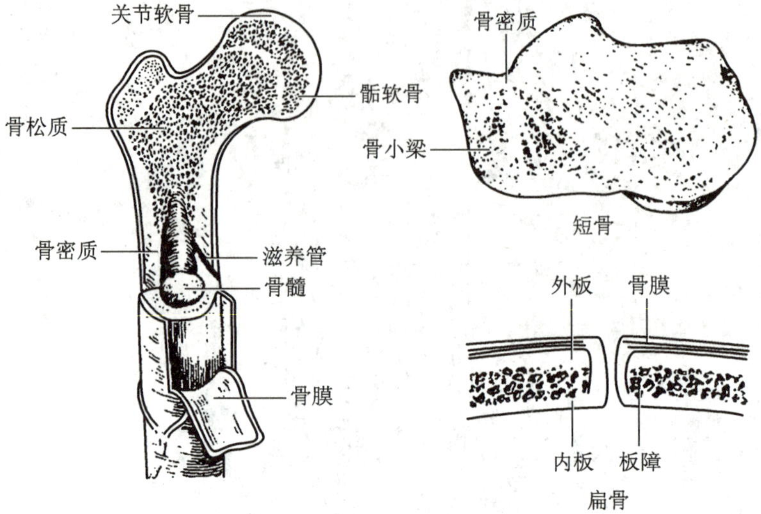

图3-2　骨的构造

1. 骨膜　骨膜覆盖于骨的表面（关节面处除外），是一层致密结缔组织膜，呈淡红色，薄而坚韧，富含血管、淋巴管和神经。骨膜对骨的营养、生长和感觉具有重要作用。

2. 骨质　骨质由骨组织构成，分为骨密质和骨松质。骨密质分布于长骨的骨干、骺及其他类型骨的外表面，骨松质主要分布于长骨两端和其他类型骨的内部，由骨小梁构成，骨小梁的排列与该骨所承受的压力或张力的方向一致。

3. 骨髓　骨髓是分布于髓腔和骨松质内的软组织，可分红骨髓和黄骨髓两种。胎儿和婴幼儿时期的骨髓都是红骨髓，具有造血功能。随年龄的增长（5岁以后），长骨髓腔内的红骨髓逐渐被脂肪组织替代，成为黄骨髓，失去造血功能，但当人体大量失血时，它仍可能转化为红骨髓而恢复造血功能，所以说黄骨髓具有潜在的造血能力。成人长骨的两端、短骨、扁骨和不规则骨的骨松质内终身都是具有造血功能的红骨髓。临床上为判断骨髓的造血功能，常在表浅易操作的髂骨或胸骨处抽取少量红骨髓进行检查。

（三）骨的化学成分和物理特性

骨主要由无机质和有机质构成。无机质主要有磷酸钙［$Ca_3(PO_4)_2$］和碳酸钙（$CaCO_3$），使骨具有硬度和脆性，煅烧骨（除去有机质）脆而易折；有机质主要是骨胶原纤维和糖胺聚糖（黏多糖）蛋白，使骨具有韧性和弹性，脱钙骨（除去无机质）柔软而有弹性。骨的无机质与有机质之间的比例随年龄的增长而不断变化。成人骨大约有2/3的无机质和1/3的有机质，使骨的硬度、韧性和弹性最佳；幼儿骨的有机质的比例相对较高，使骨的弹性大，易变形，不易骨折，或折而不断，形成青枝骨折；老年人骨的无机质比例相对较高，使骨的脆性增加，容易发生骨折。

二、躯干骨

躯干骨包括24块椎骨、1块骶骨、1块尾骨、1块胸骨和12对肋骨。

（一）椎骨

椎骨在未成年前有32~33块，即颈椎7块、胸椎12块、腰椎5块、骶椎5块和尾椎3~4块。青春期后5块骶椎融合成1块骶骨，3~4块尾椎融合成1块尾骨，因而成年人椎骨共有26块。

1. 椎骨的一般形态 椎骨属不规则骨。椎骨由椎体和椎弓构成（图3-3）。

（1）椎体：椎体位于椎骨的前方，呈短圆柱形，是椎骨承重的主体。因而，从颈椎到腰椎随着承重的增加，椎体的横断面积和体积逐渐增大。

（2）椎弓：椎弓是位于椎体后方的弓状骨板，与椎体围成椎孔，所有椎孔相互连通形成椎管，容纳着脊髓。椎弓呈弓状连接椎体的窄细部分称椎弓根，其上方有较浅的椎上切迹，下方有较深的椎下切迹，相邻椎骨的椎上、下切迹参与构成椎间孔，孔内有脊神经根和血管通过。椎弓的后部呈宽厚的板状，称椎弓板。从椎弓板上发出7个突起：即向后伸出的一个棘突，向两侧伸出的一对横突，向上的一对上关节突和向下的一对下关节突。关节突上有关节面，相邻椎骨的上、下关节突构成关节。

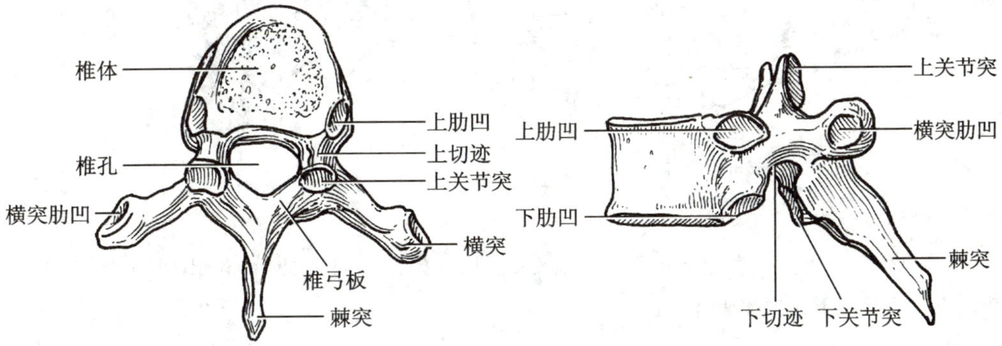

图3-3 胸椎

2. 椎骨分类

（1）颈椎（图3-4）：颈椎椎体较小，椎孔相对较大，呈三角形；横突根部有孔称横突孔，其中上6位颈椎的横突孔内有椎动、静脉通过；第2~6颈椎棘突末端分叉；颈椎上、下关节突的关节面基本呈水平位。成年人第3~7颈椎椎体上面两侧有向上的突起，称椎体钩，它常与上位颈椎相应处形成钩椎关节。

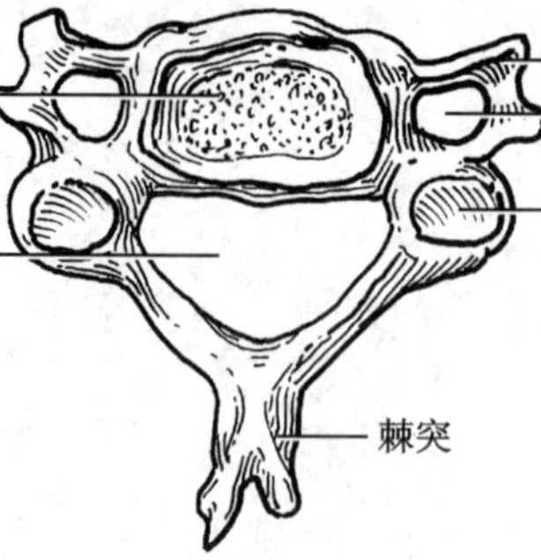

图3-4　颈椎

1）第1颈椎：又称寰椎（图3-5），呈环形，由前弓、后弓和两个侧块构成，无椎体、棘突和关节突。

2）第2颈椎：又称枢椎（图3-6），椎体向上伸出一指状突起称齿突，与寰椎的齿突凹相关节。

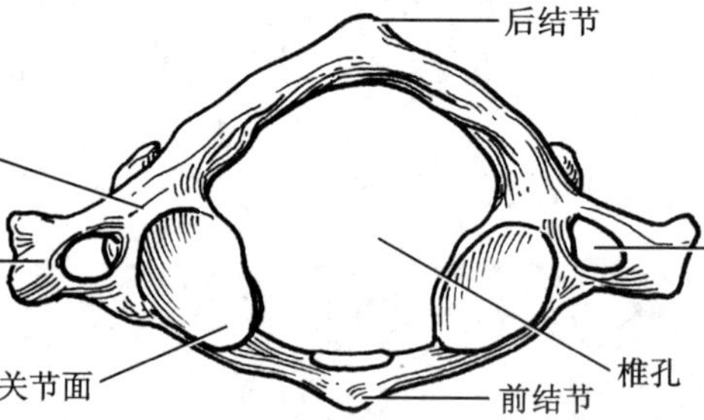

图3-5　寰椎

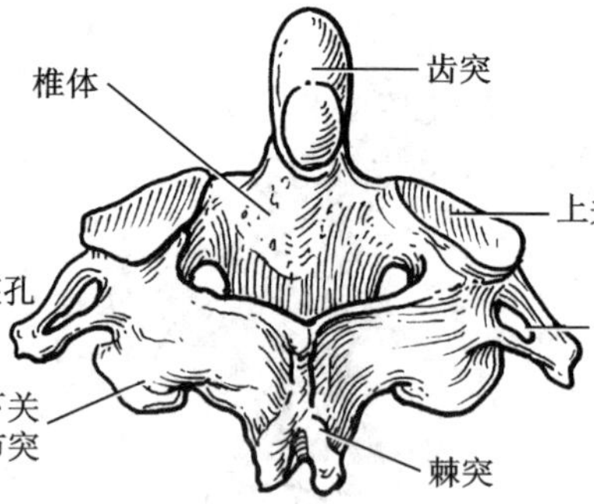

图3-6　枢椎

3）第7颈椎：又称隆椎（图3-7），棘突较长，稍低头时，在颈后正中线上很容易看到和摸到。可作为椎骨定位的标志。

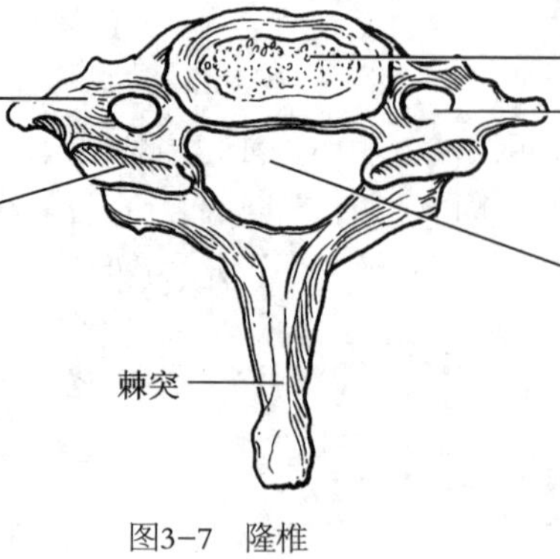

图3-7　隆椎

（2）胸椎（图3-3）：胸椎椎体似心形，椎孔相对较小，棘突细长并向后下方倾斜。椎体后部两侧的上、下和横突末端均有小的关节面与肋骨相接，分别称上肋凹、下肋凹和横突肋凹。

（3）腰椎（图3-8）：腰椎椎体粗大，椎弓发达，椎孔较大近似三角形。棘突水平后伸宽而短，呈板状，棘突间隙较宽，腰椎穿刺即从腰椎棘突间隙进针。

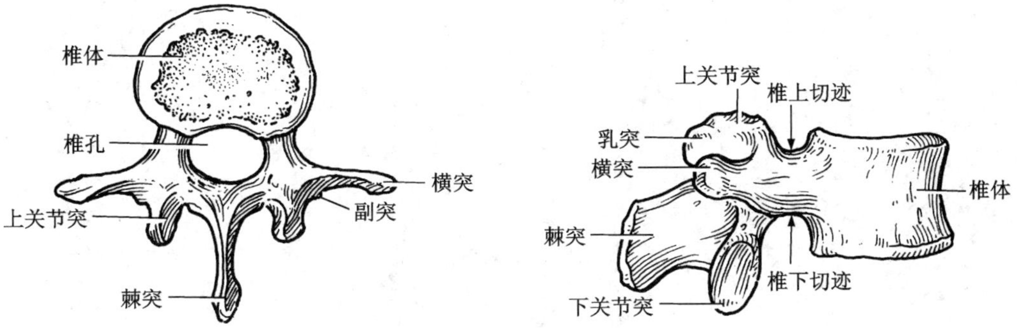

图3-8　腰椎

（4）骶骨（图3-9）：成人骶骨呈三角形，底在上，尖向下。

骶骨底即第1骶椎的上面，其前缘中份突出，称岬，两侧上部有粗糙的耳状面，与髋骨的耳状面形成骶髂关节；耳状面后方有骶粗隆。盆面凹向前，有4对孔，称骶前孔。背侧面凸向后，中线处有棘突断续融合而成的骶正中嵴，其两侧有的4对骶后孔与骶前孔借骶管相通。骶正中嵴下方有形状不整齐的骶管裂孔，向上通骶管，裂孔两侧各有一向下的突起，称骶角，骶角为骶管麻醉确定进针部位的定位标志。骶骨尖向下与尾骨相连。

（5）尾骨（图3-9）：尾骨由3~4块退化的尾椎融合而成，形体较小，上与骶骨尖相接，下端游离。

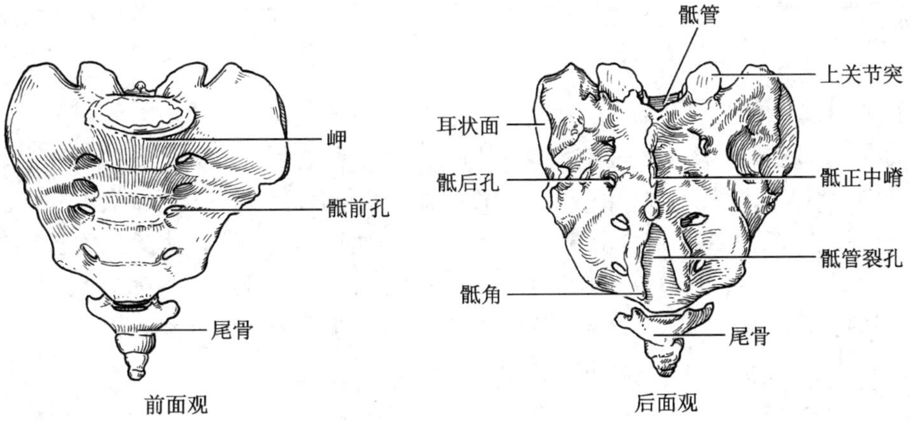

图3-9　骶椎

（二）胸骨

胸骨（图3-10）长而扁，位于胸前壁正中皮下，自上而下由胸骨柄、胸骨体和剑突组成。胸骨柄上部宽厚而下部窄薄，上缘中间凹陷称颈静脉切迹，外侧与锁骨相关节称锁切迹。柄体相连处稍向前突，称为胸骨角，两侧与第2肋软骨相连，为计数肋的重要标志。胸骨体呈长方形，外侧缘有与第2~7肋软骨相关节的肋切迹。剑突窄而薄，形态变化较大，末端游离。

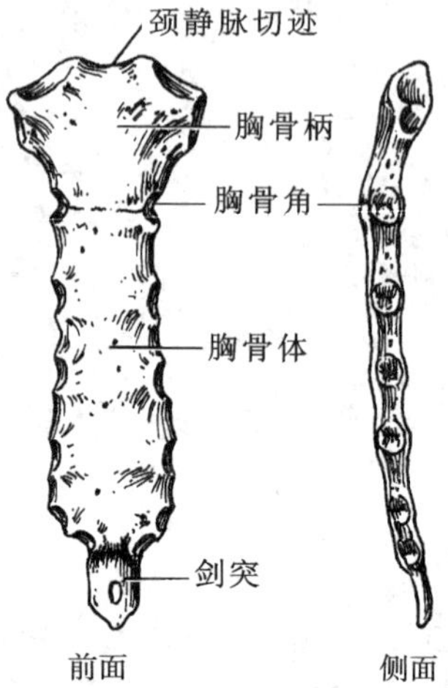

图3-10　胸骨

护理应用

胸　骨　角

胸骨角位置表浅，体表易于摸到，是重要的解剖学标志，该角侧方连接第二肋软骨，是计数肋骨的标志之一。胸骨角向后平对以下器官：① 第四胸椎体下缘，是计数胸椎序数的标志；② 主动脉弓的起、止端；③ 气管杈；④ 左主支气管与食管的交叉处；⑤ 胸导管由右侧转向左侧上行的部位；⑥ 奇静脉跨越右肺根处；⑦ 上、下纵隔的分界。这些对应关系在影像学中，对于确定病变部位具有重要的参考价值。

（三）肋

肋包括肋骨和肋软骨两部分。

肋骨（图3-11）为细长弓状的扁骨，共12对。每一肋骨前端有肋软骨，第1~7对肋前端直接与胸骨相连，称为真肋；第8~12对肋称假肋，其中第8~10对肋软骨依次连接于上位肋软骨构成肋弓，第11~12对肋骨前端游离于肌层中，称浮肋。肋骨后端稍膨大称肋头，与胸椎的上、下肋凹相关节，肋头外侧稍细的部分称肋颈，前方为肋体。颈体交界处的后外侧有突出的肋结节，有关节面与胸椎的横突肋凹相关节。肋体内面近下缘处有一浅沟称肋沟，肋间血管、神经行于其中。体后份的急转处为肋角。

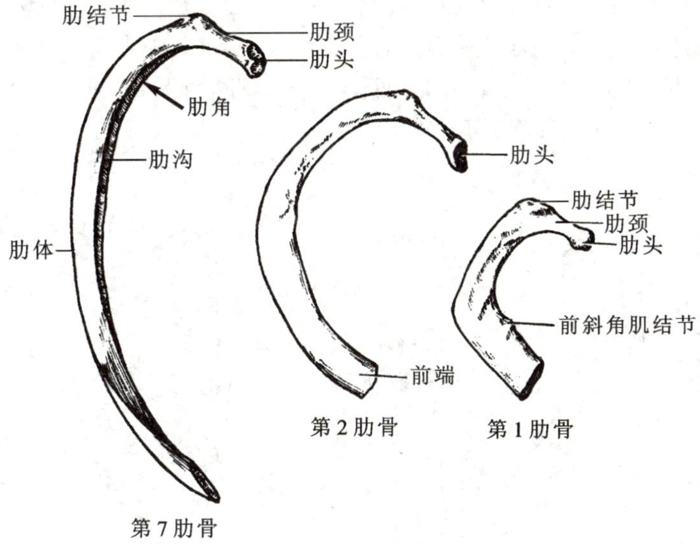

图3-11　肋骨

三、上肢骨

人类由于直立行走和生产劳动，四肢有了分工，上肢骨变得相对细小而灵巧，成为灵活的劳动器官。上肢骨包括上肢带骨（锁骨、肩胛骨）和自由上肢骨（肱骨、桡骨、尺骨和手骨）。

（一）上肢带骨

1. 锁骨（图3-12） 锁骨呈“~”形，位于胸廓前上部两侧。上面光滑，下面粗糙，内侧2/3凸向前，外侧1/3凸向后；内侧端粗大称胸骨端，与胸骨柄相关节；外侧端扁平称肩峰端，与肩峰相关节。锁骨具有固定上肢、支持肩胛骨、使上肢灵活运动等功能。

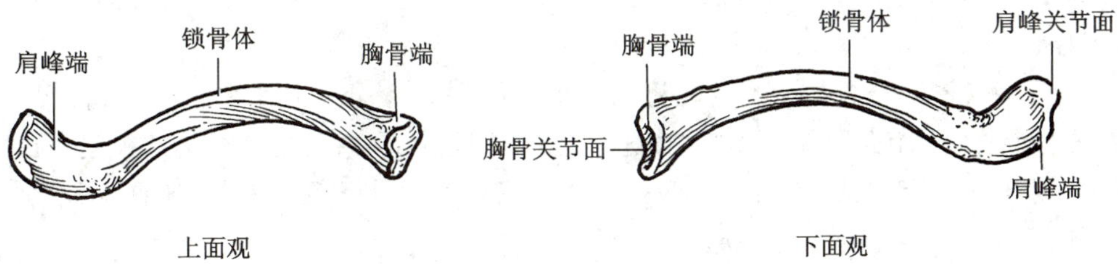

图3-12　锁骨

2. 肩胛骨（图3-13） 肩胛骨为三角形扁骨，附于胸廓后外侧上份，介于第2~7对肋之间，可分为两面、三缘和三角。前面为一大的凹陷称肩胛下窝；后面上方有一横位的骨嵴称肩胛冈，冈的外侧端较平宽称肩峰，肩胛冈上、下方分别称冈上窝和冈下窝。内侧缘对向脊柱，又称脊柱缘；外侧缘对向腋窝，又称腋缘；上缘近外侧有一小切迹称肩胛切迹，切迹的外侧向前伸出一指状突起，称喙突。上角在内上方，近似直角，平对第2肋；下角为锐角，平对第7肋（或第7肋间隙）；外侧角肥厚，有一朝外微凹的梨形关节面称关节盂，关节盂的上、下分别有盂上结节和盂下结节。

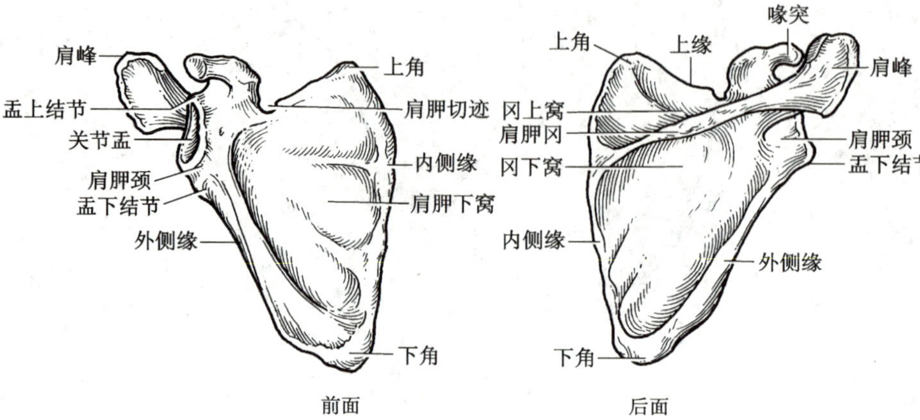

图3-13 肩胛骨

（二）自由上肢骨

1. 肱骨（图3-14） 肱骨位于上臂，是典型的长骨，可分为中间的骨体和上、下两端。上端有朝向内、后、上的半球形的肱骨头，与肩胛骨的关节盂相关节；头周围的环形浅沟称解剖颈；上端外侧较大的突起称大结节，前面较小的突起称小结节，两结节之间称结节间沟。大、小结节都有向下延伸的骨嵴，分别称大结节嵴和小结节嵴。上端与肱骨体交界处稍细称外科颈，易骨折。肱骨体外侧中部有粗糙的三角肌粗隆，有三角肌附着；后面有一条由内上斜向外下的浅沟，称桡神经沟，有桡神经经过，故肱骨干骨折易损伤桡神经。下端膨大，略向前弯曲，内侧有形如滑车的关节面，称肱骨滑车，与尺骨的滑车切迹相关节；滑车的后上方有一大窝，称鹰嘴窝；外侧有呈球形的关节面，称肱骨小头，与桡骨相关节；下端两侧各有一突起，分别称内上髁和外上髁；内上髁后下面为尺神经沟，有尺神经经过。

2. 尺骨（图3-15） 尺骨位于前臂的内侧。上端粗大，下端细小，体呈三棱柱状。上端前面有半月形关节面称滑车切迹；切迹前上方的突起称鹰嘴，切迹前下方的突起称冠突；冠突外侧有一小关节面称桡切迹，下方有一粗糙隆起称尺骨粗隆。尺骨下端有球形的尺骨头，其后内向下的突起称尺骨茎突。

3. 桡骨（图3-15） 桡骨位于前臂的外侧，顶端为短圆柱形的桡骨头，下端外侧向下的突起，称桡骨茎突。

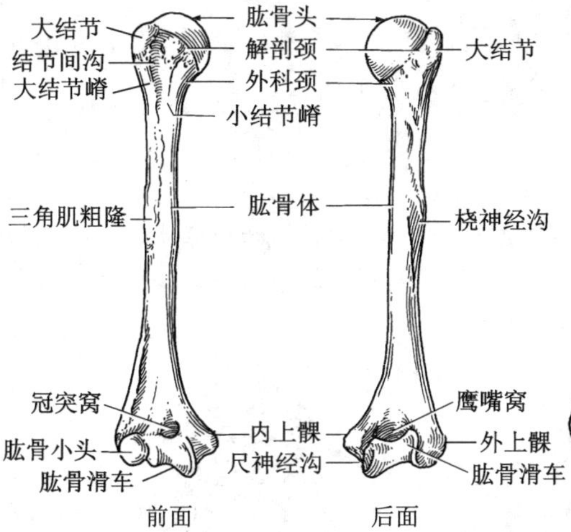

图3-14　肱骨

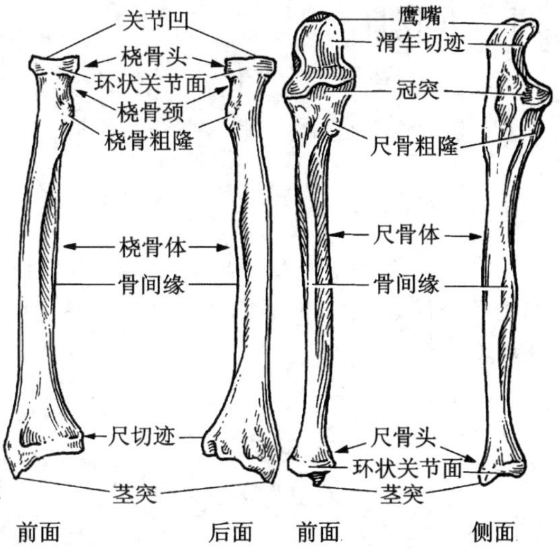

图3-15　桡骨和尺骨

4. 手骨（图3-16）　手骨共27块，由8块腕骨、5块掌骨和14块指骨组成。

（1）腕骨：腕骨为短骨，8块腕骨排成近侧和远侧两列。由桡侧向尺侧，近侧列为手舟骨、月骨、三角骨和豌豆骨；远侧列为大多角骨、小多角骨、头状骨、钩骨。

（2）掌骨：掌骨为长骨，从桡侧向尺侧为第1~5掌骨。掌骨分掌骨底、掌骨体和掌骨头。

（3）指骨：指骨为长骨，除拇指为两节外，其余均为3节。由近侧向远侧依次称近节指骨、中节指骨和远节指骨。每块指骨由近向远分为指骨底、指骨体和指骨滑车。

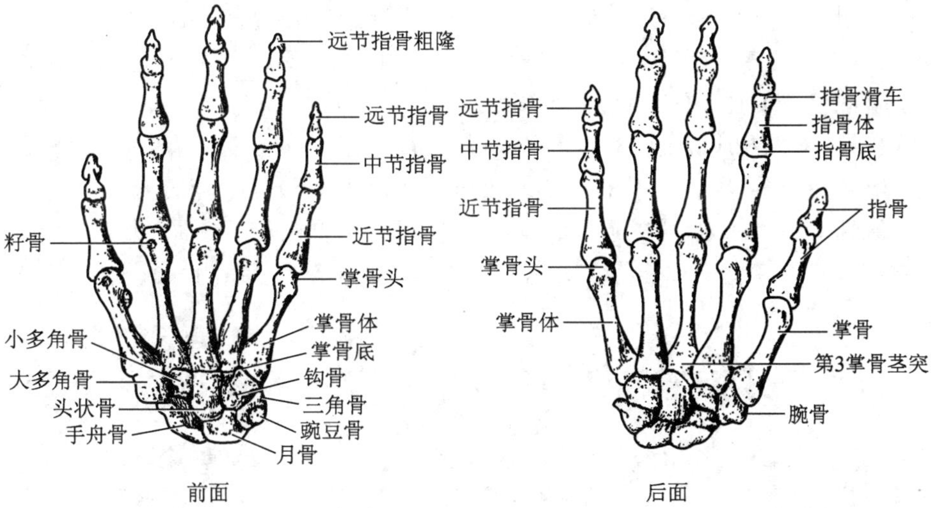

图3-16　手骨

四、下肢骨

下肢的功能主要是支持、承重和行走，因此下肢骨均较上肢骨粗大。下肢骨包括下肢带骨（髋骨）和自由下肢骨（股骨、髌骨、胫骨、腓骨和足骨）。

（一）下肢带骨

髋骨（图3-17）为不规则扁骨，由髂骨、耻骨和坐骨在16岁左右融合而成。三骨体结合处的外侧有一深窝，称髋臼，与股骨头相关节。髋臼内的周边部是半月形关节面。髋臼下缘有一小缺损称髋臼切迹。髋臼前下方有一大孔称闭孔。

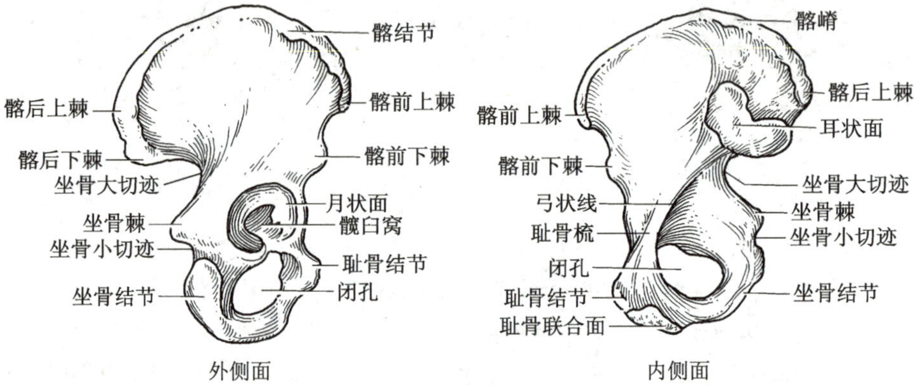

图3-17　髋骨

1. 髂骨　髂骨构成髋骨的后上部，分髂骨体和髂骨翼两部。髂骨体肥厚构成髋臼的上部。髂骨翼位于体的上方，为扁阔的骨板，其上缘称髂嵴，髂嵴前后端的突起分别称髂前上棘和髂后上棘，下方亦各有一突起，分别称髂前下棘和髂后下棘。髂前上棘后上方5~7 cm处髂嵴外缘向外侧突出，称髂结节。髂骨翼内面稍凹，称髂窝，下界为弓状线。髂骨翼后部为与骶骨相关节的耳状面，其后上方的粗糙隆起称髂粗隆。

2. 坐骨　坐骨构成髋骨后下部，后下为粗大的坐骨结节。坐骨结节与髂后下棘之间有一个三角形突起，称坐骨棘，其上方有较大的坐骨大切迹，下方有较小的坐骨小切迹。

3. 耻骨　耻骨构成髋骨的前下部，耻骨内侧面上有椭圆形粗糙面称耻骨联合面。耻骨上支的前端有一突起，称耻骨结节。自结节向后上延伸至弓状线为一条较锐的骨嵴称耻骨梳。

护理应用

骨髓腔穿刺术的应用解剖

骨髓穿刺术是用骨髓穿刺针穿入骨松质内，抽吸红骨髓做细胞学检查和骨髓培养等，对血液病及恶性肿瘤的诊断具有决定性意义。成人骨髓穿刺常选择髂骨、胸骨等部位，婴儿常选在胫骨上部。

髂前上棘穿刺点：在髂前上棘后上方2~3cm范围内，由上向下刺入。该处在皮下容易触摸固定，骨板肥厚而便于穿刺，是骨髓穿刺较理想的首选部位。胸骨穿刺点有两种：① 胸骨前面穿刺，可在胸骨柄或胸骨体的正中线上，约平第1肋间隙或第2肋间隙；② 胸骨柄上缘穿刺点，选择在颈静脉切迹之中点，深度为1.0~1.5cm。胫骨穿刺点：在胫骨粗隆下方约1cm（或胫骨上、下1/3交界处）的前内侧面垂直进针，仅适用于2岁以下的幼儿。以上各部位穿刺，穿刺针由浅入深依次穿过皮肤、皮下组织、骨膜、骨表面的骨密质而达到骨松质内，深度一般为1.0~1.5cm。

（二）自由下肢骨

1. 股骨（图3-18） 股骨位于大腿部，是人体最长的长骨，约占身高的1/4，可分为体和上、下两端。

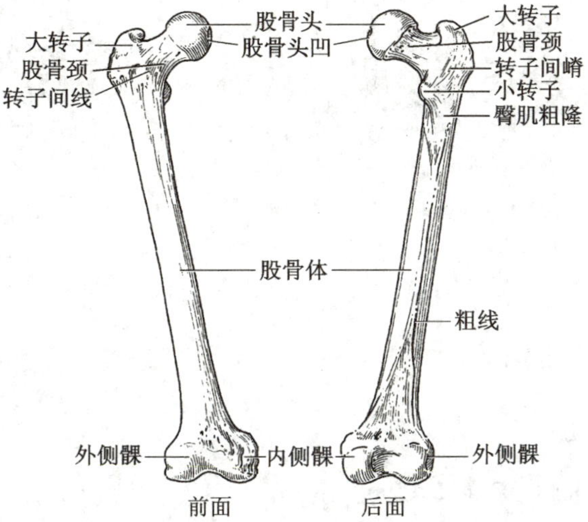

图3-18 股骨

股骨上端有朝向内上方呈球状的股骨头，与髋臼相关节。头中央稍下有一小凹，称股骨头凹。股骨头外下方的缩细部分称股骨颈。颈与体交界处的外侧，有粗糙隆起称大转子，内下方的隆起称小转子。股骨体呈圆柱形略弓向前，股骨体后上方粗糙称臀肌粗隆，向下延续的纵行骨嵴称粗线。下端左、右膨大并向后突出，形成内侧髁和外侧髁，两髁之间的深窝称髁间窝。

2. 髌骨 髌骨位于膝关节前方，是人体内最大的籽骨。

3. 胫骨（图3-19） 胫骨是位于小腿内侧的粗壮长骨。上端粗大，向后及两侧突出形成与股骨相对应的内侧髁和外侧髁，两髁之间向上的突起称髁间隆起。下端向内下方的突出部分称内踝。

4. 腓骨（图3-19） 上端膨大称腓骨头，下端膨大稍扁，称外踝。

5. 足骨（图3-20） 由7块跗骨、5块跖骨和14块趾骨组成。

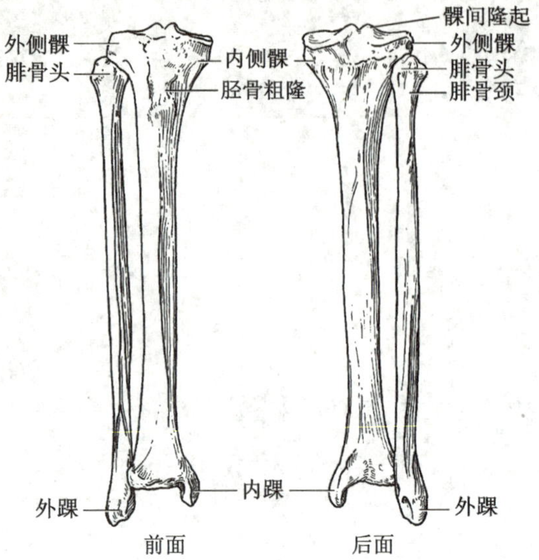

图3-19　胫骨和腓骨

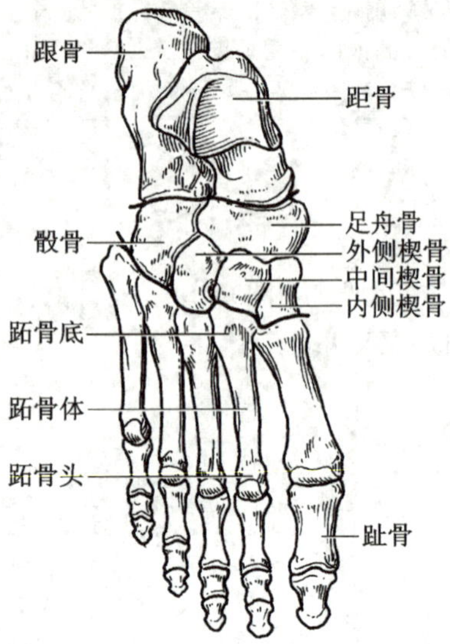

图3-20　足骨

五、颅

成人颅由23块颅骨组成。

（一）颅的组成

颅可分为后上部的脑颅和前下部面颅两部分。

1. 脑颅骨　共8块，位于颅的后上部。其中不成对的有额骨、筛骨、蝶骨和枕骨，成对的有颞骨和顶骨。它们共同围成颅腔，容纳脑。

2. 面颅骨　面颅骨共15块，构成面部的骨性基础，分别围成眶、鼻腔和口腔的骨性部分。它包括：上颌骨一对，上颌骨后方的腭骨一对，两上颌骨内上方的鼻骨一对，上颌骨外上方突出的颧骨一对，鼻腔外侧壁下方的下鼻甲一对，两眶内侧壁的泪骨一对，不成对的包括下颌骨一块，位于鼻腔正中的犁骨一块，下颌骨后下方的舌骨一块。

（1）下颌骨（图3-21）：下颌骨呈蹄铁形，可分为中部的下颌体和两侧的下颌支，二者相交处为下颌角。下颌体上缘为牙槽弓，其上有容纳下颌牙齿的牙槽。体的前面有一对颏孔，体后面正中有一锐利的突起称颏棘。

下颌支的上端有两个突起，前方的尖锐，称冠突，后方的宽大，称髁突。髁突上端膨大为下颌头，其下方缩细处是下颌颈。下颌支内面中央有下颌孔，向下经下颌管通颏孔。

（2）舌骨（图3-22）：舌骨位于下颌骨与喉之间，呈马蹄铁形，中部为舌骨体，向后伸出一对舌骨大角，体与大角结合处向上伸出一对舌骨小角。

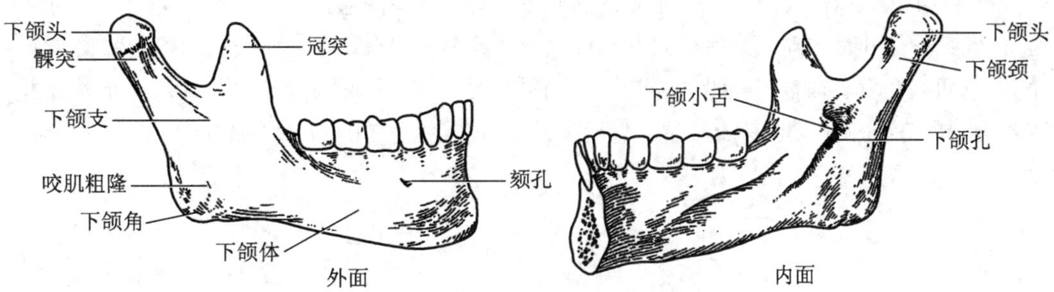

图3-21　下颌骨

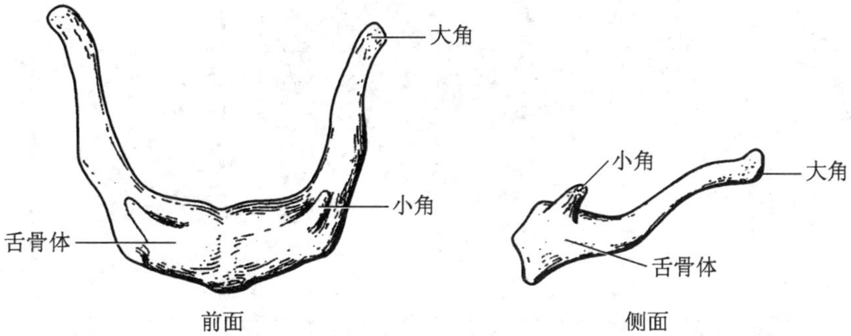

图3-22　舌骨

（二）颅的整体观

1. 颅的上面观　颅的上面由顶骨、额骨及部分颞骨和枕骨构成。各骨借缝互相连接。位于额骨与顶骨之间的缝称冠状缝，位于两顶骨之间的缝称矢状缝，顶骨与枕骨之间的缝称人字缝。新生儿颅顶各骨间有一定的间隙，由结缔组织膜封闭，这些间隙称颅囟（图3-23）。位于额骨和两顶骨之间的为前囟，一般于一岁半左右闭合。位于两顶骨头与枕骨之间的为后囟，后囟于生后不久即闭合。前囟闭合的早晚可作为婴儿发育的标志和颅内压力变化的观测窗口。

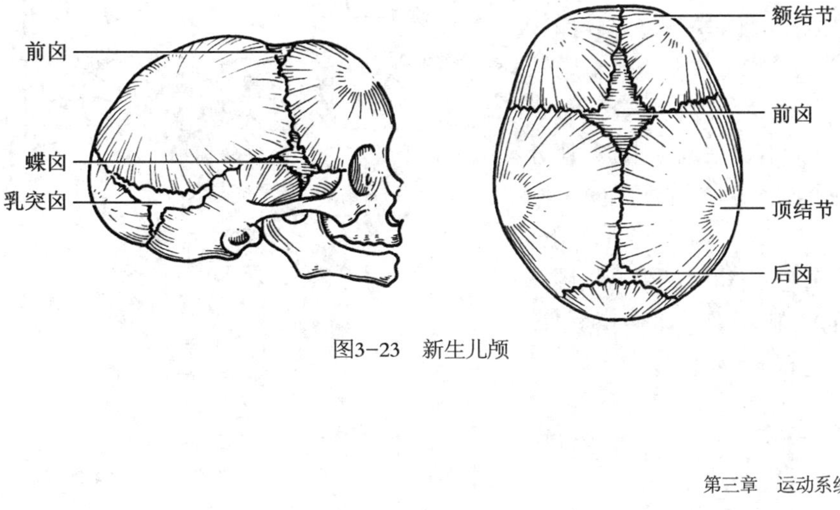

图3-23　新生儿颅

2. 颅的侧面观（图3-24） 颅的侧面可见外耳门，向内通外耳道，外耳门后下方的突起称乳突。自外耳门向前有弓形的突起称颧弓。颧弓上方有一个大而浅的凹陷为颞窝。窝的内侧面有额骨、顶骨、颞骨和蝶骨大翼四骨相交呈“H”形的骨缝称翼点，此处骨质薄弱，其内面有脑膜中动脉前支经过，骨折时，易损伤该血管引起硬膜外血肿。

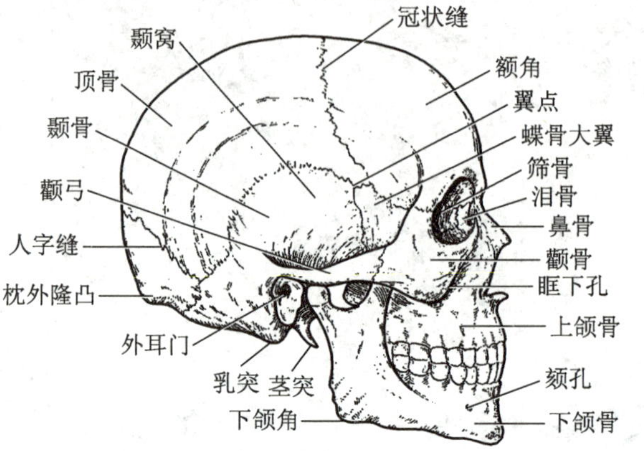

图3-24 颅侧面观

护理应用

窥测疾病的“窗口”——囟门

婴儿的囟门虽是方寸之地，却能反映体内的许多情况，可作为静脉采血的部位，给临床诊断提供许多重要线索，故临床医生把它看做是窥测疾病的一个“窗口”。

正常的囟门是平坦的，或者稍低于周围的颅骨平面，触之柔软，其下有空虚感，犹如骨的缺损区，可以见到其随脉搏而跳动。新生儿出生时，若前囟异常大，并伴有颅骨分离，应想到患有先天性脑积水的可能；倘若前囟异常小，应该考虑脑小畸形；前囟饱满，摸上去紧绷绷的，好像摸在装满水的橡皮热水袋上，则提示颅内压增高，应引起注意；前囟凹陷，常见于脱水、重度营养不良和极度消瘦的婴儿；前囟关闭过早，可能是脑发育不良的表现。

3. 颅的前面观（图3-25） 颅的前面上方为眶，中部为骨性鼻腔，下方为骨性口腔。

（1）眶：眶容纳视器，呈四棱锥体形。

（2）骨性鼻腔：骨性鼻腔位于面颅中央，借骨性鼻中隔将其分为左右两半。鼻腔的外侧壁（图3-26）自上而下有3个突起，分别称上鼻甲、中鼻甲和下鼻甲。相应鼻甲下方的腔隙为鼻道，分别称上鼻道、中鼻道和下鼻道。

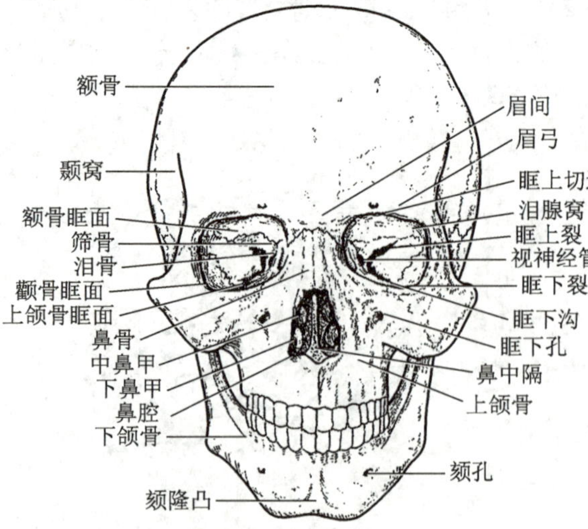

图3-25 颅前面观

鼻旁窦又称副鼻窦，包括上颌窦、额窦、筛窦和蝶窦各一对，位于同名骨内。各窦均为与鼻腔相通的含气空腔。上颌窦、额窦和筛窦的前、中小房开口于中鼻道，筛窦后小房开口于上鼻道，蝶窦开口于蝶筛隐窝。鼻旁窦可减轻颅骨的重量并对发声起共鸣作用。

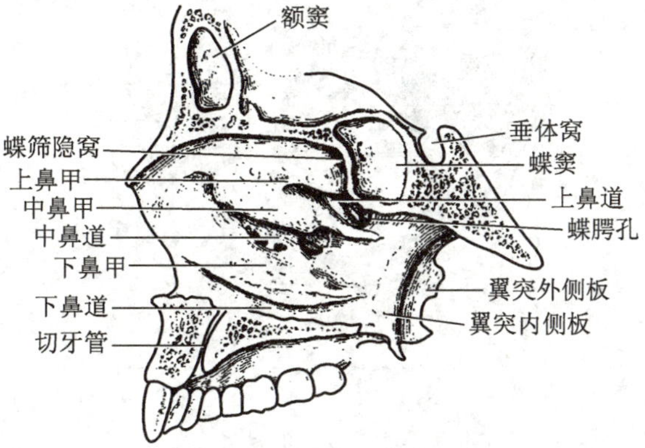

图3-26　鼻腔外侧壁

4．颅底外面观（图3-27）　颅的外面高低不平，分前后两部分。前面为分隔口腔和鼻腔的水平骨板，称骨腭。后部可见枕骨大孔。

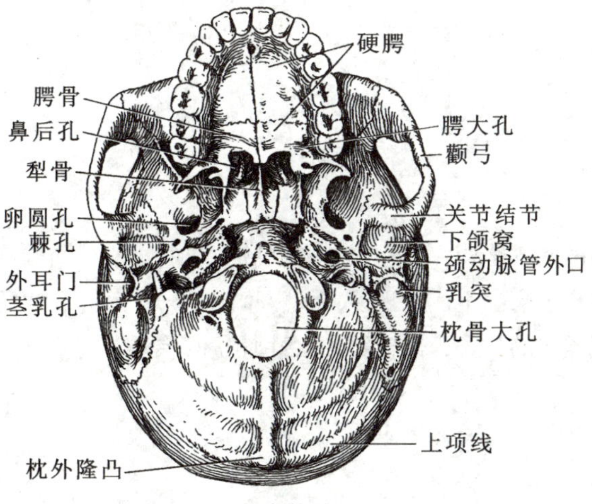

图3-27　颅底外面观

5．颅底内面观（图3-28）　颅底内面凹凸不平，由前向后分为颅前、中、后窝。

窝中有很多孔和裂，大多与颅底外面相通，为血管、神经穿过的孔道。如筛孔、视神经管、破裂孔、圆孔、卵圆孔、棘孔、枕骨大孔、颈静脉孔等。

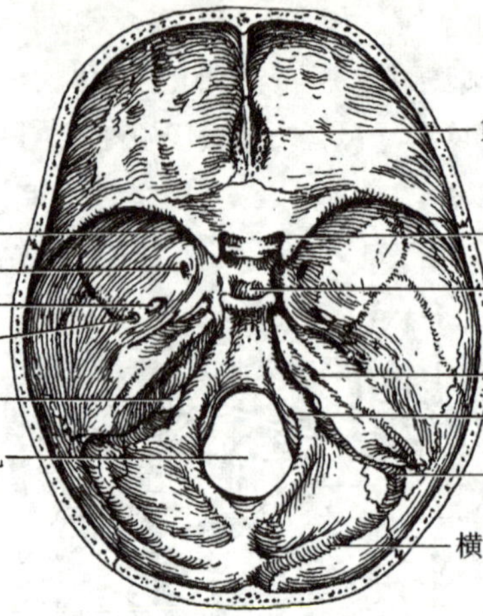

图3-28　颅底内面观

护理应用

不同卧位易受压的骨性突起

卧位时患者休息、检查及治疗时应采取的姿势，正确的卧位应符合人体解剖生理的要求，这不但使患者感到舒适、安全、消除疲劳，而且有利于检查、治疗和护理。长期卧床的患者更应注意卧位，因为身体的骨性突出部位覆盖的软组织较薄，容易受压，若发生持续性的缺血、缺氧、营养不良，则可导致压疮的发生。

不同卧位易受压的部位：① 仰卧位，枕外隆凸、肩胛冈、尺骨鹰嘴、骶骨、尾骨、髂后上棘和跟骨；② 侧卧位，肩峰、肱骨外上髁、髂结节、股骨大转子、股骨内侧髁和外侧髁、腓骨头、内踝与外踝；③ 俯卧位，额骨、下颌骨颏部、胸骨或肋骨、髂前上棘和髂骨。

第二节　关节学

学习目标

1. 归纳：关节的基本结构；肩、肘、髋和膝关节的组成、结构特点及运动形式。
2. 熟悉：脊柱和胸廓的组成及功能；解释椎间盘、骨盆、界线的概念。
3. 了解：直接连结的分类；比较男、女性骨盆的差异。

一、概述

骨与骨之间的连结称骨连结。按连结方式可分为直接连结和间接连结两种。间接连结又称关节，研究全身关节的科学称关节学。

（一）直接连结

骨与骨之间借纤维结缔组织或软骨直接连结（图3-29），连结牢固，不能活动或仅能做轻微活动。直接连结可分为纤维连结、软骨连结和骨性结合。

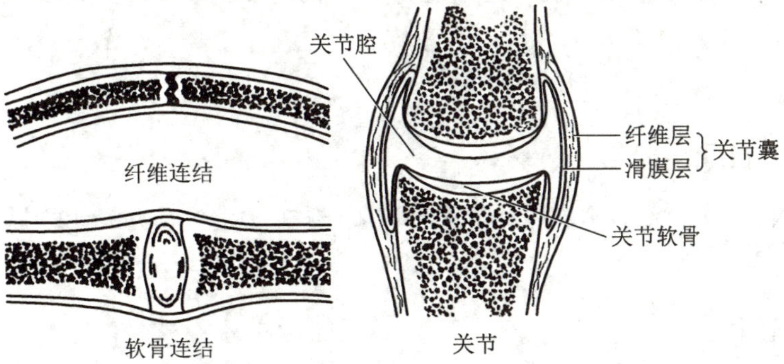

图3-29　骨连结

1. 纤维连结　骨与骨之间借致密结缔组织直接相连称纤维连结，如前臂骨的骨间膜、颅骨之间的缝、椎骨棘突之间的韧带等。

2. 软骨连结　骨与骨之间借软骨组织直接相连称软骨连结，如椎体之间的椎间盘、耻骨联合等。

3. 骨性结合　两骨间借骨组织连结，常由纤维连结或软骨组织骨化，则为骨性结合，如颅骨之间的缝、骶骨和髋骨等。

（二）间接连结

骨与骨之间借膜性的结缔组织囊相连，这种连结称间接连结，又称滑膜关节，简称关节。关节一般具有较大的活动性。

1. 关节的基本结构　包括关节面、关节囊和关节腔（图3-29）。

（1）关节面：是构成关节各骨的相对面。关节面的形态常为一凸一凹，分别构成关节头和关节窝。关节面上覆盖一薄层透明软骨，称关节软骨，其表面光滑，有弹性，可缓冲震荡和冲击，同时可减少运动时的摩擦。

（2）关节囊：为结缔组织囊，可分泌滑液，有润滑和营养关节软骨的作用。

（3）关节腔：为滑膜与关节软骨之间围成的密闭腔隙，内含少量滑液。腔内为负压，有利于关节的稳固。

2. 关节的辅助结构　有些关节除具备上述基本结构外，还有一些辅助结构，如韧带、关节盘、关节唇等，以增加关节的稳固性和灵活性。

3. 关节的运动形式　关节围绕某一运动轴可产生两种方向相反的运动形式。根据运动轴的方位不同，关节的运动形式可分为以下4种。

（1）屈和伸：是围绕冠状轴进行的运动。一般使两骨之间的夹角变小为屈；反之为伸。

（2）内收和外展：是围绕矢状轴进行的运动。骨向正中矢状面靠拢为内收；反之为外展。

（3）旋转：是围绕垂直轴进行的运动，骨的前面转向内侧为旋内；反之为旋外。在前臂手背转向前方为旋前；反之为旋后。

（4）环转：运动时骨的近端在原位转动，远端作圆周运动。实际上是屈、展、伸、收结合的连续动作。

二、躯干骨的连结

由24块椎骨、1块骶骨和1块尾骨借骨连结构成脊柱；由12块胸椎、12对肋及1块胸骨借骨连结构成胸廓。

（一）脊柱

1. 椎骨间的连结　椎骨间借椎间盘、韧带和关节相连。

（1）椎间盘（图3-30）：椎间盘是连结相邻两个椎体间的纤维软骨盘，由髓核和纤维环两部分构成。髓核柔软而富有弹性，位于椎间盘的中央。纤维环由数层同心圆排列的纤维软骨环构成，环绕在髓核周围，牢固连结相邻椎体。整个椎间盘既坚韧又富有弹性，除对椎体起连结作用及保护和限制髓核向外膨出外，还可缓冲震荡，起“弹性垫”样作用，并保证脊柱能向各个方向运动。脊柱的23个椎间盘。各部厚薄不一，腰部最厚，颈部次之，胸部最薄，故脊柱腰部活动度最大。当纤维环受损破裂时，髓核容易向后外侧脱出，突入椎管或椎间孔，压迫脊髓或脊神经根，临床上称椎间盘突出症。

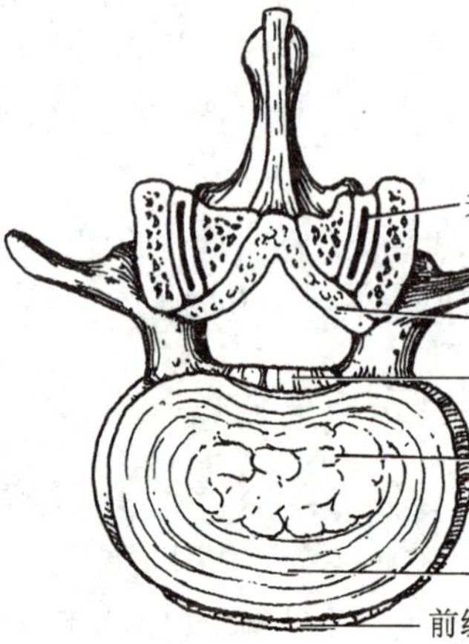

图3-30　椎间盘

（2）前纵韧带（图3-31）：是位于所有椎体及椎间盘前面的纵长韧带，有限制脊柱过度后伸的作用。

（3）后纵韧带（图3-31）：位于椎管前壁所有椎体及椎间盘的后面，有限制脊柱过度前屈的作用。

（4）黄韧带（图3-31）：又称弓间韧带，为连结相邻椎弓板间的短韧带，参与椎管后壁的构成，并有限制脊柱过度前屈的作用。

护理应用

椎间盘突出症

在过度劳损、体位骤变、猛力动作或暴力撞击下，纤维环即可向外膨出，从而髓核也可经过破裂的纤维环的裂隙向外膨出，形成所谓的椎间盘突出，其所有的症状都是由于突出的髓核压迫脊髓或脊神经根，造成神经根的水肿而产生的腰腿疼痛、肢体麻木、肌肉萎缩等症状。因此，临床上治愈椎间盘突出的关键在于消除突出物，解除神经压迫。

（5）棘间韧带（图3-31）：为连于相邻棘突间的短韧带。有限制脊柱过度前屈的作用。

（6）棘上韧带（图3-31）：为附着于各棘突末端的纵行长韧带。有限制脊柱过度前屈的作用。

（7）关节突关节：由相邻椎骨的上、下关节突构成，属于微动关节。

（8）寰枕关节：由枕骨的枕髁与寰椎侧块的上关节凹构成，属联合关节，可使头前俯、后仰和侧屈运动。

（9）寰枢关节：由寰椎的齿突凹和枢椎的齿突构成，可使头部做旋转运动。

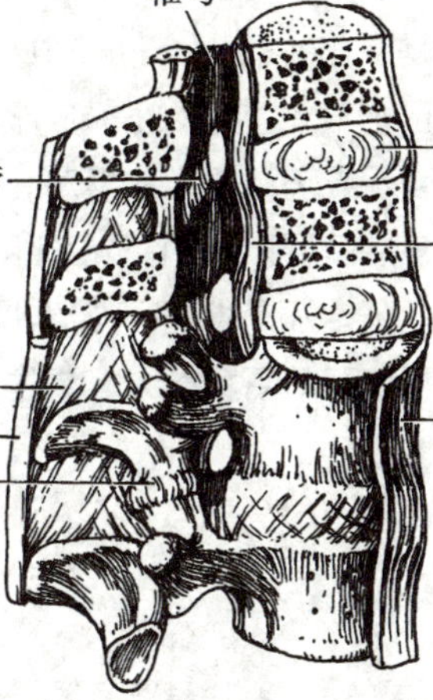

图3-31 椎间盘的连结

2. 脊柱的整体观（图3-32）

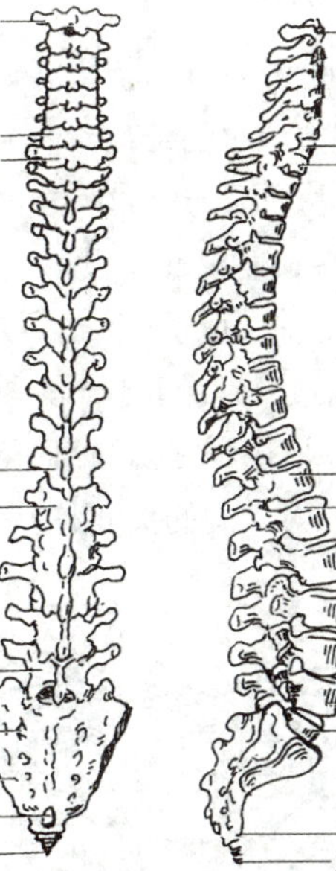

图3-32 脊柱整体观

（1）脊柱前面观：椎体自上而下逐渐增大，自骶骨以下又逐渐缩小。这与脊柱承受重力的变化有关。

（2）脊柱后面观：棘突自上而下排列成一条纵嵴，隆椎棘突长而突出；胸椎棘突斜向后下方，呈叠瓦状排列；腰椎棘突呈板状，水平向后伸出，棘突间隙较宽，是腰椎穿刺常选部位。

（3）脊柱侧面观：可见脊柱有4个生理性弯曲，颈曲、胸曲、腰曲和骶曲。颈曲和腰曲凸向前，是在出生后发育过程中，随着抬头、坐立而相继形成的；胸曲和骶曲凸向后，在胚胎时期已形成，利于保护胸、盆腔脏器。脊柱生理性弯曲增大了脊柱的弹性，有利于维持身体平衡及减轻冲击力和震荡。

3. 脊柱的功能　脊柱除支持身体、传递重力、缓冲震荡、保护脊髓和内脏等功能外，还有运动功能。虽然相邻两个椎骨间的运动幅度较小，但整个脊柱的活动范围较大，尤其是颈部和腰部运动幅度最大。脊柱有前屈、后伸、侧屈、旋转和环转等多种运动形式。

知识卡片

长　颈　族

世界上的长颈族人是最著名的缅甸巴东族人，为了防止饿虎靠近，他们沉重的黄铜项圈套在年轻女子的脖子上。女孩从5岁开始带上项圈，10岁开始每年增加一个，直到25岁。这样将女孩的脖颈拉得十分长，从而导致颈椎严重畸形。

（二）胸廓

1. 肋椎连结　肋椎关节包括肋头关节和肋横突关节。肋头关节由肋头与相邻椎体上、下肋凹组合的关节窝构成；肋横突关节由肋结节与横突肋凹构成。

2. 胸肋连结（图3-33）　第1肋前端与胸骨柄之间为软骨连结。第2~7肋前端分别与胸骨体的肋切迹构成胸肋关节。第8~10肋前端借肋软骨依次与上位肋软骨相连，形成肋弓，第11、第12肋的前端游离于腹壁的肌肉中。

3. 胸廓的形态　成人胸廓呈前后略扁的圆锥形（图3-33），胸廓上口较小，朝向前下，由第1胸椎、第1肋和胸骨的颈静脉切迹围成。胸廓下口较大，由第12胸椎、第12、第11对肋、两侧肋弓和剑突围成。两侧肋弓之间的夹角称胸骨下角。相邻两肋之间的间隙称肋间隙，共有11对。

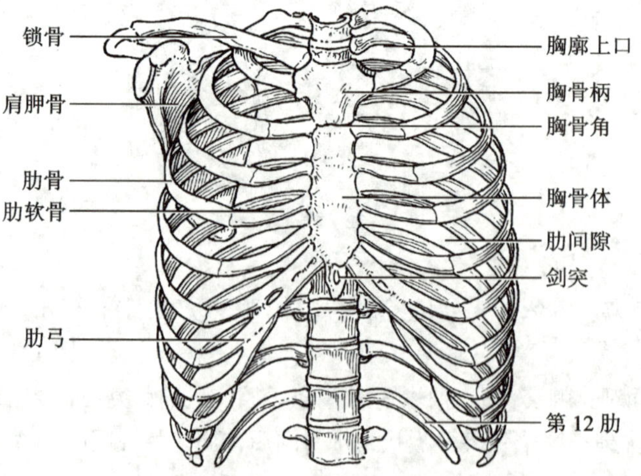

图3-33　胸廓

胸廓的形状和大小与年龄、性别、体型、营养、健康状况等因素有关。新生儿胸廓横径与前后径近似，呈桶状；老年人胸廓则扁而长。成年女性的胸廓短而圆，各径线均小于男性。

4. 胸廓的功能　胸廓主要参与呼吸运动。吸气时，胸腔容积扩大，做相反的运动，使胸腔容积变小。

三、颅骨的连结

颅骨的连结包括纤维连结、软骨连结和关节。

1. 颅骨的纤维连结和软骨连结　颅盖骨之间大多借骨缝相连。颅底各骨之间主要为软骨连结，随着年龄的增长，有些缝和软骨因骨化形成骨性结合。

2. 颞下颌关节（图3–34）　通常称下颌关节，由颞骨的下颌窝、关节结节与下颌头构成。是颅骨连结中唯一的滑膜关节。关节囊松弛，前部较薄弱，外侧有韧带加强。囊内有椭圆形的关节盘，将关节腔分隔成上、下两部。颞下颌关节属于联合关节，两侧同时运动，可使下颌骨上提、下降和向前、后、侧方运动。由于关节囊较为松弛，当张口过大或受外力打击时，可造成下颌头滑到关节结节的前方而无法退回关节窝，形成颞下颌关节脱位。

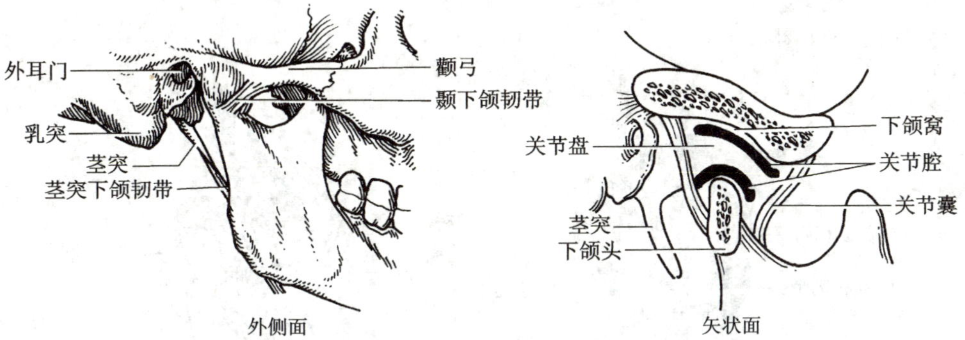

图3–34　颞下颌关节

四、上肢骨的连结

（一）上肢带骨的连结

1. 胸锁关节　胸锁关节是上肢骨与躯干骨连结的唯一关节。由胸骨的锁切迹与锁骨的胸骨端构成，关节囊坚韧，并有韧带加强，囊内有关节盘。胸锁关节可使锁骨外侧端小幅度地向上、下、前、后运动及做微小的旋转、环转运动。

2. 肩锁关节　肩锁关节由锁骨的肩峰端与肩胛骨的肩峰构成，属微动关节。

（二）自由上肢骨的连结

1. 肩关节（图3–35）

（1）组成：由肱骨头与肩胛骨的关节盂构成。

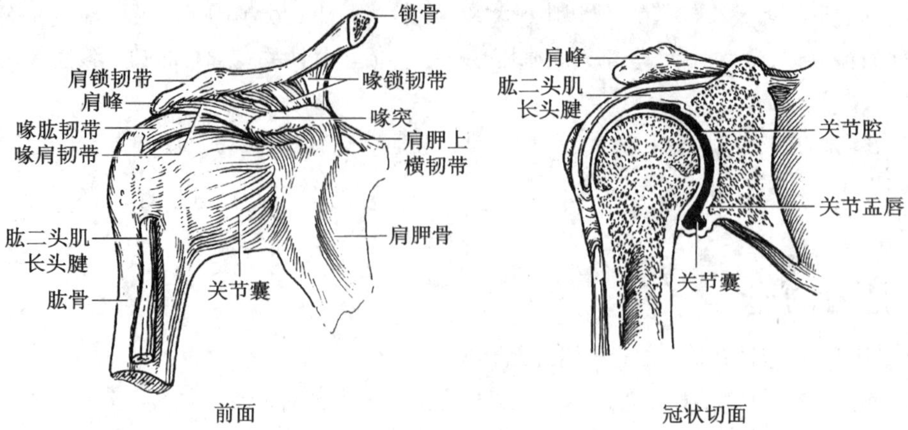

图3-35 肩关节

（2）结构特点：① 肱骨头大，关节盂小而浅；② 关节盂周缘有关节唇，加深关节窝；③ 关节囊薄而松弛，囊内有肱二头肌长头腱通过；④ 关节囊的前、上、后因有肌腱编入而得到加强，而下壁薄弱，故肩关节脱位时，肱骨头常向前下方脱出。

（3）运动形式：肩关节是全身运动幅度最大、最灵活的关节。可做屈、伸、内收、外展、旋转和环转运动。

2. 肘关节（图3-36）

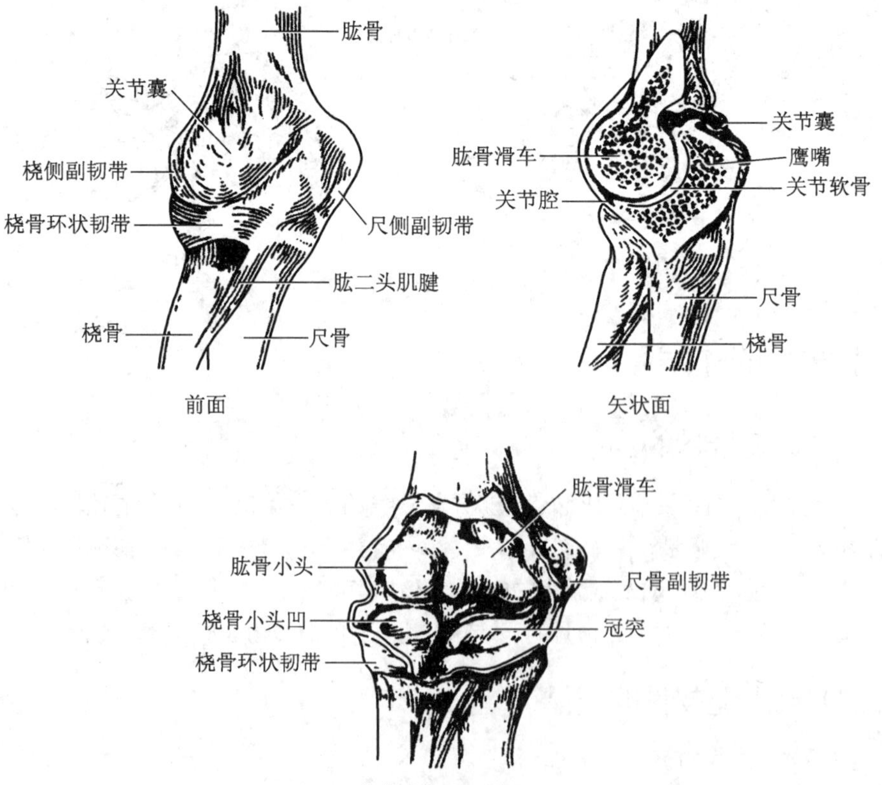

图3-36 肘关节

（1）组成：由肱骨下端与尺、桡骨上端构成，共包括三个关节：① 肱尺关节由肱骨滑车与尺骨的滑车切迹构成。② 肱桡关节由肱骨小头与桡骨头关节凹构成。③ 桡尺近侧关节由桡骨头环状关节面与尺骨桡切迹构成。

（2）结构特点：① 三个关节包在一个关节囊内；② 关节囊的前、后壁薄而松弛，两侧部厚而紧张，分别有尺侧副韧带和桡侧副韧带加强；③ 关节囊内有环绕在桡骨环状关节面周围的桡骨环状韧带，可防止桡骨头脱出。幼儿的桡骨头发育尚未完全，当肘关节伸直位牵拉前臂时，易发生桡骨头半脱位。

（3）运动形式：可做屈、伸运动。

3. 前臂骨连结　前臂的桡骨与尺骨借桡尺近侧关节、前臂骨间膜和桡尺远侧关节相连。桡尺近侧关节在结构上属于肘关节的一部分。

（1）桡尺远侧关节：由尺骨头环状关节面，与桡骨的尺切迹共同构成。桡尺近侧关节和桡尺远侧关节是联合关节，可使前臂做旋前和旋后运动。

（2）前臂骨间膜是连于桡、尺骨骨间缘之间的坚韧的纤维膜。

4. 手骨的连结　包括桡腕关节、腕骨间关节、腕掌关节、掌指关节和指骨间关节（图3-37）。

（1）桡腕关节：桡腕关节又称腕关节，由桡骨腕关节面和尺骨头下方关节盘形成的关节窝，与手舟骨、月骨和三角骨近侧关节面组成的关节头构成。关节囊松弛，其前、后和两侧有韧带加强。桡腕关节可做屈、伸、收、展和环转运动。

（2）腕骨间关节：腕骨间关节为相邻各腕骨之间构成的微动关节。

（3）腕掌关节：腕掌关节由远侧列腕骨与5块掌骨的底构成。其中拇指腕掌关节的关节囊松弛，运动灵活，能做屈、伸、收、展、环转和对掌运动。拇指与其他各指的掌面相对的动作，称对掌运动。其他各腕掌关节活动范围较小。

（4）掌指关节：掌指关节共5个，由掌骨头与近节指骨底构成。可做屈、伸、收、展和环转运动。以中指为准，靠近中指为收，远离中指为展。

（5）指骨间关节：指骨间关节由相邻两节指骨的滑车与指骨底构成，只能做屈、伸运动。

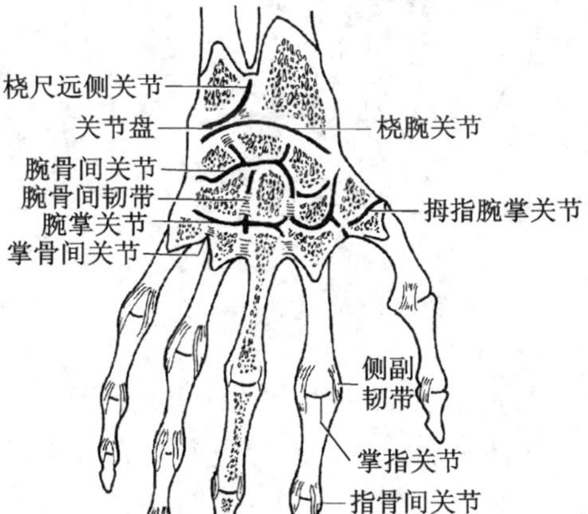

图3-37　手关节

知识卡片

神奇的器官——手

手是人类进化的产物，也是创造世界文明的特殊劳动工具。行云流水似的演奏，天工神斧般的雕塑，均有赖于完美协调的手的功能。人体解剖学家告诉我们，手脑相长，智慧大开，它的精神是永恒的，也是有科学依据的。手既是脑之母，也是脑之子。苏联教育家霍姆斯基有句名言：儿童的智慧在手尖上。勤动手，能促进智力发育。瑞典研究人员发现，手指做简单的活动时，比不活动时脑血流量增加10%；但是手做复杂精巧的动作时，脑血流量就会增加35%。因此，手的高度灵活是和大脑紧密联系在一起的。由此可见，要创造万能的手，就要多使用手。

五、下肢骨的连结

（一）下肢带骨的连结

1. 骨盆的连结

（1）骶髂关节：骶髂关节由骶、髂两骨的耳状面构成。关节面对合紧密，关节囊紧张，周围有强厚的韧带加强，连结牢固，活动甚微（图3-38）。

（2）髋骨与骶骨的韧带连结：髋骨与骶骨有很多韧带相连，其中，骶骨与坐骨之间有两条：从骶、尾骨侧缘连至坐骨结节内侧缘，呈扇形的一条，称骶结节韧带；位于骶结节韧带前方，从骶、尾骨侧缘连至坐骨棘，呈三角形的，称骶棘韧带。此两条韧带把坐骨大、小切迹围成坐骨大孔和坐骨小孔（图3-38）。

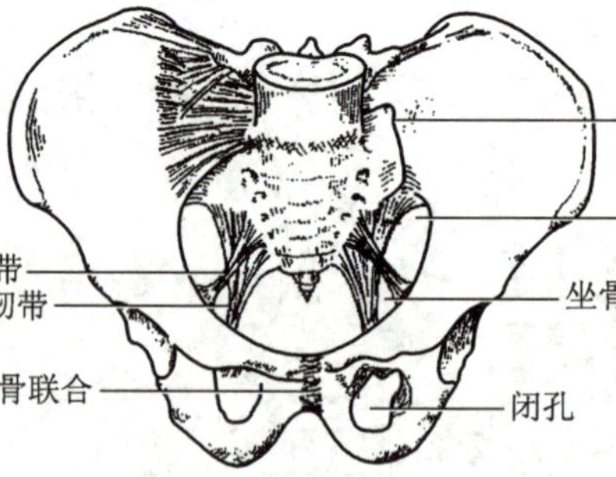

图3-38　骨盆的连结

（3）耻骨联合：由两侧耻骨联合面借纤维软骨构成的耻骨间盘连结而成。耻骨间盘内有一矢状位裂隙。女性耻骨间盘较厚，裂隙也稍大，分娩时裂隙增大，有利于胎儿娩出。

闭孔被闭孔膜封闭，上部留有供血管、神经穿过的闭膜管。

2. 骨盆的构成与功能　骨盆由左、右髋骨与骶、尾骨共同连结构成。从骶骨岬经两侧弓状线、耻骨梳、耻骨结节、耻骨嵴至耻骨联合上缘形成的环形线称界线。骨盆以界线为界分为上部的大骨盆和下部的小骨盆两部分。小骨盆的上口称骨盆上口，由界线围成。骨盆下口由尾骨尖、骶结节韧带、坐骨结节、坐骨支、耻骨下支和耻骨联合下缘围成。两侧坐骨支与耻骨下支连成耻骨弓，它们之间的夹角称耻骨下角。小骨盆的内腔称骨盆腔。

骨盆具有承受、传递重力和保护盆内器官的作用。在女性，骨盆还是胎儿娩出的产道。

3. 骨盆的性别差异　由于成年女性骨盆与妊娠和分娩功能相适应，故两性骨盆在形态上差别显著（图3-39，表3-1）。

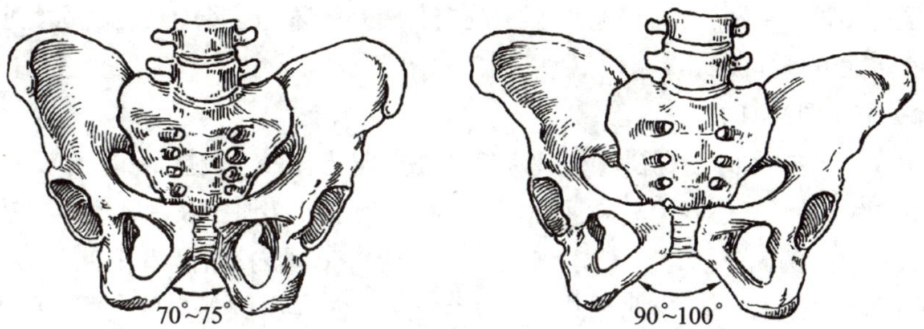

图3-39　骨盆的性别差异

表3-1　骨盆的性别差异

区别项目	男性	女性
骨盆形状	窄而长	宽而短
骨盆上口	心形	椭圆形
骨盆下口	狭小	宽大
骨盆腔	漏斗形	圆桶形
耻骨下角	70°～75°	90°～100°

（二）自由下肢骨的连结

1. 髋关节（图3-40）

（1）组成：由髋臼与股骨头构成。

（2）结构特点：① 髋臼深，周缘附有髋臼唇，加深了关节窝，从而增强了关节的稳定性。② 关节囊厚而坚韧。③ 股骨颈的前面全部包在关节囊内，后面仅内侧2/3包在囊内，外侧1/3露于囊外，故股骨颈骨折有囊内、囊外之分。关节囊下部相对较弱，股髋关节脱位时，股骨头易向下方脱位。④ 关节囊内有股骨头韧带，内含营养股骨头的血管。

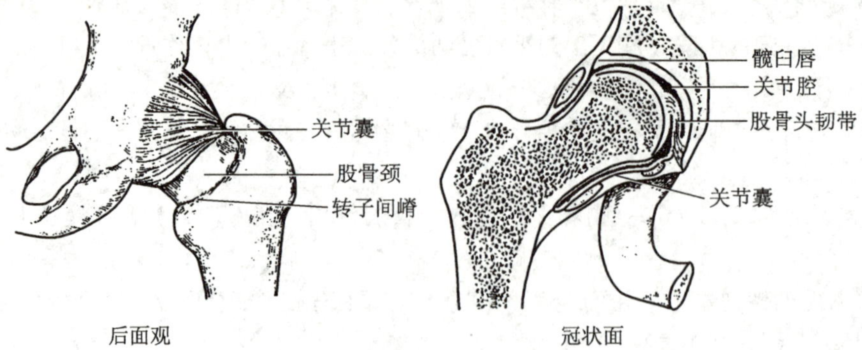

图3-40　髋关节

（3）运动形式：可做屈、伸、收、展、旋内、旋外和环转运动，其运动幅度远不及肩关节，但具有较大的稳固性。

2. 膝关节（图3-41）

（1）组成：由股骨下端、胫骨上端和髌骨构成，是人体最大最复杂的关节。

（2）结构特点：① 关节囊宽阔而松弛。② 前方有股四头肌腱及由其延伸的厚而强韧的髌韧带。关节囊的两侧分别有胫侧副韧带和腓侧副韧带。囊内有前交叉韧带、后交叉韧带，可防止胫骨向前、后移位。③ 股骨内、外侧髁与胫骨内、外侧髁之间有两块纤维软骨板，分别称内侧半月板和外侧半月板（图3-41）。内侧半月板较大，呈“C”形；外侧半月板较小，呈“O”形。半月板外缘厚，内缘薄。上面凹陷，下面平坦，分别与胫骨、股骨的关节面相适应，增强了膝关节的稳固性。

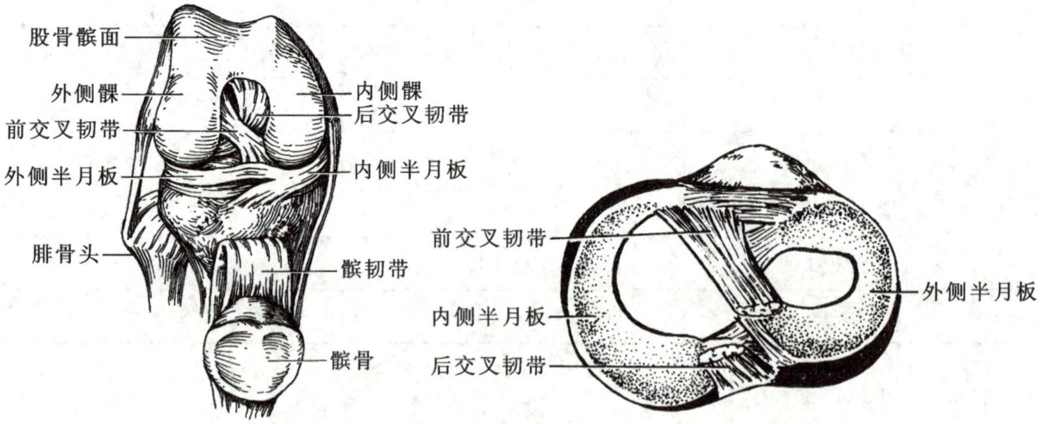

图3-41　膝关节

（3）运动形式：主要可做屈、伸运动，在半屈位时，还可做小幅度的旋内、旋外运动。

3. 小腿骨连结　胫骨与腓骨的连结包括上端由胫骨的腓关节面与腓骨头构成的胫腓关节；两骨干之间的小腿骨间膜；下端的韧带连结。胫、腓骨之间活动度很小。

4. 足骨的连结　包括距小腿关节、跗骨间关节、跗跖关节、跖趾关节和趾骨间关节（图3-42）。

（1）距小腿关节：距小腿关节又称踝关节，由胫、腓骨下端与距骨构成。关节囊前、后松弛，两侧有韧带加强。内侧韧带较强厚。外侧的韧带较薄弱，足过度内翻容易引起外侧韧带扭伤。

（2）足弓（图3-43）：足弓是跗骨和跖骨借关节和韧带形成凸向上的弓，可分为前后方向的内、外侧纵弓和内外侧方向的横弓。站立时，足仅以跟骨结节及第1、第5跖骨头三点着地，如同“三脚架”，保证站立稳定。足弓增加了足的弹性，有利于行走和跳跃，并能缓冲震荡；足弓可保护足底血管、神经免受压迫。如连接结构发育不良或损伤，可造成足弓塌陷，形成扁平足。

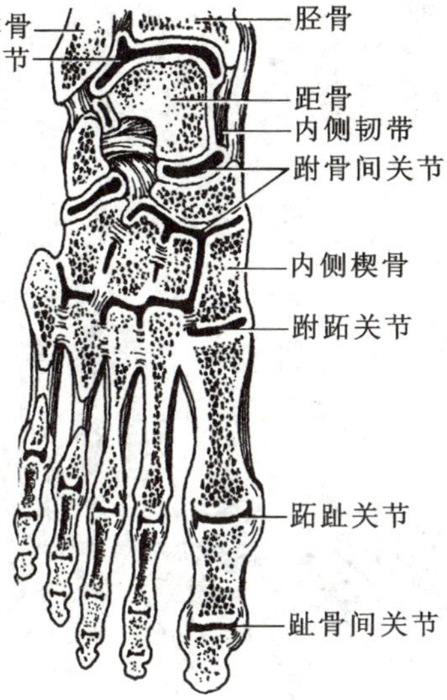

图3-42　足关节

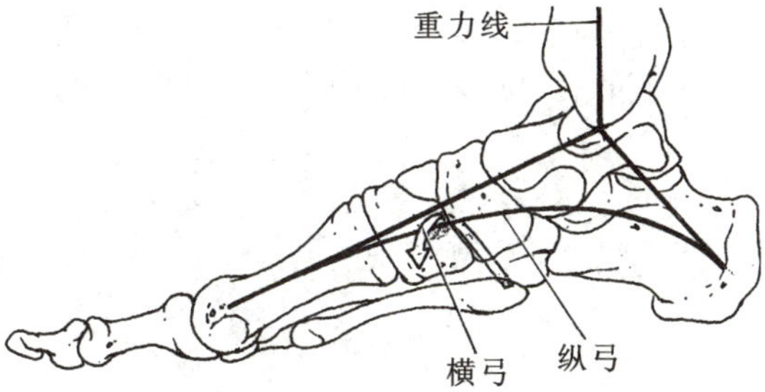

图3-43　足弓

第三节　肌

学习目标

1. 归纳膈的三个裂孔及其通过的结构；解释斜角肌间隙的概念。

2. 识别临床上常用做肌内注射的部位。

3. 比较胸大肌、三角肌、肱二头肌、肱三头肌、股四头肌、臀大肌和小腿三头肌的作用；腹股沟管的结构。

一、概述

运动系统的肌均属骨骼肌，骨骼肌数量众多，约有600余块，每块肌都具有一定的形态，执行一定的功能，并有丰富的血管、神经和淋巴管分布，所以每块肌均是一个器官。

知识卡片

人体的“空调器”

不管是炎夏酷暑，还是寒冬腊月，只要室内有了空调，就四季如春。而人体的“空调器”却远不止一台，粗略计算，就有十多“台”之多，骨骼肌就是其中之一。

骨骼肌不但是人体劳动的动力装置，也是人体环境温度降低时产热升温的主要结构。全身有600余块肌肉，当周围环境温度降低时，机体一方面减少散热，另一方面绝大部分骨骼肌，特别是四肢肌、颈肌和躯干肌的肌纤维，发生细小而杂乱的收缩，产生热量，这就是当北风呼啸、滴水成冰时，人在外面会不由自主地感到寒战的原因。

（一）肌的形态和构造

肌的形态多种多样，大致可分为四类，即长肌、短肌、扁肌和轮匝肌（图3-44）。骨骼肌由中间的肌腹和两端的肌腱构成。肌腹有收缩功能；肌腱无收缩能力。

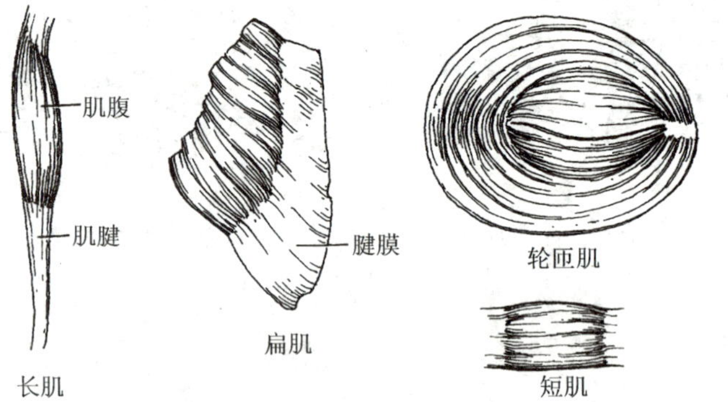

图3-44　肌的形态

（二）肌的起止、配布和作用

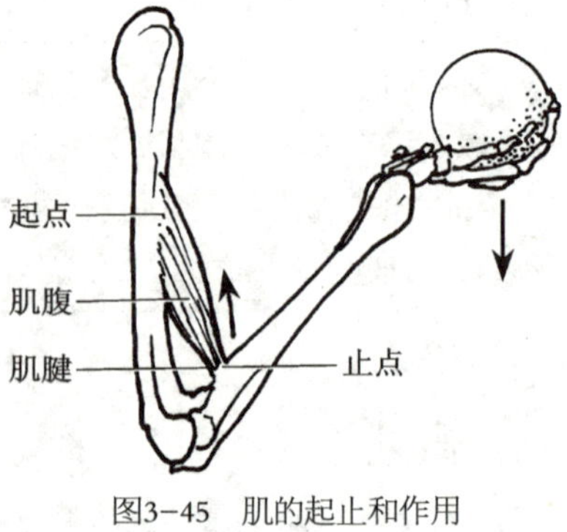

图3-45　肌的起止和作用

骨骼肌通常以两端附着于两块或两块以上的骨，中间跨越一个或多个关节。通常以靠近正中矢状面及四肢近侧的附着点为起点，把另一端看做止点。起点和止点是相对的，在一定条件下可因肌作用的不同而相互转换（图3-45）。

肌的配布与关节的运动类型密切相关。每一个关节至少配布有两组作用完全相反的肌，称为拮抗肌。

在一个运动轴同侧功能相同的肌，称为协同肌。各肌在神经系统的支配调节下，既互相对抗，又彼此协调，以保持人体的某些姿势和完成各种动作。

（三）肌的辅助结构

肌的辅助结构包括筋膜、滑膜囊和腱鞘。具有保护和协助骨骼肌运动的作用。

1. 筋膜　筋膜分浅筋膜和深筋膜两种（图3-46）。

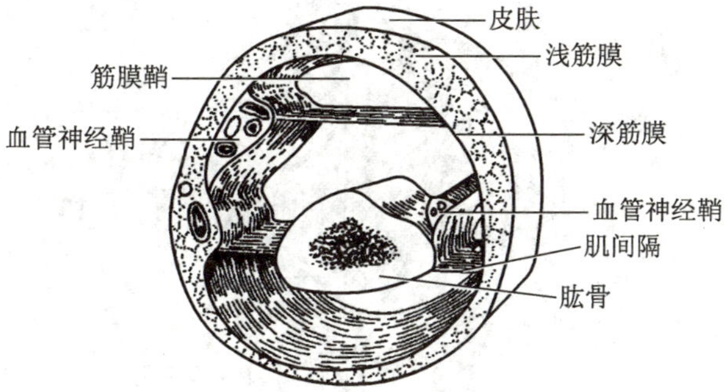

图3-46　臂部横断面（示筋膜）

（1）浅筋膜：浅筋膜亦称皮下筋膜，由疏松结缔组织构成，位于真皮之下，包被身体各部，内含脂肪、血管和神经等。所含脂肪的多少因身体的部位、性别及营养状态不同而异。浅筋膜具有减少热量散失、保持体温、保护深部结构的作用。

（2）深筋膜：深筋膜亦称固有筋膜，位于浅筋膜的深面，由致密结缔组织构成，包被体壁、肌、血管和神经。深筋膜还包绕血管、神经形成血管神经鞘。

2. 滑膜囊　滑膜囊为扁薄密闭的结缔组织小囊，内含少量滑液，多位于腱与骨面相接触处，以减少两者间的摩擦。有的滑膜囊在关节附近与关节腔相通。滑膜囊炎症可影响肢体局部的运动功能。

3. 腱鞘　腱鞘是包裹在长肌腱外面的鞘管，多存在于活动性较大的腕、踝、手指和足趾等处（图3-47），减少肌腱与骨面之间的摩擦。

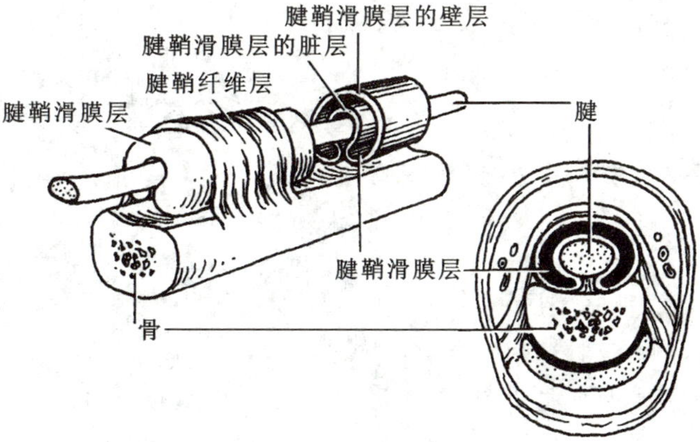

图3-47　腱鞘示意图

二、躯干肌

躯干肌可分为背肌、胸肌、膈、腹肌和会阴肌。

（一）背肌

背肌位于躯干的背侧，可分为浅、深两群（图3-48）。

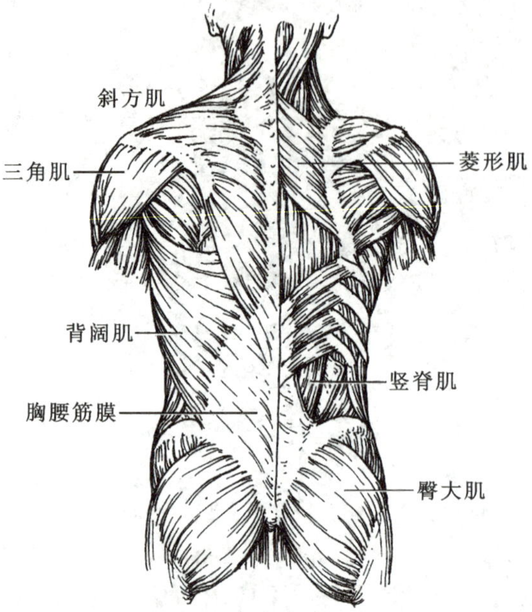

图3-48　背肌

1. 浅群肌

（1）斜方肌：斜方肌位于项部和背上部，一侧呈三角形，左右两侧合起来呈斜方形。该肌收缩时，可使肩胛骨向脊柱靠拢，上部肌束收缩可上提肩胛骨，下部肌束收缩可使肩胛骨下降，如肩胛骨固定，两侧同时收缩时，可使头后仰。

（2）背阔肌：背阔肌为全身最大的扁肌，收缩时使臂内收、旋内和后伸即“背手”动作。上肢上举固定时，可引体向上。

2. 深群肌　竖脊肌（骶棘肌）：位于脊柱两侧的纵沟内，为背肌中最长的肌。收缩时可使脊柱后伸和仰头，竖脊肌对维持人体直立起重要作用。

（二）胸肌

胸肌分为胸上肢肌和胸固有肌。

1. 胸上肢肌　胸上肢肌均起自胸廓外面，止于上肢带骨或肱骨（图3-49）。

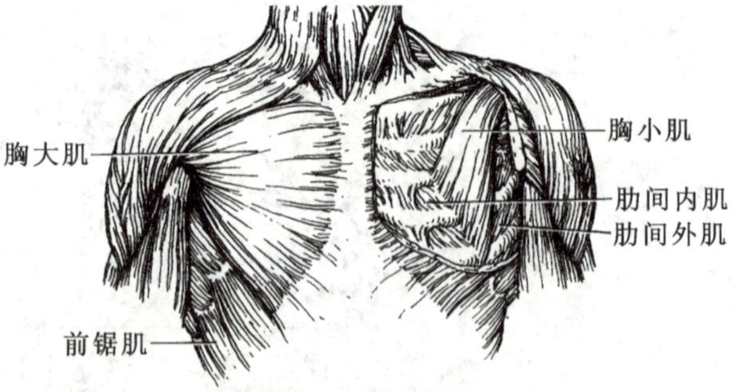

图3-49　胸上肢肌

（1）胸大肌：胸大肌位于胸廓的前上部，收缩时，可使肩关节内收、旋内和前屈。若上肢固定可上提躯干，亦可提肋协助吸气。

（2）胸小肌：胸小肌位于胸大肌的深面，呈三角形，收缩时，可向前下方牵拉肩胛骨。肩胛骨固定时，可提肋助吸气。

（3）前锯肌：前锯肌位于胸廓侧壁的宽大扁肌，收缩时，可向前牵拉肩胛骨并使其紧贴胸廓。当肩胛骨固定时，可提肋以助深吸气（图3-50）。

2. 胸固有肌　参与构成胸壁，主要位于肋间隙内（图3-50）。

（1）肋间外肌：肋间外肌位于浅层，收缩时，可提肋以助吸气。

（2）肋间内肌：肋间内肌位于肋间外肌的深面，收缩时，可降肋以助呼气。

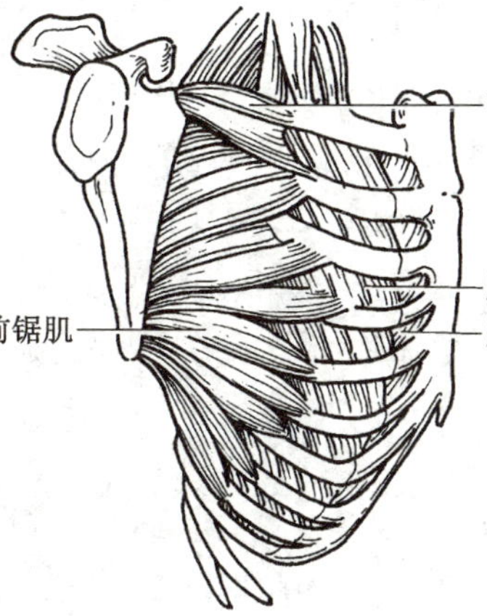

图3-50　前锯肌和肋间肌

（三）膈

膈为向上膨隆的穹隆状扁肌，位于胸、腹腔之间（图3-51）。膈的周边部分为肌性部，中央部分为腱膜，称中心腱。膈以肌束起自胸廓下口的周缘和腰椎前面，各部肌束向中央止于中心腱。

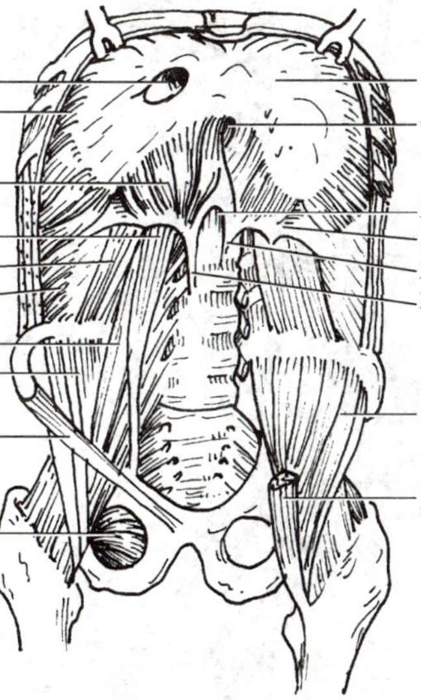

图3-51　膈及腹后壁肌

膈上有三个裂孔：紧靠脊柱前方的，称主动脉裂孔，孔内有降主动脉和胸导管通过；在主动脉裂孔的左前上方，有食管裂孔，孔内有食管和迷走神经通过；食管裂孔的右前方，中心腱内有腔静脉孔，孔内有下腔静脉通过。

膈是重要的呼吸肌，收缩时，膈顶下降，胸腔容积扩大，引起吸气；舒张时，膈顶上升，胸腔容积变小，引起呼气。

（四）腹肌

腹肌位于胸廓下部与骨盆之间，参与构成腹腔的前外侧壁和后壁。包括位于腹前外侧壁的三层扁肌和带状的腹直肌，以及位于腹后壁的腰方肌、腰大肌等。

1. 前外侧群

（1）腹直肌：位于前正中线的两侧（图3–52），被腹直肌鞘包裹，上宽下窄。肌的全长被3~4条横行的腱划分成多个肌腹，腱划与腹直肌鞘前层紧密结合。

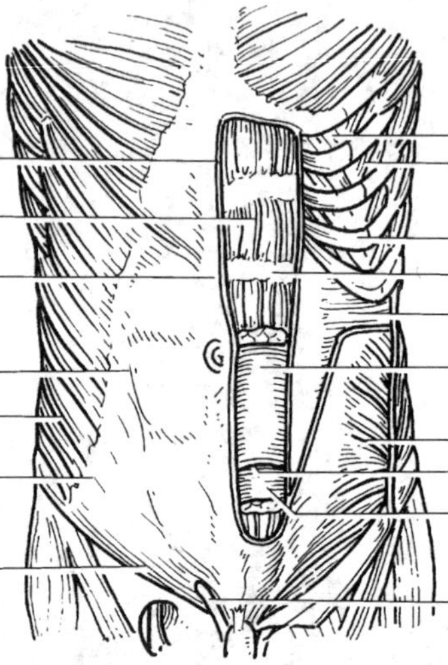

图3–52 腹前外侧群肌

（2）腹外斜肌：是腹前外侧壁最浅层的扁肌，腹外斜肌腱膜的下缘卷曲增厚，紧张于髂前上棘与耻骨结节之间，称腹股沟韧带（图3–53）。

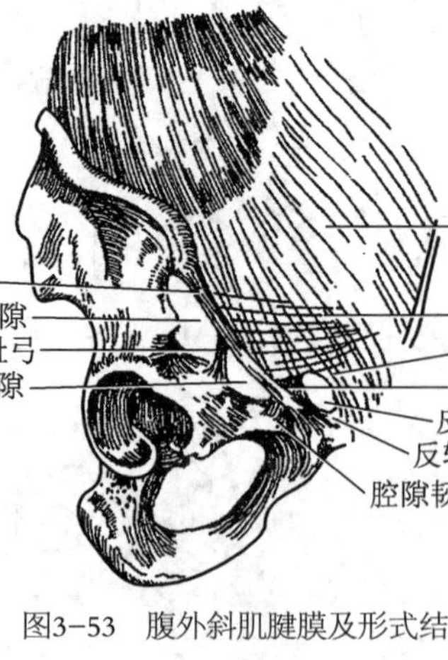

图3–53 腹外斜肌腱膜及形式结构

（3）腹内斜肌：位于腹外斜肌深面，自腹内斜肌下缘分出一些肌束，与腹横肌最下部的肌束一起包绕精索和睾丸，称为提睾肌，收缩时，可上提睾丸（图3-54）。

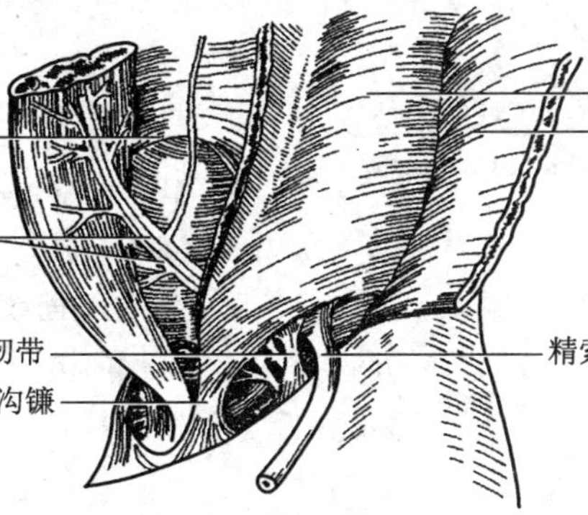

图3-54　腹前壁下部

（4）腹横肌：位于腹内斜肌的深面。

腹前外侧肌群具有保护腹腔脏器的作用；与膈协同收缩，可增加腹压，协助排便、分娩、呕吐和咳嗽等功能；可使脊柱前屈、侧屈和旋转；也能降肋以助呼气。

2. 后群　有腰大肌和腰方肌，腰大肌将在下肢肌中叙述。

腰方肌位于腹后壁脊柱的两侧（图3-51）。收缩时能下降和固定第12肋，单侧收缩能使脊柱侧屈。

3. 腹肌形成的结构

（1）腹直肌鞘：包裹腹直肌，由腹壁3层扁肌的腱膜构成（图3-55）。腹直肌鞘分前、后两层，前层由腹外斜肌腱膜与腹内斜肌腱膜的前层愈合而成；后层由腹内斜肌腱膜的后层与腹横肌腱膜愈合而成。在脐下4~5 cm处，后层完全转至腹直肌的前面参与前层的构成，形成凸向上的弧形游离下缘（图3-54），称为弓状线（半环线）。弓状线以下腹直肌鞘后层缺如，腹直肌的后面紧贴腹横筋膜。

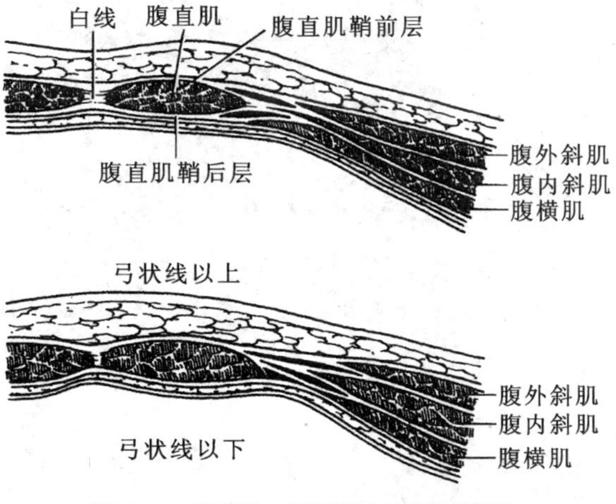

图3-55　腹前壁水平切面（示腹直肌鞘）

(2) 白线：白线位于腹前壁正中线左、右腹直肌鞘之间，由两侧三层扁肌的腱膜交织而成。上起剑突，下止耻骨联合。白线坚韧而缺乏血管，是临床腹部切口的常选部位。白线中点有疏松的瘢痕组织环即脐环，为腹壁的一个薄弱点，若腹腔内容物由此膨出，则形成脐疝。

(3) 腹股沟管：腹股沟管为肌和腱膜之间的潜在斜行裂隙，位于腹股沟韧带内侧半的上方，长为4~5 cm，男性有精索、女性有子宫圆韧带通过。腹股沟管有内、外两口和前、后、上、下四壁。内口称腹股沟管深环（腹环），位于腹股沟韧带中点上方约1.5 cm处，由腹横筋膜形成。外口即腹股沟管浅环（皮下环）。腹股沟管的前壁为腹外斜肌腱膜和腹内斜肌，后壁为腹横筋膜和腹股沟镰，上壁为腹内斜肌和腹横肌的弓状下缘，下壁为腹股沟韧带。腹股沟管是腹壁下部的薄弱区之一，为腹股沟疝的好发部位。

（五）会阴肌

会阴肌是指封闭小骨盆下口的诸肌的统称，与相邻的筋膜共同构成盆膈和尿生殖膈，承托盆腔脏器（图3-56、图3-57）。

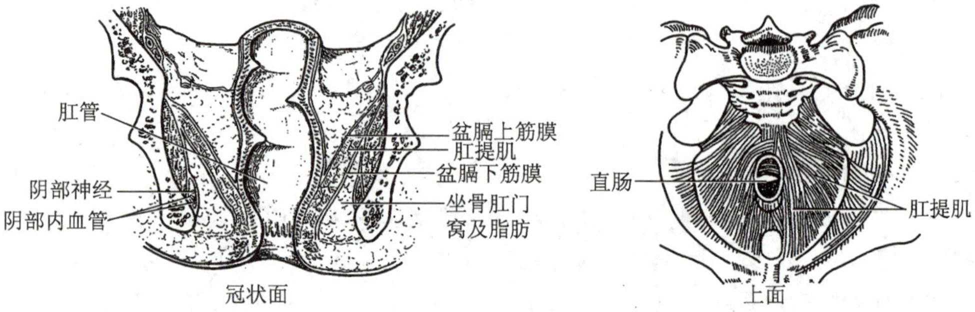

图3-56　肛提肌

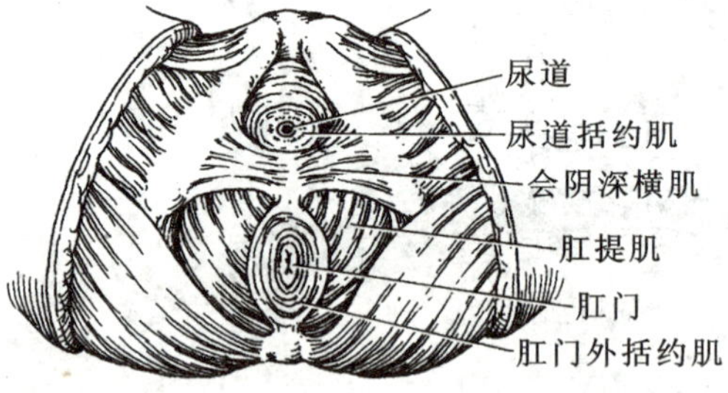

图3-57　盆底肌

三、头颈肌

（一）头肌

头肌分为面肌和咀嚼肌两部分（图3-58）。

1. 面肌　也称表情肌，为扁而薄的皮肌。大多数起自颅骨，止于面部皮肤。主要分布

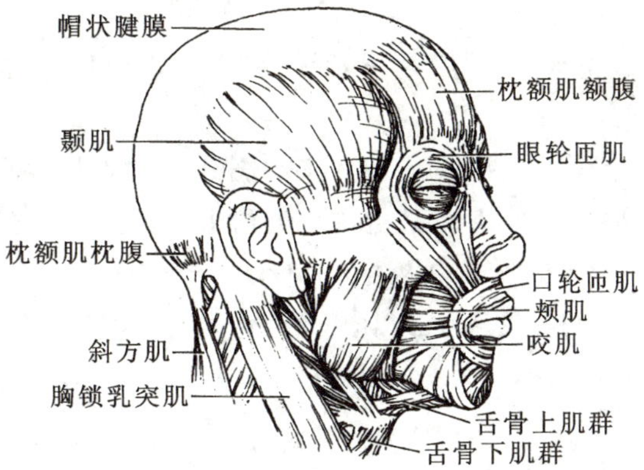

图3-58　头肌

在口裂、睑裂和鼻孔的周围，可分为环形肌和辐射状肌两种。面肌的作用主要是开大或闭合上述孔和裂，并能牵拉面部皮肤，产生各种表情。

2. 咀嚼肌　包括颞肌、咬肌、翼内肌和翼外肌，配布在颞下颌关节的周围，参与咀嚼运动。

（二）颈肌

颈肌依其所在位置分为颈浅肌群、颈深肌群两群。

1. 颈浅肌群

（1）颈阔肌：位于颈部浅筋膜中的皮肌，薄而宽阔，也属于表情肌，收缩时可紧张颈部皮肤，并有下拉口角的作用（图3-59）。

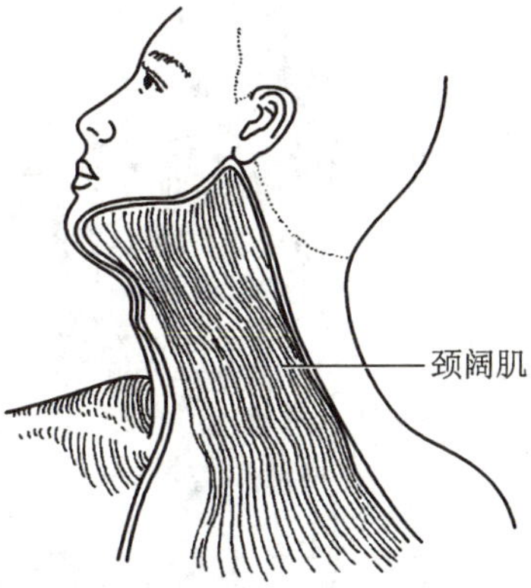

图3-59　颈阔肌

（2）胸锁乳突肌：起自胸骨柄的前面和锁骨的胸骨端，斜向后上方，止于颞骨的乳突。一侧收缩使头屈向同侧、颜面转向对侧；两侧同时收缩，可使头后仰（图3-58）。

知识卡片

酒窝一笑“醉”诸君

酒窝，是人们欢笑时在面颊部皮肤上出现的点状凹陷，可以是单侧的，也可以是双侧的。对于女性来讲，酒窝是美的象征，它能使笑容显得更甜、更迷人，给人以甜美温馨之感。难怪有人说“酒窝虽无酒，一笑醉千君”呢！然而酒窝不是光顾每一位女性，因为它是天生的，并非人人都有，这对大多数爱美的女性来说，真可谓是一种遗憾，但在现代医学美容已经能完全巧夺天工的今天，人造酒窝完全能与自然形成的酒窝相媲美。愿每一位女性都拥有一对自然、柔和、妩媚动人、甜美温馨的酒窝。

（3）舌骨上肌群：位于舌骨与下颌骨及颅底之间，舌骨上肌群的主要作用是上提舌骨，协助吞咽（图3-60）。

（4）舌骨下肌群：舌位于颈前部，在舌骨下方正中线的两侧，舌骨下肌群的主要作用是下降舌骨和使喉上、下活动，协助完成吞咽运动（图3-60）。

2. 颈深肌群　位于脊柱颈部的两侧和前方，主要有前斜角肌、中斜角肌和后斜角肌，前、中斜角肌与第1肋之间形成一个三角形的裂隙，称为斜角肌间隙，内有锁骨下动脉和臂丛通过（图3-61）。

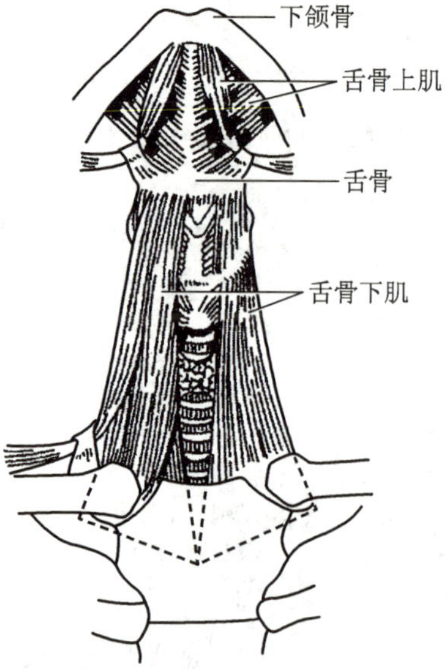

图3-60　舌肌上、下肌群

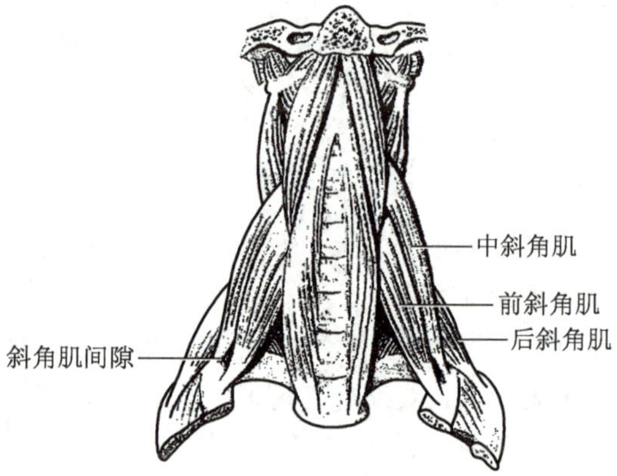

图3-61　颈深肌群

护理应用

三角肌注射术的应用解剖

三角肌虽然宽阔，但其厚度有限，临近肩关节，且前、后部深面有血管和神经走行，故只适用于各种原因无法做臀肌注射的患者，而且只限于小剂量、少次数的肌内注射。注射部位的选择：以两条水平线和两条垂线将三角肌平分为9个区：三角肌上、中1/3区肌质较厚，深部无大的血管和神经走行，为注射的安全区；下1/3区肌质较薄，无临床意义，不宜选择做注射部位；除上述区以外的其他区有血管通过，为注射的危险区。

四、上肢肌

上肢肌按其所在部位可分为肩肌（图3-62）、臂肌、前臂肌和手肌。

（一）肩肌

1. 三角肌　位于肩外侧部，呈三角形。起自锁骨的外侧段、肩峰和肩胛冈，肌束从前、外、后覆盖肩关节，逐渐向外下方集中，止于肱骨的三角肌粗隆。主要作用可使肩关节外展。

2. 冈上肌　起自冈上窝，越过肩关节的上方，止于肱骨大结节的上部。作用：使肩关节外展。

3. 冈下肌　起自冈下窝，经肩关节的后方，止于肱骨大结节中部。作用：使肩关节旋外。

4. 肩胛下肌　起自肩胛下窝，止于肱骨小结节。作用：使肩关节旋内。

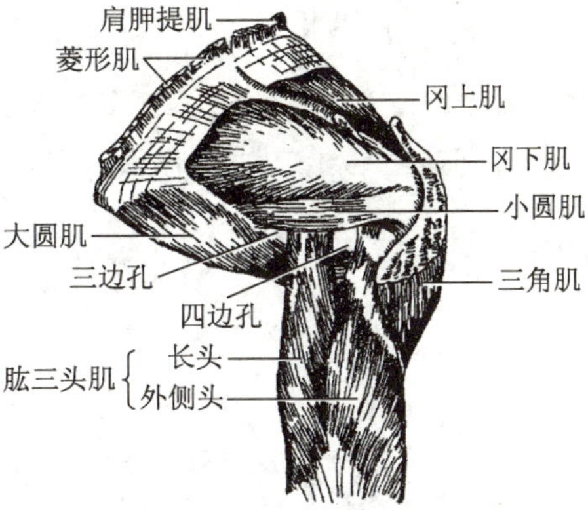

图3-62　肩肌（背侧）

（二）臂肌

臂肌分为前、后两群。

1. 前群（图3-63、图3-65）　肱二头肌：呈梭形，位于臂部屈侧，主要作用是屈肘关节，并能使前臂旋后。

2. 后群（图3-64）　肱三头肌位于肱骨后方，主要作用是伸肘关节。

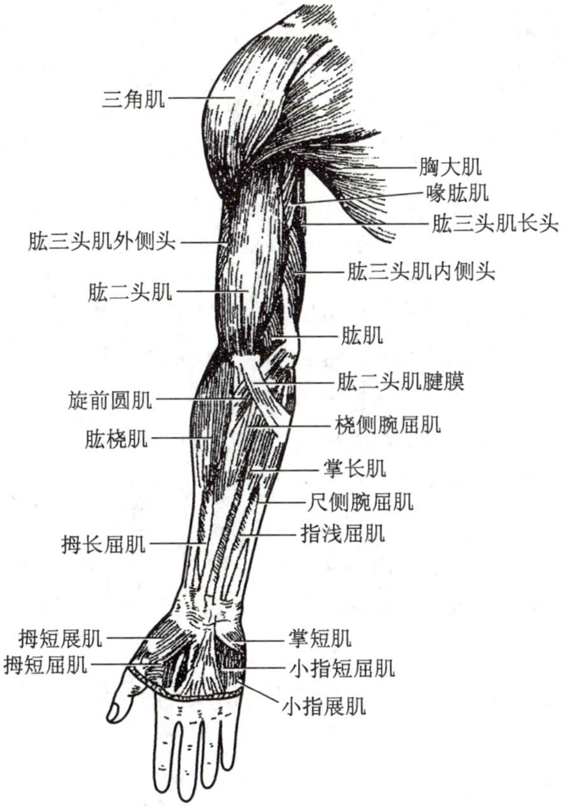

图3-63　上肢肌前面观

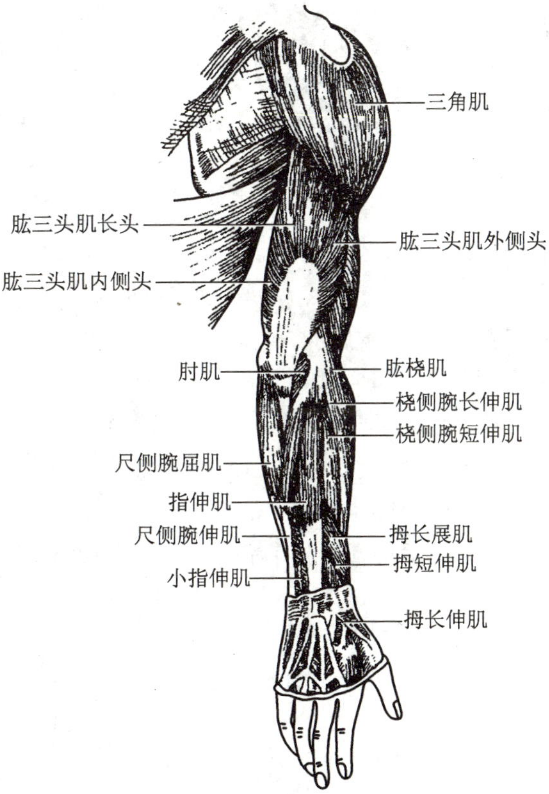

图3-64　上肢肌后面观

（三）前臂肌

前臂肌位于尺、桡骨的周围，分前、后两群。

1. 前群　位于前臂的前面和内侧，共9块，分浅层和深层（图3-66）。

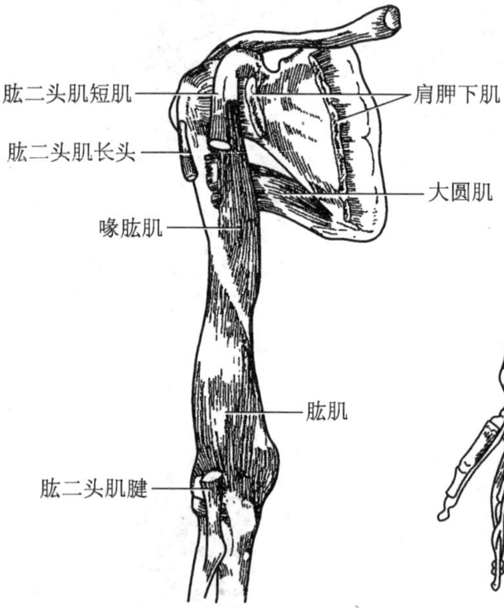

图3-65　喙肱肌和肱肌

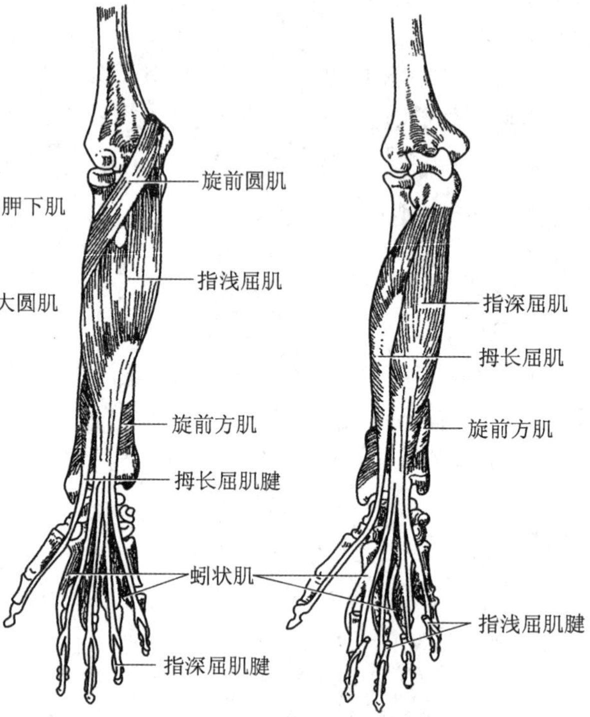

图3-66　前臂前群肌（深层）

（1）浅层6块，自桡侧向尺侧依次为：肱桡肌、旋前圆肌、桡侧腕屈肌、掌长肌、指浅屈肌和尺侧腕屈肌。肱桡肌作用为屈肘关节。其余肌皆起自肱骨内上髁，分别止于桡骨和手骨。

（2）深层3块，拇长屈肌位于桡侧半。指深屈肌位于尺侧半。旋前方肌是方形小肌，贴在桡、尺骨远端的前面。前臂前群肌的作用多数与名称一致，主要是屈肘、屈腕、屈指骨间关节，使前臂旋前。

2. 后群　位于前臂的后面，有10块，分为浅、深两层（图3-67、图3-68）。

（1）浅层5块，自桡侧向尺侧依次为：桡侧腕长伸肌、桡侧腕短伸肌、指伸肌、小指伸肌和尺侧腕伸肌。

（2）深层5块，自上外向下内依次为：旋后肌、拇长展肌、拇短伸肌、拇长伸肌和示指伸肌。

前臂后群各肌的作用与名称一致，主要是伸腕、伸指，使前臂旋后、拇指外展。

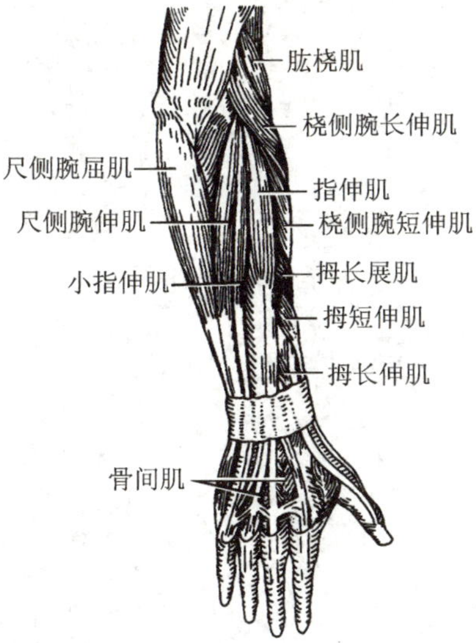

图3-67 前臂后群肌浅层

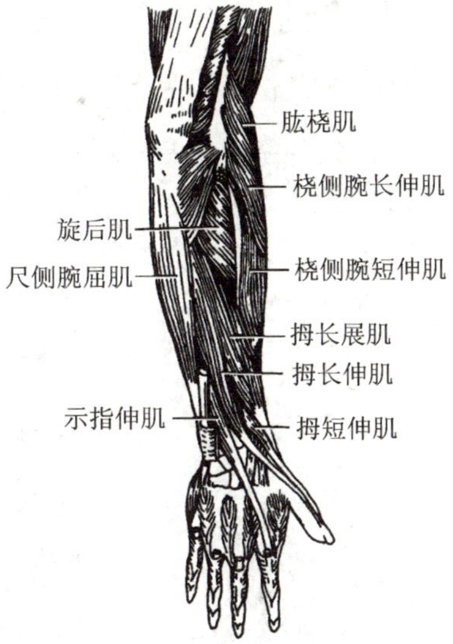

图3-68 前臂后群肌深层

（四）手肌

手肌主要集中在手的掌侧面，可分为外侧、内侧和中间三群（图3-69、图3-70）。

1. 外侧群　较为发达，在手掌桡侧形成一隆起，称鱼际。共由4块肌组成，此群肌可以使拇指屈、内收、外展和对掌等。

2. 内侧群　位于手掌尺侧，也形成一个隆起，称小鱼际。主要由3块肌组成，此群肌可以使小指屈、外展和对掌等。

3. 中间群　位于掌心，包括4块蚓状肌和7块骨间肌。蚓状肌分别位于相应的指深屈肌腱的桡侧。骨间肌位于掌骨间隙内。这两组肌都可屈掌指关节和伸指骨间关节；骨间肌还有使第2、第4、第5指内收和使第2、第3、第4指外展的作用。

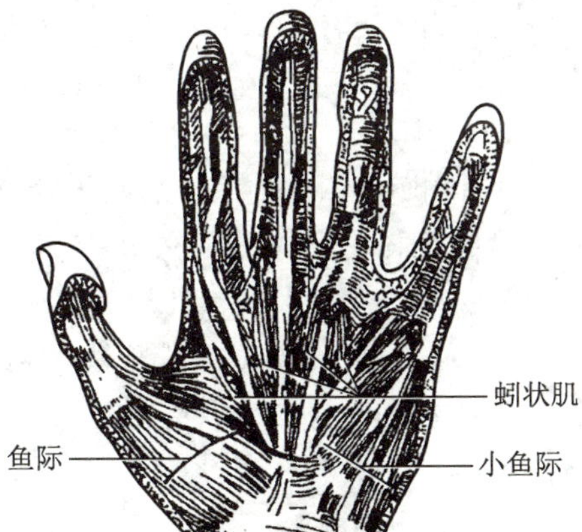

图3-69 手肌浅层

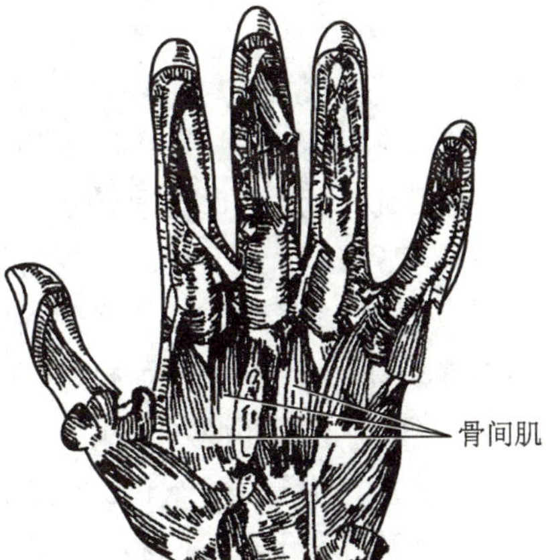

图3-70 手肌深层

五、下肢肌

下肢肌按部位可分为髋肌、大腿肌、小腿肌和足肌。

（一）髋肌

髋肌分前、后两群（图3-71）。

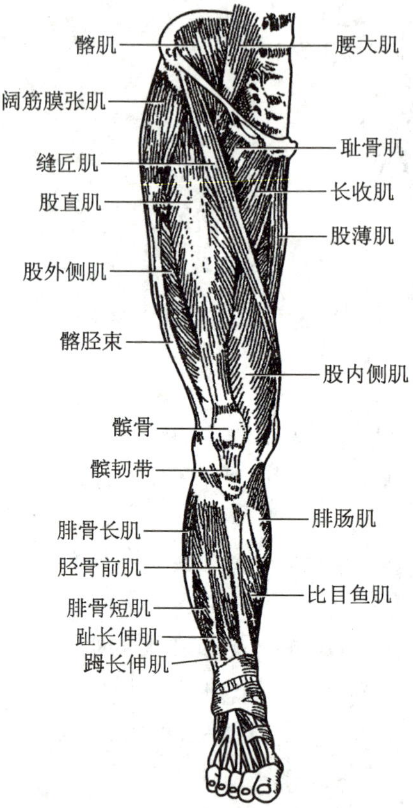

图3-71　下肢肌前面观

1. 前群　包括髂腰肌和阔筋膜张肌。

（1）髂腰肌：由腰大肌和髂肌组成。作用是使髋关节屈曲和旋外；下肢固定，可使躯干前屈。

（2）阔筋膜张肌：位于大腿上部的前外侧，作用是可紧张阔筋膜并屈髋关节。

2. 后群　主要位于臀部，故又称臀肌，主要有臀大、中、小肌和梨状肌。

（1）臀大肌（图3-72）：为臀部最大的一块肌，位于臀部皮下，形成臀部膨隆。作用是可使髋关节伸和旋外，下肢固定时能防止躯干前倾。是临床肌内注射的主要部位。

（2）臀中肌：位于臀部外上方，大部分被臀大肌覆盖。

（3）臀小肌：位于臀中肌深面。臀中、小肌作用相同，可使髋关节外展。

（4）梨状肌（图3-73）：位于臀中肌下方，作用是使髋关节旋外。

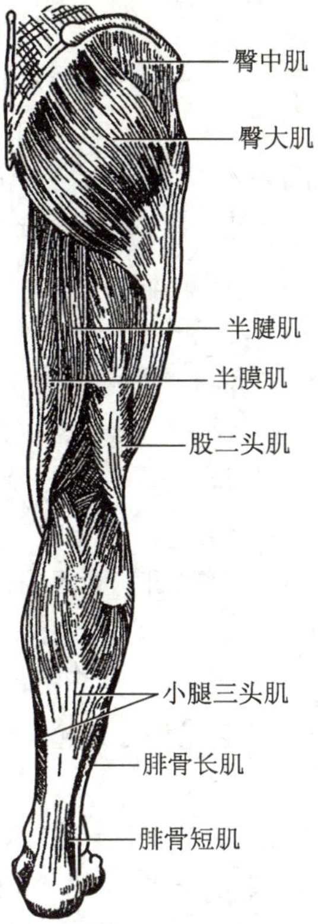

图3–72　下肢肌后面观

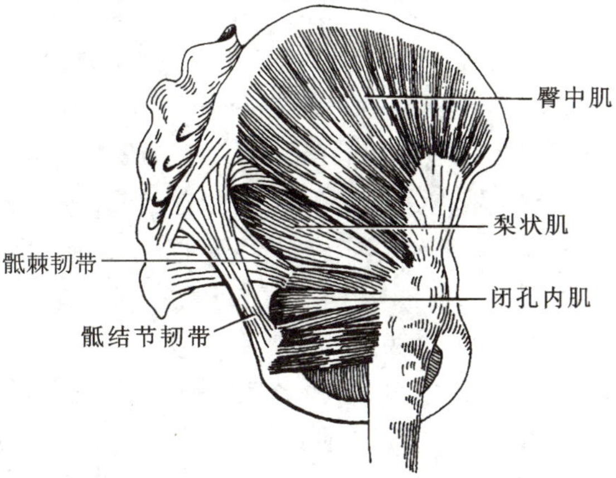

图3–73　臀部深层肌

（二）大腿肌

大腿肌位于股骨周围，分前群、后群和内侧群。

1. 前群（图3–71）

（1）缝匠肌：是人体最长的肌，呈扁带状，主要作用：屈髋关节和膝关节。

（2）股四头肌：是人体体积最大的肌。有股直肌、股内侧肌、股外侧肌和股中间肌4个头，4个头合并向下形成一个肌腱，包绕髌骨的前面和两侧，越过髌骨延续为髌韧带，止于胫骨粗隆。主要作用：股四头肌伸膝关节，股直肌收缩可屈髋关节。

护理应用

肌内注射的应用解剖

肌内注射是护理工作中最常用的操作技术，选择注射用的肌肉，必须具备操作方便，位置表浅，肌腹丰满而厚，神经分布少，离大的血管和重要脏器较远等条件。临床上常用的肌内注射部位由臀大肌、三角肌等。

臀大肌注射的最佳部位为臀部外上1/4区。

2. 内侧群　位于大腿的内侧，共5块，分层排列。浅层自外向内依次为耻骨肌、长收肌和股薄肌，在耻骨肌和长收肌的深面为短收肌，诸肌的深面为大收肌。内侧群肌的主要作用：内收大腿（图3–71）。

3. 后群（图3–72）　位于大腿的后面，共3块。股二头肌位于股后部外侧，半腱肌位于股后部的内侧，半膜肌位于半腱肌的深面。主要作用：屈膝关节、伸髋关节。

（三）小腿肌

小腿肌主要有10块，可分为前群、后群和外侧群。

1. 前群　位于小腿骨间膜和胫、腓骨的前面，有3块（见图3–71），从内侧向外侧依次为胫骨前肌、踇长伸肌和趾长伸肌。三肌均起自胫、腓骨上端和骨间膜，下行至足背，胫骨前肌止于内侧楔骨和第1跖骨底，可使足背屈和内翻。踇长伸肌止于踇趾远节趾骨，趾长伸肌分成4条长腱分别止于第2~5趾。两肌的作用与名称相同，并可使足背屈。

2. 外侧群　位于腓骨外侧，有2块。外侧为腓骨长肌，内侧为腓骨短肌，两肌的腱经外踝后方绕到足底，腓骨长肌止于第1跖骨，腓骨短肌的腱止于第5跖骨粗隆。二肌的作用：使足外翻和跖屈，并有维持足弓的作用（见图3–71）。

3. 后群　主要有5块，分浅、深两层。

（1）浅层：小腿三头肌，形成小腿后方膨隆的外形，由浅层的腓肠肌和深面的比目鱼肌组成。腓肠肌有内、外侧两头，分别起自股骨内、外侧髁的后面，两头于小腿中部合成一个肌腹；比目鱼肌起自胫、腓骨后面上部，二肌的肌腱合成粗大的跟腱，止于跟骨结节。其主要作用是屈（跖屈）距小腿关节和膝关节。此外，腓肠肌对维持站立姿势起着十分重要的作用（图3–72、图3–74）。

（2）深层：自内侧向外侧依次为趾长屈肌、胫骨后肌和踇长屈肌，它们都起于胫、腓骨后面和骨间膜，向下移行为肌腱，经内踝后方转至足底。胫骨后肌止于足舟骨。作用：可使足跖屈和内翻。趾长屈肌腱分成4条，分别止于第2~5趾，踇长屈肌止于踇趾。两肌的作用：使足跖屈和屈趾（图3–75）。

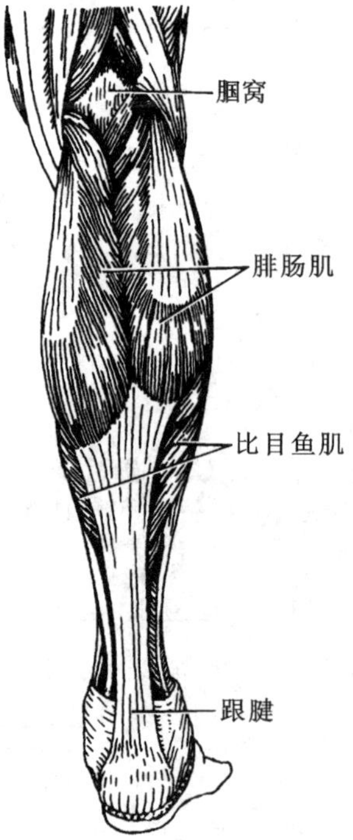

图3–74　小腿后群肌（浅层）

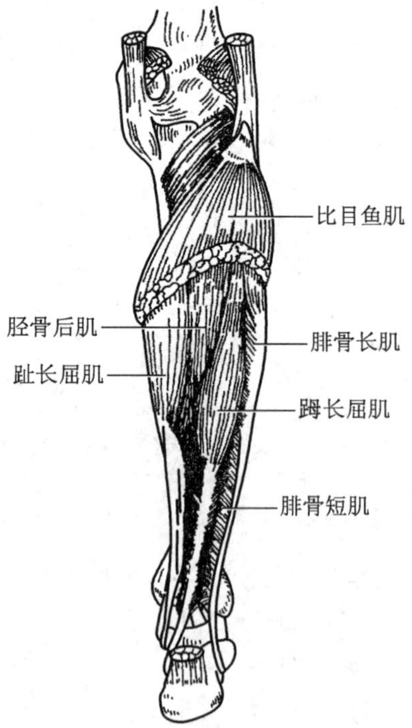

图3–75　小腿后群肌（深层）

（四）足肌

足肌可分为足背肌和足底肌。足背肌较弱小，足底肌的配布情况和作用与手肌相似。其主要作用：运动足趾和维持足弓（图3-76）。

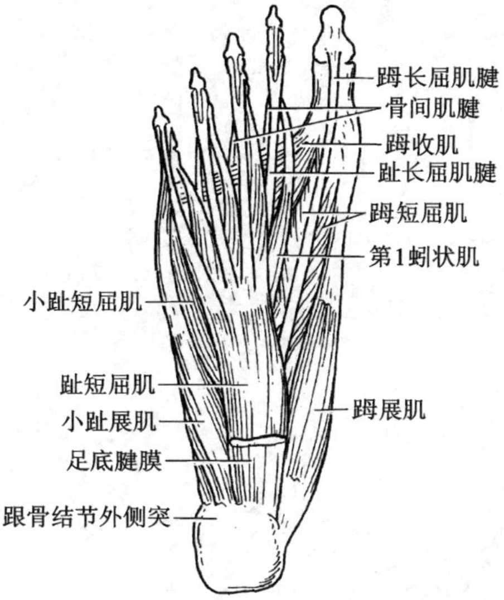

图3-76　足底浅层肌

第四章
消化系统

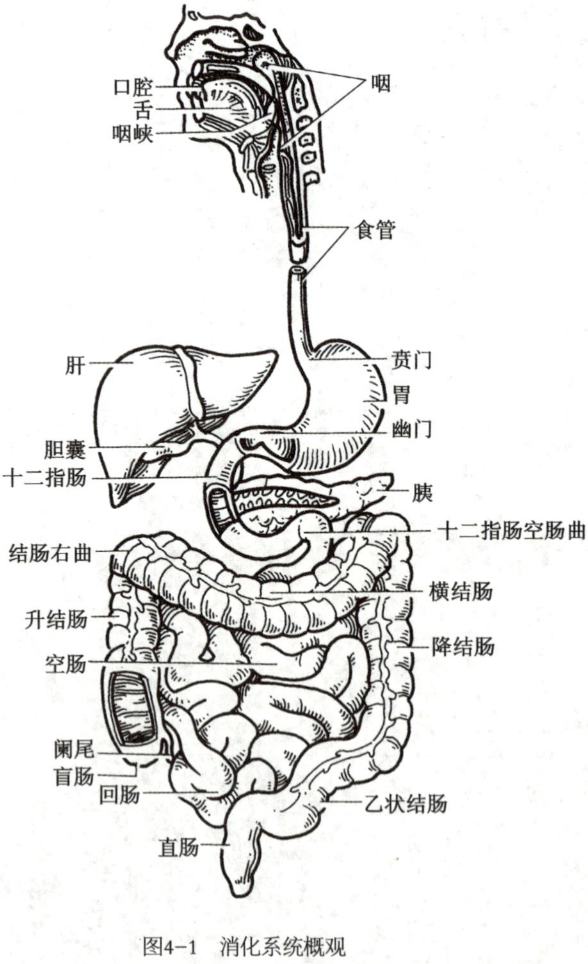

图4-1　消化系统概观

消化系统由消化管和消化腺两部分组成（图4-1）。消化管包括口腔、咽、食管、胃、小肠（十二指肠、空肠、回肠）和大肠（盲肠、阑尾、结肠、直肠、肛管）。临床上常把从口腔到十二指肠这一段消化管称为上消化道，把空肠以下的一段消化管称为下消化道。消化腺可分为大消化腺和小消化腺两类，大消化腺包括大唾液腺、肝和胰；小消化腺位于消化管壁内，如食管腺、胃腺、肠腺等。

消化系统的主要功能是消化食物、吸收营养物质、排出食物残渣。

第一节　消化管

学习目标

1. 归纳消化管的组成和上、下消化道的概念。
2. 识别口腔的境界和各器官的结构。
3. 识别咽的位置、分部和交通。
4. 归纳食管的位置、狭窄和微细结构特点。
5. 归纳胃的位置、毗邻、形态和微细结构特点。
6. 归纳小肠的分部、十二指肠的位置和分部。
7. 归纳大肠的分部和形态特点，盲肠、阑尾根部的体表投影，直肠、肛管的位置、形态。
8. 解释腹膜的概念、腹膜腔的概念；了解腹膜与腹盆腔器官的关系；列出腹膜形成的主要结构。

一、消化管的一般结构

除口腔外消化管壁的结构一般分为4层，由内向外分别是黏膜、黏膜下层、肌层和外膜（图4－2）。

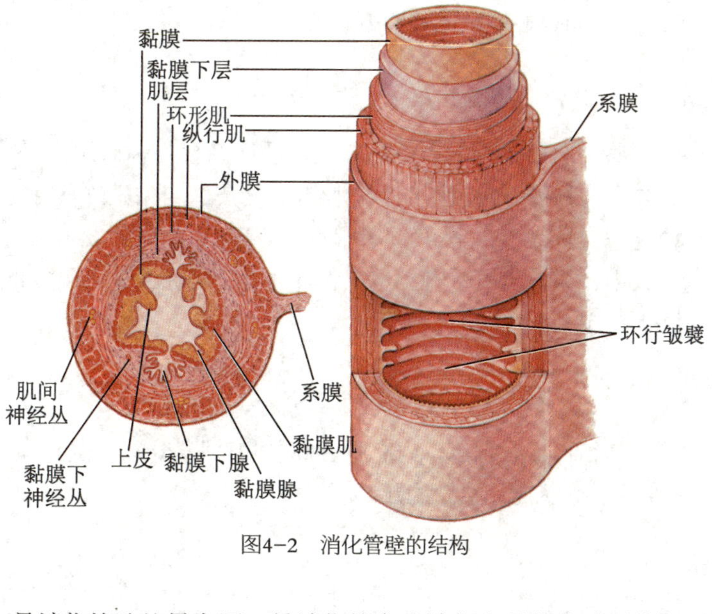

图4－2　消化管壁的结构

1. 黏膜　是消化管壁的最内层，是消化管完成消化和吸收的重要结构，由上皮、固有层和黏膜肌层构成。

（1）上皮：衬于黏膜的表面。口、咽、食管、肛管下段为复层扁平上皮，起保护作用，其余消化管均为单层柱状上皮，主要参与食物的消化和吸收。

（2）固有层：位于上皮的深面，由疏松结缔组织构成，含有丰富的毛细血管、毛细淋巴管、淋巴组织和腺体。其中淋巴组织以咽、回肠和阑尾最为丰富。部分上皮还下陷到固有层内分化成小腺体，如肠腺、胃腺等。

（3）黏膜肌层：由薄层平滑肌构成，肌纤维收缩使黏膜局部运动，有助于营养物质的吸收，并促进血液和淋巴的流动及腺体分泌物的排出。

2. 黏膜下层　由疏松结缔组织构成，含有较大的血管、淋巴管及黏膜下神经丛。在食管和十二指肠黏膜下层内分别有食管腺和十二指肠腺。有些部位的黏膜和黏膜下层共同向管腔突出形成皱襞，从而扩大了黏膜的表面积。

3. 肌层　除口、咽、食管上段和肛门外括约肌为骨骼肌外，其余均为平滑肌。肌层一般分为内环、外纵两层，两层之间有肌间神经丛，可调节肌层的运动。

4. 外膜　位于消化管最外层。咽、食管、十二指肠大部及直肠下段为纤维膜，由薄层结缔组织构成。其余消化管均为浆膜，由薄层结缔组织及表面的一层间皮构成，间皮表面光滑有利于胃活动。

二、口腔

口腔是消化管的起始部，前经口裂与外界相通，后经咽峡与咽相通。口腔的上壁为腭，下壁为口腔底，前壁为上、下唇，两侧壁为颊。口腔借上、下牙弓为界分为前方的口腔前庭和后方的固有口腔。当上、下颌牙紧咬时，口腔前庭可经最后磨牙后间隙通固有口腔，临床上患者牙关紧闭时，可借此间隙插管给患者灌药或进食。

（一）口唇

口唇分上唇和下唇，两唇之间的裂隙称口裂，两唇结合处称口角。口唇外面为皮肤，中间为口轮匝肌，内面为黏膜。口唇游离缘称唇红，为皮肤与黏膜的移行处，是体表毛细血管最丰富的部位之一，呈红色，当机体缺氧时呈暗红色，临床称发绀。上唇外面的正中有一纵行的浅沟称人中，为人类所特有。当患者昏迷时，可在此处针刺或指压急救。在上唇外侧与两颊交界处各有一浅沟，称鼻唇沟。

（二）颊

颊为口腔的侧壁，结构与唇相似，由皮肤、颊肌和黏膜构成。在与上颌第二磨牙相对的颊黏膜上有腮腺管乳头，为腮腺导管的开口。

（三）腭

腭是固有口腔的顶，分隔鼻腔与口腔。腭分为前2/3的硬腭和后1/3的软腭。硬腭主要由骨腭表面覆以黏膜构成。软腭由肌、肌腱和黏膜构成，软腭的后份斜向后下称腭帆。腭帆后缘游离，中央有一向下的突起称腭垂。自腭帆两侧向下各有两条黏膜皱襞，前方一对向下续于舌根称腭舌弓，后方一对向下延续于咽侧壁称腭咽弓，两弓之间的凹陷称扁桃体窝，容纳腭扁桃体。

腭垂、腭帆的游离缘、两侧的腭舌弓和舌根围成咽峡（图4-3），是口腔与咽的分界。

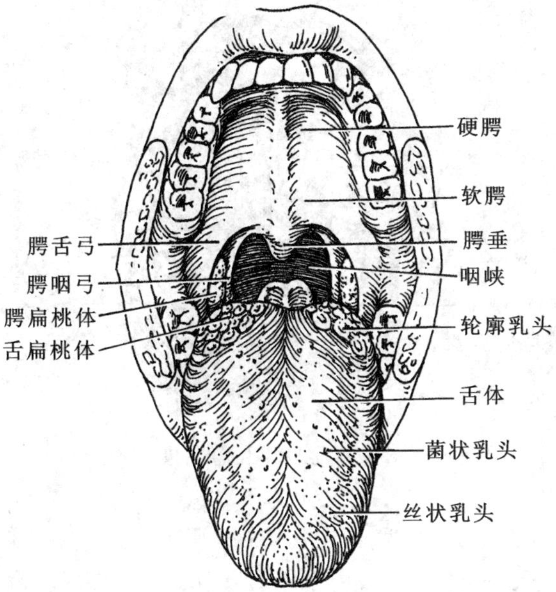

图4-3　口腔与咽

（四）舌

舌为连于口腔底的肌性器官，具有感受味觉、搅拌食物、协助吞咽和辅助发声等功能。

1. 舌的形态　舌分为前2/3的舌体和后1/3的舌根，在舌上面舌根与舌体交界处有向前开放的“V”字形界沟。舌体的上面称舌背，舌体前端称舌尖。

2. 舌的构造　舌由舌肌和其表面的黏膜构成。

（1）舌乳头：舌背的黏膜呈红色，可见许多小的突起称舌乳头。舌乳头分为丝状乳头、菌状乳头、叶状乳头、轮廓乳头4种（图4-3）。① 丝状乳头：呈白色丝绒状，数量最多，体积最小，遍布舌背，司一般感觉。② 菌状乳头：呈红色圆点状，数量较少，散在于丝状乳头之间，多布于舌尖和舌侧缘。③ 叶状乳头：位于舌的外侧缘后部，为叶片状的黏膜皱襞，小儿较清楚。④ 轮廓乳头：为7~11个，排列于界沟的前方，体积较大，中央隆起，周围成环形沟。菌状乳头、叶状乳头、轮廓乳头黏膜上皮中含有味蕾，是味觉感受器，具有感受酸、甜、苦、辣、咸等味觉的功能。在舌根背部黏膜内有淋巴组织构成的大小不等的黏膜隆起称舌扁桃体。乳头浅层上皮细胞角化脱落，与食物残渣及细菌等混合在一起，形成舌苔，舌苔的变化是中医诊断疾病的依据之一。舌下面的黏膜光滑细薄，呈淡红色。在正中线处有一条连于口底的黏膜皱襞称舌系带，舌系带根部两侧各有一圆形的黏膜隆起称舌下阜，其上有下颌下腺导管及舌下腺大管的开口。舌下阜伸向口腔底外侧的带状黏膜皱襞称舌下襞，上布满舌下腺小管的开口（图4-4）。

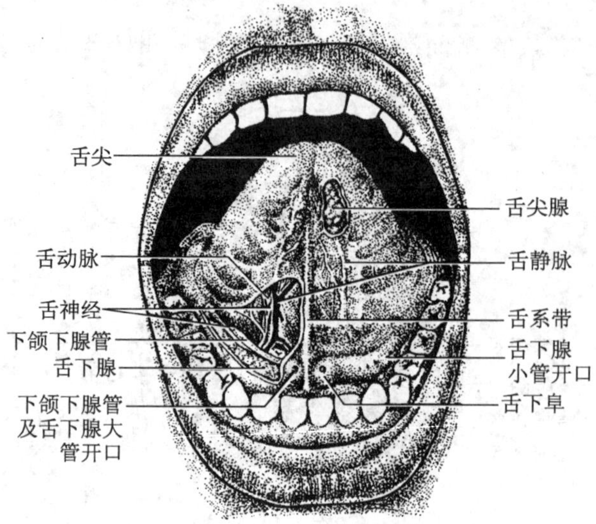

图4-4　口腔底和舌下面的黏膜

（2）舌肌：舌肌为骨骼肌，分为舌内肌和舌外肌（图4-5）。舌内肌起止点均在舌内，肌纤维的排列呈纵、横、垂直3个方向，舒缩可以改变舌的外形。舌外肌起自舌周围一些骨，止于舌内，舒缩可以使舌产生运动。颏舌肌是舌外肌中重要的舌肌，起于下颌骨的颏棘，止于舌内正中线的两侧。一侧收缩可使舌尖伸向对侧，两侧同时收缩可伸舌，如一侧颏舌肌瘫痪，伸舌时舌尖偏向患侧。

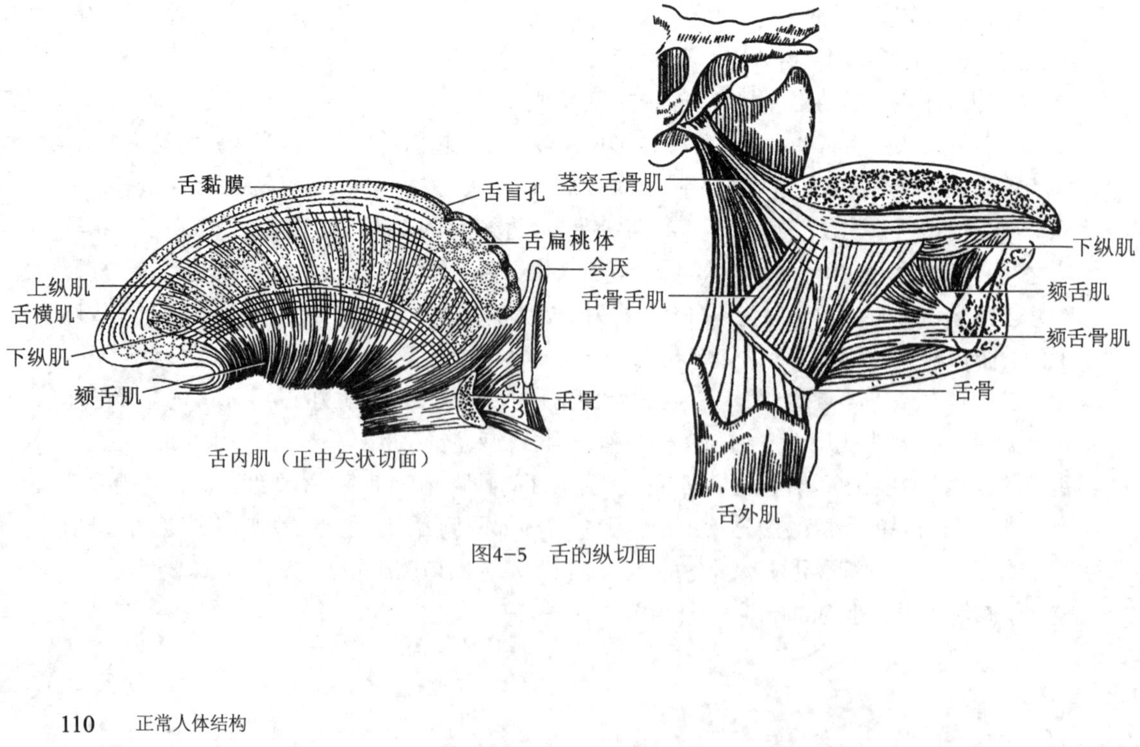

图4-5　舌的纵切面

> **知识卡片**
>
> 味觉的产生
>
> 舌黏膜表面菌状乳头和轮廓乳头能感知味觉，故称为味蕾。舌头的不同部位对味觉的感受程度不尽相同，而且味觉也不同。舌尖对甜味最敏感，舌尖两侧对咸味敏感；舌体中部两侧对酸味敏感。据测定咸味传递最快，甜味和酸味传递不快不慢，苦味停留时间最长。味蕾还可以提示疾病。如“口甜”可能有糖尿病，“口苦”消化系统可能有病。

（五）牙

牙镶嵌于上下颌骨的牙槽内，是人体最坚硬的器官，有咀嚼食物和辅助发声的功能。

1. 牙的形态 每个牙可分为牙冠、牙颈、牙根三部分（图4-6）。暴露在口腔内的部分称牙冠；镶嵌在牙槽内的部分称牙根，牙冠与牙根交界处，称牙颈，被牙龈覆盖。

2. 牙的构造 牙由牙质、釉质、牙骨质和牙髓构成（图4-6）。牙质是构成牙的主体，呈淡黄色包绕着牙腔；釉质包在牙冠部牙质的表面，是人体内最坚硬的结构。在牙颈和牙根的牙质表面包有牙骨质。牙内部有一腔隙称牙腔，开口于牙根尖端的孔，称牙根尖孔。牙根尖孔通过牙根管与牙腔相通，血管、神经由根尖孔出入。牙髓位于牙腔内，由神经、血管和结缔组织构成。

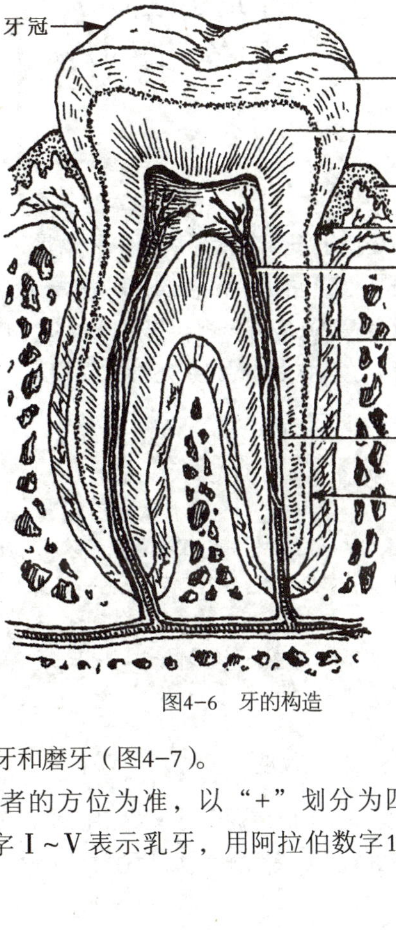

图4-6 牙的构造

3. 牙的分类及排列 人的一生中先后有两副牙齿，即乳牙和恒牙。乳牙在生后6个月开始萌出，3岁前出齐，共20个。6岁左右，乳牙开始脱落，恒牙开始萌出，12~14岁基本出齐，但第三磨牙往往在18~28岁或更晚才萌出，称迟牙或智牙，有人终身不出，因此恒牙数量在28~32个。

根据牙的形态和功能，乳牙可分为切牙、尖牙和磨牙，恒牙可分为切牙、尖牙、前磨牙和磨牙（图4-7）。

临床上为了记录牙的位置，常以被检查者的方位为准，以“+”划分为四个区，表示左、右侧及上、下颌的牙位，用罗马数字Ⅰ~Ⅴ表示乳牙，用阿拉伯数字1~8表示恒牙。

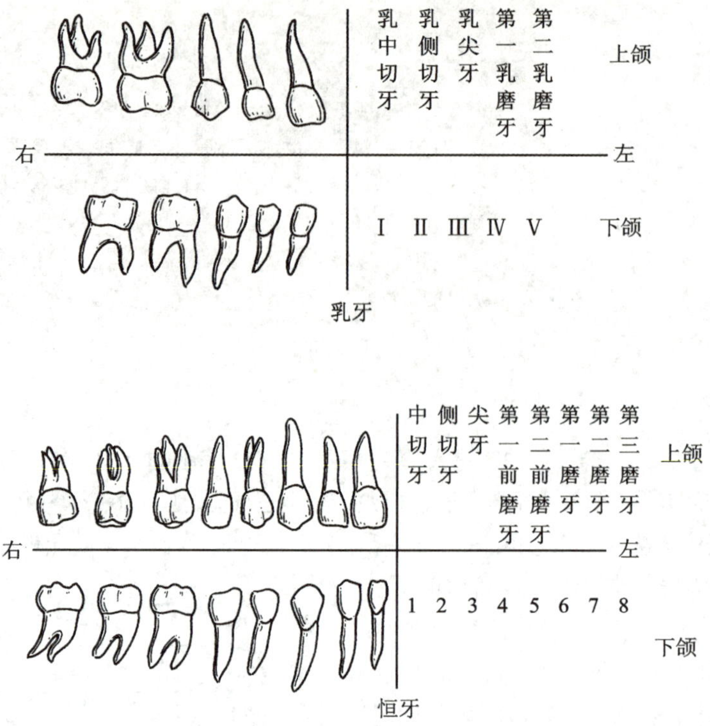

图4-7　牙名称及排列

4. 牙周组织　包括牙周膜、牙槽骨、牙龈三部分，对牙有保护、固定、支持作用。牙根和牙槽骨之间的致密结缔组织膜称牙周膜，具有将牙根固定于牙槽内和缓冲咀嚼压力的作用。牙龈是覆盖于牙颈与邻近牙槽骨上的口腔黏膜，血管丰富，与骨膜紧密相贴，故牙龈不能移动。如果牙周组织发炎，易使牙齿松动。

知识卡片

牙齿的成长

刚出生的婴儿嘴巴里一颗牙齿也没有，其实牙齿早就存在，只是没有露出来。随着婴儿的不断生长，牙齿也开始发育，孩子在5~6岁，乳牙开始脱落，并逐渐长出恒牙。恒牙比乳牙大而坚固，而且陪伴我们终身，随着年龄增长，会慢慢脱落。

（六）唾液腺

唾液腺位于口腔周围，又称口腔腺，分泌唾液，有湿润口腔、分解淀粉、清洁和保护口腔的功能。唾液腺分为大小两类，小唾液腺数量多，包括唇腺、颊腺、腭腺、舌腺等；

大唾液腺有腮腺、舌下腺和下颌下腺三对（图4–8）。

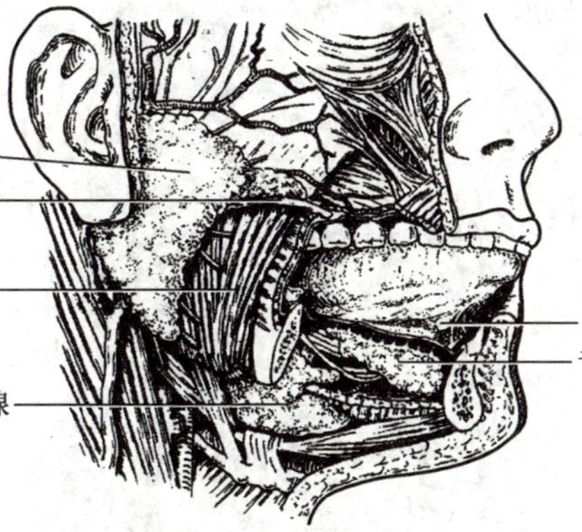

图4–8　唾液腺

1. 腮腺　腮腺是最大的唾液腺，呈不规则三角形，位于耳郭前下方和下颌支与胸锁乳突肌之间的下颌后窝内。腮腺导管从腮腺前缘发出，于颧弓下一横指处横过咬肌表面，至咬肌前缘弯向深处穿颊肌，开口于上颌第二磨牙相对应的颊黏膜上。

2. 下颌下腺　位于下颌骨体的内面，导管开口于舌下阜。

3. 舌下腺　位于舌下襞深面，导管分大小两类，大管开口于舌下阜，小管约10条，开口于舌下襞。

知识卡片

唾液的神奇功效

动物受伤时，常常会用舌头舔伤口，我们的皮肤受了点小伤时，也会用嘴巴吮舔伤口。这是因为唾液中的溶菌酶可杀死细菌，有抗感染的功效，唾液中的表皮生长因子能促进伤口愈合。

三、咽

（一）咽的形态、位置

咽为一前后略扁的漏斗状肌性管道，位于颈椎前方，上端起自颅底，下至第6颈椎体下缘续于食管，全长约12 cm。咽的两侧壁和后壁主要由咽缩肌构成，内衬黏膜，前壁不完整，分别与鼻腔、口腔、喉腔相通（图4–9）。咽是呼吸道和消化道的共同通道。

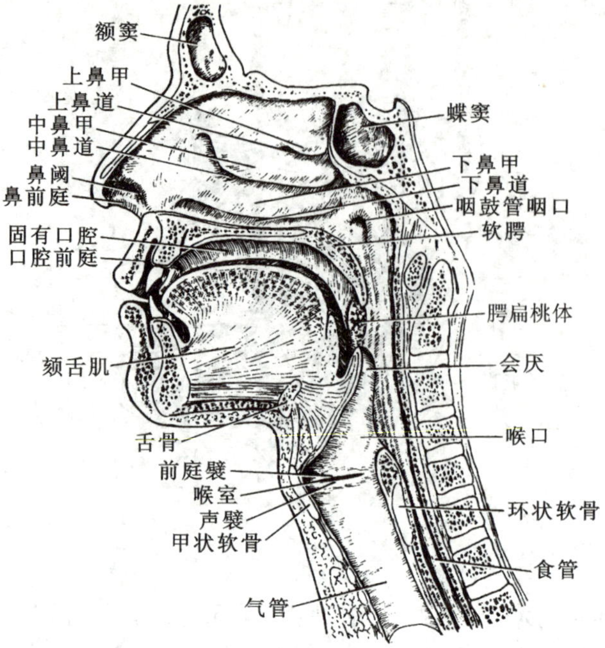

图4-9　头、颈部正中央矢状切面

（二）咽的分部

咽分为鼻咽、口咽、喉咽三部分（图4-10）。

1. 鼻咽　鼻咽是软腭平面以上的部分，位于鼻腔后方。鼻咽上壁后部的黏膜内有丰富的淋巴组织，称咽扁桃体。鼻咽部的两侧壁上，正对下鼻甲后方约1 cm处，有咽鼓管咽口，经咽鼓管通中耳鼓室。咽鼓管咽口前、上、后方有一弧形的隆起称咽鼓管圆枕，其后方有一纵形的深窝称咽隐窝，是鼻咽癌的好发部位。

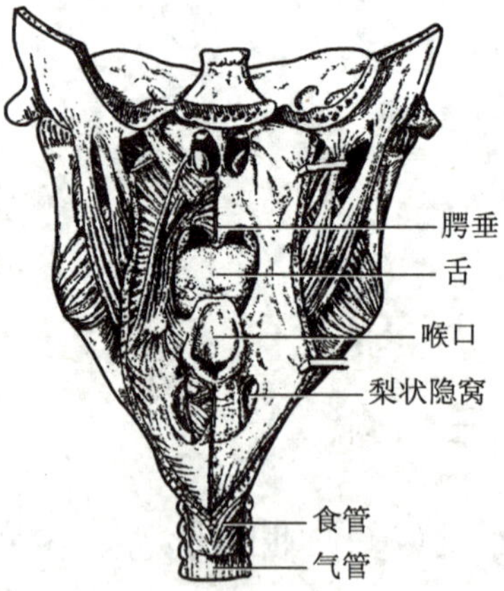

图4-10　咽腔（切开咽后壁）

2. 口咽　口咽是软腭与会厌上缘之间的部分，向前经咽峡通口腔，外侧壁可见扁桃体窝，内有腭扁桃体。腭扁桃体外侧面和前、后面均有结缔组织构成的腭扁桃体囊包绕，与咽壁连接疏松。做腭扁桃体摘除时，易剥离。

咽扁桃体、腭扁桃体和舌扁桃体在口腔、鼻腔通咽处共同围成咽淋巴环，是消化道、呼吸道上端的防御结构。

3. 喉咽　喉咽位于喉腔的后方，向前经喉口通喉腔。自会厌上缘平面以下，至第6颈椎体下缘平面移行于食管。在喉口两侧各有一纵行深窝称梨状隐窝，是异物易滞留的部位。

四、食管

（一）食管的形态、位置

食管为一前后略扁的肌性管道，上端于第6颈椎体下缘平面起于咽，沿脊柱前方下行，穿膈的食管裂孔进入腹腔，在第11胸椎左侧与胃的贲门相续，长约25 cm。依食管走行位置可分为颈部、胸部和腹部（图4-11）。

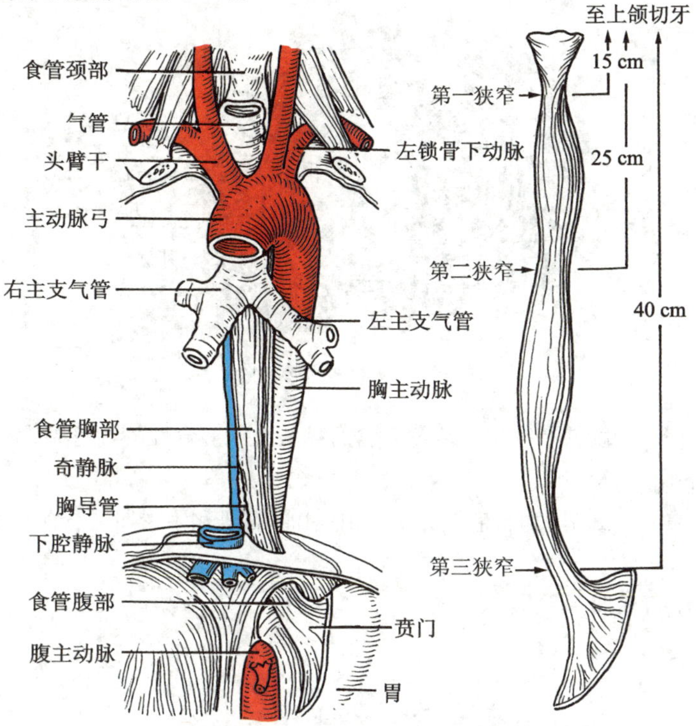

图4-11 食管位置及三处狭窄

颈部长约5 cm，自起始部至颈静脉切迹平面，前方邻气管，后方邻颈椎椎体，两侧有颈部的大血管相伴行。

胸部最长，为18~20 cm，自颈静脉切迹平面至食管裂孔，前方自上而下依次与气管、左主支气管、心包（左心房）相邻，后方邻脊柱、胸导管，右后方有奇静脉，上部左侧有胸主动脉。

腹部最短，长1~2 cm，自食管裂孔至贲门。

（二）食管的狭窄

食管全长有三处狭窄：第一处狭窄在食管起始部，距上颌中切牙约15 cm；第二处狭窄在食管与左主支气管交叉处，距上颌中切牙约25 cm；第三处狭窄位于食管穿膈食管裂孔处，距上颌中切牙约40 cm（图4-11）。这三处狭窄是异物滞留和肿瘤的好发部位，临床上进行食管插管时应注意这几处狭窄部位，以免损伤食管黏膜。

（三）食管的微细结构特点

食管腔面有7~10条纵皱襞，当食物通过时，管腔扩大，皱襞消失。

1. 黏膜　上皮为非角化的复层扁平上皮，具有保护作用，在食管与贲门交界处，复层扁平上皮变为单层柱状上皮。固有层为细密结缔组织，在食管上端和下端可见少量的黏液腺。黏膜肌层由纵行平滑肌构成（图4-12）。

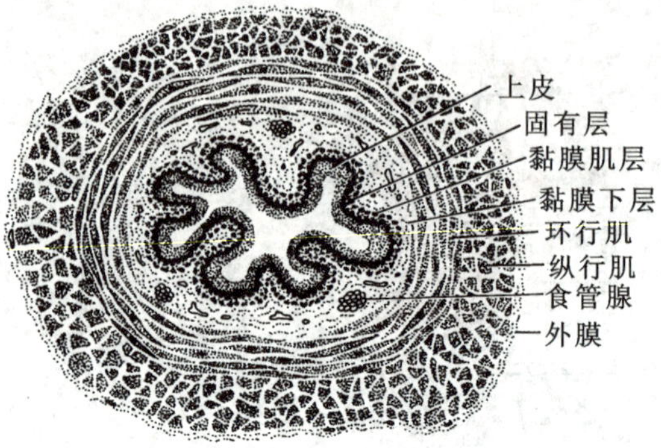

图4-12　食管微细结构（低倍）

2. 黏膜下层　由疏松结缔组织构成，含有黏液性或混合性的食管腺，其导管穿过黏膜层开口于黏膜表面。

3. 肌层　食管上1/3段为骨骼肌，中1/3段由骨骼肌和平滑肌混合组成，下1/3段为平滑肌。

4. 外膜　为纤维膜。

五、胃

胃是消化管中最膨大的部分，上接食管，下续十二指肠。胃有容纳食物，对食物进行初步消化的功能。

（一）胃的形态和分部

胃有入出两口，前、后两壁，上、下两缘。入口称贲门，上与食管相接。出口称幽门，下与十二指肠相续。胃的前壁朝向前上方，后壁朝向后下方。上缘凹而短，朝向右上，称胃小弯，其最低处屈曲度明显称角切迹。下缘较长，凸向左下，称胃大弯（图4-13）。

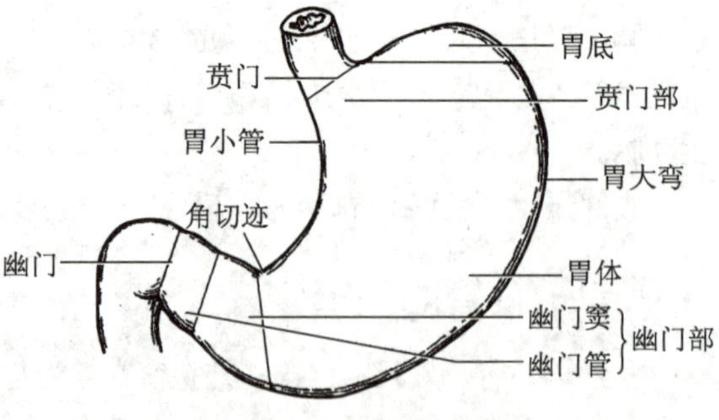

图4-13　胃的形态和分布

胃可分为四部分，贲门附近的部分称贲门部。贲门平面以上，胃凸向左上方的部分称胃底。胃底与角切迹之间的部分称胃体。角切迹与幽门之间的部分称幽门部。幽门部的胃大弯侧有一浅沟称中间沟，将幽门部分为左侧的幽门窦和右侧的幽门管。幽门窦即临床上称胃窦，是胃溃疡和胃癌的好发部位。

（二）胃的位置和毗邻

胃的位置常因体型、体位和胃的充盈程度不同而变化。中等充盈条件下，胃大部分位于左季肋区，小部分位于腹上区。贲门位于第11胸椎体左侧，幽门位于第1腰椎体的右侧。矮胖体型，胃的位置较高；瘦长体型则较低；卧位时胃上移，立位时胃大弯可达脐平面。

胃前壁在右侧与肝左叶相邻，左侧与膈相邻，被左肋弓遮盖，中间部在剑突下方与腹前壁直接相贴（图4-14）。剑突左下方是临床上进行胃触诊的部位。胃后壁与横结肠、胰、左肾、左肾上腺相邻，胃底与脾和膈下面相邻（图4-15）。

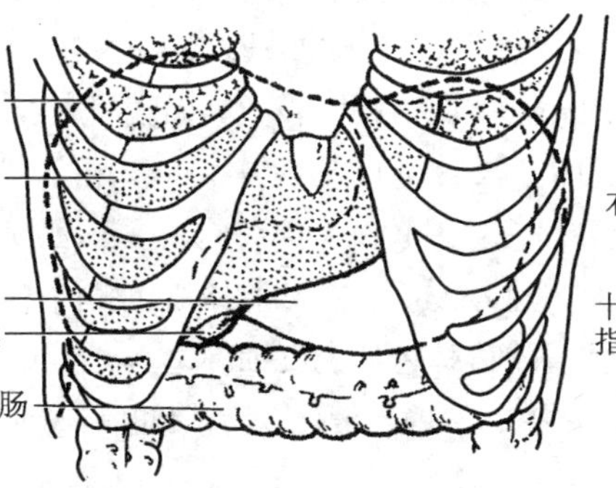

图4-14　胃前面的毗邻

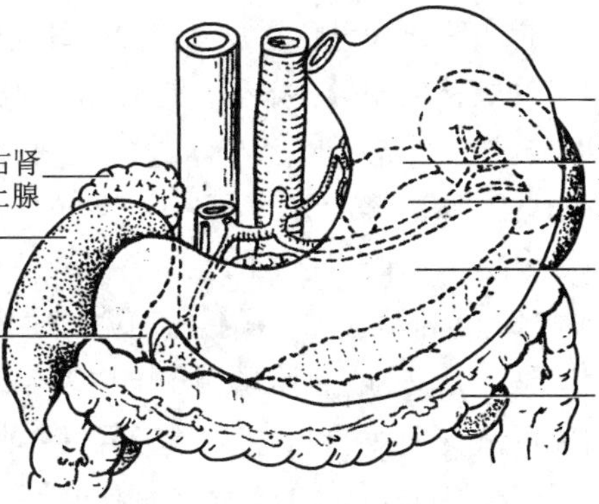

图4-15　胃后面的毗邻

> **护理应用**
>
> **胃插管术**
>
> 胃插管是经口腔或鼻腔入路，将导管经咽、食管插入胃，利用虹吸或重力原理进行洗胃或输入营养物质，也可用于胃组织活检。
>
> 插管途径：视患者情况选择经口腔或鼻腔插胃管。对牙关紧闭的患者经口腔插管，宜从第3磨牙后方间隙插管。经鼻腔插入时，其方向应先稍上，而后平行向后下，使胃管经鼻前庭沿总鼻道下壁靠内侧滑行。注意鼻中隔前下部的Little易出血区，避免损伤黏膜。同时注意插管侧鼻腔是否狭窄，有无息肉。
>
> 插管长度：相当于在体表自鼻尖经耳垂到剑突的长度或者是从患者前发际点到剑突的长度。成人一般插入45～50 cm，不宜超过60 cm。

（三）胃壁的微细结构特点

胃壁具有典型消化管壁的四层结构，包括黏膜、黏膜下层、肌层和外膜（图4-16）。

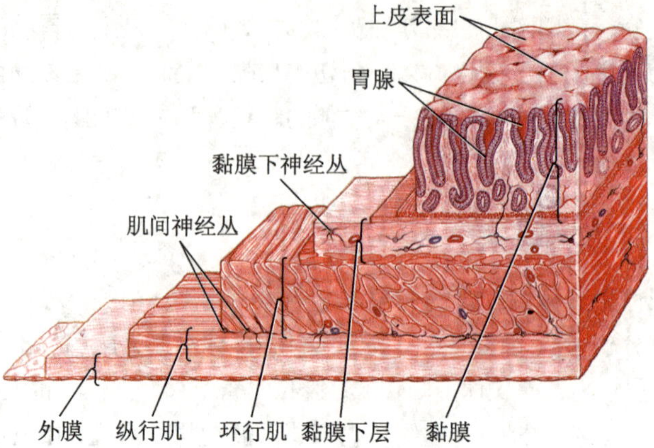

图4-16　胃壁的微细结构

1. 黏膜　活体胃的黏膜平滑而柔软，呈橘红色，黏膜表面上皮下陷形成许多针孔状的小窝，称胃小凹，是胃腺的开口部位。胃空虚时可见许多皱襞，在胃小弯有4~5条纵行皱襞，贲门的皱襞呈放射状排列，胃底部的皱襞呈网状排列，胃体的皱襞与胃的长轴平行，并延伸至幽门。胃充盈时，皱襞减少或变低。幽门处，幽门括约肌表面的黏膜突入腔内形成环形的皱襞称幽门瓣，有延缓胃内容物的排空，阻止十二指肠内容物逆流的作用。

（1）上皮：为单层柱状上皮，无杯状细胞（图4-17）。柱状细胞的细胞核呈椭圆形，位于细胞基部，顶部胞质内充满黏原颗粒，HE染色切片上不易着色，故胞质着色较浅，呈透明状。该细胞分泌的黏液，覆盖于上皮表面，不被盐酸溶解，与上皮细胞之间有紧密连接共同构成胃黏膜屏障，可防止胃酸和胃蛋白酶对胃黏膜的侵蚀与消化。上皮细胞不断脱落，由胃小凹底部和胃腺颈部的未分化细胞增殖补充。

（2）固有层：由结缔组织构成，有紧密排列的大量管状腺。按分布部位和结构的不同，胃腺可分为胃底腺、贲门腺和幽门腺。其中胃底腺最多，也最重要。

1）胃底腺：胃底腺分布于胃底、胃体部固有层内。为分支管状腺，可分为颈、体、底三部分，颈部最短与胃小凹相连，中段为体部，下段为底部，可达黏膜肌层。胃底腺主要由主细胞、壁细胞、颈黏液细胞、内分泌细胞和未分化细胞构成（图4-17，图4-18）。

① 主细胞：又称胃酶细胞（或酶原细胞），数量最多，分布于腺的体部及底部。细胞为柱状，核圆形，位于细胞基底部。胞质嗜碱性，胞质顶部充满酶原颗粒，基底部含有密集的粗面内质网。主细胞主要分泌胃蛋白酶原，经盐酸激活成为胃蛋白酶，可消化蛋白质。② 壁细胞：又称盐酸细胞（或泌酸细胞），在腺的体部及颈部较多。细胞呈锥体形或圆形，核圆形，位于细胞中央，可见双核。胞质嗜酸性，易被伊红染色。壁细胞能合成和分泌盐酸，盐酸是胃液的主要成分，可激活胃蛋白酶原，使之变成胃蛋白酶，并有杀菌及促进胰分泌的作用。人的壁细胞还能分泌内因子，内因子能促进回肠对维生素B_{12}的吸收。如内因子缺乏，维生素B_{12}吸收障碍，使红细胞生成受阻，可出现恶性贫血。③ 颈黏液细胞：位于胃底腺颈部，数量较少，常夹于其他细胞之间。细胞呈柱状或烧瓶状，核扁圆形，位于细胞基底部，细胞顶部充满黏原颗粒。颈黏液细胞分泌黏液，参与形成胃上皮表面的黏

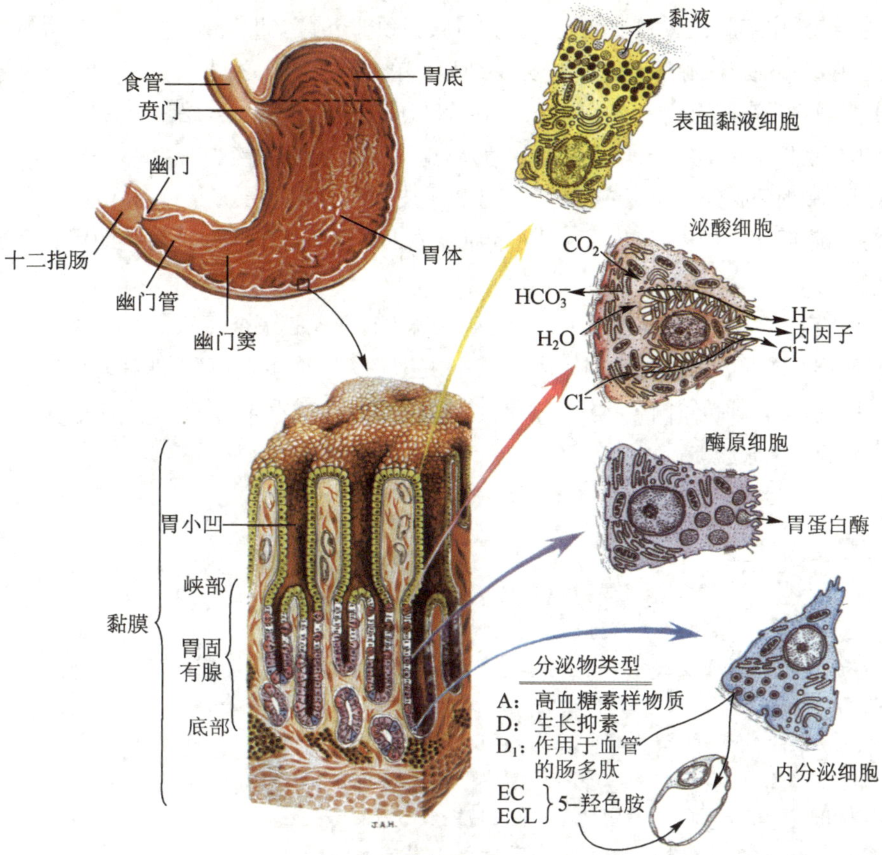

图4-17　胃底腺

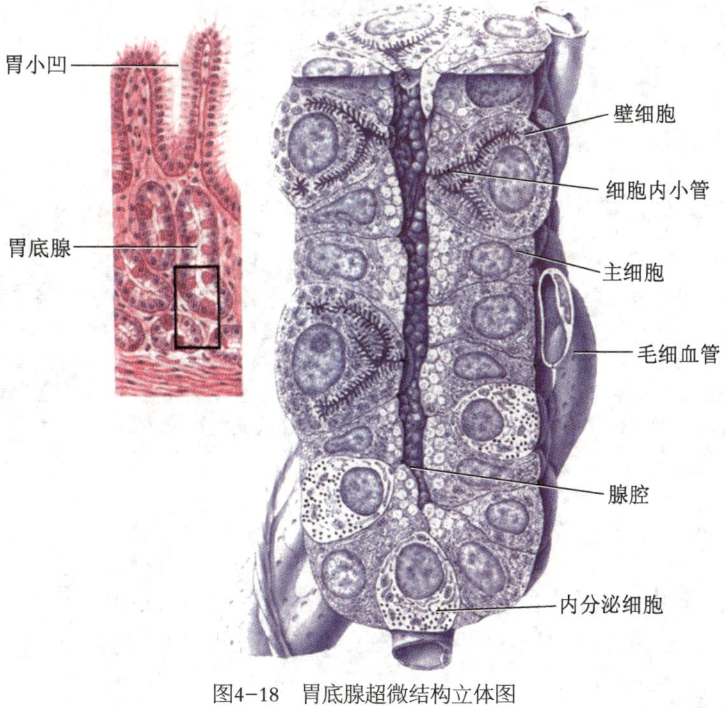

图4-18　胃底腺超微结构立体图

液层。④ 未分化细胞：又称干细胞，位于胃底腺颈部至胃小凹深部，可分化为胃黏膜表面的上皮细胞或其他胃底腺细胞。⑤ 内分泌细胞：单个散在上皮之间。

2）贲门腺：贲门腺位于贲门附近，为单管状或分支管状腺，分泌黏液。

3）幽门腺：幽门腺位于幽门附近，为分支管状腺，分泌黏液。

贲门腺和幽门腺分泌的黏液也参与形成胃上皮表面的黏液层。

（3）黏膜肌层：由内环外纵两层平滑肌组成，平滑肌纤维收缩，可帮助胃腺分泌物的排出。

2. 黏膜下层　为疏松结缔组织，含血管、淋巴管和黏膜下神经丛。

3. 肌层　较厚，一般由内斜、中环、外纵三层平滑肌构成。环形肌在幽门处增厚，形成幽门括约肌。有延缓胃内容物排空和防止肠内容物反流至胃的功能。

4. 外膜　为浆膜。

知识卡片

胃黏膜的自我保护

胃液含高浓度盐酸，腐蚀力极强，胃蛋白酶能分解蛋白质，而在正常情况下胃黏膜却不受破坏，这主要是由于胃黏膜表面存在黏液–碳酸氢盐屏障。胃上皮表面覆盖着0.25~0.5mm厚的黏液层，由不可溶性黏液凝胶构成，并含大量HCO_3^-。黏液层将上皮与胃蛋白酶相隔离，而高浓度HCO_3^-使局部pH为7，抑制了酶的活性，同时HCO_3^-可中和H^+，形成H_2CO_3。后者被胃上皮细胞的碳酸酐酶迅速分解为H_2O和CO_2。此外，胃上皮细胞的快速更新也使胃能及时修复损伤。正常时，胃酸的分泌量和黏液–碳酸氢盐屏障保持平衡；一旦胃酸分泌过多或黏液产生减少，屏障受到破坏，都会导致胃组织的自我消化，形成胃溃疡。近年来，科学家发现胃黏膜上皮细胞能不断合成和释放内源性前列腺素，它对胃肠道黏膜有明显的保护作用。

护理应用

消化性溃疡病人的饮食护理

消化性溃疡是全球性常见病，主要指发生于胃和十二指肠黏膜的慢性溃疡。溃疡病人在饮食方面应定时定量、少食多餐，细嚼慢咽，食物应选择营养丰富（牛奶、鸡蛋、鱼等）、搭配合理、清淡、易于消化的食物，以促进胃黏膜的修复和提高机体抵抗力。避免食用油炸、腌制、生冷、粗硬和刺激性强的食物，烹调方法以蒸、炖、煮、汆、烩等为主，各种食物应切细、煮软。在溃疡活动期的病人，以柔软的面食、稍加碱的软米饭或米粥等偏碱性食物为宜。

六、小肠

小肠是消化管中最长的一段，成人长为5~7 m，盘曲在腹腔的中、下部，上接幽门，下续盲肠，可分为十二指肠、空肠、回肠三部分。小肠是消化、吸收的主要部位。

（一）十二指肠

十二指肠是小肠的起始段，介于幽门与空肠之间，长约25 cm，除起始段和末段外，大部分紧贴腹后壁，位置较固定，呈“C”字形环抱胰头，分为上部、降部、水平部和升部（图4−19）。

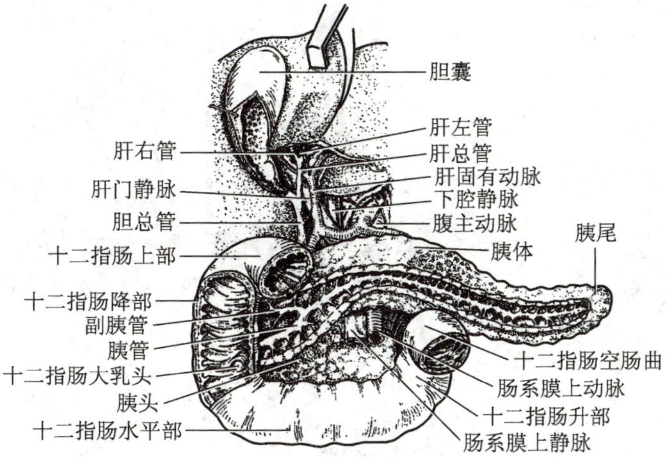

图4−19　胆道、十二指肠和胰

1. 上部　上部于第1腰椎的右侧起于胃的幽门，向右后方行至肝门下方，急转向下移行为降部。其转折处称为十二指肠上曲。上部与幽门相接处的一段肠管，管腔较大，管壁较薄，黏膜面平滑无皱襞，称十二指肠球，是十二指肠溃疡好发部位。

2. 降部　下行于第1~3腰椎右侧，至第3腰椎下缘平面弯向左侧，移行为水平部。转折处称十二指肠下曲。降部黏膜形成发达的环形皱襞，在其中份后内侧壁上有一纵行的黏膜皱囊称十二指肠纵襞，其下端呈圆形的隆起，称十二指肠大乳头，为肝胰壶腹的开口处，距中切牙约75 cm。在十二指肠大乳头的上方偶见十二指肠小乳头，是副胰管的开口处。

3. 水平部　在第3腰椎平面，向左跨过下腔静脉，于腹主动脉前方移行为十二指肠升部。肠系膜上动、静脉斜过水平部的前方，因此水平部位于腹主动脉和肠系膜上动脉的夹角内。

4. 升部　最短，自腹主动脉前方斜向左上方，至第2腰椎的左侧急转向前下移行为空肠。其转弯处称十二指肠空肠曲。十二指肠空肠曲的后壁借十二指肠悬肌连于腹后壁。十二指肠悬肌和表面覆盖的腹膜皱襞共同形成十二指肠悬韧带，又称Treitz韧带，是手术中确定空肠起始部的重要标志。

（二）空肠与回肠

空肠上接十二指肠，回肠下与盲肠相续，占小肠全长的大部分，均有肠系膜连于腹后壁，活动度较大。空肠和回肠在腹腔中形成许多盘曲，称小肠襻，为结肠所环抱。空肠和回肠之间无明显界线，一般空肠占空、回肠全长近侧的2/5，位于腹腔左上部，其管径较大，管壁较厚，血供丰富，活体呈淡红色，黏膜皱襞和绒毛高而密集，有散在的孤立的淋巴滤泡；回肠占空、回肠全长远侧的3/5，位于腹腔的右下部，其管径较小，管壁较薄，血供较差，颜色较淡，黏膜皱襞和绒毛低而疏，除有孤立淋巴滤泡外还有大量集合淋巴滤泡（图4–20）。患肠伤寒时，病菌多侵犯集合淋巴滤泡。

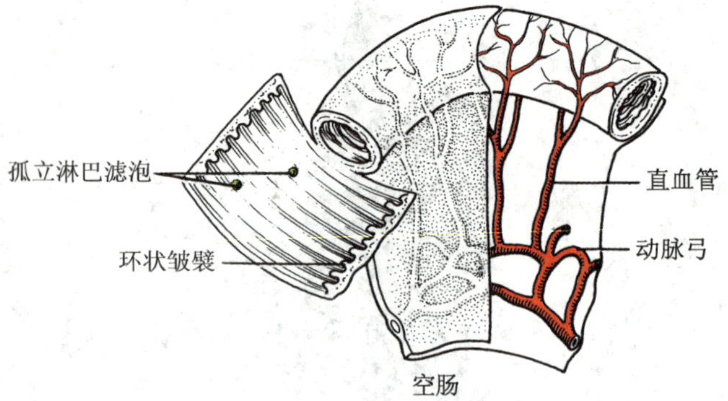

空肠

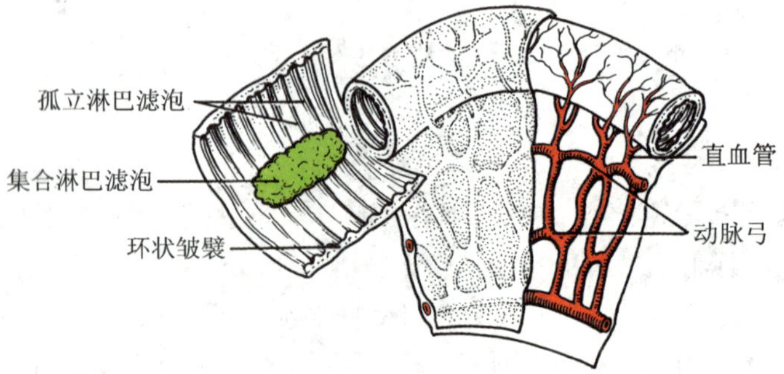

回肠

图4–20　空肠与回肠

约2%的成人在距回肠末端0.3~1 m回肠壁上有长2~5 cm的囊状突起，称Meckel憩室，为胚胎时期卵黄囊的遗迹，炎症或合并溃疡穿孔时，易误诊为阑尾炎。

（三）小肠的微细结构特点

小肠壁也由黏膜、黏膜下层、肌层和外膜四层构成（图4–21），其结构特点主要表现在黏膜。小肠黏膜和部分黏膜下

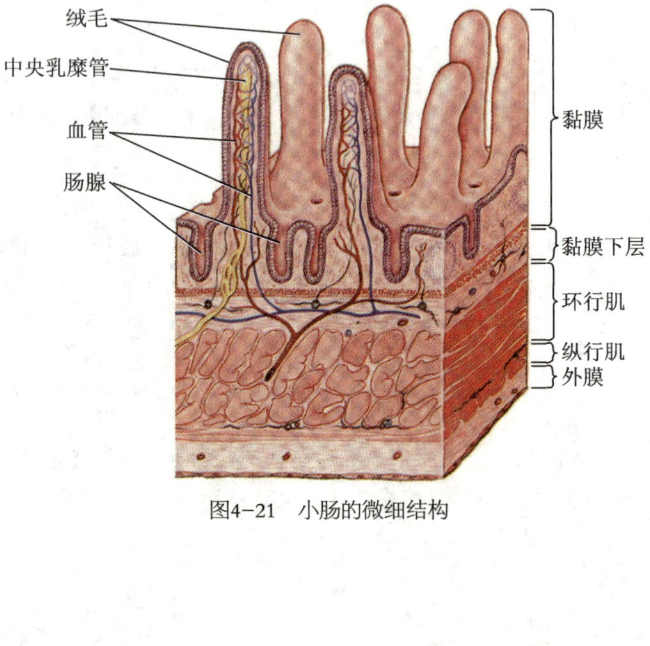

图4–21　小肠的微细结构

层共同突入肠腔形成环状襞。黏膜上皮和固有层突入肠腔形成许多细小的指状突起称绒毛。上皮中吸收细胞的游离面有细胞膜和细胞质共同形成的突起称微绒毛。环状襞、绒毛和微绒毛（图4-22）使小肠表面积扩大约600倍，有利于小肠的吸收功能。绒毛根部的黏膜上皮下陷到固有层内形成管状肠腺，分泌小肠液参与食物的消化，小肠固有层内散在有许多淋巴组织，是小肠壁重要的防御结构。

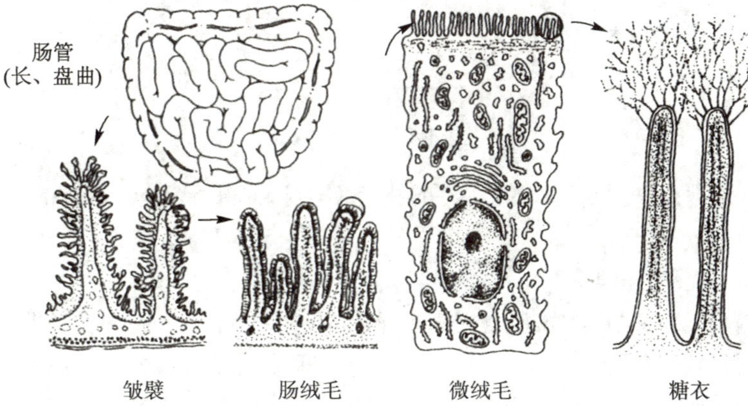

图4-22　环状襞、绒毛和微绒毛

1. 绒毛　绒毛由表面的上皮和中轴部的固有层构成。

（1）上皮：为单层柱状上皮，主要由吸收细胞、杯状细胞和少量的内分泌细胞构成（图4-23）。

1）吸收细胞：数量多，约占上皮细胞的90%，细胞呈高柱状，核椭圆形，位于细胞基底部，细胞的游离面有纹状缘。纹状缘由密集的微绒毛组成。每个吸收细胞有2000~3000根微绒毛，可使细胞游离面表面积扩大约30倍。吸收细胞对糖、蛋白质和脂肪的吸收起重要作用。吸收细胞顶部有紧密连接封闭细胞间隙；可阻止大分子物质进入。

2）杯状细胞：分散在吸收细胞之间，分泌黏液附于上皮细胞表面，对肠黏膜起润滑和保护作用。

3）内分泌细胞：分布于上皮细胞之间。

图4-23　小肠柱状上皮细胞模式图

（2）固有层：构成绒毛的中轴，由结缔组织构成。内含有丰富的毛细血管、毛细淋巴管、分散的平滑肌纤维及淋巴细胞、肥大细胞、浆细胞等多种细胞成分。绒毛中央有起于盲端的毛细淋巴管，称中央乳糜管，可收集和运送肠上皮吸收的脂肪。毛细血管主要运输肠上皮吸收的氨基酸和葡萄糖。而平滑肌纤维的收缩有利于血液与淋巴的运行及物质的吸收。

2. 肠腺　肠腺由黏膜上皮下陷至固有层形成，开口于相邻肠绒毛根部之间。肠腺主要由柱状细胞、杯状细胞、帕内特细胞（潘氏细胞）及未分化细胞构成（图4-24）。

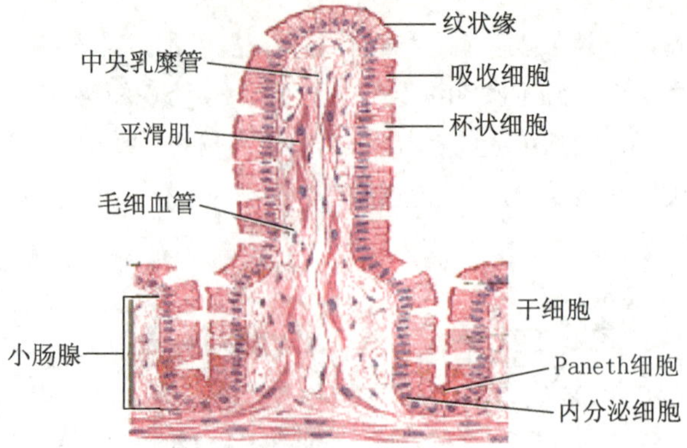

图4-24　小肠腺

（1）柱状细胞：数量最多，靠近绒毛的柱状细胞与吸收细胞相似，深部的柱状细胞可分泌多种消化酶。

（2）杯状细胞：分泌黏液。

（3）帕内特细胞：帕内特细胞常三五成群分布于肠腺底部，细胞呈锥体形，核椭圆形，位于细胞底部，胞质中含大量嗜酸性颗粒。帕内特细胞能分泌溶菌酶，有杀菌功能。

（4）未分化细胞：散在于其他细胞之间，是一种干细胞，分裂增殖补充脱落的绒毛上皮细胞和肠腺细胞。

小肠壁的黏膜下层为疏松结缔组织，富含血管和淋巴管。十二指肠黏膜下层含有十二指肠腺，分泌碱性黏液。肌层为内环、外纵两层平滑肌，两层之间有肌间神经丛。外膜除十二指肠大部为纤维膜外，其余各段肠管均为浆膜。

七、大肠

大肠长约1.5m，上端接回肠，末端终于肛门。分盲肠、阑尾、结肠、直肠和肛管五部分。大肠的主要功能是吸收水分、维生素和无机盐，分泌黏液，将食物残渣形成粪便排出体外。盲肠和结肠在外形上具有三种特征性结构，即结肠带、结肠袋和肠脂垂（图4-25）。结肠带有三条，由肠壁纵行肌增厚形成。由于结肠带较肠管短，肠管皱缩，使肠壁形成向外膨出的囊袋状突起，称结肠袋。肠脂垂为附于结肠带附近的大小不等的脂肪突起。上述三个特征性结构是手术中区别大、小肠的重要标志。

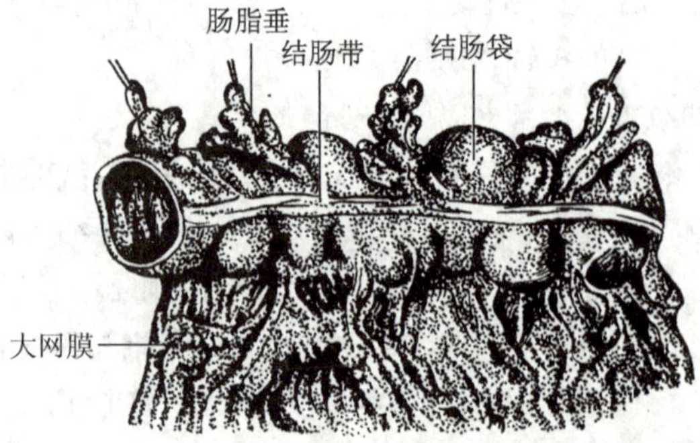

图4-25　结肠的特征性结构

（一）盲肠

盲肠是大肠的起始部，位于右髂窝内，长6~8cm，其下端为盲端，向上续于升结肠，左侧接回肠。回肠末端突入盲肠，形成下两个唇状黏膜皱襞，称回盲瓣。回盲瓣有阻止小肠内容物过快进入大肠和防止大肠内容物逆流的作用（图4-26）。

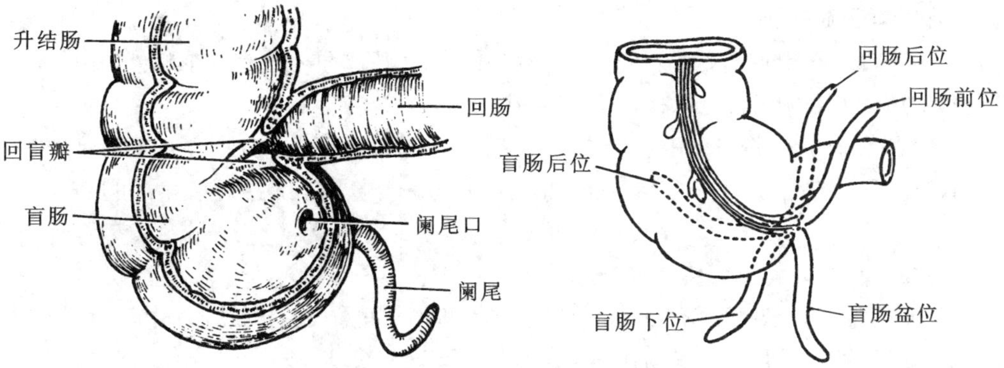

图4-26　盲肠和阑尾

（二）阑尾

阑尾连于盲肠的后内侧壁，为一蚓状盲管，又称蚓突，一般长5~7cm，其管径为0.5~1cm。阑尾多与盲肠位于右髂窝内。其末端游离，位置变化较大。阑尾根部的位置较恒定，为3条结肠带的汇集处，临床做阑尾手术时可沿结肠带寻找阑尾。由于阑尾根部连于盲肠，所以阑尾的位置也可随盲肠的位置而变化。

阑尾根部的体表投影通常在脐与右髂前上棘连线的中、外1/3交点处，称McBumey点。

由于阑尾的位置常有变化，所以诊断阑尾炎时，确切的体表投影位置并不十分重要，而在右下腹部有一明显的压痛点对阑尾炎的诊断更有意义。

（三）结肠

结肠是位于盲肠和直肠之间的一段大肠。围绕在空、回肠的周围，可分为升结肠、横结肠、降结肠和乙状结肠四部分（图4-27）。

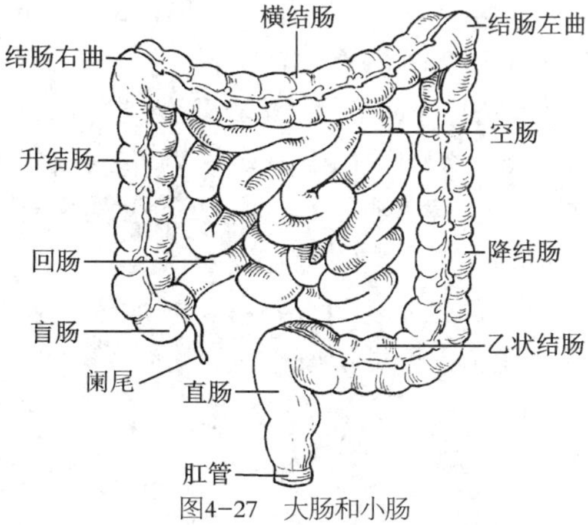

图4-27　大肠和小肠

1. 升结肠　升结肠在右髂窝处起自盲肠，贴腹后壁上升至肝右叶下方，折而向左移行于横结肠，转弯处称结肠右曲（或肝曲）。升结肠是腹膜间位器官，无系膜，其后面借结缔组织连于腹后壁，故活动性很小。

2. 横结肠　横结肠起自结肠右曲，在胃的后下方横行向左至脾的下方，转向下移行于降结肠，转折处称结肠左曲（或脾曲）。横结肠有系膜连于腹后壁，活动度较大，其中间部可呈弓状下垂到脐平面以下。

3. 降结肠　降结肠自结肠左曲，沿左肾外侧缘贴腹后壁下行，到左髂嵴处向内下移行于乙状结肠。降结肠与升结肠一样，活动性很小。

4. 乙状结肠　乙状结肠在左髂嵴处起自降结肠，经左髂窝进入盆腔，至第3骶椎平面移行于直肠。乙状结肠呈“乙”字形弯曲，借乙状结肠系膜连于盆腔左后壁，活动度较大。

（四）直肠

直肠位于盆腔后部，长10~14 cm。直肠在第3骶椎平面起于乙状结肠，沿骶、尾骨前面下行，穿盆膈移行于肛管。直肠并不直，在矢状面上有两个弯曲，上部弯曲较大，与骶骨前面弯曲一致，凸向后称直肠骶曲。下部弯曲较小，为直肠绕过尾骨尖的前方处，凸向前称直肠会阴曲。在冠状面上，有3个凸向侧面的轻度弯曲，一般中间的弯曲较大凸向左，上、下两个弯曲较小凸向右（图4-28）。临床上做直肠镜、乙状结肠镜检查或插管时应注意这些弯曲，以免损伤肠壁。

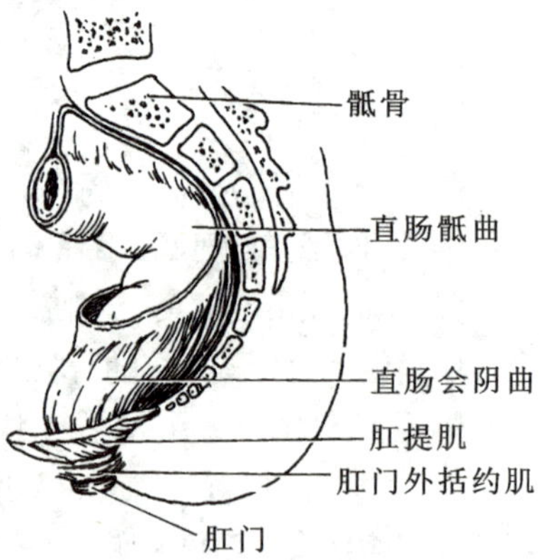

图4-28　直肠的位置和外形

直肠下段膨大，称直肠壶腹。直肠内面有2~3个半月形的黏膜皱襞，称直肠横襞，由黏膜和环行肌构成。其中间的一个直肠横襞，大而恒定，位于直肠右前壁上，距肛门约7cm，是直肠镜检时的定位标志。

（五）肛管

肛管是消化管的末段，上端接直肠，下端终于肛门，长3~4 cm。肛管上段内面有6~10条纵行的黏膜皱襞称肛柱（图4-29）。相邻肛柱下端有半月形的黏膜皱襞相连称肛瓣。相邻肛柱下端与肛瓣之间围成的开口向上的小隐窝称肛窦。肛窦内易存留粪便引起肛窦炎，甚至形成肛瘘。肛柱下端与肛瓣边缘连成的锯齿状线称齿状线（或肛皮线）。齿状线是皮肤与黏膜的分界线，以上为黏膜，以下为皮肤。齿状线上、下动脉供应及静脉回流、淋巴回流、神经支配等都不相同，在临床上具有一定的意义（表4-1）。

在齿状线下方，有宽约1cm的光滑环形区域称肛梳或痔环。肛梳下缘有一不明显的环行浅沟称白线，活体可触及，是肛门内、外括约肌的分界。

表4-1　肛管齿状线上、下部比较

区别项目	齿状线以上	齿状线以下
组织来源	内胚层——黏膜	外胚层——皮肤
动脉供应	直肠上、下动脉	肛门动脉
静脉回流	直肠上静脉→肠系膜下静脉→肝门静脉	肛门静脉→阴部内静脉→髂内静脉→髂总静脉→下腔静脉
淋巴回流	肠系膜下淋巴结	腹股沟浅淋巴结
神经支配	内脏神经	躯体神经

肛柱部的黏膜下层和肛梳部的皮下组织中有丰富的静脉丛，病理情况下，容易发生静脉淤血、曲张形成痔。在齿状线以下者称外痔，在齿状线以上者称内痔，也有跨越于齿状线上、下的称为混合痔。由于神经分布不同，所以外痔常感疼痛，而内痔不疼痛。

肛管的环形肌在肛管上3/4处增厚形成肛门内括约肌，有协助排便作用。肛门内括约肌的外周有骨骼肌形成的肛门外括约肌，有括约肛门的作用。肛门外括约肌可分为皮下部、浅部和深部（图4-29）。皮下部为位于肛门周围皮下的环形肌，浅部位于皮下部外上方，肌束呈梭形，深部位于浅部的上方，肌束呈环形。浅部和深部对括约肛门有重要作用。肛门内、外括约肌、肛管下部的纵行平滑肌和肛提肌的部分肌束共同构成肛直肠环，在控制排便方面有重要作用，若手术损伤会造成大便失禁。

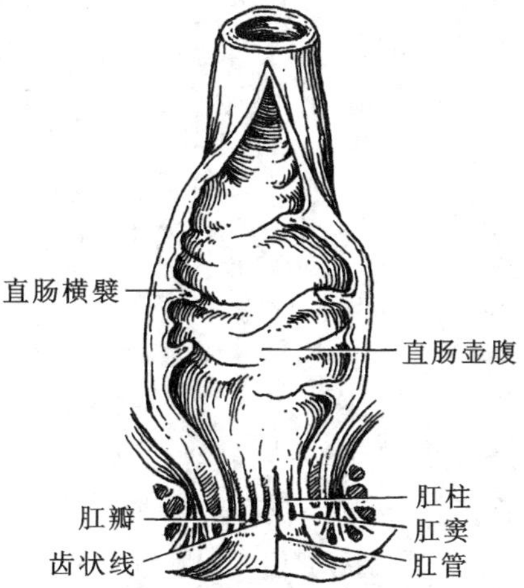

图4-29　直肠和肛管的内面观

护理应用

直 肠 指 检

直肠指检是一项检查直肠肛管疾病的简便有效的方法，对直肠癌的早期发现具有重要意义。凡是有排大便异常、便血、肛门疼痛、瘙痒或有分泌物，直肠邻近器官如阑尾、前列腺和子宫的病变，以及怀疑有腹腔内任何部位肿瘤的病人，都应进行直肠指诊。病人体位：① 膝胸式；② 左侧卧式；③ 仰卧式。检查方法：检查者右手戴乳胶手套或右示指戴指套，涂上润滑剂，用右示指前端指腹轻压肛门片刻，使病人适应，再用下压的动作轻轻将手指压入肛管内。先注意肛门括约肌的松紧度，肛管白线是否完整存在。然后在将手指逐渐深入的同时，感觉肛管、直肠壁及周围有无触痛，肿块或波动感，肛管直肠狭窄的程度与范围，直肠外包块与盆腔壁或盆腔内器官的关系。必要时检查者可用左手配合触诊，以了解包块情况。

（六）大肠的微细结构特点

1. 盲肠、结肠与直肠　这三部分管壁的微细结构基本相同（图4-30）。

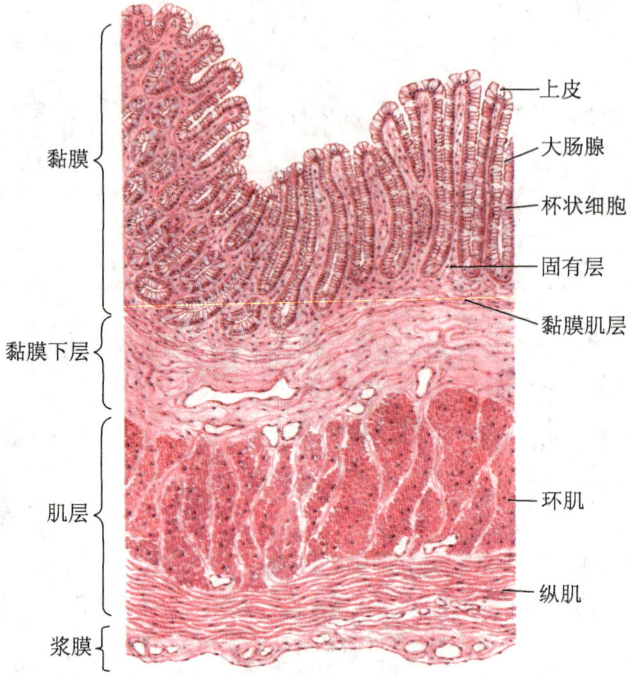

图4-30　大肠的微细结构

（1）黏膜：表面光滑，无环形皱襞和绒毛；结肠内面可见半月形黏膜皱襞。上皮是单层柱状，由柱状细胞和杯状细胞组成。固有层内大肠腺排列稠密，杯状细胞较多，分泌大量黏液，有润滑粪便以利排出的作用。固有层内有丰富的淋巴组织，参与局部免疫。

（2）黏膜下层：由疏松结缔组织构成，内有小动脉、小静脉、淋巴管和成群的脂肪细胞。

（3）肌层：有内环、外纵两层平滑肌，纵行肌纤维局部增厚形成3条结肠带，结肠带之间的纵行肌很薄。

（4）外膜：盲肠、横结肠、乙状结肠为浆膜，升、降结肠前壁为浆膜，后壁为纤维膜，直肠上1/3段的大部、中1/3段的前壁为浆膜，其余为纤维膜。

2. 阑尾　阑尾的管腔狭窄，管壁的构造与结肠相似，但肠腺少而短，固有层内有丰富的弥散的淋巴组织和大量淋巴小结，并突破黏膜肌层至黏膜下层，故黏膜肌层不完整。肌层很薄，外膜为浆膜。阑尾与人体的免疫功能有关。

3. 肛管　齿状线以上的肛管内面为黏膜，其上皮是单层柱状上皮；齿状线以下的肛管内面为皮肤，其上皮为未角化的复层扁平上皮。

第二节　消化腺

消化腺可分为大消化腺和小消化腺，消化管壁内的小腺体和三对大唾液腺已于前述，本节主要介绍肝和胰。消化腺的主要功能是分泌消化液，参与消化食物。

一、肝

肝是人体最大的消化腺，我国成年人的肝占体重的1/50~1/40，新生儿的肝相对较大。肝的功能极为复杂，其主要功能有分泌胆汁参与脂肪的消化和吸收、参与物质代谢、解毒和防御等。胎儿时期肝还有造血功能。

知识卡片

肝 的 重 量

我国成年人肝的重量，男性为1230~1450g，女性为1110~1300g，约占体重的2%；胎儿与新生儿的肝相对较大，可达体重的6%~5%，约占腹腔容积的1/2。

（一）肝的形态

肝血液供应丰富，在活体呈红褐色，质软而脆，受暴力打击易破裂而发生大出血。肝呈不规则的楔形，可分为前、后两缘，上、下两面。肝前缘较薄，后缘钝圆。肝上面光滑膨隆，与膈相邻，又称膈面，借矢状位的镰状韧带分为厚而大的右叶和小而薄的左叶。肝上面后部没有腹膜覆盖的部分称肝裸区（图4-31）。肝的下面凹凸不平，与腹腔脏器相对，称脏面（图4-32）。脏面中部有一略呈“H”形的沟，即矢状方向上的左、右侧纵沟和位于两纵沟之间的横沟。右侧纵沟前部凹陷称胆囊窝，容纳胆囊，后部是腔静脉沟，有下腔静脉通过。在腔静脉沟上部有肝左、中、右静脉出肝注入下腔静脉，临床上此沟上部又称第二肝门。左侧纵沟前份有肝圆韧带，是胎儿时期的脐静脉闭锁后的遗迹，后份有静脉韧带，是胎儿时期静脉导管闭锁后的遗迹。横沟即是肝门，是肝固有动脉、肝门静脉、肝左右管、神经、淋巴管等出入肝的部位。出入肝门的这些结构被结缔组织包绕在一起构成肝蒂。肝的脏面被“H”形沟分为四叶，右侧纵沟右侧为肝右叶，左侧纵沟左侧为肝左叶，左、右侧纵沟之间，肝门前方为方叶，肝门后方为尾状叶。

（二）肝的位置和毗邻

肝大部分位于右季肋区和腹上区，小部分位于左季肋区。肝大部分被肋弓所覆盖，仅在腹上区左、右肋弓之间露出，与腹前壁直接接触。肝的上界与膈穹隆一致，其右侧最高

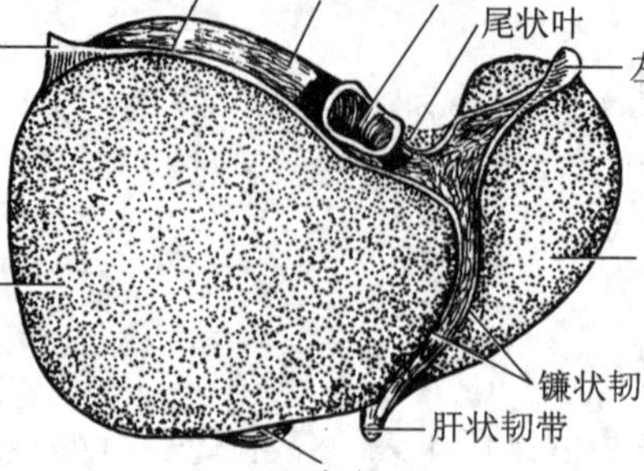

图4-31　肝的膈面

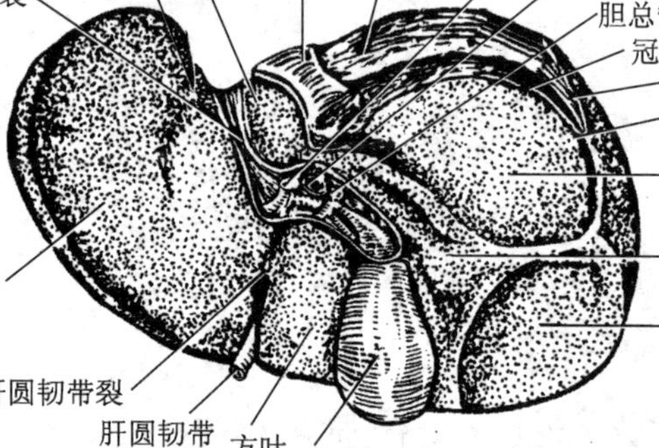

图4-32　肝的脏面

点相当于右锁骨中线与第5肋的交点，中间相当于前正中线与剑胸结合部的交点，左侧最高点相当于左锁骨中线与第5肋间隙的交点；肝下界与肝的前缘一致，在右侧与右肋弓一致，至腹上区可达剑突下3cm，左侧至第7、第8软骨结合处被肋弓所遮盖。故成人右肋弓下缘不应触到肝。7岁以下儿童肝下界可低于右肋弓，但一般不会超过2cm。

肝上面与膈相贴，肝下面邻近腹腔器官，肝左叶下面邻胃前壁，后上方邻食管腹段；肝右叶下面从前向后分别与结肠右曲、十二指肠上部、右肾和右肾上腺相邻。

（三）肝的分叶与分段

肝内有4套管道，即肝固有动脉及分支、肝门静脉及分支、肝管及分支和肝静脉及属支。前三者在肝内均伴行，分布基本一致，并由结缔组织包绕，形成Glisson系统；后者称肝静脉系统。按照Glisson系统各分支的分布区域，可将肝分为左、右半肝、5个叶、6个段（图4-33）。肝有3个叶间裂，2个段间裂。叶间裂有正中裂、左叶间裂和右叶间裂。段间裂有左外叶段间裂和右后叶段间裂。以正中裂为界，将肝划分为左、右两半，叫做左、右半肝。正中裂为一斜裂，前起自胆囊窝中点，向后延至下腔囊静脉左缘。经半肝以左叶间裂

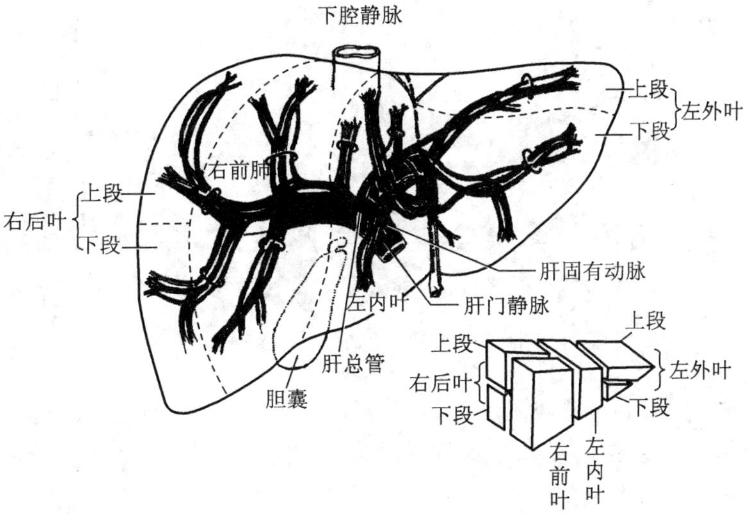

图4-33　肝的分叶和分段

为界，划分为左内侧叶和左外侧叶，后者又分为上段和下段，左叶间裂为矢状位，相当于左纵沟。右半肝以右叶间裂为界划分为右前叶和右后叶，后者又分为上段和下段。右叶间裂后起下腔静脉右缘，前至肝右下角至胆囊窝中点连线的外、中1／3交界处，为一近水平位与冠状位之间的斜裂。尾状叶恰为正中裂所经过，将之分为左、右两部。肝静脉系统行于肝段之间。临床可根据分叶、分段情况对肝病进行精确的定位诊断和切除。

（四）肝的微细结构

肝的表面被覆一层富含弹性纤维的致密结缔组织被膜，被膜表面大部分有浆膜覆盖。在肝门处被膜的结缔组织增厚，并随肝门静脉、肝固有动脉和肝管的分支进入肝内形成间质，将肝实质分隔成许多肝小叶（图4-34）。

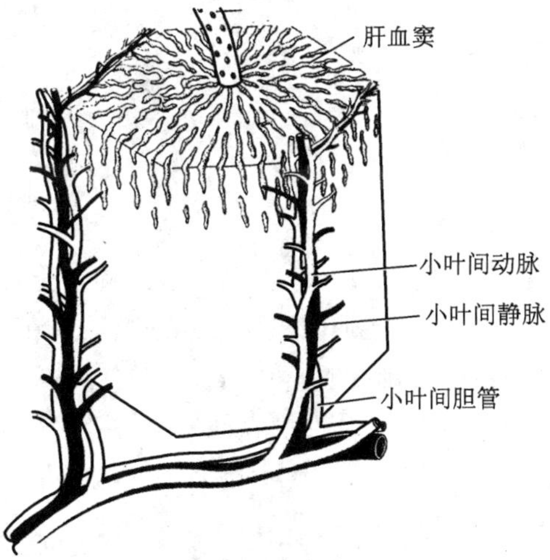

图4-34　肝小叶

1．肝小叶　肝小叶是肝的基本结构和功能单位，呈多面棱柱体，长约2 mm，宽约1 mm。肝小叶之间有结缔组织分隔，人的肝小叶之间结缔组织较少，故分界不明显。肝小叶中央有一条沿其长轴走行的中央静脉。中央静脉周围有呈放射状排列的肝板，肝板是由肝细胞单行排列形成的板状结构，其横断面呈索状，称肝索。

肝板内相邻肝细胞之间有胆小管。相邻肝板之间的腔隙是肝血窦（图4-35）。肝细胞是肝小叶最主要的结构。

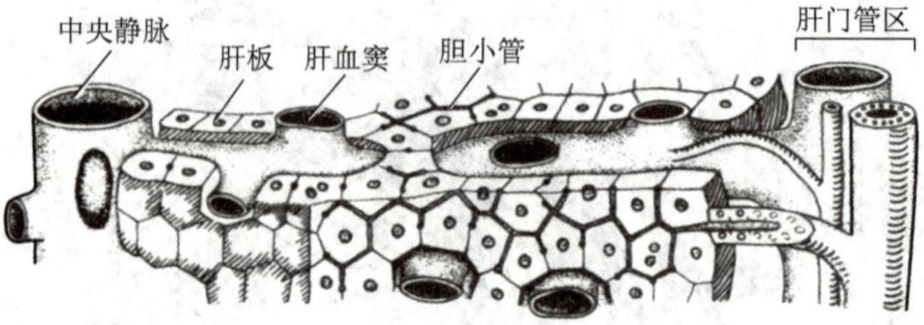

图4-35　肝板、肝血窦、肝门管区

（1）肝细胞：肝细胞体积较大，呈多面体形，核圆形，位于细胞中央，染色较浅，核仁明显。部分肝细胞有双核，为功能活跃的细胞。胞质呈嗜酸性，含有多种细胞器，是实现肝功能的结构基础（图4-36）。

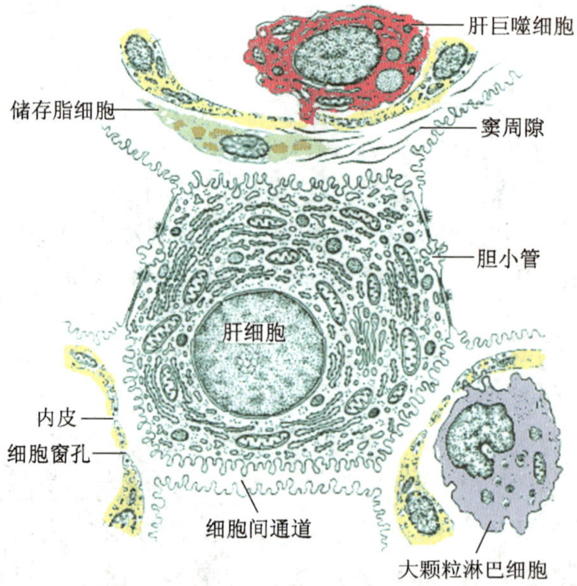

图4-36　肝细胞、窦周隙、胆小管

1）线粒体：线粒体数量多，遍布于细胞质内，为肝细胞的各种功能活动提供能量。

2）粗面内质网和游离的核糖体：粗面内质网和游离的核糖体成群分布于细胞核和线粒体的周围，能合成多种蛋白质，并直接释放至肝血窦内。

3）滑面内质网：滑面内质网广泛分布于细胞质内，其膜上有多种酶系分布，参与胆汁合成，脂类、糖、激素代谢以及解毒功能。

4）高尔基复合体：高尔基复合体很发达，分布于细胞核附近。粗面内质网合成的蛋白质一部分转移到高尔基复合体加工或储存，同时高尔基复合体还参与肝细胞的分泌活动。

5）溶酶体：溶酶体数量较多，能消化分解肝细胞吞饮的物质、退化的细胞器等，对肝细胞结构自我更新和维持细胞正常功能有重要的作用。

6）包涵物：包涵物为细胞质中的非细胞器结构，包括一些代谢产物或储备的营养物质，如肝细胞内的糖原、脂滴、色素等物质。其含量可随机体不同的功能状况而改变。

肝细胞为多面体形，每个肝细胞有三种类型的邻接面，即血窦面、胆小管面和肝细胞邻接面。血窦面有许多微绒毛，可通过窦周隙与肝血窦进行物质交换；肝细胞分泌胆汁经胆小管面进入胆小管；肝细胞邻接面有紧密连接，如桥粒和缝隙连接等结构。肝细胞通过这些不同功能的邻接面实现其多种功能。

（2）胆小管（图4-35，图4-36）：胆小管是相邻肝细胞之间彼此对应的细胞膜局部内陷围成的微细管道。胆小管在肝板内吻合成网，从肝小叶中央向周边部走行，出肝小叶汇集成小叶间胆管。胆小管的周围相邻肝细胞膜形成紧密连接，严密封闭胆小管，防止胆汁外溢，当患黄疸性肝炎或胆道阻塞时，紧密连接被破坏，则胆汁外溢经窦周隙进入肝血窦，出现黄疸。

（3）肝血窦：肝血窦是位于肝板之间的不规则腔隙，互相吻合成网，其内充满血液。肝血窦内的血液来自肝固有动脉和肝门静脉，由肝小叶周边经肝血窦流入中央静脉。窦壁主要由内皮细胞构成，窦内还有散在的肝巨噬细胞（图4-36）。

1）内皮细胞：内皮细胞呈扁平形，含核部分较厚，其余部分胞质较薄，有许多大、小不等的窗孔，内皮细胞之间有较大的间隙，内皮之外无基膜。因此，肝血窦壁的通透性较大，除血细胞外，其余大部分血浆成分均可通过。有利于肝细胞从血液中摄取营养和向血液排出分泌物。

2）肝巨噬细胞：肝巨噬细胞又称库普弗细胞（Kupffer cell），定居于肝血窦内，较内皮细胞大，有突起，形状不规则，表面有大量皱褶和微绒毛，胞质内有发达的溶酶体，有很强的吞噬能力，可清除血液中细菌、异物和衰老的红细胞等，还能参与免疫应答，是肝内重要的防御装置。

（4）窦周隙：窦周隙是肝血窦内皮细胞与肝细胞之间狭小的间隙。由于肝血窦壁通透性大，使窦周隙内充满血浆，肝细胞血窦面的微绒毛便浸于血浆中，可使肝细胞和血浆进行充分的物质交换。

窦周隙内还散在有一种形态不规则的储脂细胞，它有摄取和储存维生素A、产生网状纤维的功能。慢性肝病时，窦周隙内贮脂细胞异常增多，肝内网状纤维增多，可形成肝硬化。

2. 肝门管区　肝门管区为相邻几个肝小叶之间的区域，结缔组织较多，其中有小叶间胆管、小叶间动脉、小叶间静脉通过，此区称肝门管区。小叶间胆管为胆小管出肝小叶后汇合成的小管，管壁为单层立方上皮，小叶间胆管在近肝门处汇合成肝管出肝；小叶间动脉是肝固有动脉的分支，管壁相对较厚，由内皮和少量环形平滑肌组成；小叶间静脉是肝门静脉的分支，管腔大而不规则，管壁薄。小叶间动脉、小叶间静脉在肝小叶边缘与肝血窦相通（图4-37）。

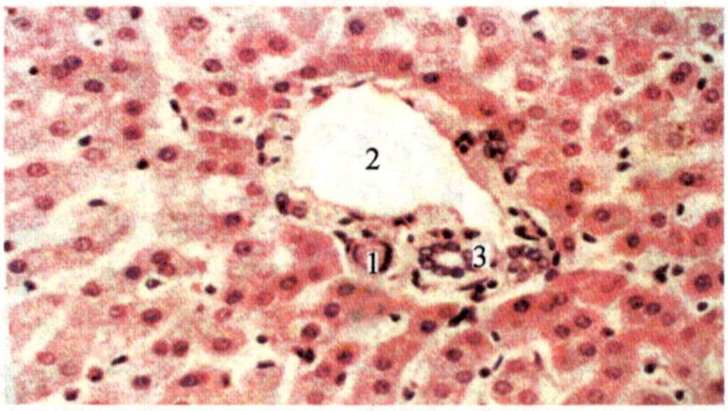

图4-37 肝门管区

1. 小叶间动脉；2. 小叶间静脉；3. 小叶间胆管

知识卡片

肝细胞的再生

正常成人肝的肝细胞是一种长寿命细胞，平常极少见分裂增殖。但在肝受损害后，特别是肝部分切除后，残余的肝细胞迅速出现活跃的分裂增殖，可以看做是肝损伤后的一种修复与适应性代偿反应。肝肿瘤施行大部或部分肝切除后，其再生能力因病变情况而异，一般可在半年内恢复肝正常体积。但40岁以后，肝的再生能力减弱，这与机体的代谢能力是一致的。肝具有如此大的再生能力，其机制迄今还不完全清楚。目前已知，肝再生受肝内外诸多因子的调控，在肝受损害或部分切除后，它们通过肝细胞相应的受体作用于肝细胞，促进或者抑制肝细胞的增殖。

3. 肝的血液循环　肝的血液供应丰富，有两套血管入肝。肝门静脉是肝的功能血管，将从胃肠吸收的营养物质送入肝内进行代谢和转化，肝门静脉在肝内分支成小叶间静脉，流入肝血窦。肝固有动脉是肝的营养血管，含氧丰富，肝固有动脉在肝内分支成小叶间动脉，也流入肝血窦。肝血窦的血液流入中央静脉，再汇入单独走行于小叶间结缔组织内的小叶下静脉，最后集成肝静脉出肝，注入下腔静脉。肝的血液循环途径如下：

$$\left.\begin{array}{l}\text{肝门静脉}\rightarrow\text{小叶间静脉}\\ \text{肝固有动脉}\rightarrow\text{小叶间动脉}\end{array}\right\}\text{肝血窦}\rightarrow\text{中央静脉}\rightarrow\text{小叶下静脉}\rightarrow\text{肝静脉}\rightarrow\text{下腔静脉}$$

（五）胆囊和输胆管道

1. 胆囊　胆囊位于右季肋区、肝下面的胆囊窝内，其上面借结缔组织与肝相连，下面游离，被有腹膜。胆囊有储存和浓缩胆汁的作用，其容积为40~60 ml。

胆囊呈梨形，可分为胆囊底、胆囊体、胆囊颈和胆囊管四部分。胆囊底为前端的膨大部分，当胆囊充盈时，可突出肝前缘，与腹前壁相贴。胆囊底的体表投影位于右锁骨中线与右肋弓交点处稍下方。胆囊有病变时，此处常有明显压痛。胆囊体是胆囊的主体部分，与胆囊底无明显界线，是胆囊底向左后方逐渐缩细的部分，在肝门右侧续于胆囊颈。胆囊颈细而弯曲，位于肝门右侧。由胆囊颈弯向左下呈管状的部分称胆囊管（图4-38），长为3~4 cm。胆囊壁内面衬有黏膜，其中胆囊颈和胆囊管黏膜呈螺旋状突入管腔，形成螺旋襞，有控制胆汁进出的功能。

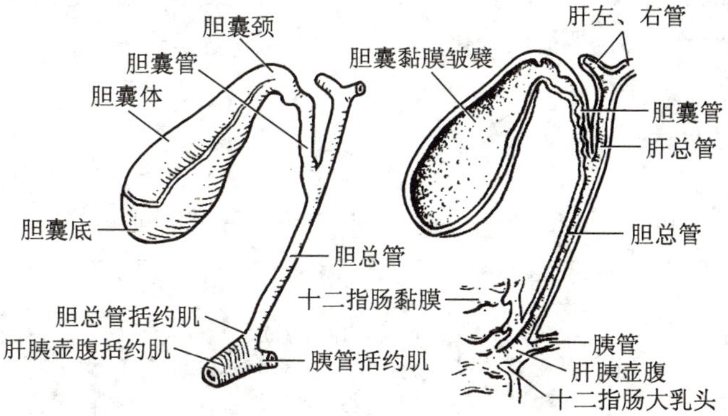

图4-38　胆囊与输胆管道

肝总管、胆囊管和肝的脏面所围成的三角形区域称胆囊三角，内有胆囊动脉经过，是胆囊手术时寻找胆囊的标志。

2. 输胆管道　输胆管道是将肝细胞分泌的胆汁输送至十二指肠的管道，可分为肝内胆道和肝外胆道两部分。肝内胆道包括胆小管和小叶间胆管，肝外胆道包括肝左、右管，肝总管、胆总管和胆囊（图4-39）。

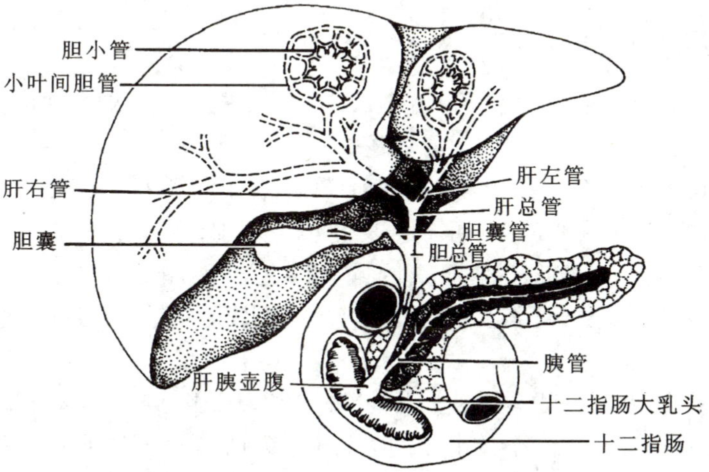

图4-39　胆道、十二指肠和胰模式图

肝内的胆小管出肝小叶先汇合成小叶间胆管，在肝内逐渐汇合，近肝门处合成肝左管和肝右管，出肝门后两者汇合成肝总管。肝总管在肝十二指肠韧带内下行与胆囊管以锐角汇合成胆总管。胆总管长为3~8cm，直径0.6~0.8cm，继续于肝十二指肠韧带内下行，经十二指肠上部的后方，降至胰头和十二指肠降部之间，与胰管汇合成肝胰壶腹，斜穿十二指肠降部后内侧壁，开口于十二指肠大乳头。在胆总管末端、胰管末端及肝胰壶腹周围的环行平滑肌称肝胰壶腹括约肌，其舒缩可以调节胆汁和胰液的排出。

空腹时，肝胰壶腹括约肌收缩，而胆囊舒张，肝细胞分泌的胆汁经胆小管、小叶间胆管、肝左管、肝右管、肝总管和胆囊管进入胆囊储存和浓缩。进食后，特别是进含脂肪食物后反射性地引起胆囊收缩，肝胰壶腹括约肌舒张，胆囊中的胆汁经胆囊管、胆总管、肝胰壶腹排入十二指肠，参与脂肪的消化。

胆汁的排出途径如下：

胆囊　　胰管
↑↓　　↓
肝细胞→胆小管→小叶间胆管→肝左、右管→肝总管→胆总管→肝胰壶腹→十二指肠大乳头

护理应用

墨菲征（Murphy征）

胆囊病变时，在右锁骨中线上与右肋弓交点稍下方可有压痛，临床上称墨菲征阳性。胆囊颈是结石容易嵌顿的地方。胆道可因结石、蛔虫和肿瘤等造成阻塞，使胆汁排出受阻，并发胆囊炎或阻塞性黄疸等。

二、胰

胰是人体第二大消化腺，由外分泌部和内分泌部组成。外分泌部分泌胰液，含多种消化酶，是消化能力最强的一种消化液，有分解糖、脂肪和蛋白质的功能。内分泌部即胰岛，主要分泌胰岛素，可调节血糖浓度。

（一）胰的位置和形态

胰位于腹膜后间隙，呈横位，紧贴于腹后壁，相当于第1、第2腰椎平面。胰呈三棱形，色灰红，质地柔软，可分为头、体、尾三部分。

胰右侧的膨大部分称胰头，被十二指肠所环抱，位于第2腰椎的右侧，胰头后面与胆总管、肝门静脉相邻。胰头肿大时，可压迫肝门静脉起始部，可致腹水和脾大等症状。胰体为胰中间的大部分，位于第1腰椎前方，前面隔网膜囊与胃相邻，故胃后壁溃疡穿孔常与胰体粘连。胰后面从右向左与下腔静脉、腹主动脉、左肾和左肾上腺相邻。胰左端细小称胰尾，邻近脾门。

胰的输出管称胰管，自胰尾至胰头纵贯胰的全长，与胆总管汇合成肝胰壶腹，开口于十二指肠大乳头。在胰头部胰管的上方有时分出一条副胰管，开口于十二指肠小乳头。胰液经胰管、肝胰壶腹排入十二指肠降部（图4-39）。

知识卡片

隐形“杀手”——胰腺癌

胰腺住在一个大伙看不见也摸不着的偏僻角落，深居腹膜后间隙，被肝、脾、十二指肠和胃包绕，它整天总是横躺着，拿十二指肠

的降部作为枕头，拿胃来做屏障，将“脚”踹在脾门上，真可谓四面八方皆兄弟！有什么危险“弟兄们”先担着。它的“政绩”，既不像“肝大哥”那样显赫，也不像“肾小弟”那样引人注目，更不像“肺小姐”那样受人重视。而胰腺像一头埋头苦干的老黄牛，它从不抱怨，有病自己扛，有事自己担。在胰腺癌早期也没有什么特殊症状，即使出现了腹痛，有时也难以与“胃病”区分，使胰腺癌更易蒙混过关。难怪有识之士称胰腺癌是人体内施放冷枪、出射暗箭的隐形“杀手”。胰腺癌一旦确诊，多为中晚期，使人沮丧不已！因此，我们要格外注意保护好自己的胰腺。喝酒要有度，吃肉要节制，胆病需早治。

（二）胰的微细结构

胰腺表面覆有薄层结缔组织，结缔组织伸入胰腺实质内，将实质分隔为许多小叶。胰腺实质由外分泌部和内分泌部两部分组成。

1. 外分泌部　占胰的绝大部分，为复管泡状腺，由腺泡和导管组成。

（1）腺泡：由浆液性腺细胞构成，细胞呈锥体形，核圆形，位于细胞基底部，细胞顶部胞质中有许多酶原颗粒。腺泡腔内分布着一些小的扁平形或立方形细胞，称泡心细胞。是闰管上皮细胞伸入腺泡腔内所形成（图4－40）。

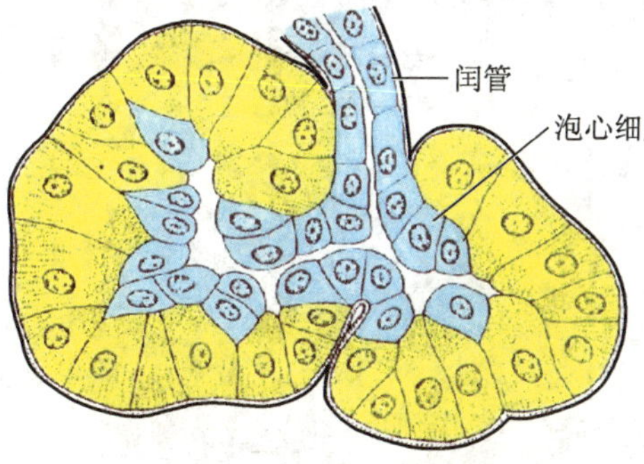

图4－40　胰腺外分泌部

（2）导管：腺泡借泡心细胞与闰管相连，闰管细长，远端汇合成小叶内导管，小叶内导管再汇合成小叶间导管，小叶间导管走行于小叶间结缔组织内，许多小叶间导管汇合成一条胰管，贯穿胰腺全长，开口于十二指肠大乳头。由闰管至胰管，起始部为单层扁平上皮或单层立方上皮，随着管腔的逐渐增粗，逐渐变为单层柱状上皮，胰管为单层高柱状上皮，上皮内散在杯状细胞。

2. 内分泌部　是散在于腺泡之间的大小不等的内分泌细胞团，又称胰岛（图4－41）。内分泌细胞组成球形细胞团，细胞之间有丰富的有孔毛细血管，分泌的激素直接进入毛细血管。人胰岛中主要有A细胞、B细胞、D细胞、PP细胞四种类型的内分泌细胞，HE染色标本中不易区分。

（1）A细胞：约占胰岛细胞总数的20%。细胞体积较大，多分布在胰岛外周部。A细胞分泌高血糖素，能促进糖原分解并抑制糖原合成，导致血糖升高。

（2）B细胞：约占胰岛细胞总数的70%，细胞较小，多分布于胰岛中央部。B细胞分泌胰岛素，促进血糖合成糖原或转化为脂肪储存，使血糖降低。通过胰岛素和高血糖素协同作用，可使血糖浓度保持稳定，若胰高血糖素过多或胰岛素不足，影响糖原合成，使血糖浓度升高，并从尿中排出，称为糖尿病。

（3）D细胞：约占胰岛细胞总数的5%，分散在A细胞、B细胞之间，D细胞分泌生长抑素，抑制A细胞、B细胞和PP细胞的分泌功能。

（4）PP细胞：数量很少，能分泌胰多肽。胰多肽有抑制胃肠运动，减弱胆囊收缩等功能。

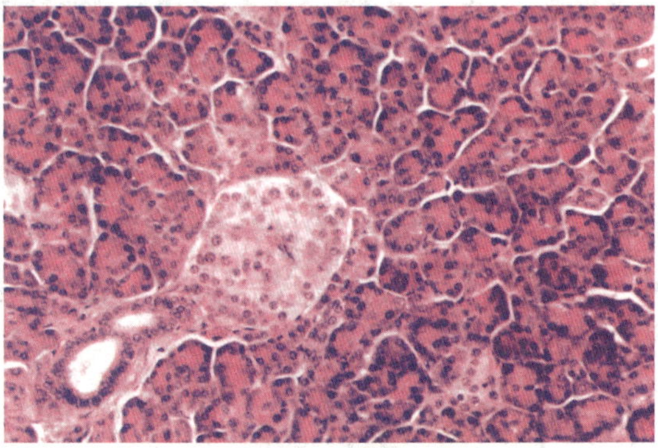

图4-41　胰岛

知识卡片

急性胰腺炎

急性胰腺炎是多种病因导致胰酶在胰腺内被激活而引起胰腺组织自身消化的化学性炎症。临床以急性上腹痛、恶心、呕吐、发热、血和尿淀粉酶增高为特点。按病理改变，将其分为水肿型和出血坏死型急性胰腺炎。前者以胰腺水肿为主，临床多见，约占急性胰腺炎的90%，病情常呈自限性，预后良好；后者胰腺出血坏死，病情危重，常有继发感染、腹膜炎和休克等并发症，病死率高。本病是常见的消化系统急症，多见于青壮年。

护理应用

急性胰腺炎及护理

急性胰腺炎患者应绝对卧床休息，以减轻胰腺负担，降低代谢率，增加脏器血流量，促进组织修复和体力恢复。协助病人采取舒适体位，如弯腰、屈膝侧卧，以减轻腹痛。因剧痛辗转不宁者，防止坠床，移除床周围危险物，保证安全。多数病人需禁食1~3日（重症病人至少禁食数周），明显腹胀和病情严重经禁食腹痛无明显缓解者，进行胃肠减压，目的在于减少胃液和食物刺激引起的胰液分泌，减轻腹痛腹胀。禁食期间不能饮水，可含漱或用水湿润口唇，做好口腔护理和输液管理。

讨论角

1. 老年人、小儿消化结构上有何特点？功能有何改变？
2. 试述小肠的结构特点与消化吸收的关系。
3. 胃、小肠、大肠、阑尾在结构上有何不同？
4. 试述肝细胞的结构特点及功能。

第三节　腹膜

一、概述

腹膜是衬于腹、盆壁内面和覆盖在腹、盆腔脏器表面的一层薄而光滑的浆膜，由间皮和少量结缔组织构成，呈半透明状（图4-42）。腹膜分两部分：衬于腹、盆壁内面的部分称壁腹膜；自壁腹膜返折并覆盖于腹、盆腔脏器表面的部分称脏腹膜。壁腹膜和脏腹膜互相延续、移行，共同围成不规则的潜在性腔隙，称腹膜腔，腔内只存在少量浆液。腹膜腔在男性是密闭的，在女性可经输卵管、子宫、阴道等与外界相通。

腹膜具有分泌、吸收、保护、支持、固定和修复等功能：① 腹膜能分泌少量浆液，起润滑作用，可减少脏器间的摩擦。② 腹膜还具有吸收腹膜腔内积液和空气的作用。上腹部，尤其是膈下区的腹膜吸收能力较强，所以腹膜炎或术后的患者多采取半卧位，使有害液体流入下腹部，以减少腹膜对有害成分的吸收。③ 腹膜形成的结构可固定和支持腹腔脏器。④ 腹膜和腹膜腔内浆液中含有大量巨噬细胞，可吞噬细菌和异物，有防御作用。⑤ 腹膜有较强的修复和再生能力，所分泌浆液中的纤维素有粘连作用，可促进炎症的局限化和伤口的愈合。

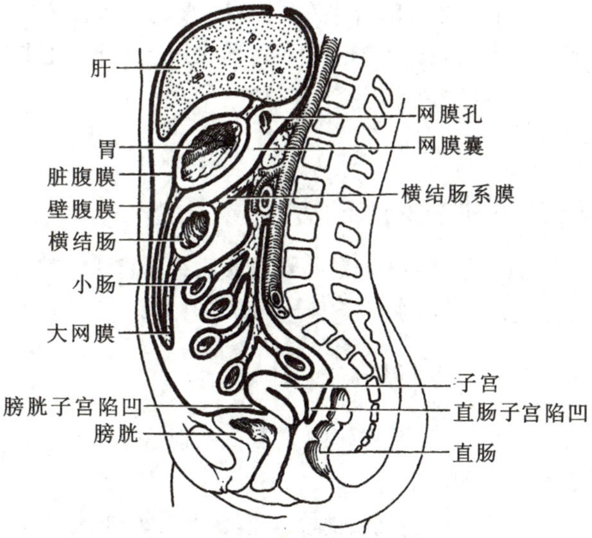

图4-42　腹、盆腔正中矢状切面

腹膜腔和腹腔是解剖学上两个不同而又相关的概念。腹膜腔是指脏腹膜和壁腹膜之间的潜在性腔隙，而腹腔则是小骨盆上口以上、膈以下，腹前壁和腹后壁之间的腔。腹膜腔是套在腹腔内的，而腹、盆腔脏器均在腹腔之内，腹膜腔之外，腹膜腔内只有少量浆液。手术者应对两腔有明确的概念。

二、腹膜与腹、盆腔脏器的关系

根据脏器被腹膜覆盖的程度不同，可将腹、盆腔器官分为三类，即腹膜内位器官、腹膜间位器官和腹膜外位器官（图4-43）。

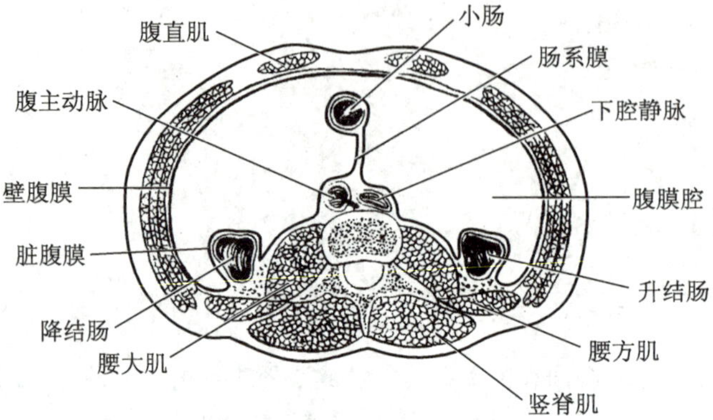

图4-43　腹膜与脏器的关系

1. 腹膜内位器官　表面几乎全部被腹膜所包裹的脏器称腹膜内位器官，如胃、十二指肠上部、空肠、回肠、盲肠、阑尾、横结肠、乙状结肠、脾、卵巢、输卵管等。这些器官多有系膜连于腹、盆壁，活动度较大。

2. 腹膜间位器官　表面大部分为腹膜覆盖的器官称腹膜间位器官，如肝、胆囊、升结肠、降结肠、子宫、膀胱和直肠上段。无系膜，活动度较小。

3. 腹膜外位器官　仅一面或一小部分被腹膜覆盖的器官称腹膜外位器官，如肾、肾上腺、输尿管、十二指肠降部和水平部、直肠中下段及胰等。位置固定，几乎不能活动。

了解腹膜与脏器的关系，有重要的临床意义。如腹膜内位器官的手术必须通过腹膜腔，而胰、肾、输尿管等腹膜外位器官的手术则不必打开腹膜腔，这样可避免腹腔有感染，并减少术后器官的粘连。

三、腹膜形成的结构

脏、壁腹膜相互移行或脏腹膜在器官之间移行的过程中，形成网膜、系膜和韧带等结构。这些结构对脏器起连接和固定作用，也是血管和神经出入脏器的途径。

（一）网膜

网膜由双层腹膜构成，其间有血管、神经、淋巴管和结缔组织等。包括大网膜、小网膜和网膜囊。

1. 小网膜　小网膜是肝门至胃小弯和十二指肠上部之间的双层腹膜结构，由肝胃韧带和肝十二指肠韧带两部分组成。肝胃韧带是连于肝门和胃小弯之间的部分，内有胃左、右血管。肝十二指肠韧带是连于肝门和十二指肠上部之间的部分，其间含有三个重要结构，胆总管、肝固有动脉和肝门静脉。胆总管紧靠小网膜的右缘，其左侧为肝固有动脉，肝门静脉则位于两者之间的后方。

小网膜的右缘游离，其后方有网膜孔，经此孔可进入网膜囊。网膜孔是连通网膜囊和腹膜腔的唯一通道。

2. 大网膜　大网膜呈围裙状覆盖于横结肠、空肠和回肠的前方，是连于胃大弯与横结肠之间的四层腹膜结构（图4-44）。由小网膜下行的两层腹膜分别覆盖胃的前后壁，自胃大弯和十二指肠起始部下降，形成大网膜的前两层，下降至脐平面稍下方，然后折返向上，形成大网膜的后两层，向上包绕横结肠，并与横结肠系膜相连。大网膜前两层与后两层之间的潜在性腔隙是网膜囊的下部，在成人大网膜四层常愈着成为一整体。自胃大弯下行至横结肠的前两层腹膜又称为胃结肠韧带。

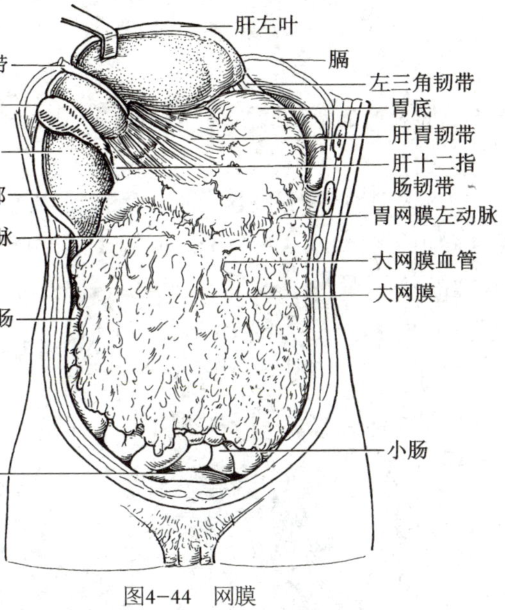

图4-44　网膜

大网膜内含有丰富血管、脂肪和巨噬细胞，具有重要的防御功能。活体上大网膜的下垂部分常可移动位置，当腹膜腔内有炎症时，大网膜可向病灶处移动，包绕病变部位，限制炎症扩散。因此，手术时可根据大网膜移位情况探查病变的发生部位。小儿的大网膜较短，一般在脐平面以上，当阑尾炎穿孔或下腹部炎症时，病灶不易被大网膜包裹，易形成弥漫性腹膜炎。

3. 网膜囊　网膜囊是位于小网膜、胃后壁与腹后壁之间的一个扁窄的腹膜间隙，又称小腹膜腔，是腹膜腔的一部分（图4-45）。当胃后壁穿孔时，早期常局限于网膜囊内，给诊断带来一定困难，若有大量内容物流出时，可经网膜孔流出至腹膜腔引起弥漫性腹膜炎。

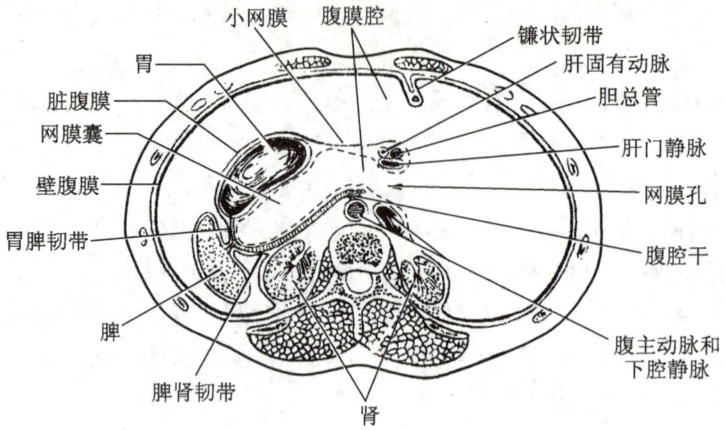

图4-45　网膜囊和网膜孔（过第1腰椎水平切面）

（二）系膜

系膜是将肠管连于腹后壁的双层腹膜结构，其内有出入器官的血管、神经、淋巴管和淋巴结等。

1. 肠系膜　肠系膜是将空肠和回肠连于腹后壁的双层腹膜结构，整体呈扇形。其附于腹后壁的部分称肠系膜根（图4-46），长约15cm，起自第2腰椎左侧，斜向右下跨过脊柱，止于右侧骶髂关节前方。肠系膜肠缘连接空、回肠，长5~7m。由于肠系膜长而宽阔，使空肠和回肠活动度较大，可促进小肠的消化、吸收，但也易引发肠扭转。

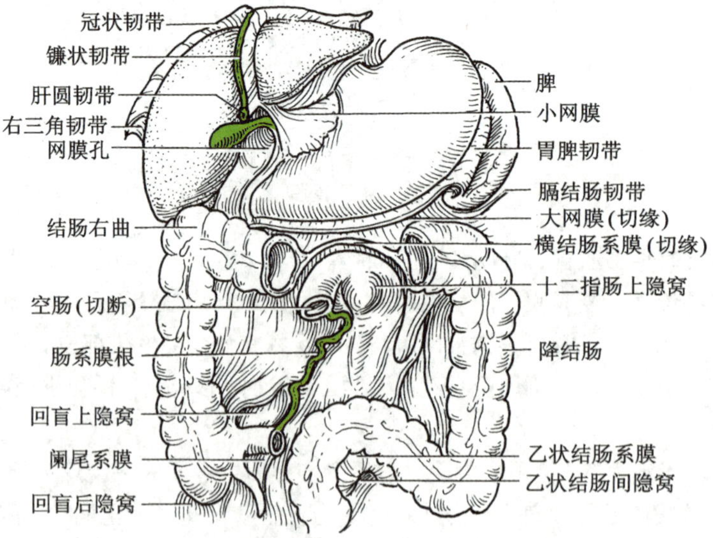

图4-46　腹膜形成的结构

2. 阑尾系膜　阑尾系膜呈三角形，是连于阑尾和回肠末段的腹膜皱襞。系膜的游离缘内有阑尾的血管、淋巴管和神经，故阑尾切除时，应从系膜游离缘进行血管结扎。

3. 横结肠系膜　横结肠系膜是将横结肠连于腹后壁的横向双层腹膜结构。其根部起自结肠右曲，向左止于结肠左曲。

4. 乙状结肠系膜　乙状结肠系膜是将乙状结肠连于左下腹的双层腹膜结构，其根部附于左髂窝和骨盆左后壁。该系膜较长，故乙状结肠有较大活动度，易发生肠扭转。

（三）韧带

韧带是壁腹膜移行于脏腹膜或连于脏器之间的腹膜结构，多数为双层，少数为单层，对脏器有固定或悬吊作用。

1. 肝的韧带　肝的下面有肝胃韧带和肝十二指肠韧带（已述），肝的上面有镰状韧带、冠状韧带和左、右三角韧带。镰状韧带是连于膈下面和上腹前壁与肝上面之间的双层腹膜结构，呈矢状位，位于前正中线右侧，其游离缘内有肝圆韧带。冠状韧带是连于肝上面与膈下面的双层腹膜结构，呈冠状位，分前、后两层，两层之间无腹膜覆盖的肝表面称为肝裸区。冠状韧带左、右两端的两层腹膜会合增厚形成左、右三角韧带。

2. 脾的韧带　包括胃脾韧带、脾肾韧带和膈脾韧带。连于胃底和胃大弯上部与脾门之间的双层腹膜结构称胃脾韧带，内含胃短血管、胃网膜左血管、胰和脾的淋巴管和淋巴结等。脾门至左肾前面的双层腹膜结构称脾肾韧带，其内含脾血管、胰尾、淋巴管及神经等。由脾上极连至膈下的双层腹膜结构称膈脾韧带，为脾肾韧带的上部。

（四）皱襞、隐窝和陷凹

腹膜皱襞为腹膜移行过程中形成的隆起，深面常有血管走行。在皱襞之间或皱襞与腹盆壁之间形成的腹膜凹陷称隐窝。较大的隐窝称陷凹。

腹后壁在胃后方、十二指肠、乙状结肠周围有较多的皱襞和隐窝。其中位于肝右叶与右肾之间的称肝肾隐窝。在仰卧时，肝肾隐窝是腹膜腔的最低部位，腹膜腔内的液体常积聚于此。

腹膜陷凹主要位于盆腔内，为腹膜在盆腔脏器之间折返形成。男性在直肠与膀胱之间有直肠膀胱陷凹。女性在膀胱与子宫之间有膀胱子宫陷凹，在子宫与直肠之间有直肠子宫陷凹。直肠子宫陷凹较深，又称Douglas腔，与阴道后穹仅隔一薄层阴道壁。半卧位或站立时，腹膜腔的最低部位男性为直肠膀胱陷凹，女性为直肠子宫陷凹，腹膜腔积液常积存于此。

第五章
呼吸系统

学习目标

1. 归纳呼吸系统的组成；解释呼吸道的组成和上、下呼吸道的概念。
2. 了解外鼻、鼻腔的分部及结构；识别鼻旁窦的组成和开口部位。
3. 了解喉的位置、结构、喉腔的分部；归纳气管的位置、形态、左右主支气管的区别。
4. 归纳肺的位置、形态、肺段的概念。
5. 了解肺的血管；解释胸膜与胸膜腔的概念。
6. 了解肺与胸膜的体表投影。
7. 了解纵隔的概念和分部。

呼吸系统由呼吸道和肺两部分组成。呼吸道包括鼻、咽、喉、气管和主支气管等器官。临床上通常将鼻、咽、喉三部分称为上呼吸道，将气管、主支气管及其在肺内的分支称为下呼吸道。呼吸道是传送气体的管道，肺是完成气体交换的器官（图5-1）。

呼吸系统的功能主要是完成气体交换。同时鼻又是嗅觉器官，喉还有发声功能。

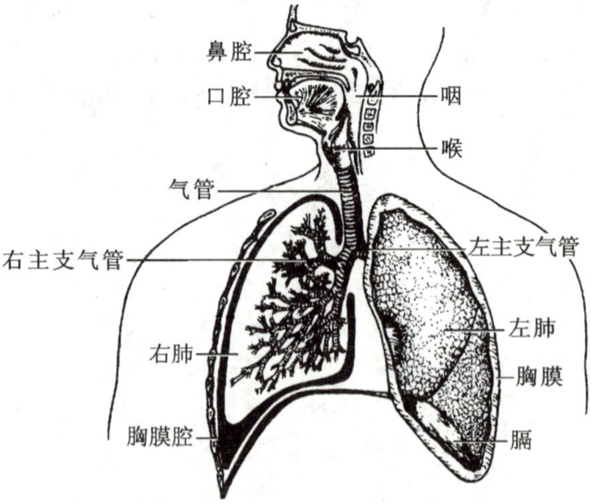

图5-1　呼吸系统概观

第一节　呼吸道

一、鼻

鼻是呼吸道的起始部，可分外鼻、鼻腔和鼻旁窦三部分。

（一）外鼻

外鼻位于面部的中央，由鼻骨和软骨作为支架，外面被覆皮肤和少量皮下组织而成。外鼻的上端为较狭窄的部分，称鼻根，鼻根向下移行为鼻背，鼻背的下端隆起为鼻尖。鼻尖两侧呈弧形扩大的部分，称鼻翼，当呼吸困难时，可出现鼻翼扇动。外鼻的下端有一对鼻孔，是气体出入的门户（图5-2）。

从鼻翼向外下方到口角之间的浅沟，称鼻唇沟。正常人两侧鼻唇沟的深度对称，当面肌瘫痪时，患侧的鼻唇沟变浅或消失。

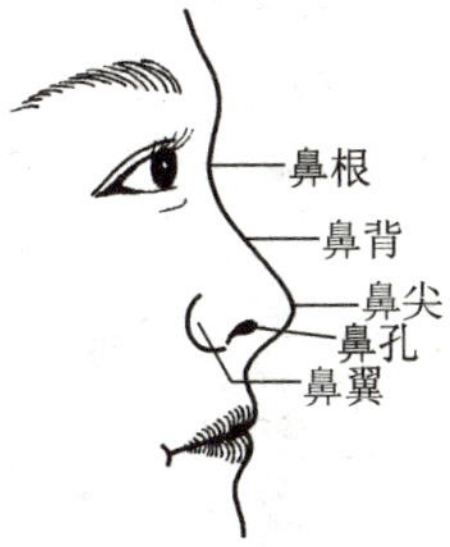

图5-2　外鼻的形态

（二）鼻腔

鼻腔由骨和软骨为基础，内面衬以黏膜和皮肤。鼻腔被中央呈矢状位的鼻中隔分为左、右两腔。在成人鼻中隔常常偏向一侧，其中以偏向左侧的较为常见。鼻中隔的前下部有一易出血区，此区血管丰富而表浅，当受到外伤或干燥空气的刺激时，易发生出血。

鼻腔向前经鼻孔通外界，向后经鼻后孔通咽，每侧鼻腔可分为两部分。

1. 鼻前庭　鼻前庭位于鼻腔的前下部，为鼻翼内面的部分，内衬皮肤，生有鼻毛，具有过滤和净化空气的作用。

2. 固有鼻腔　固有鼻腔为鼻腔的主要部分，由骨性鼻腔内衬黏膜构成。固有鼻腔的形态与骨性鼻腔大致相同，其外侧壁自上而下有上、中、下3个鼻甲，各鼻甲的下方，分别为上、中、下鼻道，上鼻甲的后上方，有蝶筛隐窝。上、中鼻道及蝶筛隐窝分别有鼻旁窦的开口，下鼻道的前部有鼻泪管的开口（图5-3）。

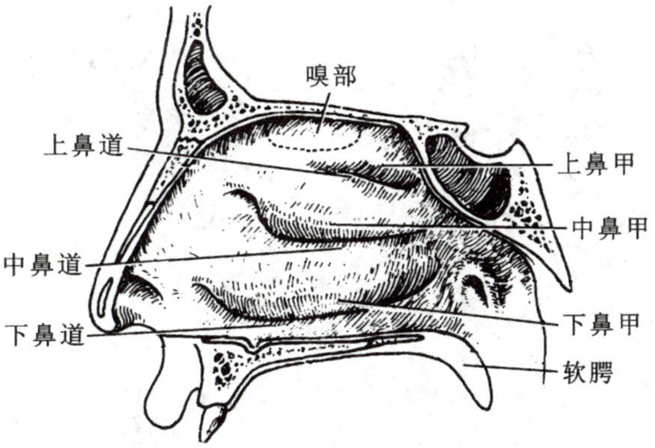

图5-3　鼻腔外侧壁（右侧）

固有鼻腔的黏膜，按其生理功能分为嗅区和呼吸区。嗅区位于上鼻甲的内侧面和与其相对的鼻中隔上部，黏膜在活体时呈淡黄色，内含嗅细胞，具有嗅觉功能。呼吸区为嗅区以外的其他部分黏膜，活体呈粉红色，富含丰富的血管和腺体，对吸入的空气有湿润、温暖和净化作用。

（三）鼻旁窦

鼻旁窦由骨性鼻旁窦内衬黏膜构成，也能温暖和湿润空气，并对发声起共鸣作用。

鼻旁窦共四对，即上颌窦、额窦、筛窦和蝶窦，分别位于同名的颅骨内，筛窦又分为前、中、后三群。各鼻旁窦均开口于鼻腔的外侧壁，其中上颌窦、额窦、前筛窦和中筛窦开口于中鼻道，后筛窦开口于上鼻道，蝶窦开口于蝶筛隐窝（图5-4）。

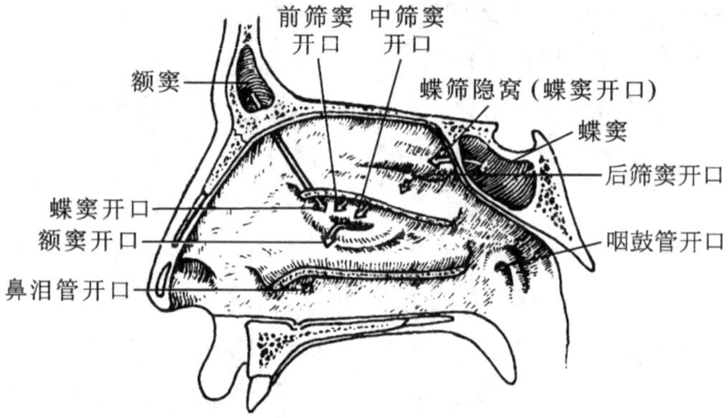

图5-4　鼻旁窦及鼻泪管开口

由于鼻旁窦的黏膜与鼻腔黏膜相延续，故鼻腔炎症易引起鼻旁窦发炎。其中上颌窦是鼻旁窦中最大的一对，因开口位于其内侧壁的最高处，窦口明显高于窦底，分泌物不易排出。所以鼻旁窦的慢性炎症中，以上颌窦炎最为常见（图5-5）。

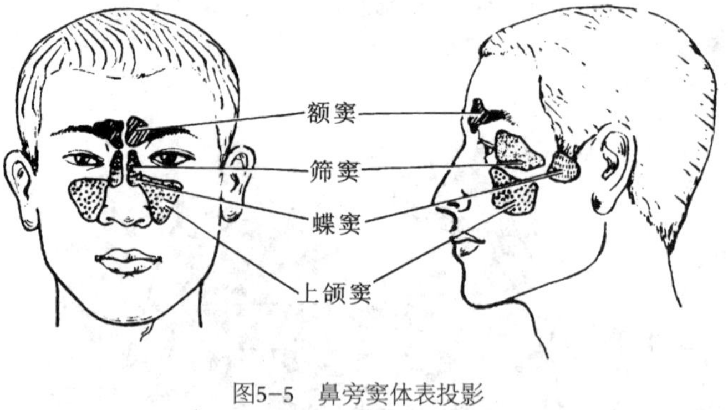

图5-5　鼻旁窦体表投影

护理应用

上颌窦体位引流术

上颌窦体位引流术是通过摆放适当的体位，引流上颌窦内脓性分泌物的方法。病人取侧卧位，患侧向上，然后采取足高头低法，使上颌窦底慢慢抬高，窦口降低，并轻轻晃动病人头部，促使分泌物排出，当病人自觉鼻腔内充满分泌物时，将头抬起使分泌物经鼻前孔排出。重复该动作，直至分泌物排出。每天2~3次，持续3~5天。该方法简便，无痛苦，效果好，易被病人接受，是上颌窦炎的一种重要辅助治疗方法。

二、咽

详细内容见消化系统。

三、喉

喉即是呼吸的管道，也是发声的器官。

（一）喉的位置

喉位于颈前部，喉咽部的前方。成人的喉相当于第5~6颈椎的高度，小儿时期喉的位置略高于成人。喉的上部借韧带与舌骨相连，下部与气管相续。喉的前面被舌骨下肌群覆盖，后面紧邻咽，两侧为颈部的大血管、神经及甲状腺左、右叶。喉的活动性较大，可随吞咽和发声而上、下移动。

（二）喉的构造

喉以软骨作为支架，软骨之间借关节、韧带和肌肉相连结，内面衬以黏膜构成。

1. 喉的软骨　喉软骨主要有甲状软骨、环状软骨、杓状软骨和会厌软骨等（图5-6）。

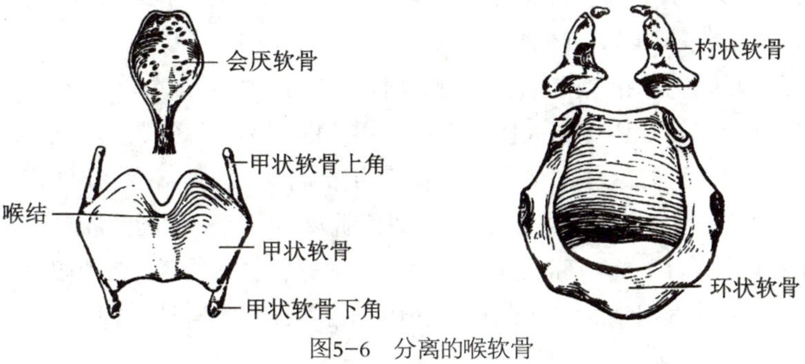

图5-6　分离的喉软骨

（1）甲状软骨：甲状软骨是喉软骨中最大的一块，构成了喉的前外侧壁。甲状软骨由两块近似方形的甲状软骨板在前方愈合而成，其前缘愈合处，称前角，前角的上端向前突出，称喉结，成年男性特别明显。甲状软骨板的后缘游离，向上和向下均有突起，分别称上角和下角，下角与环状软骨构成环甲关节。

（2）环状软骨：位于甲状软骨的下方，向下接气管。环状软骨呈环形，由前部较窄的环状软骨弓和后部较宽的环状软骨板构成。环状软骨是喉软骨中唯一完整呈环形的软骨，对维持呼吸道的通畅起重要作用。

（3）杓状软骨：左右各一，位于环状软骨板的后上方。杓状软骨呈三棱锥体形，尖向上，底朝下，其底与环状软骨板的上缘形成环杓关节。杓状软骨底有两个突起，向前的突起，称声带突，有声韧带附着，向外侧的突起，称肌突，有喉肌附着。

（4）会厌软骨：上宽下窄，形似树叶，下端借韧带连于甲状软骨前角的后面。会厌软骨具有弹性，其外覆黏膜形成会厌。

2. 喉的连结　包括喉软骨之间的连结以及喉与舌骨和气管之间的连结（图5-7、图5-8）。

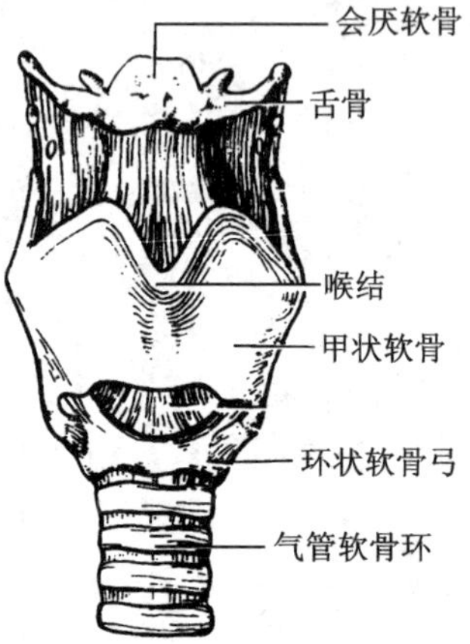

图5-7　喉软骨连结（前面）

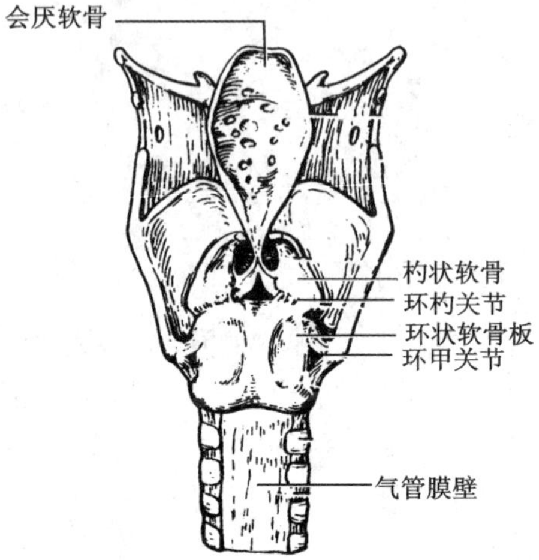

图5-8　喉软骨连结（后面）

（1）环甲关节：环甲关节由甲状软骨下角和环状软骨的侧方构成。甲状软骨可在冠状轴上作前倾和复位运动，使声带紧张或松弛。

（2）环杓关节：环杓关节由杓状软骨底和环状软骨板的上缘构成。杓状软骨可在垂直轴上做旋转运动，使声带突向内、外侧转动，从而开大或缩小声门裂。

（3）甲状舌骨膜：甲状舌骨膜为连结甲状软骨上缘与舌骨之间的纤维膜。

（4）弹性圆锥：弹性圆锥是由大量弹性纤维组成的圆锥形纤维膜。自甲状软骨前角的后面，向下向后附着于环状软骨上缘和杓状软骨声带突之间，其上缘游离增厚，紧张于甲状软骨与声带突之间，称声韧带。声韧带连同声带肌及其覆盖于表面的喉黏膜，合称声带。弹性圆锥连结于甲状软骨下缘与环状软骨弓之间的部分，称环甲膜，其中部纤维增厚，称环甲正中韧带。当急性喉阻塞时，穿刺环甲正中韧带，建立临时性的通气道，以抢救患者生命。

（5）环气管韧带：环气管韧带为连结环状软骨下缘和第一气管软骨环之间的结缔组织膜。

护理应用

环甲膜穿刺术

在环甲膜处行穿刺术是直接将药物注入气管腔内，以治疗下呼吸道和肺部疾病的方法，也适用于急性喉梗死的抢救，以建立临时性呼吸通道。

穿刺部位：患者取平卧位，头向后仰，环甲膜穿刺常取颈前正中线，甲状软骨的下方与环状软骨上缘的凹陷处，即环甲膜正中部位。

穿经结构：由浅入深依次经过皮肤、浅筋膜、深筋膜、环甲膜、黏膜下层及黏膜，最后进入声门下腔。在条件简陋的情况下，此项操作可作为抢救急性上呼吸阻塞最简易有效的方法。穿刺时切忌用力过猛，以免穿透喉腔。穿刺方向与气管长轴垂直，防止针尖向上损伤声带。

3. 喉肌　均属骨骼肌，附着于喉软骨，按其功能可分两群：一群运动环甲关节，通过紧张或松弛声带，调节音调的高低。另一群运动环杓关节，通过开大或缩小声门裂，控制发声的强弱。

4. 喉腔　喉的内腔称喉腔，向上经喉口通喉咽部，向下与气管相续。喉口是喉腔的入口，朝向后上方，其前部为会厌，当吞咽食物时，喉上提，会厌可盖住喉口，阻止食物误入喉腔（图5-9、图5-10）。

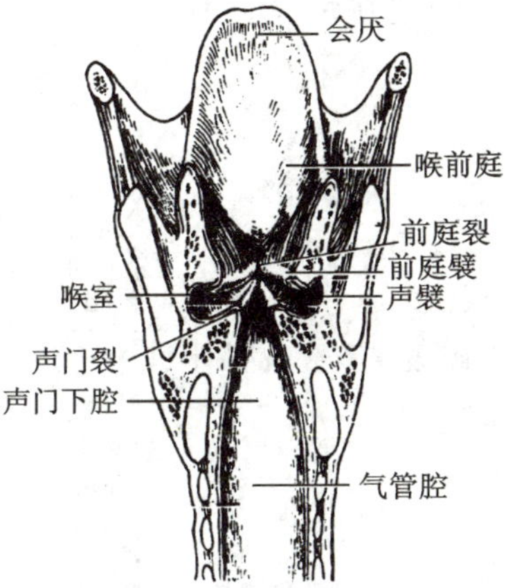

图5-9　喉腔（冠状切面）

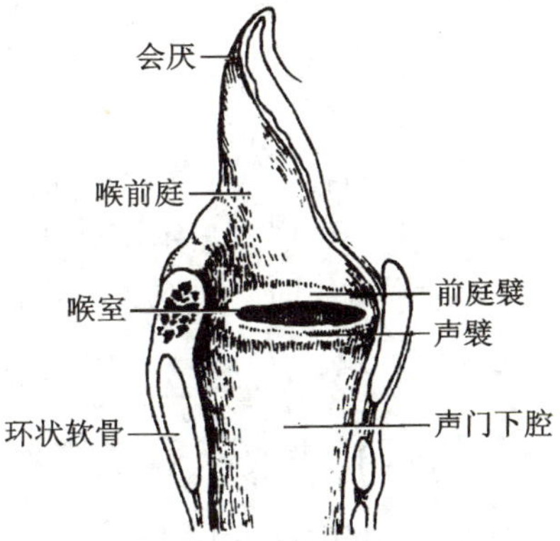

图5-10　喉腔（矢状切面）

喉腔的黏膜与咽及气管的黏膜相延续，在喉腔中部的侧壁上有上、下两对呈矢状位的黏膜皱襞，上方的一对，称前庭襞，两侧前庭襞之间的裂隙，称前庭裂。下方的一对，称声襞，两侧声襞之间的裂隙，称声门裂，声门裂是喉腔最狭窄的部位。当气流通过声门裂时，可使声带振动，发出声音。

喉腔可借两对黏膜皱襞分为三部分：① 前庭襞以上的部分，称喉前庭。② 前庭襞与声襞之间的部分，称喉中间腔。③ 声襞以下的部分，称声门下腔。在喉腔的三部分中，喉中间腔最狭小，但它向两侧延伸的部分可扩大形成隐窝，称喉室。

声门下腔的黏膜下组织比较疏松，炎症时易发生水肿，导致呼吸困难。小儿的喉腔较窄小，严重者易引起窒息。

四、气管和主支气管

气管和主支气管是连通于喉与肺之间的管道，它们均由若干个气管软骨环借韧带连结而成。气管软骨环略呈“C”形，其缺口朝后，由结缔组织和平滑肌形成的膜壁封闭，因此气管和主支气管的后壁均为扁平状，并有一定的弹性（图5-11）。

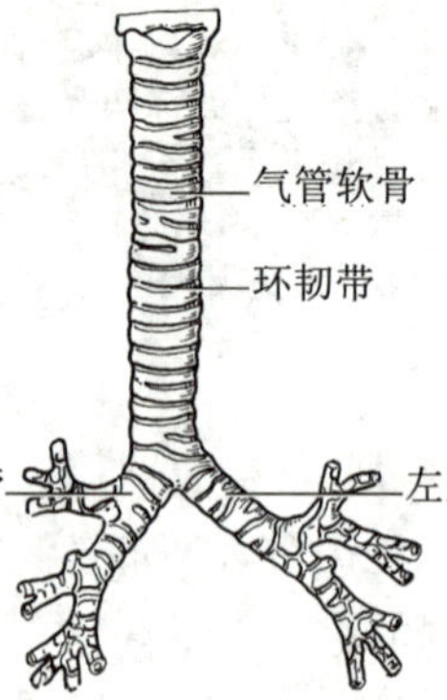

图5-11　气管与主支气管

（一）气管

气管由14~16个气管软骨环构成，位于食管的前方。气管上端连于环状软骨的下缘，向下进入胸腔，至胸骨角平面分为左、右主支气管，其分叉处，称气管杈。

根据气管的走行，以胸骨的颈静脉切迹为界，可将其分为颈部和胸部两部分。颈部较短，位于颈前部的正中，位置表浅，两侧有颈部的大血管和甲状腺侧叶。在第2~4气管软骨环的前面有甲状腺峡横过。胸部较长，位于胸腔内。前面与胸骨之间有大血管和胸腺，后面贴近食管。

（二）主支气管

主支气管左、右各一，自气管发出后，行向外下方，经左、右肺门入肺。

左、右主支气管在形态上有明显的区别。左主支气管细而长，平均长4~5 cm，走行方向较水平；右主支气管粗而短，平均长2~3 cm，走行方向较垂直，故临床上进入气管腔内的异物多坠入右主支气管。

（三）气管和主支气管的微细结构

气管与主支气管的管壁由内向外依次由黏膜、黏膜下层和外膜构成（图5-12）。

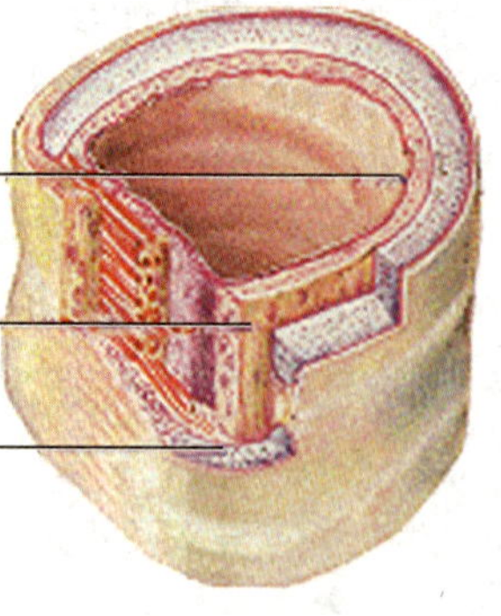

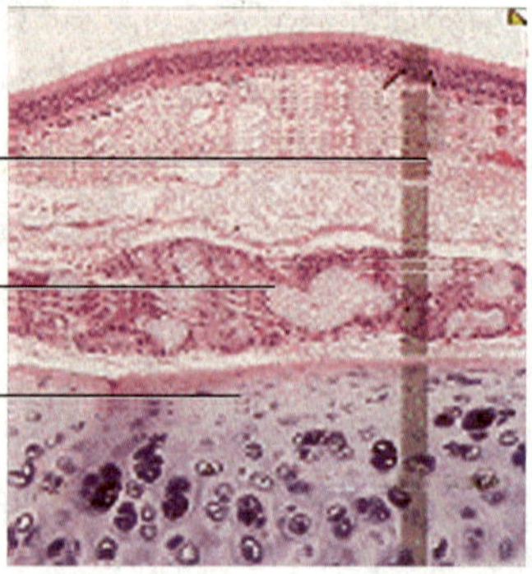

图5-12　气管和主支气管的微细结构

1. 黏膜　由上皮和固有层构成。上皮为假复层纤毛柱状上皮，并含有大量的杯状细胞。固有层由结缔组织构成，内含小血管、弹性纤维和散在的淋巴组织。

2. 黏膜下层　由疏松结缔组织构成，含有较多的血管、淋巴管和丰富的腺体。腺的导管经固有层开口于上皮的表面。

杯状细胞与黏膜下层内腺体的分泌物，可覆盖在上皮的表面，黏附吸入空气中的灰尘颗粒，经上皮纤毛有节律的向咽部摆动，将灰尘排出。

3. 外膜　较厚，主要由结缔组织和“C”形的透明软骨环构成，软骨环的缺口处，有横行的平滑肌和结缔组织。

第二节　肺

一、肺的位置和形态

肺位于胸腔内，纵隔的两侧，左、右各一。肺质软而轻，内含空气，呈海绵状且富有弹性。肺的表面光滑湿润，可见许多呈多边形的肺小叶轮廓。幼儿的肺呈淡红色，随着年龄的增长，吸入空气中的灰尘不断沉积于肺，使肺的颜色逐渐变为灰暗，甚至呈蓝黑色（图5−13）。

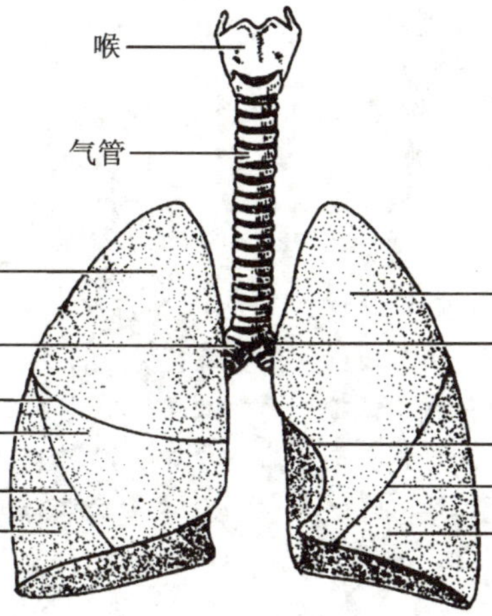

图5−13　肺（前面）

右肺因肝的影响较宽而短，左肺因心偏左故狭而长。每侧肺的形态都近似半圆锥形，具有一尖、一底、两面和三缘。肺的上端钝圆，称肺尖，可经胸廓上口突到颈根部，高出锁骨内侧1/3以上2~3 cm。肺的下端宽大而凹陷，称肺底，因紧贴于膈，又称膈面。肺的外侧面隆凸，邻接肋和肋间肌，又称肋面。内侧面邻近纵隔，也称纵隔面。纵隔面的中部有一椭圆形的凹陷，称肺门，是主支气管、肺动脉、肺静脉、淋巴管和神经等出入肺的部位。这些出入肺门的结构被结缔组织和胸膜包绕，形成一束，称肺根。肺的下缘和前缘均薄而锐利，左肺的前缘下部有一弧形心切迹，右肺的前缘则较平直。肺的后缘钝圆，位于脊柱两侧的肺沟中（图5−14）。

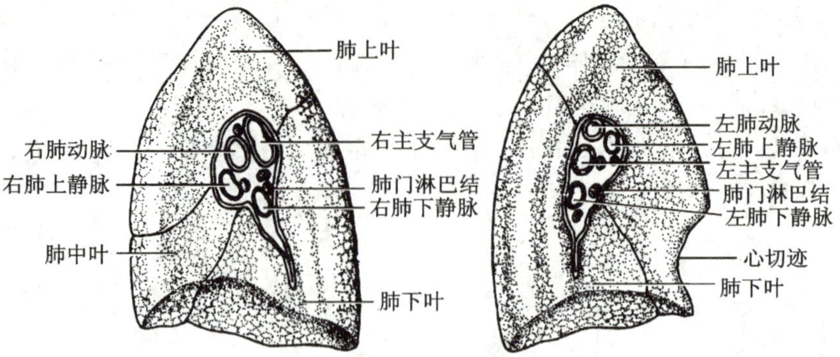

右肺（内侧面）　　左肺（内侧面）

图5-14　肺

每侧肺都被深入到肺内的裂隙分成肺叶。左肺被自后上斜向前下的斜裂分为上、下两叶，右肺被相同的斜裂和一条近于水平方向的水平裂分为上、中、下三叶。

知识卡片

肺的应用

胎儿出生前，肺没有呼吸功能，肺里无气体，比重大于1，入水则下沉。出生后开始自主呼吸，肺泡内充满空气，呈海绵状，比重小于1，可浮于水中。故法医常利用这一点，进行胎儿死亡时间的鉴定。

婴儿时期，适当地让孩子哭一哭并非坏事，它不但可以使更多的"原始"肺泡得到充分的膨胀，锻炼肺泡的舒缩能力，而且还可以增加婴儿的肺活量，收到增强机体抵抗力的效果。那些哭声洪亮有力的婴儿，多半身体健康，很少有疾病发生。但并非让您有意识地促使婴儿去哭，也不要让婴儿哭起来没完没了，取其适应才为上策。

二、肺内支气管和支气管肺段

左、右主支气管进入肺门后，先分为肺叶支气管，左肺上、下两支，右肺上、中、下三支，分别进入相应的肺叶。肺叶支气管再分为肺段支气管，左、右肺均为10支。肺段支气管又反复分支，呈树枝状，称支气管树（图5-15）。

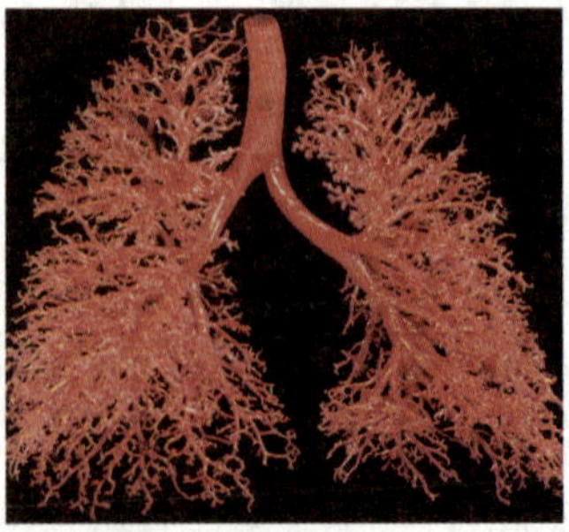

图5-15　支气管树

每一肺段支气管及其分支和它连属的肺组织，构成一个支气管肺段，简称肺段，每侧肺均为10个肺段。肺段呈圆锥形，其尖朝向肺门，底朝向肺的表面。临床上可依据肺段的有关知识，进行诊断定位，也可按照病变的范围，进行肺段切除。

三、肺的血管

肺的血管有两套，一套由肺动脉和肺静脉组成，是进行气体交换的血管；另一套由支气管动脉和支气管静脉组成，是营养肺组织的血管。

（一）肺动脉和肺静脉

每肺各有一条肺动脉，分别称右肺动脉和左肺动脉。肺动脉经肺门进入肺内，反复分支，最后在肺泡隔内形成毛细血管网。毛细血管又汇合成小静脉，最后汇集成肺静脉，经肺门出肺。每侧肺各有两条肺静脉，分别称右上肺静脉、右下肺静脉、左上肺静脉和左下肺静脉。

（二）支气管动脉和支气管静脉

支气管动脉细小，由肺门入肺后，分支营养肺及各级支气管，然后汇集成小静脉，其中一部分汇入肺静脉，另一部分形成支气管静脉出肺。

肺的微细结构肺的表面包有一层浆膜，即胸膜的脏层。肺分实质和间质两部分，肺实质为肺内的各级支气管和肺泡，肺间质是指肺内的结缔组织、血管、淋巴管和神经等。

主支气管入肺后，首先分为肺叶支气管和肺段支气管，肺段支气管又反复分支，统称小支气管，当管径小于1 mm时，称细支气管，细支气管的分支为终末细支气管（管径约0.5 mm），终末细支气管又反复分支，直至肺泡。

一个细支气管连同它的各级分支及其所属的肺组织，构成一个肺小叶。肺小叶呈锥体形，尖朝向肺门，底朝向肺的表面。

根据其功能不同，肺实质分为导气部和呼吸部两部分。

1. 导气部　导气部是指肺内支气管中只能传送气体，不能进行气体交换的部分，包括肺叶支气管、肺段支气管、小支气管、细支气管和终末细支气管。导气部的各级支气管，随着管径变细，管壁变薄，管壁的微细结构也发生了相应的变化，其主要变化规律是：黏膜的上皮由假复层纤毛柱状上皮，逐渐移行为单层纤毛柱状上皮和单层柱状上皮，杯状细胞逐渐减少，直至消失；黏膜下层内的腺体逐渐减少，直至消失；外膜中的软骨环变成软骨碎片，且碎片逐渐减少，直至消失；外膜中的平滑肌逐渐增多，到终末细支气管时，可形成完整的平滑肌层。细支气管和终末细支气管内的平滑肌收缩与舒张，可改变其管径的大小，从而控制出入肺泡的气体流量。临床上的支气管哮喘即为该平滑肌发生痉挛性收缩，导致出入肺泡的气体流量减小，出现呼吸困难。

> **护理应用**
>
> 小儿支气管哮喘及护理
>
> 小儿支气管哮喘是儿童时期最常见的一种由多因素引起的气道慢性炎症性疾病和气道高反应性疾病，严重威胁儿童健康，其发病率及死亡率呈上升趋势。哮喘发作是突发性的，但气道炎症长期存在，因此是一种需要长期管理的慢性疾病。儿童哮喘要得到长期根本的控制，目前最有效的治疗模式是以吸入肾上腺皮质激素为主，对患儿进行系统管理教育的综合防治措施，其中心理护理、家庭护理指导、健康教育、饮食指导是重要内容。

2. 呼吸部　呼吸部包括呼吸性细支气管、肺泡管、肺泡囊和肺泡，是进行气体交换的部分（图5-16）。

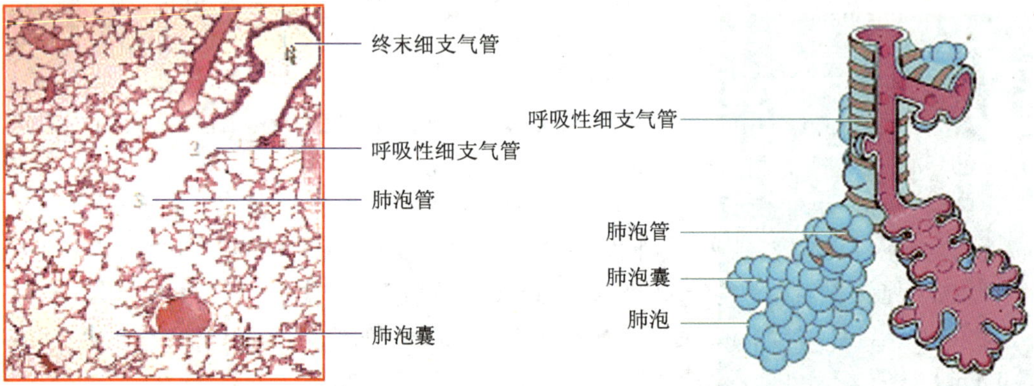

图5-16　呼吸部

（1）呼吸性细支气管：呼吸性细支气管为终末细支气管的分支，因管壁上有少量肺泡的开口，故管壁不完整。在呼吸性细支气管的管壁内仍有少量的平滑肌与结缔组织。

（2）肺泡管：肺泡管为呼吸性细支气管的分支，管壁上有较多的肺泡开口，管壁自身的结构只存在于相邻肺泡开口处之间，管壁内的平滑肌已经很少，在切片上呈现结节状膨大。

（3）肺泡囊：肺泡囊与肺泡管相连续，为数个肺泡共同开口的管腔，管壁内已无平滑肌。

（4）肺泡：肺泡为气体交换的场所，呈多面形的囊泡状，开口于肺泡管、肺泡囊和呼吸性细支气管。成人肺内有肺泡3亿~4亿个，吸气时总面积可达140m^2。

肺泡的壁极薄，由肺泡上皮和基膜构成。肺泡上皮为单层上皮，包括两种类型的上皮细胞：① Ⅰ型肺泡细胞，数量多，覆盖面广，细胞呈扁平形，极薄。Ⅰ型肺泡细胞为气体交换提供了一个广而薄的表面积。② Ⅱ型肺泡细胞，数量少，细胞呈圆形或立方形，位于Ⅰ型肺泡细胞之间。Ⅱ型肺泡细胞能分泌表面活性物质，覆盖在肺泡腔的内表面，可降低肺泡的表面张力，稳定肺泡的大小（图5-17）。

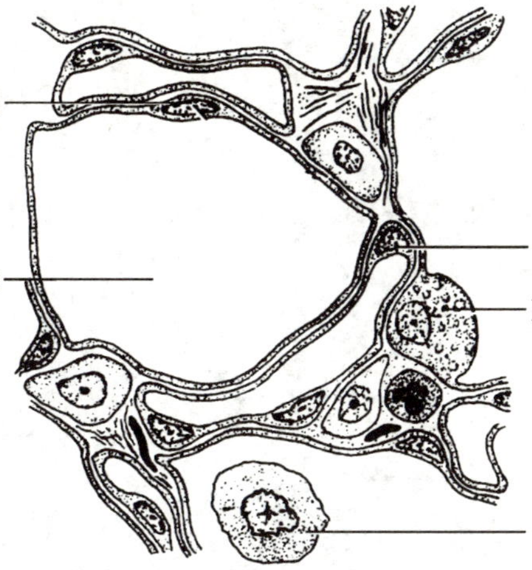

图5-17　肺泡结构模式图

知识卡片

Ⅱ型肺泡细胞的研究进展

Ⅱ型肺泡细胞是一种多功能细胞，能分化为Ⅰ型肺泡细胞，合成和分泌生长因子、细胞因子、炎症介质等生物活性物质；控制水钠转运；参与肺损伤修复、炎症反应及肺纤维化等病理过程，Ⅱ型肺泡细胞在维持肺生理状态和多种肺疾病中具有重要作用。Ⅱ型肺泡细胞的损伤还是影响肺移植存活时间的关键因素之一。

肺泡之间的薄层结缔组织，称肺泡隔，内含大量的毛细血管、弹性纤维和肺巨噬细胞。相邻的肺泡之间有小孔相通，称肺泡孔，当细支气管阻塞时，可通过肺泡孔建立侧支通气道。

肺泡隔内的毛细血管和肺泡上皮紧密相贴，因而肺泡内的气体可与毛细血管内的血液进行气体交换。气体交换时所要通过的结构称为气-血屏障，包括肺泡表面的液体层、Ⅰ型肺泡细胞及基膜、薄层结缔组织、毛细血管基膜及内皮细胞等结构。肺泡隔内的弹性纤维可使肺泡具有良好的回缩力。肺巨噬细胞体积较大，具有吞噬细菌和异物的能力。吞噬了灰尘颗粒后的肺巨噬细胞，称尘细胞，可随呼吸道分泌物排出体外或沉积在肺间质内。

新生儿肺透明膜病

新生儿肺透明膜病又称新生儿呼吸窘迫综合征，系指出生后不久即出现进行性呼吸困难、青紫、呼气性呻吟、吸气性三凹征和呼吸衰竭。主要见于早产儿，因肺表面活性物质不足导致进行性肺不张。又因患儿血氧不足，肺毛细血管通透性增大，血浆蛋白质漏出，在肺泡上皮表面沉积形成一层透明膜样物质，影响肺泡的扩张和气体交换，故也称新生儿肺透明膜病。病理以肺泡壁至终末细支气管壁上附有嗜伊红透明膜和肺不张为特征。

讨论角

1. 简述肺内导气部的组成及结构的变化特点。
2. 哪些结构参与完成气体交换？

第三节　胸膜

一、胸膜与胸膜腔的概念

胸膜是一层薄而光滑的浆膜，可分脏胸膜与壁胸膜两部分。脏胸膜紧贴在肺的表面，并伸入到肺裂内。壁胸膜贴附于胸壁的内面、膈的上面和纵隔的侧面（图5-18）。脏胸膜与壁胸膜在肺根处相互移行，两者之间可围成密闭的潜在性腔隙，称胸膜腔。胸膜腔左、右各一，内含少量浆液，并呈负压状态，可减少呼吸时两层胸膜间的摩擦。

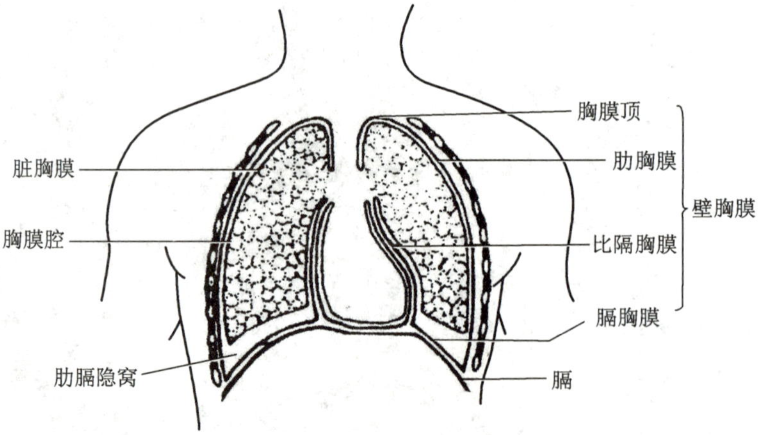

图5-18　胸膜和胸膜腔模式图

二、壁胸膜的分部及胸膜隐窝

脏胸膜紧贴在肺的表面，与肺实质紧密相连，又称肺胸膜。壁胸膜因贴附的部位不同可分为四部分：① 肋胸膜：贴附于胸壁的内面。② 膈胸膜：贴附于膈的上面。③ 纵隔胸膜：贴附于纵隔的外侧面。④ 胸膜顶：覆盖于肺尖的上方，可突出胸廓上口，到达颈根部。

各部分壁胸膜相互移行反折处形成的潜在性间隙，称胸膜隐窝，即使在深吸气时肺缘也不能伸入其内。胸膜隐窝中最大而尤为重要的为肋膈隐窝。肋膈隐窝是在肋胸膜与膈胸膜相互移行处，形成的一个半环形间隙，它是胸膜腔的最低部位，当胸膜腔出现积液时，可首先积聚于此处。

护理应用

气胸的分类

胸壁合并壁胸膜损伤，或肺表面破裂，均使空气进入胸膜腔，造成气胸。此时腔内的负压减少或消失，甚至变成正压，纵隔移位，严重影响呼吸和心的搏动。当空气进入胸膜腔后，如腔与外界的通道已闭塞，不再有空气进入胸膜腔，则称为闭合性气胸；如空气自由沟通，则称为开放性气胸；如通道有活门作用，只允许空气进入胸膜腔而不许出的话，胸膜腔的压力会不断增高，则称为张力性气胸。

三、肺与胸膜的体表投影

1. 肺的体表投影 两侧肺的前缘都从肺尖开始，斜向内下，经胸锁关节的后方至第2胸肋关节水平，左、右两侧靠拢并垂直下降。右侧前缘直达第6胸肋关节处，移行为右肺下缘。左肺前缘因有左肺心切迹，故下降至第4胸肋关节处斜向外下，沿胸骨左缘外侧22.5 cm处下行，至第6肋软骨中点处，移行为左肺下缘。

在平静呼吸时，两肺的下缘各沿第6肋向外后走行，在锁骨中线处与第6肋相交，在腋中线处与第8肋相交，在肩胛线处与第10肋相交，最后终于第11胸椎棘突的外侧。当深呼吸时，两肺的下界均可向上、下移动2~3 cm（图5-19~图5-22）。

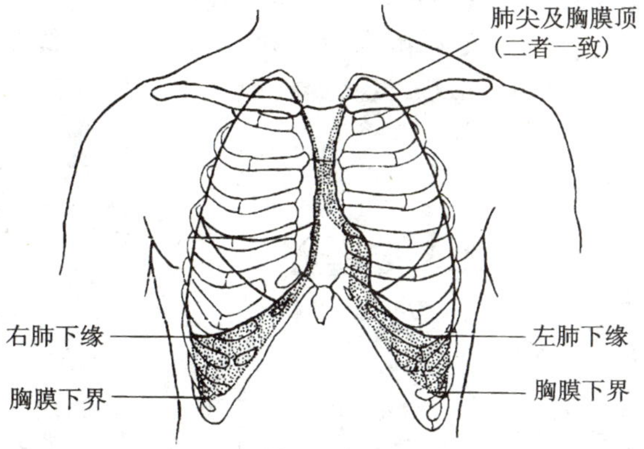

图5-19 肺与胸膜的体表投影（前面）

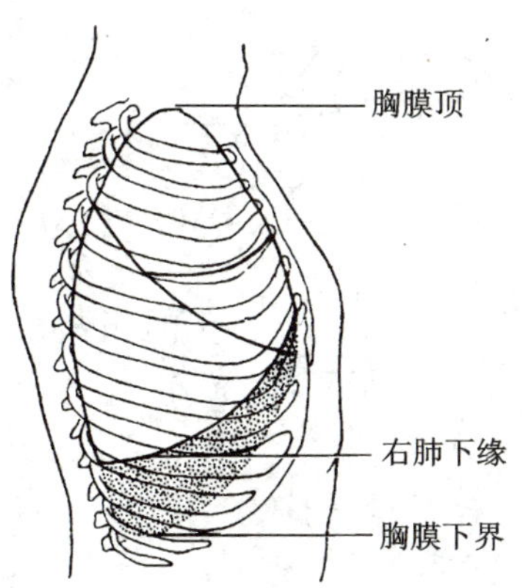

图5-20 肺与胸膜的体表投影（右侧面）

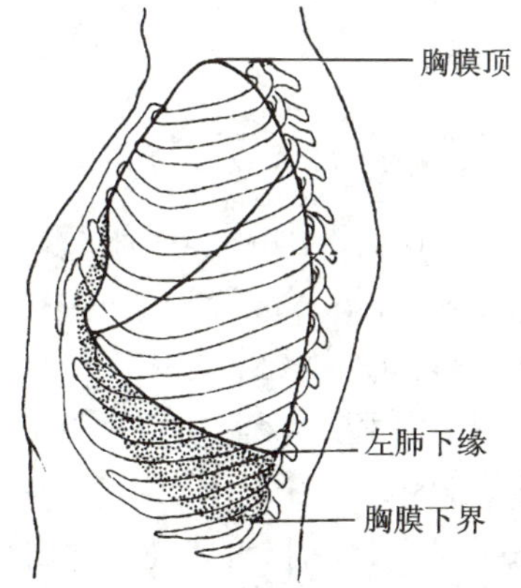

图5-21 肺与胸膜的体表投影（左侧面）

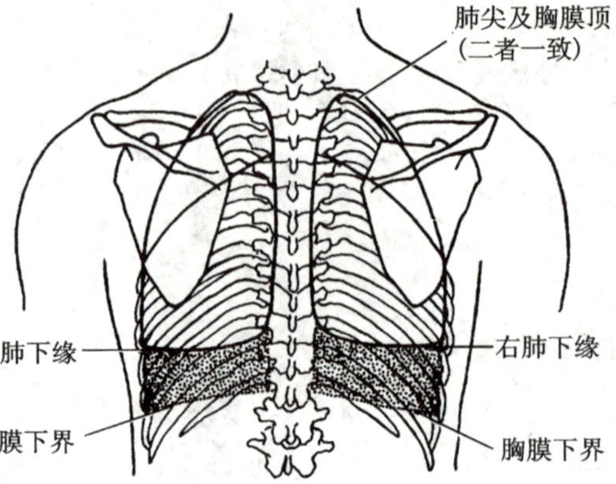

图5-22　肺与胸膜的体表投影（后面）

2. 胸膜的体表投影　指壁胸膜各部互相移行所形成的返折线在体表的投影位置，包括胸膜前界体表投影与胸膜下界体表投影。

胸膜前界体表投影即肋胸膜与纵隔胸膜之间的返折线，一般与肺前缘的体表投影基本相同。胸膜下界体表投影即肋胸膜与膈胸膜之间的折返线，当平静呼吸时，胸膜下界体表投影比肺下缘低约两个肋，即在锁骨中线处与第8肋相交，在腋中线处与第10肋相交，在肩胛线处与第11肋相交，最后终于第12胸椎棘突的外侧。

第四节　纵隔

一、纵隔的概念及境界

纵隔是指两侧纵隔胸膜之间所有的器官和组织的总称。

纵隔的前界是胸骨，后界为脊柱的胸段，两侧界为纵隔胸膜，上界是胸廓上口，下界为膈。

二、纵隔的分部及内容

纵隔通常以通过胸骨角的平面为界，分为上纵隔和下纵隔，下纵隔再以心包为界，分为前纵隔、中纵隔和后纵隔（图5-23）。

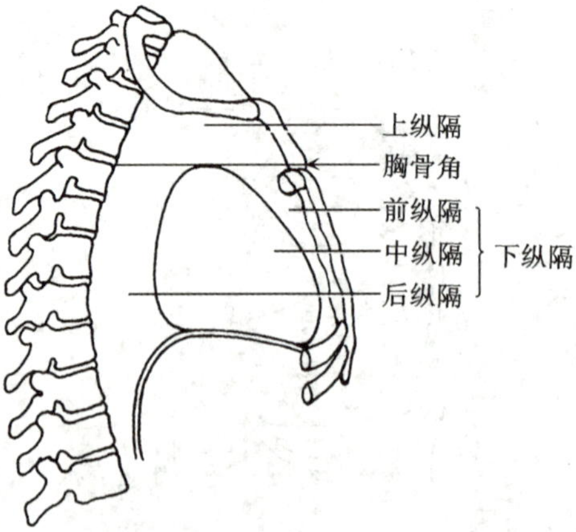

图5-23　纵隔的分部

上纵隔内主要有胸腺、出入心的大血管、迷走神经、膈神经、气管、食管和胸导管等。

前纵隔位于胸骨与心包之间，内有疏松结缔组织和淋巴结等。

中纵隔位于前、后纵隔之间，内有心、心包和出入心的大血管等。

后纵隔位于心包与脊柱之间，内有食管、主支气管、胸主动脉、胸导管、奇静脉、迷走神经、交感干等。

讨论角

吸烟对呼吸系统有何影响？

第六章 泌尿系统

学习目标

1. 识别泌尿系统的组成，了解泌尿系统功能。
2. 归纳肾的形态、位置及被膜；识别肾的微细结构。
3. 归纳输尿管的形态、分部及狭窄的位置。
4. 归纳膀胱的形态、位置；膀胱三角。识别膀胱的毗邻。
5. 归纳尿道的形态特征及开口部位。

泌尿系统由肾、输尿管、膀胱和尿道组成。其主要功能是排出机体新陈代谢过程中产生的废物和多余的水。肾形成尿液，然后经输尿管送入膀胱暂时储存，当尿液达到一定量时再经尿道排出体外（图6-1）。

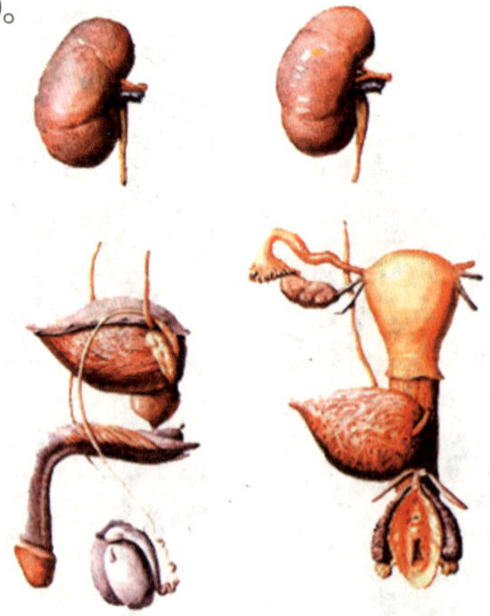

图6-1　男性及女性泌尿生殖系统

第一节 肾

一、肾的形态

肾是实质性器官，左右各一，形似蚕豆。肾可分为上、下两端，前后两面和内、外侧两缘（图6-2）。上端宽薄，下端窄厚。前面隆凸，后面平坦。外侧缘凸隆，内侧缘中部凹陷称肾门，有肾动脉、肾静脉、肾盂、神经和淋巴管等出入。出入肾门的结构被结缔组织所包裹，合称肾蒂。右侧肾蒂较左侧为短。肾门向肾内凹陷形成一个较大的腔，称肾窦，内含肾动脉分支、肾静脉属支、肾小盏、肾大盏、肾盂、神经、淋巴管和脂肪组织等（图6-3）。

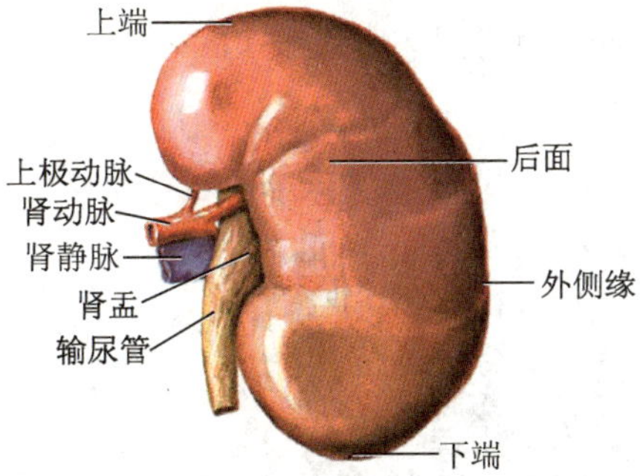

图6-2 右肾后面观

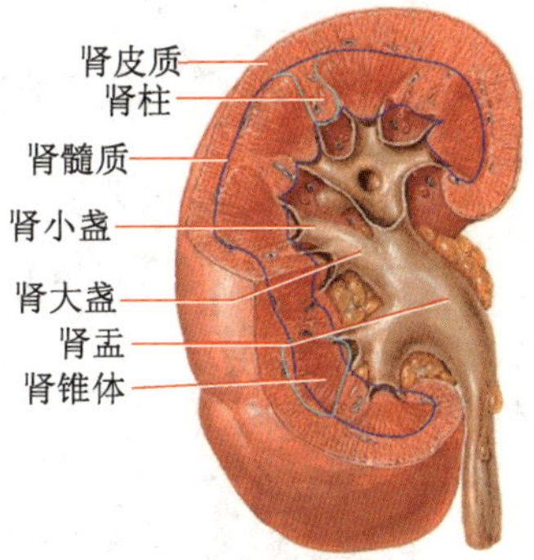

图6-3 肾的冠状切面

二、肾的位置

肾位于腹腔的后上部，呈“八”字形紧贴腹后壁脊柱的两侧（图6-4），是腹膜外位器官。左肾上端平第11胸椎体下缘，下端平第2腰椎体下缘。右肾由于受肝的影响，比左肾约低半个椎体。右肾上端平第12胸椎体上缘，下端平第3腰椎体上缘。第12肋斜过左肾后面的中部及右肾后面的上部（图6-5）。肾门约平第1腰椎体，其体表投影在竖脊肌外侧缘与第12肋的夹角处，称肾区，肾患某些疾病时触压和叩击该区可引起疼痛。

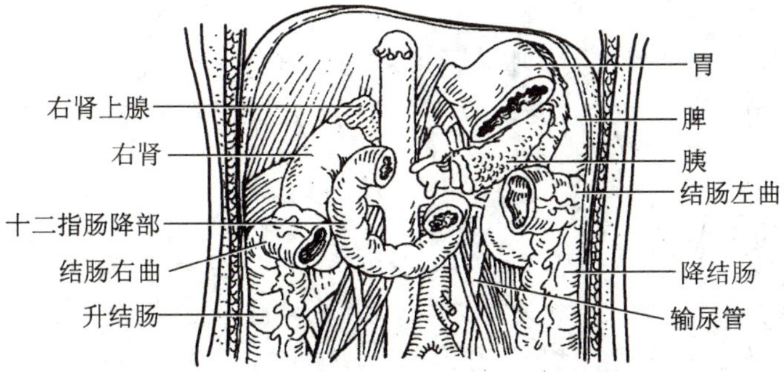

图6-4 肾的毗邻

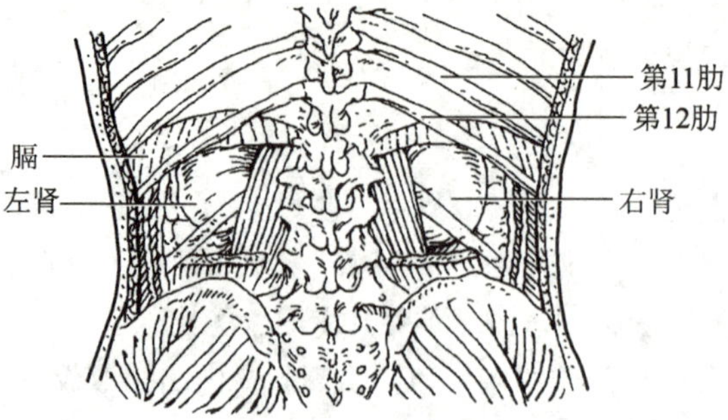

图6-5　肾区示意图

三、肾的被膜

肾的表面包有三层被膜：由内向外依次为纤维囊、脂肪囊和肾筋膜（图6-6）。

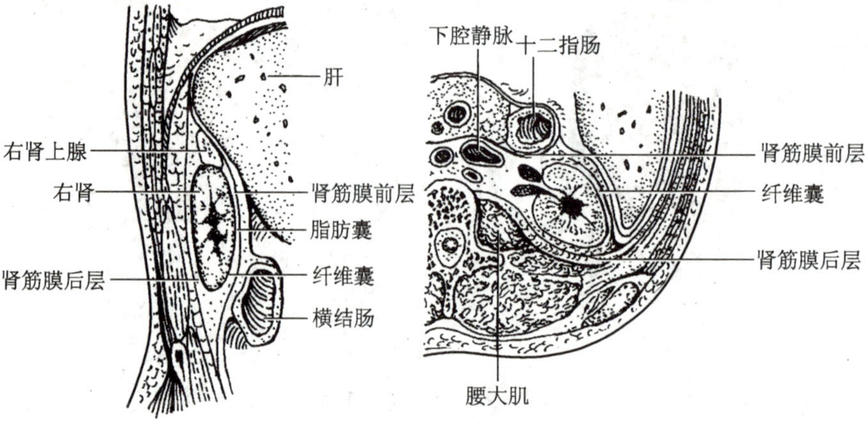

图6-6　肾的被膜

1. **纤维囊**　包于肾实质的表面，是由致密结缔组织及少量弹性纤维构成的薄膜。

2. **脂肪囊**　位于纤维囊的外面，为包裹肾及肾上腺周围的脂肪组织，并经肾门延伸至肾窦内。脂肪囊对肾起弹性垫的保护作用。

3. **肾筋膜**　位于脂肪囊的外面，由结缔组织构成，分前、后两层，分别位于肾和肾上腺的前方和后方，内有输尿管通过。

肾位置的固定主要靠肾筋膜、脂肪囊和邻近器官的支持。此外，肾血管、腹膜和腹压对肾也有固定作用。如上述固定结构不健全，则可形成肾下垂或游走肾。

四、肾的剖面结构

在肾的冠状切面上，肾实质分为肾皮质和肾髓质两部分（图6-3）。

1. **肾皮质**　位于肾实质的浅层，红褐色，血管丰富，肉眼可见密布的红色点状细小颗粒为肾小体和肾小管。肾皮质伸入肾髓质的部分称肾柱。

2. 肾髓质　位于肾实质的深部，色较淡，血管较少，主要由15~20个锥体形的肾锥体构成。肾锥体呈圆锥形，其基底部朝向皮质，尖端钝圆，伸向肾窦称为肾乳头，肾乳头顶端有许多小孔，称为乳头孔。肾单位生成的尿液由乳头孔流入肾小盏。肾小盏呈漏斗形，共有7~8个，其边缘包绕肾乳头，承接从乳头孔排出的尿液。在肾窦内，2~3个肾小盏合成1个肾大盏，2~3个肾大盏再汇成漏斗状的肾盂，肾盂出肾门后，逐渐变细，移行为输尿管。

> **知识卡片**
>
> **肾　移　植**
>
> 肾移植是把一个健康的肾脏植入病人右下腹的髂窝内，再将新肾的肾动脉和肾静脉分别接到受赠者的髂内动脉和髂内静脉，并且将新肾的输尿管植入受赠者的膀胱壁即可。肾移植并非新肾与旧肾的交换。目前认为肾移植是肾衰竭末期最后的疗法，目前肾移植手术的术后5年存活率可达70%。

五、肾的微细结构

肾实质主要由大量的肾单位和集合小管系组成。每个肾单位分肾小体和肾小管两部分。肾小管和集合管系构成泌尿小管（图6-7）。肾实质间有少量肾间质，肾间质由少量结缔组织、血管、淋巴管和神经等构成，有分泌前列腺素和生成基质和纤维的功能。

- 肾实质
  - 肾单位
    - 肾小体
      - 血管球
      - 肾小囊
    - 肾小管
      - 近端小管
        - 曲部（近曲小管）
        - 直部
      - 细段
      - 远端小管
        - 直部
        - 曲部（远曲小管）
      - （近端小管直部、细段、远端小管直部）肾部位袢（髓袢）
  - 集合管系
    - 弓形集合小管
    - 直集合小管
    - 乳头管

（一）肾单位

每个肾有100万~150万个肾单位（图6-7）。肾单位由肾小体和肾小管组成，是形成尿液的基本结构和功能单位。根据肾小体在皮质中的位置和髓袢的长短，肾单位可分为浅表肾单位和髓旁肾单位。浅表肾单位数量较多，在尿液的形成中起重要的作用，其肾小体位于皮质的浅部，体积较小，髓袢较短。髓旁肾单位数量较少，在尿液的浓缩中起重要的作用，其肾小体位于皮质的深部，体积较大，髓袢较长。

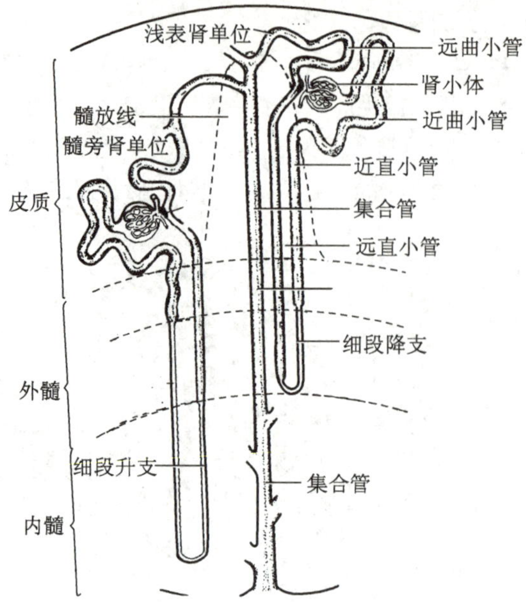

图6-7　肾单位和集合管模式图

1. 肾小体（肾小球）　呈小球状，位于皮质，直径为200 μm。它由血管球及肾小囊组成（图6-8、图6-9）。肾小体有微动脉出入的一端为血管极，与其相反的一端为尿极，尿极与近端小管曲部相连。

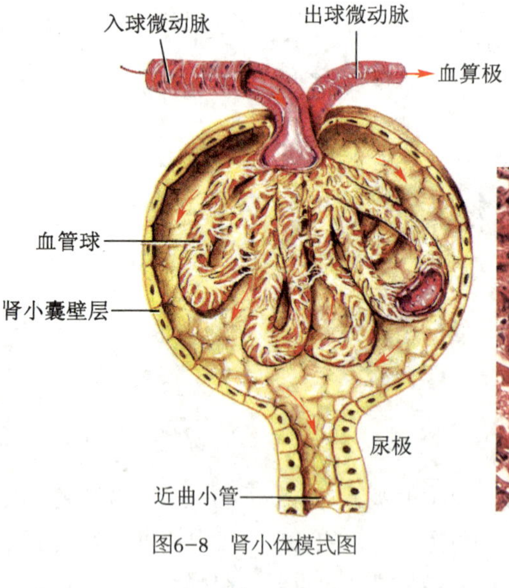

图6-8　肾小体模式图

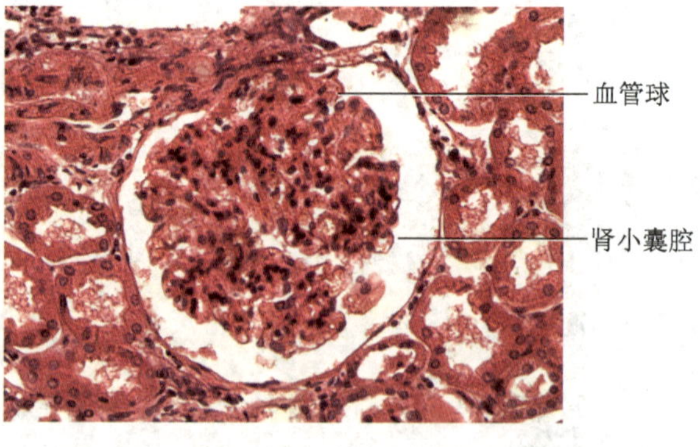

图6-9　肾小体（高倍）

（1）血管球：为一团蟠曲成球状的毛细血管，它是由一条入球微动脉进入肾小囊后，分出许多呈袢状的毛细血管形成的，毛细血管袢在入球微动脉入囊处再汇合成一条出球微动脉离开肾小囊。

入球微动脉的管径比出球微动脉粗。在电镜下观察，血管球的毛细血管内皮上有许多微小的窗孔，内皮外有一层完整的基膜。在毛细血管袢之间有少量结缔组织，称血管系膜，其中含星状突起的血管系膜细胞。细胞核小而圆，染色深，与内皮细胞不易分辨。目前认为血管系膜细胞能吞噬异物，消除血管球基膜上的大分子物质，并参与基膜的更新和修复。

（2）肾小囊：为肾小管起始处膨大并凹陷呈杯状的双层囊。囊的凹陷侧为入球微动脉和出球微动脉进出处，其相对侧为肾小管的起始处。囊的内层紧贴血管球的毛细血管，称脏层，由单层多突起的足细胞构成（图6-10）。外层称壁层，由单层扁平上皮构成。脏、壁两层之间的狭腔为肾小囊腔。

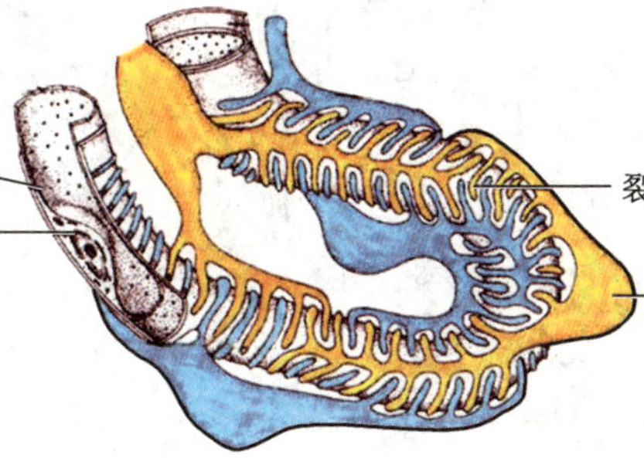

图6-10　肾血管球毛细血管内皮、基膜、足细胞超微结构模式图

电镜下观察，肾小囊脏层的足细胞胞体较大，由胞体伸出几个大的初级突起，每个初级突起又以垂直的角度伸出许多指状的次级突起，紧贴在毛细血管基膜外。足细胞的次级突起相互交错呈栅栏状，突起之间的狭窄间隙称为裂孔，宽约25nm。裂孔上覆盖着裂孔膜，厚4~6nm。

当血液流经血管球的毛细血管时，血浆中除蛋白质等大分子物质外，均可经毛细血管有孔内皮、基膜、足细胞裂孔膜滤入肾小囊腔成为滤液。有孔内皮、基膜和足细胞裂孔膜这三层结构合称为滤过膜，又称滤过屏障（图6-11）。滤出的液体为原尿，原尿中除不含蛋白质等大分子物质外，其余成分与血浆相似。若滤过膜受损，如肾小球肾炎时，血液中的大分子物质，如蛋白质或红细胞可通过滤过膜，引起蛋白尿或血尿。

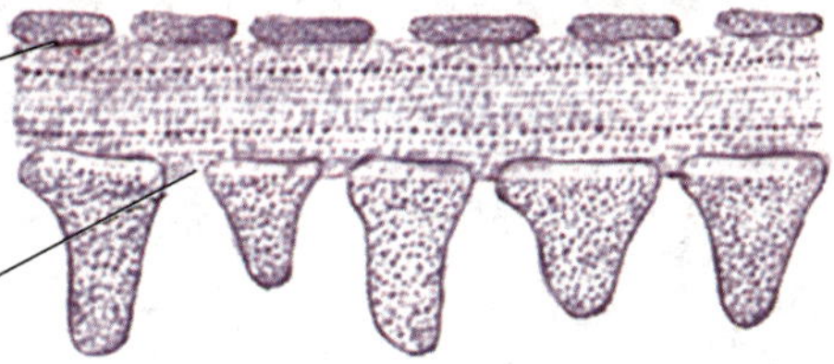

图6-11　滤过屏障模式图

2. 肾小管　为一条细长弯曲的管道，续于肾小囊的壁层，行于皮质和髓质中，终于集合小管，全长分为近端小管、细段和远端小管三段。肾小管壁由单层上皮构成，具有重吸收和分泌的功能（图6-12，图6-13）。

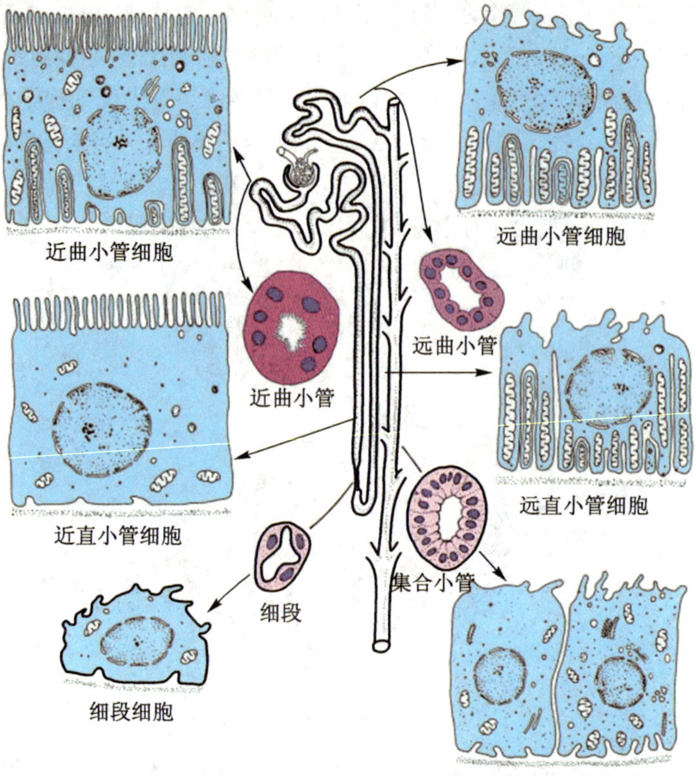

图6-12　泌尿小管各段上皮光镜与超微结构模式图

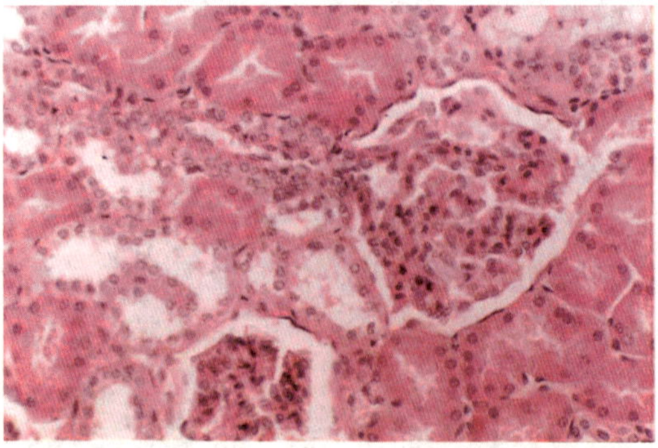

图6-13　近端小管与远端小管（高倍）

（1）近端小管：为肾小管的起始段，较粗而长，长约14mm，约占肾小管总长度的一半，分为曲部和直部。

1）近端小管曲部（近曲小管）：在肾小体旁蟠曲行进，管壁上皮细胞呈立方形或锥体形，细胞分界不清，核圆形，位于细胞的基底部，胞质嗜酸性，管腔面有刷状缘。电镜观察，刷状缘为密集而排列规则的微绒毛，从而扩大了管腔面的表面积，使近曲小管管腔面的总面积达到50~60 mm^2。细胞的侧面发出许多侧突，相邻细胞的侧突互相嵌合，使细胞分界不清，细胞基底部有许多质膜内褶。侧突和质膜内褶扩大了近曲小管细胞与间质进行物质交换的面积。

2）近端小管直部：近侧端与曲部延续，远侧端管径变细移行为细段。细胞结构与曲部相似，但比曲部的上皮细胞矮，侧突、质膜内褶、微绒毛等比曲部少。

近端小管的上皮具有很强的重吸收功能，可吸收原尿中85%的水分、全部葡萄糖、氨基酸、小分子蛋白质和大部分无机盐等。此外，还向管腔内分泌和排出代谢产物，如氢、氨、肌酐和马尿酸等。

（2）细段：为肾小管中最细的一段，主要位于肾锥体内，一端与近端小管相连，另一端与远端小管连续。细段管壁很薄，为单层扁平上皮，有利于水和电解质的通透。

（3）远端小管：细段的延续，分为直部和曲部。

1）远端小管直部：管壁上皮为单层立方上皮，与近端小管上皮相比，细胞较为矮小且着色浅，游离面无刷状缘。电镜观察，细胞游离面绒毛短而少，基底膜有许多质膜内褶，质膜上有钠泵，质膜间的线粒体多而长，有利于重吸收水和浓缩尿液。

2）远端小管曲部（远曲小管）：为远端小管直部的延续，位于肾小体附近，呈迂曲状。此部比近端小管曲部短，结构与远端小管直部相似，有重吸收钠和水，以及排出钾、氢、氨等的功能，对维持体液的酸碱平衡起重要的作用。

近端小管直部、细段和远端小管直部共同形成“U”形袢状结构，称髓袢（肾单位袢）。

（二）集合管系

集合管系分弓形集合小管、直集合小管和乳头管三段，三段间无明显分界。弓形集合小管呈弓形与远曲小管相续，进入髓质后移行为直集合小管，直集合小管汇合成乳头管，开口于肾乳头。集合小管的管壁为单层立方上皮，随着管径增粗，上皮亦逐渐移行为单层柱状上皮，至乳头管处为高柱状上皮。集合管系有重吸收水、钠和排钾功能。

在一昼夜内，成人两侧肾形成的滤液约180L。滤液流经肾小管和集合小管时，其中约99%的水分、许多营养物质和无机盐离子均被小管上皮重吸收入血；同时，小管上皮又将体内的一些代谢产物如氢、钾、氨等分泌或排入滤液，最后形成尿。成人每天排出的尿量1~2L，仅为滤液的1%。

（三）球旁复合体（肾小球旁器）

球旁复合体包括球旁细胞、致密斑和球外系膜细胞，位于肾小体血管极处，略呈三角形。三角形由入球微动脉、出球微动脉和致密斑围成，球外系膜细胞位于三角区的中央（图6-14）。

1. 球旁细胞　入球微动脉近血管极处的管壁平滑肌细胞转变而成的上皮样细胞。细胞体积较大，呈立方形，核圆居中，胞质弱嗜碱性，含分泌颗粒。能分泌肾素和肾性促红细胞生成因子，前者能间接地引起血管壁平滑肌收缩而使血压升高，后者能促使骨髓造血。

2. 致密斑　为钠离子感受器。位于远曲小管靠近肾小球血管极处，管壁上皮变成高柱状并紧密排列，形成椭圆形斑块状，可感受远曲小管内的钠离子浓度，调节球旁细胞分泌肾素。当钠离子浓度下降时，球旁细胞分泌肾素增多，肾素促使肾上腺皮质分泌醛固酮，从而远曲小管发挥保Na^+排K^+功能（图6-15）。

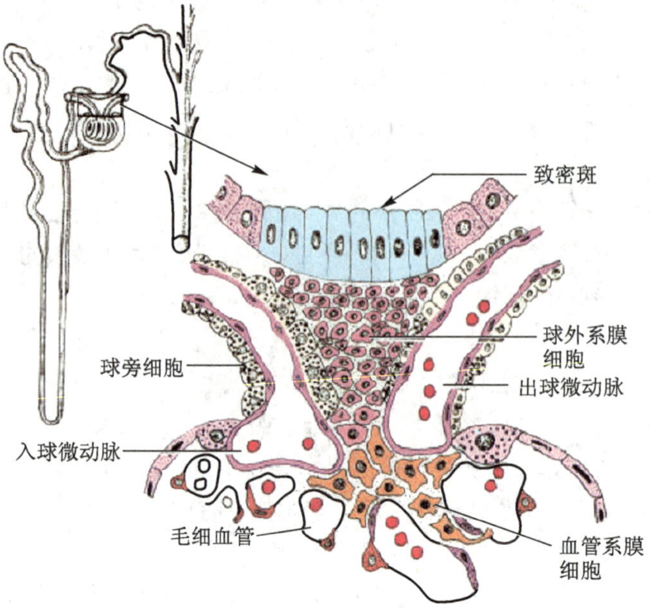

图6-14　球旁复合体（肾小球旁器）

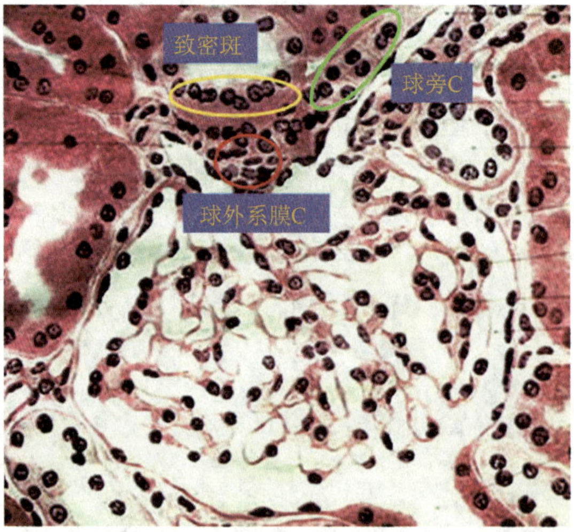

图6-15　致密斑（高倍）

3. 球外系膜细胞（极垫细胞）　位于入球微动脉和出球微动脉之间的细胞团，与血管系膜细胞和球旁细胞之间有缝隙连接。可能在球旁复合体的功能活动中起“信息”传递作用。

（四）肾的血液循环

肾的血液供应来自腹主动脉分出的左、右肾动脉。肾动脉在肾门处入肾，分出数支叶间动脉，走向肾锥体间的肾柱。在锥体底部附近叶间动脉分支沿髓质与皮质交界线形成与肾表面平行的弓状动脉。由弓状动脉发出分支呈放射状进入肾皮质，称为小叶间动脉。在肾皮质部，小叶间动脉沿途不断发出许多入球微动脉，进入肾小体形成血管球，再汇成出球微动脉离开肾小体，之后又形成球后毛细血管。球后毛细血管汇合成小叶间静脉，经弓状静脉再汇入叶间静脉，最后经肾静脉注入下腔静脉（图6-16）。

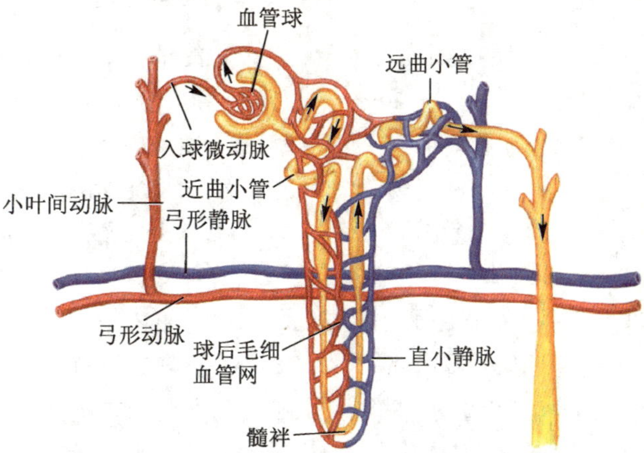

图6-16　肾血管示意图

髓质的血液供应来自出球微动脉、弓状动脉和小叶间动脉的分支，称为直小动脉，直小动脉的血流经髓质毛细血管网后进入髓质直小静脉，如此形成许多“U”形血管袢。直小静脉再汇入小叶间静脉或弓形静脉。直小动脉与直小静脉合称为直小血管，与它平列并行的有髓袢和集合小管。这些直小血管起短路作用，调节血流量，当皮质血管收缩而血流减少时，直小血管与近髓肾小球的血流可以增加，肾的整个血流没有显著的减少。此外，小叶间动脉的终末支尚可形成肾被膜下毛细血管网，后者集合成弓状静脉、叶间静脉，最后入肾静脉。

因此，肾的血液循环有如下的特点（图6-17）：① 肾动脉发自腹主动脉，行程短，管径粗，血流量大。人体内血液每4~5min就流经肾被滤过一次，有利于排出血液中的代谢产物及多余的或有害的物质。② 动脉在肾内两次形成毛细血管网。第一次是入球微动脉分支形成血管球，血管球汇集成出球微动脉后，又第二次形成球后毛细血管网。由于入球微动脉较出球微动脉粗短，血管球内的压力较高，有利于血液的滤过。球后毛细血管网分布于肾小管周围，其毛细血管内的血压已显著降低，血液也变得浓缩，胶体渗透压相对升高，有利于肾小管上皮对滤液的重吸收。③ 髓质内的“U”形血管袢和髓袢相伴行，利于水的重吸收和原尿浓缩。④ 皮质血流量大，流速快；髓质血流量小。

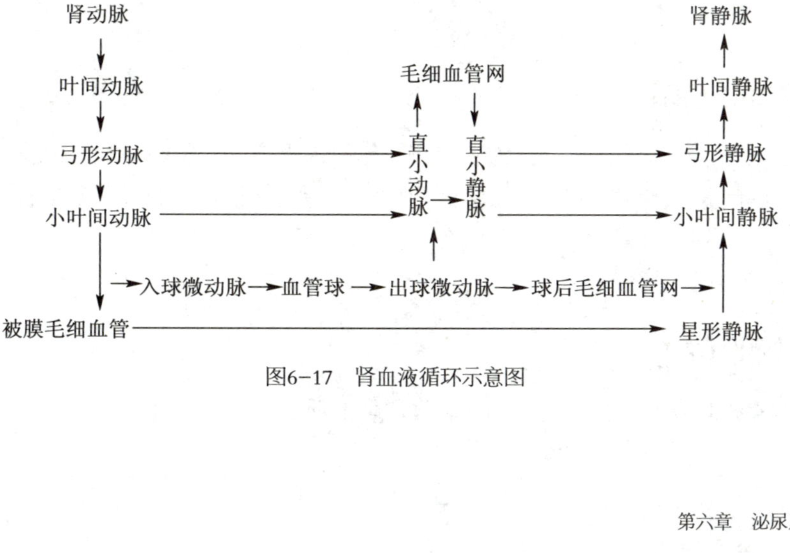

图6-17　肾血液循环示意图

第二节 输尿管

输尿管是成对的，位于腹膜外位的细长肌性管道，约平第二腰椎上缘起于肾盂末端，终于膀胱。输尿管长20~30 cm，管径为0.5~1.0 cm。全长分三部。

1. **输尿管腹部** 在腹后壁沿腰大肌前面下降，至小骨盆入口处，左侧输尿管越过左髂总动脉前方，右侧输尿管则经过右髂外动脉起始部的前方进入盆腔。

2. **输尿管盆部** 自小骨盆入口处，沿盆腔侧壁行向后下，再转向前、内，下达膀胱底止。在男性有输精管绕过此段末端前方至其内侧。女性输尿管入盆腔后，行经子宫颈两侧而达膀胱底，在距子宫颈外侧约2 cm处，有子宫动脉从外侧向内侧越过输尿管的前方。

3. **输尿管壁内部** 长约1.5 cm，是输尿管斜穿膀胱壁的部分。当膀胱充盈时，膀胱内压力升高可使壁内部的管腔闭合，从而阻止尿液向输尿管反流。

输尿管全程有三处生理性狭窄。第一狭窄，位于输尿管起始处；第二狭窄，位于骨盆上口，输尿管跨过髂血管处；第三狭窄，位于输尿管的壁内段。输尿管的这些狭窄，常是结石易滞留的部位。

4. **输尿管的微细结构** 输尿管壁由内向外分黏膜、肌层和外膜三层。

（1）黏膜：由上皮和固有层组成。上皮为变移上皮，有4~5层的细胞，扩张时为2~3层。固有层为结缔组织。

（2）肌层：由平滑肌构成，输尿管上2/3段为内纵、外环两层平滑肌组成，下1/3段为内纵、中环、外纵三层平滑肌组成。

（3）外膜：为纤维膜。

第三节 膀胱

膀胱为储存尿液的肌性囊状器官，其形态、大小、位置和壁的厚薄均随年龄、性别及尿液充盈程度而不同。一般正常成年人的膀胱容量为350~500 ml，最大可达800 ml。新生儿膀胱的容量约为成人的1/10。

一、膀胱的形态

膀胱空虚时呈三棱锥体形，分为尖、底、体和颈四部分。膀胱尖朝向前上方；膀胱底呈三角形，朝向后下方；膀胱尖与底之间的部分称膀胱体；膀胱的最下部称膀胱颈，内有尿道内口与尿道相接（图6-18、图6-19）。

二、膀胱的位置

成年人的膀胱位于小骨盆腔前部、耻骨联合的后方。膀胱底在男性与精囊、输精管壶

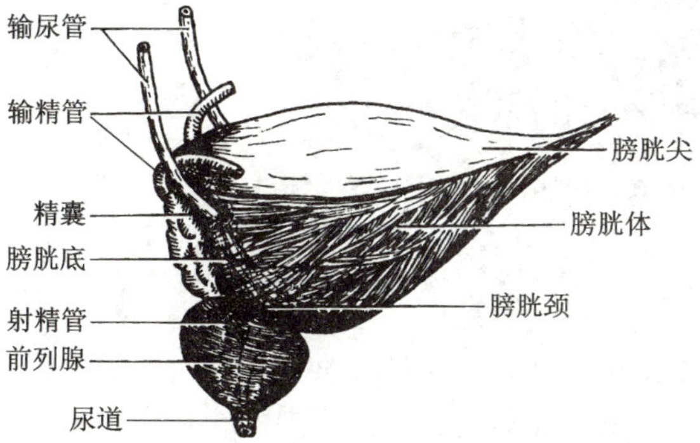

图6-18　膀胱

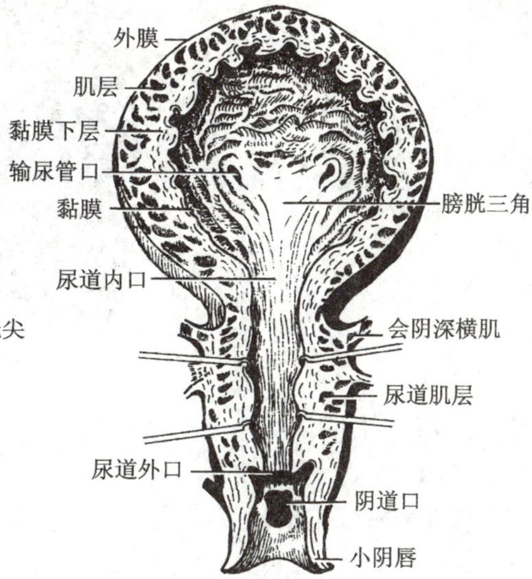

图6-19　女性膀胱及尿道额状切面（前面观）

腹和直肠相邻，在女性则与阴道上部和子宫颈相邻；膀胱颈在男性与前列腺紧密邻接，在女性则贴附在尿生殖膈上。

膀胱空虚时全部位于盆腔内，充盈时膀胱尖高出耻骨联合上缘，此时由腹前壁折向膀胱上面的腹膜也随之上移，使膀胱前下壁直接与腹前壁相贴。因此，当膀胱充盈时，在耻骨联合上方行穿刺术，可避免伤及腹膜和污染腹膜腔。

三、膀胱的微细结构

膀胱壁由内向外分黏膜、肌层和外膜三层。除膀胱三角外，黏膜形成许多皱襞，皱襞在膀胱充盈时消失（图6-20）。

1. 黏膜　上皮为变移上皮，最表层的细胞称盖细胞（图6-21），呈大立方形，胞质浓密，能防止尿液的侵蚀。

2. 肌层　由平滑肌构成，可分为内纵、中环、外纵三层，三层平滑肌相互交错形成膀胱逼尿肌，其环行平滑肌在尿道内口处形成膀胱括约肌。

3. 外膜　除膀胱上面为浆膜外，其余部分为纤维膜。

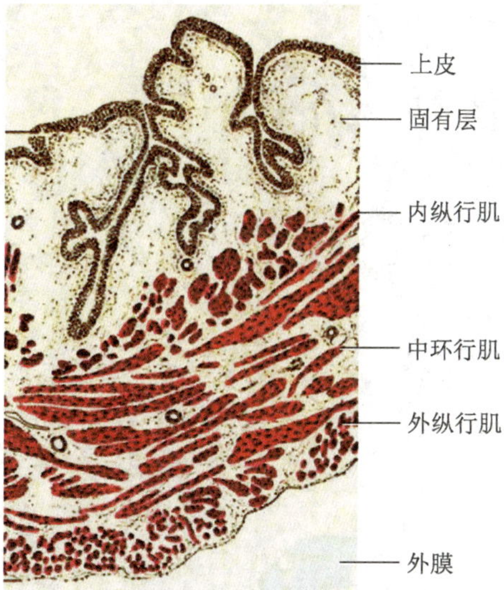

图6-20　膀胱切面示意图

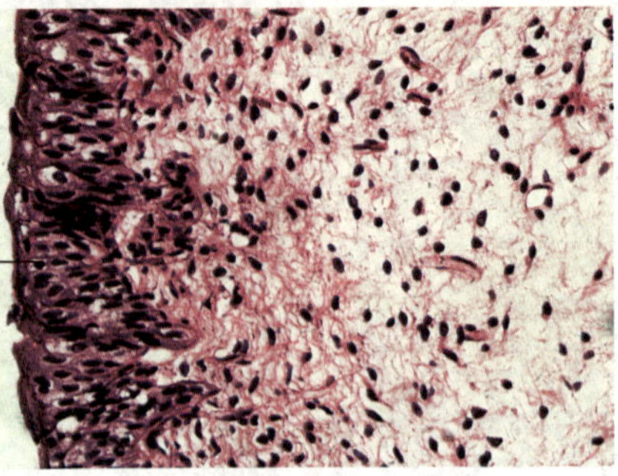

图6-21　盖细胞（高倍镜）

第四节　尿道

尿道是膀胱排出尿液的管道。男性尿道见男性生殖系统。女性尿道短、宽、直，长3~5 cm，直径约0.6 cm，仅有排尿功能。女性尿道起自尿道内口，穿过尿生殖膈，以尿道外口开口于阴道前庭前部。由于女性尿道短、宽而直，故易引起逆行尿路感染。

护理应用

女性导尿术

女性导尿术是将导尿管插入膀胱，导出尿液以协助诊断、治疗的方法。方法是观察尿道外口，将导尿管自尿道外口插入尿道约4 cm，有尿液流出后，再插入少许。女性尿道外口较小，经产妇和老年妇女因会阴部肌肉松弛，尿道回缩，使术者辨认不清尿道外口而误将导尿管插入阴道。

讨论角

1. 试述膀胱的位置、形态、分部。
2. 尿液从肾乳头流出后，需经过哪些结构排出体外？

第七章 生殖系统

生殖系统的功能是产生生殖细胞、繁殖后代和分泌性激素。生殖系统分男性生殖系统和女性生殖系统，按部位均可分为内生殖器和外生殖器两部分。内生殖器多位于盆腔内，包括生殖腺、生殖管道和附属腺，外生殖器则显露于体表。

第一节　男性生殖系统

学习目标

1. 归纳男性生殖系统的组成。了解其功能。
2. 了解睾丸的位置、形态结构与功能。
3. 了解附睾的位置、形态结构和功能。
4. 了解输精管的分部及其位置、射精管的合成和开口部位。识别精索的组成及位置。
5. 归纳前列腺的位置、形态及功能。了解精囊腺、尿道球腺的位置、形态及功能。
6. 了解阴囊及阴茎的形态结构。
7. 归纳男性尿道的功能、分部、狭窄、膨大及弯曲。

男性内生殖器由生殖腺（睾丸）、输精管道（附睾、输精管、射精管）、附属腺（精囊、前列腺、尿道球腺）组成。外生殖器为阴囊和阴茎（图7-1）。

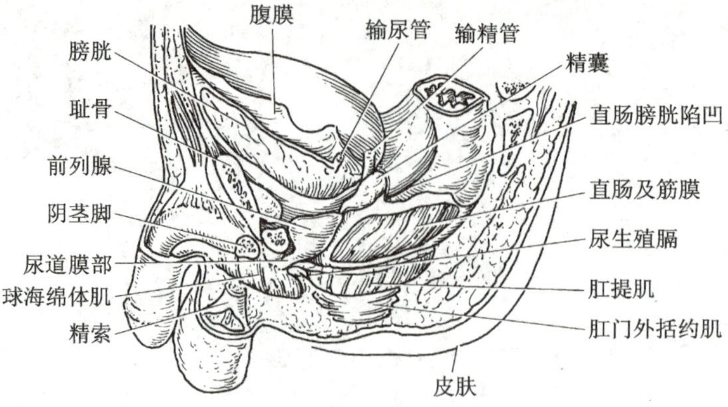

图7-1　男性生殖系统概况

一、睾丸

睾丸是男性的生殖腺，其功能是产生精子和分泌雄激素。

（一）睾丸的位置和形态

睾丸位于阴囊之内，左右各一。睾丸呈扁椭圆形，分上、下两端，内、外两面，前、后两缘。前缘游离，后缘有血管、神经和淋巴管出入，并与附睾和输精管起始部相接触。睾丸除后缘外都被覆有腹膜，称睾丸鞘膜。鞘膜分脏、壁两层，脏层紧贴睾丸表面；壁层衬在阴囊内面，脏、壁两层在睾丸后缘相互移行，围成封闭的腔隙，称鞘膜腔，腔内有少量的浆液，起润滑作用（图7–2）。

（二）睾丸的结构

睾丸表面有一层致密结缔组织膜，称白膜。白膜在睾丸后缘增厚，并延伸到睾丸内，形

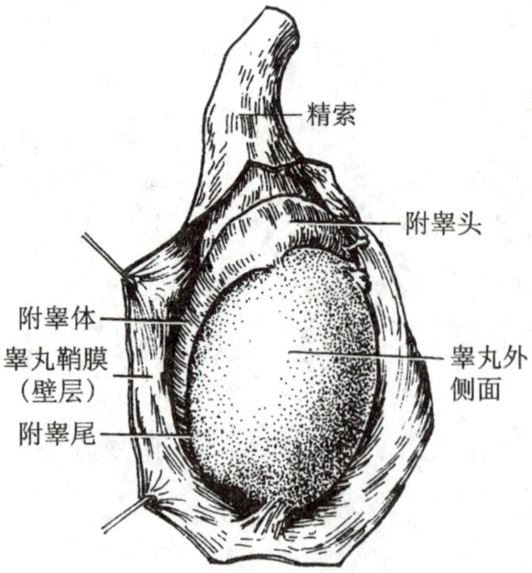

图7–2　睾丸和附睾侧面

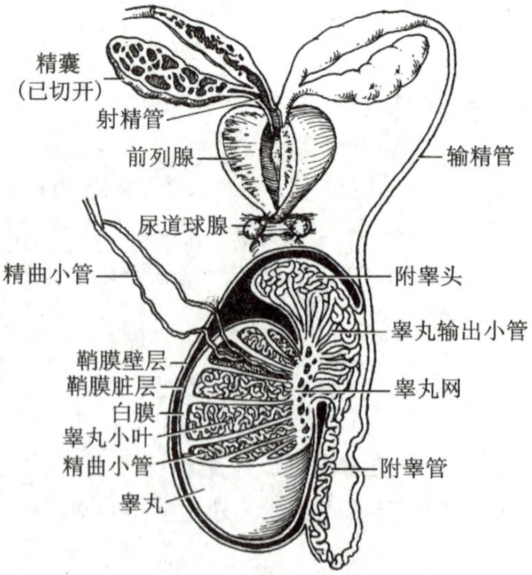

图7–3　睾丸和附睾及排精途径模式图

成睾丸纵隔。睾丸纵隔向睾丸实质发出许多睾丸小隔，将睾丸实质分为许多锥体形的睾丸小叶。每个睾丸小叶内有1~4条弯曲而细长的生精小管。生精小管之间的疏松结缔组织，即睾丸间质。生精小管在睾丸纵隔处变为直精小管，直精小管移行到睾丸纵隔吻合成睾丸网。从睾丸网发出十几条输出小管，出睾丸后缘的上部入附睾（图7-3）。

（三）生精小管

生精小管（seminiferous tubule）是一条直径150~250 μm、长30~70 cm的管道，管壁由各级生精细胞和支持细胞构成。

1. 生精细胞　生精小管管壁内可见不同发育阶段的生精细胞，从外向内依次为精原细胞、初级精母细胞、次级精母细胞、精子细胞和精子。

（1）精原细胞（spermatogonium）：紧贴基膜，圆形或卵圆形，直径12 μm。自青春期开始，在促性腺激素的作用下，精原细胞不断的分裂，一部分作为干细胞存在；另一部分经数次分裂后，分化成初级精母细胞。

（2）初级精母细胞（primary spermatocyte）：位于精原细胞的近腔侧，圆形，直径18 μm。初级精母细胞经过DNA复制后（$4n$ DNA），进行第一次减数分裂（成熟分裂），形成两个次级精母细胞。

（3）次级精母细胞（secondary spermatocyte）：位于初级精母细胞的近腔面，直径12 μm，核圆形，内含（$2n$ DNA）。经过第二次减数分裂（成熟分裂），产生两个精子细胞。

（4）精子细胞（spermatid）：位于近腔面，直径约8 μm，核圆形，内含（$1n$ DNA）。精子细胞不再分裂，经过复杂的形态变化发育成精子。

（5）精子（spermatozoon）：形似蝌蚪，长约60 μm，可分头、尾两部。精子头部嵌入支持细胞内，其尾部游离于生精小管腔内。头部主要是浓缩的细胞核，核的前2/3被顶体覆盖，顶体内含多种水解酶，在受精中发挥重要作用。精子尾部细长，可以摆动，是精子的运动器官（图7-4、图7-5）。

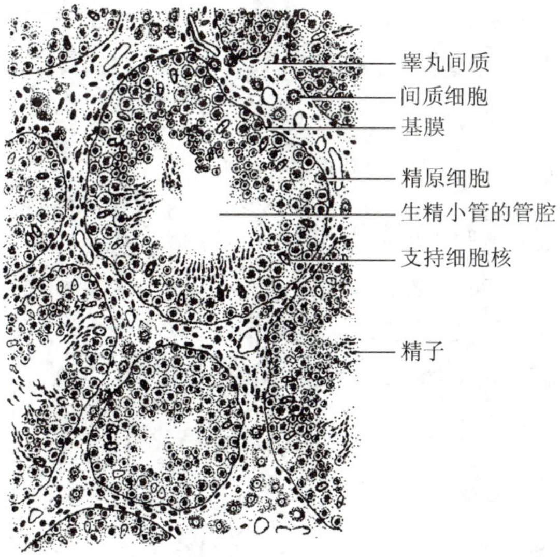

图7-4　睾丸微细结构

图7-5　精子的形态

2. 支持细胞（sustemtacular cell） 呈长锥形，其基底部附着于基膜上，顶部伸向管腔，支持细胞表面镶嵌着各级生精细胞，故起支持、营养等作用（图7-6）。支持细胞光镜下细胞轮廓不清，胞核圆形或三角形，染色浅，核仁明显。

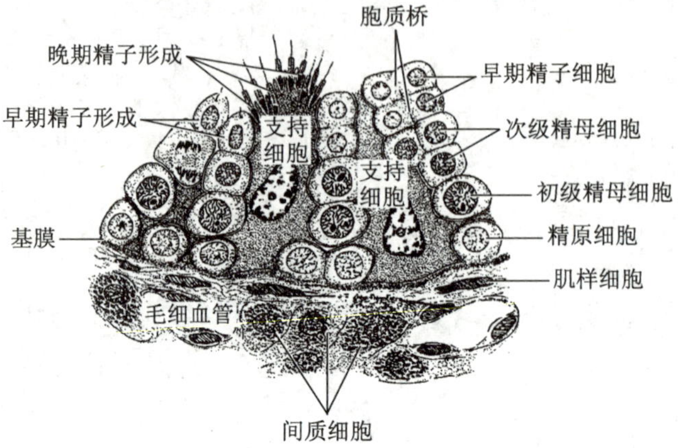

图7-6 各级生精细胞与支持细胞的关系

（四）睾丸间质

睾丸间质是指生精小管间含血管和淋巴管的疏松结缔组织，其内有睾丸间质细胞（testicular interstitial cell），该细胞呈圆形或多边形，成群分布，胞质嗜酸性（图7-6）。间质细胞分泌雄激素。雄激素可促进男性生殖器官的发育和精子的形成，以及维持第二性征和性功能。

（五）血-睾屏障

血-睾屏障（blood-testis barrier）存在于生精小管和血液之间，包括生精小管的基膜与支持细胞侧突形成的紧密连接、界膜、薄层结缔组织、毛细血管内皮和基膜（图7-6）。

该屏障可阻止睾丸间质内的大分子物质进入生精小管，保持管腔内较稳定的微环境，还能防止精子内抗原物质溢出生精小管，引起自身免疫反应。

二、附睾

附睾紧贴于睾丸的上端和后缘。上端膨大称附睾头，中部为附睾体，下端为附睾尾（图7-3）。睾丸输出小管进入附睾后，弯曲盘绕形成膨大的附睾头，末端汇合成一条附睾管，附睾管迂曲盘回而成附睾体和尾，附睾尾向上弯曲移行为输精管。

附睾主要功能：暂时储存精子，供给精子营养，促进精子进一步成熟。

三、输精管

输精管是输送精子的肌性管道。全长约50 cm，管径3 mm，管壁较厚。活体触摸时呈坚实的细索状。输精管较长，依其行程可分为睾丸部、精索部、腹股沟管部和盆部四部。睾丸部最短，起于附睾尾，沿睾丸后缘上行进入精索。精索部介于睾丸上端至腹股沟管皮下环之间，此段位置表浅，易于触及，是输精管结扎术常用的部位。腹股沟管部位于腹股沟管内。盆部经腹股沟管腹环进入盆腔，弯向内下，沿盆腔侧壁行向后下，到达膀胱底的后方与精囊的排泄管汇合成射精管。

精索是位于睾丸上端至腹股沟管深环之间柔软的圆索状结构，主要由输精管、睾丸动脉、蔓状静脉丛、输精管动脉、输精管静脉、神经、淋巴管和腹膜鞘突的残余等构成。精索表面包有3层被膜，由内向外依次为精索内筋膜、提睾肌和精索外筋膜。

知识卡片

男性绝育术

输精管结扎术是男性绝育术的一种。输精管精索部位置表浅，通过皮肤可将其固定。在阴囊两侧血管稀疏的部位做浸润麻醉，切开皮肤，提出并游离输精管，在稍远离附睾处剪断，切除0.8 cm，分别结扎两断端并包埋，检查无出血，再缝合皮肤。该手术简便、安全、并发症少。

四、射精管

射精管由输精管的末端和精囊的排泄管汇合而成，长约2 cm，向前下穿前列腺实质，开口于尿道的前列腺部（图7−7）。

图7−7　精囊和前列腺

五、附属腺

1. 精囊　又称精囊腺，位于膀胱底的后方，输精管末端的外侧，是一对椭圆形囊状器官，其排泄管和输精管末端合成射精管（图7−7）。分泌物参与精液的组成。

2. 前列腺　为一个实质性器官，位于膀胱颈下方，有射精管和尿道穿过。前列腺呈栗子形，上端宽大称底，下端尖细称尖，两者之间为体（图7−7）。体后面有一纵行浅沟为前列腺沟，活体直肠指诊可触及此沟。前列腺可分5叶，即前、中、后及两侧叶。前叶位于尿道前面；中叶在尿道与射精管之间；后叶位于射精管的后下方；侧叶紧靠尿道两侧。前列腺分泌物直接排入尿道，参与精液的组成。在老年常见腺内结缔组织增生，导致前列腺肥大，压迫尿道，引起排尿困难（图7−8）。

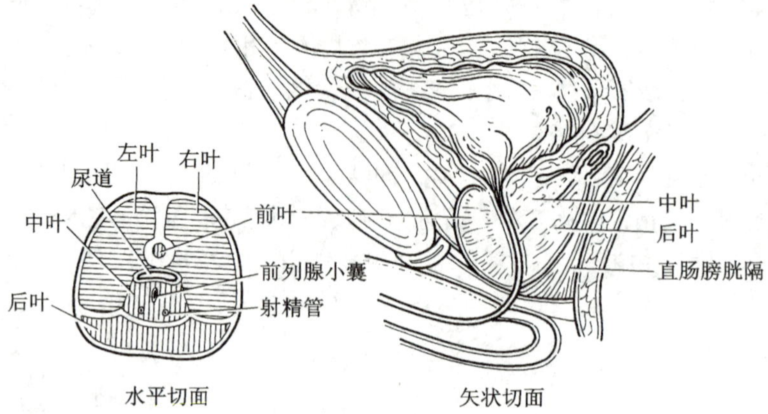

图7-8　前列腺的位置和分叶

3. 尿道球腺　为一对豌豆大的腺体，其分泌物经排泄管排入尿道球部，参与精液的组成。

精液由精子、输精管道及附属腺的分泌物共同组成，呈乳白色，弱碱性，适于精子的生存和活动。成年男性一次射精2~5 ml，含精子3亿~5亿个。若每毫升精液内精子数少于400万个，可导致不孕症。

六、阴囊

阴囊是位于阴茎的后下方的皮肤囊袋。阴囊壁由皮肤和肉膜组成。阴囊的皮肤薄而柔软，生有少量的阴毛，颜色较暗。皮肤的深面为肉膜，即阴囊的浅筋膜。肉膜内含平滑肌纤维，平滑肌纤维的舒缩，可使阴囊皮肤松弛或皱缩，从而调节阴囊的温度，以适应精子的发育和生存；肉膜在正中线处向阴囊深部发出阴囊中隔，将阴囊分为左、右两部，分别包裹两侧的睾丸、附睾及输精管的起始部（图7-9）。

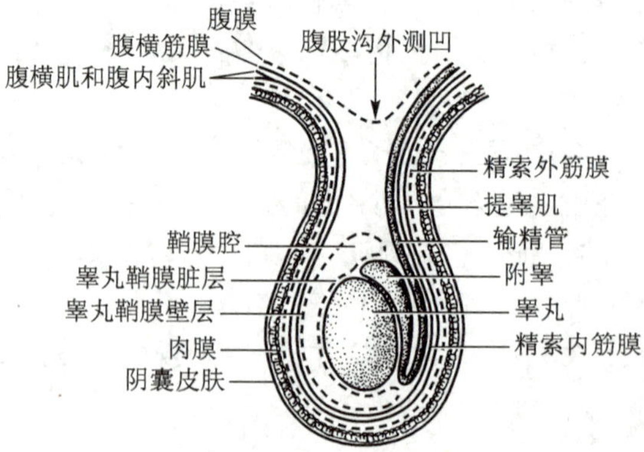

图7-9　阴囊的结构

七、阴茎

阴茎是男性的性交器官，可分头、体和根三部分（图7-10，图7-11）。后端为阴茎根，固定于耻骨下支和坐骨支。阴茎的前端嘭大，为阴茎头，其尖端有尿道外口；头、根之间的部分，称阴茎体，呈圆柱形，悬于耻骨联合的前下方。

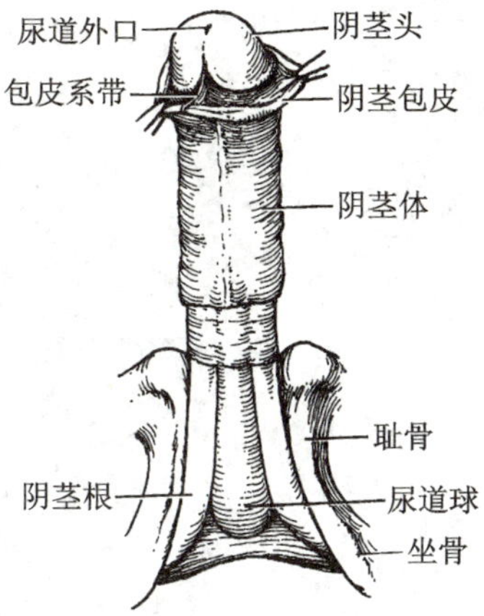

图7-10　阴茎的外形

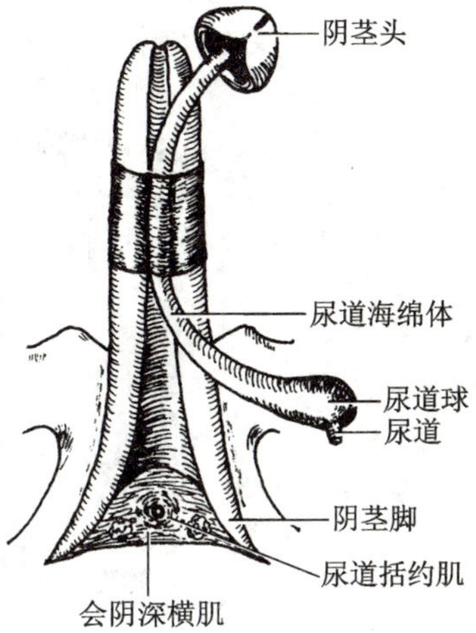

图7-11　阴茎海绵体

阴茎由海绵体外包筋膜和皮肤构成。阴茎的海绵体共三条，两条阴茎海绵体，位于阴茎的背侧，左、右各一，紧密结合，前端较细，嵌入阴茎头后面的凹陷内；后端分开，形成左、右阴茎脚，附着于耻骨弓。尿道海绵体呈长柱形，位于两条阴茎海绵体的腹侧，尿道贯穿其中。尿道海绵体前端的膨大部，即阴茎头，后端膨大形成尿道球（图7-11）。

海绵体内由许多海绵体小梁和腔隙构成。当腔隙充血时，阴茎变粗变硬而勃起。三条海绵体的外面有共同筋膜和皮肤包裹，阴茎的皮肤薄而柔软，富有伸展性。其皮肤在阴茎的前端形成双层皱襞，包裹阴茎头，称阴茎包皮。阴茎包皮与阴茎头的腹侧中线处连有一条皮肤皱襞，称包皮系带。幼儿时期包皮较长，包裹整个阴茎头，随年龄增长，包皮逐渐向后退缩，阴茎头逐渐显露；若到成年以后，阴茎头仍被包皮包裹或包皮口过小，包皮不能退缩，阴茎头不能露出时，则称包皮过长或包茎。包皮过长或包茎都可因包皮腔内存留污垢，而导致炎症，并可诱发阴茎癌。因此应实施包皮环切术。实施包皮环切术时应注意勿伤包皮系带（图7-10）。

八、男性尿道

男性尿道是排出尿液和精液的管道。它起于膀胱的尿道内口，止于阴茎头的尿道外口，成人的尿道长16~22 cm，管径平均5~7 mm，根据其行程可分三部分。（图7-12，图7-13）。

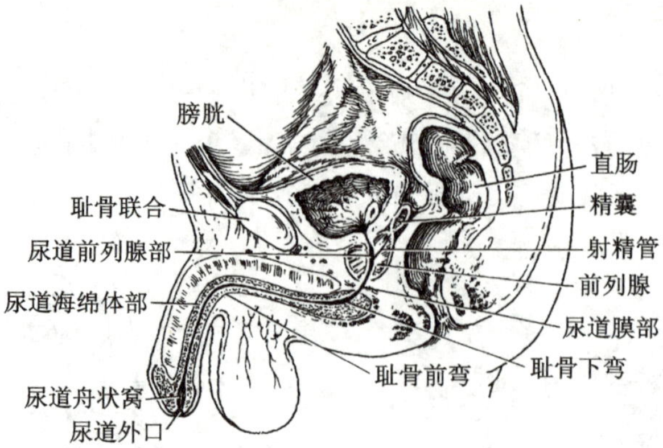

图7-12　男性盆腔正中矢状切面

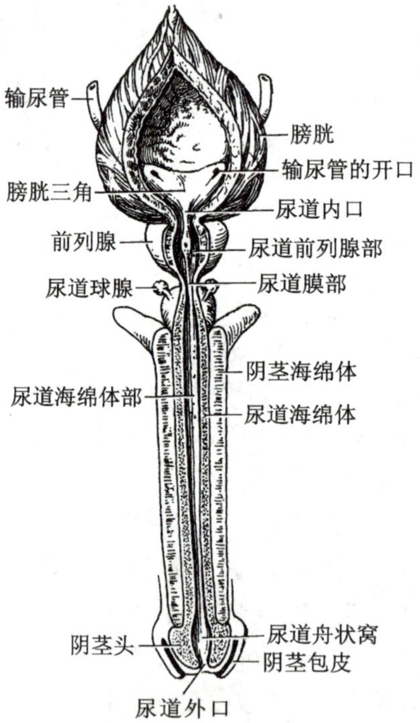

图7-13　男性尿道

1. 前列腺部　贯穿前列腺，长约3 cm，其后壁有射精管和前列腺排泄管的开口。

2. 膜部　是尿道穿过尿生殖膈的部分，短而窄，长约1.5 cm，其周围有尿道外括约肌环绕，可控制排尿。临床上将尿道前列腺部和膜部合称后尿道。

3. 海绵体部　为贯穿尿道海绵体的部分，是尿道最长的一段，长12~17 cm，临床上将此部称为前尿道。

男尿道全长有三处狭窄、三处膨大和两个弯曲。三个狭窄分别位于尿道内口、膜部和尿道外口，其尿道外口最为狭窄，尿道结石易滞留于狭窄处。三处膨大分别位于尿道的前列腺部、尿道球部和舟状窝（图7-13）。

阴茎自然悬垂时尿道有两个弯曲，一个位于耻骨联合下方，凹向上，称耻骨下弯，此弯曲恒定不变。另一个位于耻骨联合前下方，凹向下，称耻骨前弯，将阴茎向上提起，此弯曲即可变直。临床上行膀胱镜检查或导尿时应注意这些特点（图7-11）。

护理应用

男性导尿术

男性导尿术是临床护理常用的操作技术，其方法为：以左手拇指和示指夹持阴茎并将阴茎抬起与腹壁成60° 角，以消除耻骨前弯，使尿道形成凹向上的一个大弯曲。右手用止血钳将导尿管慢慢插入尿道。若插入时有阻挡感，提示到达尿道的耻骨下弯，此时不应用力，可更换方向，缓慢进入，使其顺利通过耻骨下弯、尿道膜部和内口，进入16~20 cm，有尿液流出时再深入2 cm，切忌插入过深和反复抽动导尿管。

讨论角

1. 精子的发育经过几个阶段，一个精原细胞可发育成几个精子细胞，其核型有几种？
2. 精子的产生及排出途径如何？
3. 男性肾盂结石排出体外都需经过哪些狭窄和弯曲？

第二节　女性生殖系统

学习目标

1. 归纳女性生殖系统的组成。
2. 归纳卵巢的功能、位置、形态及固定装置。
3. 归纳输卵管的功能、分部、形态结构及相关临床意义。
4. 归纳子宫的形态、位置、姿势、固定装置的构成及其作用。
5. 归纳阴道的形态结构特征、位置和功能。
6. 了解女阴的构成。
7. 熟悉乳房的位置及形态结构特征。
8. 解释狭义会阴的概念。

女性生殖系统由内生殖器和外生殖器组成。内生殖器包括卵巢、输卵管、子宫、阴道及附属腺体。外生殖器即女阴（图7-14）。

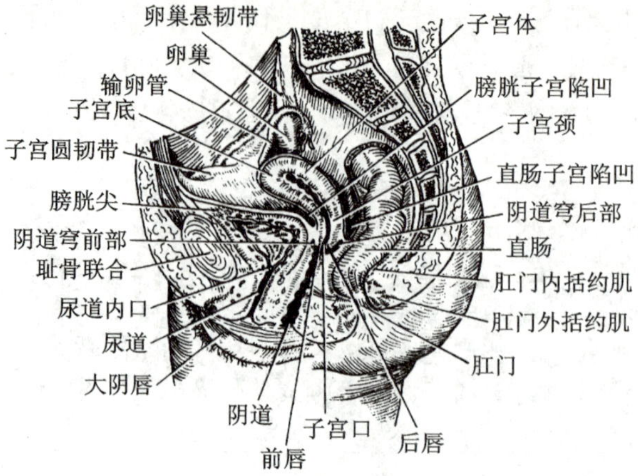

图7-14　女性盆腔正中矢状切面

一、卵巢

卵巢是女性的生殖腺，其功能是产生卵细胞、分泌女性激素。

（一）卵巢的位置与形态

卵巢左、右各一，位于盆腔侧壁，髂总动脉分叉处。卵巢呈扁卵圆形，上端借卵巢悬韧带连于骨盆侧壁，下端借卵巢固有韧带连于子宫底的两侧。前缘借卵巢系膜连于子宫阔韧带，其中部有血管、神经及淋巴管出入，称卵巢门。卵巢的大小随年龄而变化，幼女的卵巢较小，表面光滑；性成熟期体积最大，由于多次排卵，表面变得凹凸不平；30~40岁开始缩小；50岁左右随月经停止而萎缩（图7-15）。

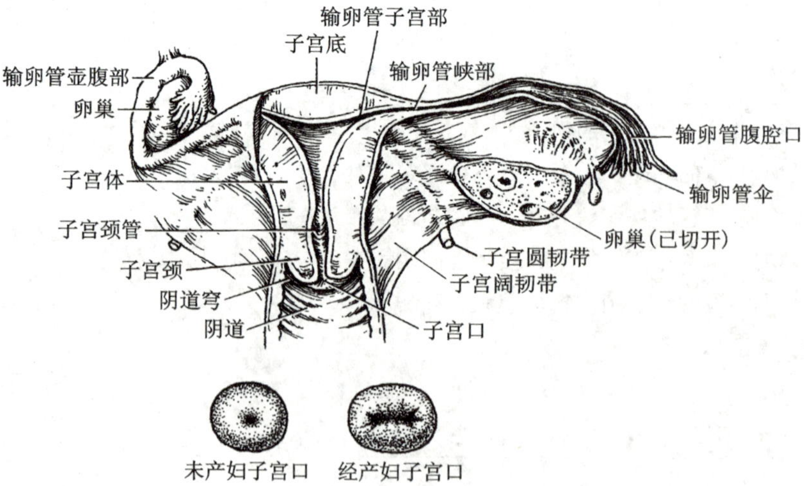

图7-15　女性内生殖器

（二）卵巢的微细结构

卵巢表面覆盖有单层扁平上皮或单层立方上皮，上皮深面为致密结缔组织构成的白膜。

卵巢实质可分为浅层的皮质和中央的髓质。皮质含不同发育阶段的卵泡（follicle）；髓质由疏松结缔组织、神经、血管和淋巴管等构成（图7-16）。

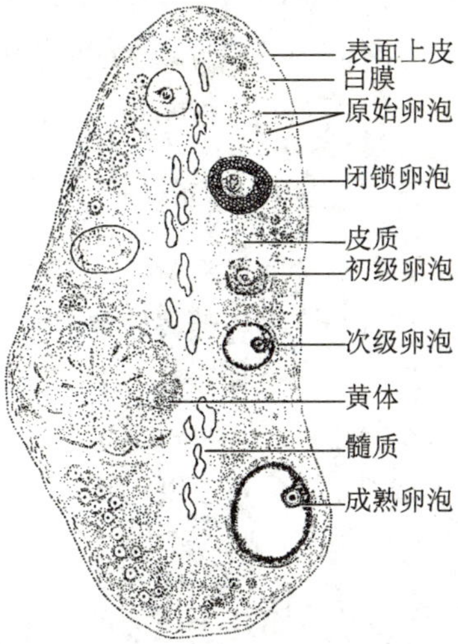

图7-16　卵巢的微细结构

（三）卵泡的发育

青春期开始时，两侧卵巢大约有4万个原始卵泡，进入青春期后，在垂体分泌的促性腺激素作用下，原始卵泡陆续开始发育，每个月经周期有数十个原始卵泡同时发育，但一般仅有一个卵泡成熟，并排卵，其余的都退化。因此，女性一生中约排卵400个。卵泡的发育可分四个阶段。

1. **原始卵泡（primordial follicle）** 原始卵泡是出生时就有的卵泡，位于皮质的浅层，体积小，数量多，由中央一个初级卵母细胞和周围一层扁平的卵泡细胞构成。初级卵母细胞是卵细胞的幼稚阶段，体积较大，圆形，长期停滞于第一次成熟分裂前期，直至排卵前才完成第一次成熟分裂。卵泡细胞对卵母细胞起支持、营养等作用。

2. **初级卵泡（primary follicle）** 初级卵泡由中央的初级卵母细胞和周围的单层或多层卵泡细胞构成。当原始卵泡开始生长时，初级卵母细胞体积增大；卵泡细胞增生，由扁平形变为立方形或柱状，由单层增至为多层，最里面的一层卵泡细胞变为柱状，呈放射状排列，称放射冠。在初级卵母细胞与放射冠之间出现一层均质状、嗜酸性的物质，称透明带。透明带是由初级卵母细胞和卵泡细胞共同分泌而成。卵泡周围的结缔组织形成卵泡膜。

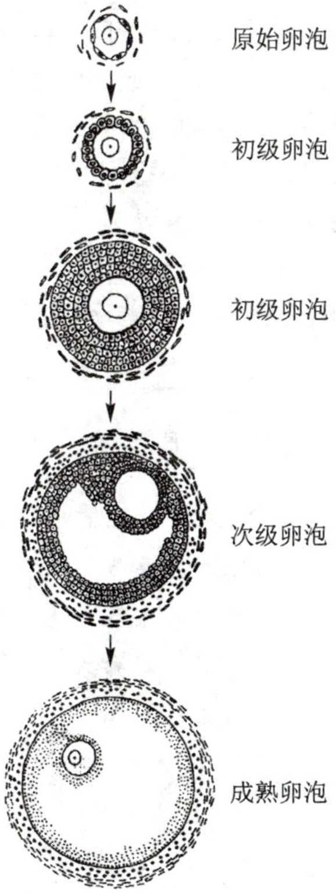

图7-17　卵泡发育模式图

3. **次级卵泡（secondary follicle）** 次级卵泡是由初级卵泡发育形成。此时，其卵泡细胞增至到十几层，卵泡细胞之间逐渐出现一些小腔隙，随后融合成较大的卵泡腔，腔内充满了卵泡液。由于卵泡液不断增多，卵泡腔不断增大，将初级卵母细胞、透明带和周围的卵泡细胞挤到卵泡腔的一侧，形成卵丘。卵泡腔周围的数层卵泡细胞形成卵泡壁，称颗粒层。卵泡细胞改称颗粒细胞。卵泡膜更加明显，分出内外两层。内层含较多的多边形或梭形的膜细胞、丰富的毛细血管，外层细胞毛细血管较少，有较多的胶原纤维和少量平滑肌。初级卵泡和次级卵泡均属生长卵泡。

4. **成熟卵泡（mature follicle）** 是卵泡发育的最后阶段，次级卵泡变为成熟卵泡。成熟卵泡很大，并向卵巢的表面突出。在排卵前36~48 h，其内的初级卵母细胞完成第一次减数分裂（成熟分裂），形成一个大的次级卵母细胞和一个小的极体细胞。第一极体位于次级卵母细胞与透明带之间的间隙内。次级卵母细胞很快进入第二次成熟分裂，停滞于分裂中期（图7-17）。

（四）排卵

成熟卵泡随着卵泡液增多，体积越来越大，其突向卵巢表面的部分卵泡壁、白膜及上皮逐渐变薄，最终破裂，次级卵母细胞连同透明带、放射冠和卵泡液，脱离卵巢进入腹膜腔，这一过程，称为排卵（ovulation）。排卵一般发生在月经周期的第14日。通常两侧卵巢交替排卵。排卵后24 h内次级卵母细胞若不受精，即退化消失；若受精次级卵母细胞继续完成第二次成熟分裂，形成一个成熟的卵细胞（单倍体23，X）和一个第二极体。

知识卡片

排卵期的计算

女性的排卵日一般在月经周期的第14天左右，排卵日及其前5天和后4天加在一起称为排卵期，在此期过性生活，怀孕几率高。

（五）黄体

排卵后，残留在卵巢内的卵泡细胞及卵泡膜，向腔内塌陷，卵泡膜的血管和结缔组织侵入颗粒层，形成富含毛细血管的腺样结构在垂体分泌的黄体生成素作用下，逐渐演化成具有内分泌功能的细胞团，新鲜时为黄色，故称黄体（corpus luteum）。黄体可以分泌孕激素和雌激素。孕激素有促进子宫内膜增生、子宫腺分泌和乳腺发育等功能；雌激素可促进女性生殖器官的发育，维持女性的第二性征和正常的性功能，促进子宫内膜增生。

黄体的大小和存在时间长短，取决于排出的卵细胞是否受精，如果排出的卵细胞没有受精，黄体只维持12~14日即退化，称月经黄体。若卵细胞受精并妊娠，黄体可维持4~6个月，称妊娠黄体。两种黄体退化后均被结缔组织所代替，称为白体。

（六）卵巢的内分泌功能

1. 雌激素　处于卵泡发育期和黄体期的卵巢均可分泌雌激素。由卵泡膜细胞和颗粒细胞协同分泌。
2. 孕激素　仅由黄体期的卵巢分泌。黄体内的粒黄体细胞分泌孕激素。
3. 雄激素　卵巢门处的门细胞可分泌雄激素。

二、输卵管

输卵管是一对输送卵子的肌性管道，长10~14 cm。

1. 输卵管的位置和形态　输卵管位于子宫底的两侧，包裹在子宫阔韧带上缘内，内侧端以输卵管子宫口与子宫腔相通，外侧端以输卵管腹腔口开口于腹膜腔。输卵管由内侧向外侧依次分为四部。

（1）输卵管子宫口：为穿过子宫壁的部分，直径最细，以输卵管子宫口通子宫腔。

（2）输卵管峡：细短而直，壁较厚，血管较少，是输卵管结扎术的常选部位。

（3）输卵管壶腹：约占输卵管全长的2/3，粗而弯曲，血管丰富，卵细胞通常在此受精。

（4）输卵管漏斗：是输卵管外侧端扩大的部分，呈漏斗状，游离缘有许多指状突起，叫输卵管伞，是手术中识别输卵管的标志。

2. 输卵管的微细结构　输卵管壁由内向外依次为黏膜、肌层和浆膜。黏膜内表面为单层柱状上皮，由分泌细胞和纤毛细胞组成。分泌细胞分泌物参与输卵管液的组成，管内液体借纤毛细胞纤毛向子宫腔的方向摆动和肌层平滑肌的收缩，可将卵细胞推向子宫腔。

三、子宫

子宫是胎儿生长发育的场所，是一壁厚、腔小的肌性器官。

（一）子宫的形态

成人未孕的子宫，呈前后略扁，倒置的梨形，可分为三部分。输卵管平面以上方膨隆的部分为子宫底。下部缩细呈圆柱形的部分称子宫颈。子宫颈的下端伸入阴道内，称子宫颈阴道都，是炎症和肿瘤的好发部位；阴道以上的部分称子宫颈阴道上部。子宫底与子宫颈之间为子宫体。子宫体与子宫颈交界处稍细，称子宫峡。产科常在此处进行剖宫取胎。

子宫内的腔隙较为狭窄，可分上、下两部分。上部位于子宫体内，称子宫腔，呈倒三角形，两侧与输卵管相通；下部位于子宫颈内，呈梭形，称子宫颈管。其上端通子宫腔，下口通阴道，称子宫口。未产妇的子宫口呈圆形；经产妇的子宫口呈横裂状。

（二）子宫的位置

子宫位于盆腔的中央，膀胱与直肠之间，下端接阴道，两侧有输卵管及卵巢，临床上统称子宫附件。当膀胱空虚时，成人子宫呈前倾、前屈位，人体直立时，子宫体伏于膀胱上面。前倾指子宫的长轴与阴道的长轴形成向前开放的钝角，稍大于90°。前屈指子宫体与子宫颈之间形成一个向前开放的钝角，约为170°（图7-18）。膀胱和直肠的充盈程度可影响子宫的位置。

（三）子宫的固定装置

子宫借韧带、阴道、尿生殖膈和盆底肌等保持其正常位置。固定子宫的韧带主要有以下几条（图7-19）。

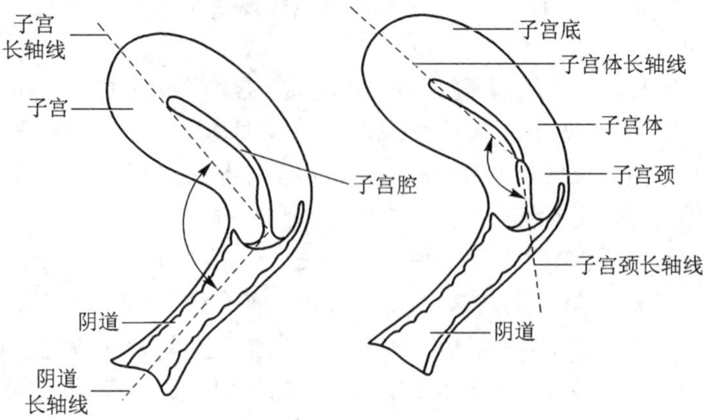

图7-18　子宫前倾、前屈位示意图

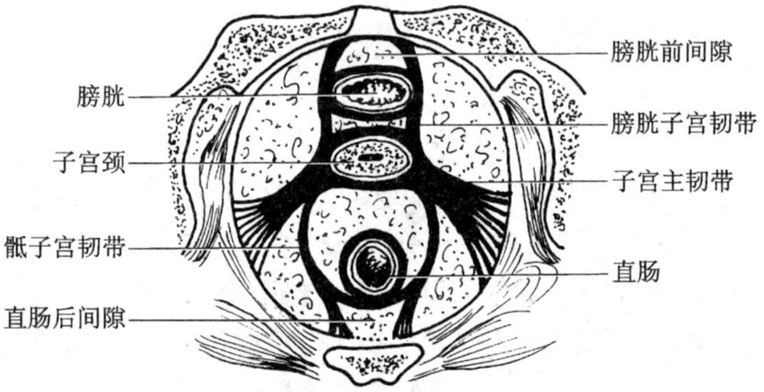

图7-19　子宫固定装置模式图

1. 子宫阔韧带　为子宫两侧与骨盆侧壁间的双层腹膜皱襞，此韧带可以限制子宫向两侧移动。

2. 子宫圆韧带　呈扁索状，由结缔组织和平滑肌构成。起于子宫体前面的上外侧，经子宫阔韧带内，行向前外侧穿过腹股沟管，止于阴阜和大阴唇的皮下，是维持子宫前倾的重要结构。

3. 子宫主韧带　位于子宫阔韧带的下方，连于子宫颈两侧和盆侧壁之间，由结缔组织和平滑肌纤维构成。它可固定子宫颈，防止子宫向下脱垂。

4. 骶子宫韧带　由结缔组织和平滑肌构成，起于子宫颈的后方，向后绕过直肠的两侧，止于骶骨的前面，此韧带向后上牵引子宫颈，与子宫圆韧带协同维持子宫的前屈位。

（四）子宫壁的微细结构

子宫壁由内向外依次为内膜、肌层和外膜构成（图7-20）。

1. 内膜　由单层柱状上皮和固有层构成。上皮为单层柱状，由大量的分泌细胞和较少的纤毛细胞组成。固有层为增生能力较强的结缔组织构成，内含丰富的螺旋动脉、子宫腺和基质细胞。基质细胞是一种分化程度很低的细胞。子宫内膜的浅层，称功能层，功能层较厚，约占子宫内膜厚度的4/5。妊娠时，功能层增厚，胚泡植入并发育成胎儿。子宫内膜的深层，称基底层，基底层较薄，约占子宫内膜厚度的1/5。不发生周期性脱落，具有增生、修复功能层的作用。

2. 肌层　很厚，由大量的平滑肌和少量的结缔组织构成，富有舒缩性。

3. 外膜　为浆膜。

图7-20　子宫的微细结构

（五）子宫内膜周期性变化

自青春期开始，在卵巢分泌的性激素的作用下，子宫内膜功能层出现周期性的变化，即每28日左右发生一次剥脱、出血、修复、增生，称为月经周期（menstrual cycle）；每一月经周期中，子宫内膜的结构变化，一般分三个期（图7-21）。

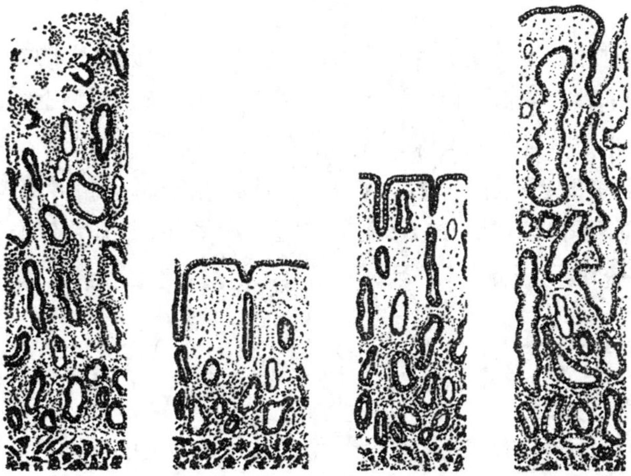

图7-21　子宫内膜周期性变化示意图

1. 月经期　月经周期的第1~4日。由于排卵后未受精，月经黄体退化，孕激素及雌激素水平迅速下降，子宫内膜中的螺旋动脉持续收缩，致使内膜功能层缺血坏死，随后螺旋动脉发生充血扩张，最终破裂出血，与坏死的功能层组织一起经阴道排出体外，成为月经。月经期末子宫内膜功能层全部脱落。

2. 增生期 月经周期的第5~14日。此期卵巢内若干卵泡又开始生长，雌激素分泌逐渐增多，在雌激素的作用下，脱落的子宫内膜功能层由基底层增生修复，渐渐增厚，子宫腺和螺旋动脉随之延长，并出现弯曲。增生期末，子宫内膜增厚可达2~3 mm，卵巢内的卵泡发育成熟并排卵。

3. 分泌期 月经周期的第15~28日。卵巢排卵后，黄体开始发育，在黄体分泌的孕激素和雌激素的作用下，基质细胞进一步增多，胞体肥大，胞质中糖原、脂滴含量增多；子宫腺更加饱满，含有丰富营养的分泌物，螺旋动脉更加弯曲、充血；固有层细胞继续增生及组织液增多，内膜处于生理性水肿状态。此时子宫内膜可厚达5~7 mm，适于胚泡的植入和发育。若卵子受精，内膜继续增厚，发育成蜕膜；否则，又转入下个月经期。

知识卡片

宫 外 孕

凡孕卵在子宫腔以外的任何部位着床者，统称为异位妊娠，习称为宫外孕，根据着床部位不同，有输卵管妊娠、卵巢妊娠、腹腔妊娠、宫颈妊娠及子宫残角妊娠等，异位妊娠中，以输卵管妊娠最多见。约占90%以上。引起宫外孕的常见原因是输卵管炎及粘连，如慢性输卵管炎、结核、子宫内膜异位等。

四、阴道

阴道为连接子宫和外生殖器的肌性管道，富有伸展性，是女性的性交器官，也是排出月经和娩出胎儿的通路。阴道有前壁、后壁和侧壁，前后壁互相贴近。阴道上端包绕子宫颈阴道部，两者间形成一环行的间隙，称为阴道穹。阴道穹可分为前、后及两侧部，后部最深，与直肠子宫陷凹仅隔以阴道壁和腹膜。当直肠子宫陷凹有积液时，可经阴道穹后部穿刺或引流。阴道下端以阴道口开口于阴道前庭。处女的阴道口周围有处女膜。阴道位于骨盆中央，前有膀胱和尿道，后邻直肠。

五、前庭大腺

前庭大腺是女性的附属腺，形似豌豆，位于前庭球后端的深面，其导管开口于阴道前庭，有润滑阴道的作用（图7−22）。

六、外生殖器

女性外生殖器又称女阴，包括阴阜、阴蒂、大阴唇、小阴唇和阴道前庭（图7−23）。

1. 阴阜 为耻骨联合前方的皮肤隆起，性成熟后，皮肤长有阴毛。

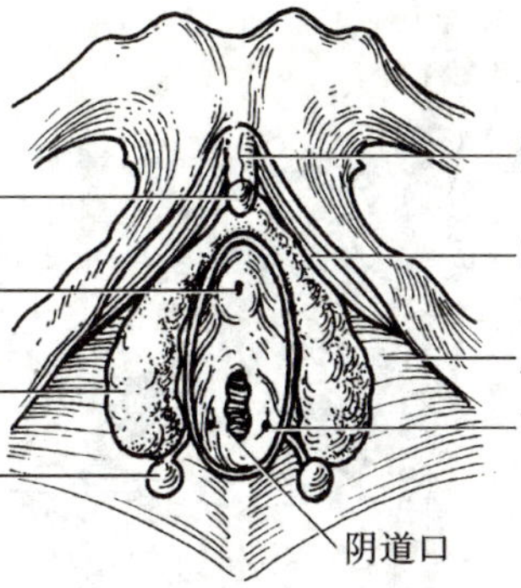

图7-22　阴蒂、前庭球及前厅大腺

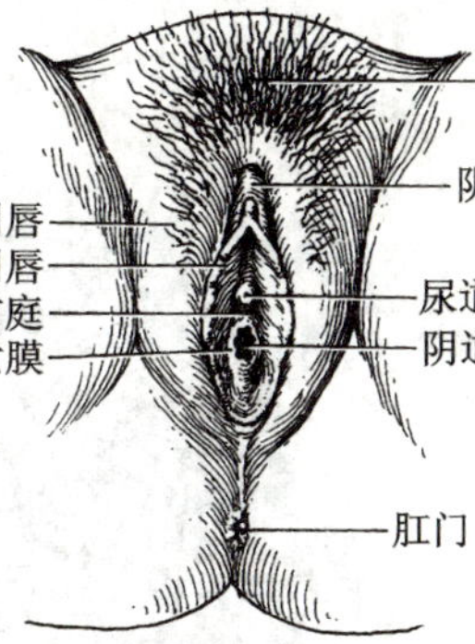

图7-23　女性外生殖器

2. 大阴唇　是一对纵行隆起的皮肤皱襞。大阴唇前端和后端相互连合，形成唇前连合和唇后连合。

3. 小阴唇　位于大阴唇内侧一对较薄的皮肤皱襞，表面光滑无阴毛。小阴唇前端包绕阴蒂形成阴蒂包皮和阴蒂系带。

4. 阴道前庭　为两侧小阴唇之间的裂隙，前部有尿道外口，后部有阴道口。

5. 阴蒂　位于唇前连合的后方，由两个阴蒂海绵体（相当于男性阴茎海绵体）构成，有丰富的神经末梢，感觉敏锐。

七、乳房

男性乳房不发达，但乳头的位置较恒定，多位于第4肋间隙，常作为定位标志。女性乳房是哺乳器官。

（一）乳房的位置和形态

乳房位于胸大肌和胸筋膜的表面，上起第2~3肋，下至第6~7肋，内侧至胸骨旁线，外侧可达腋中线。成人未产妇的乳房呈半球状，富有弹性，中央的突起为乳头，平第4肋间隙或第5肋。乳头顶部有许多输乳管的开口，乳头周围环状的色素沉着区，称为乳晕。乳头的皮肤较薄，易受损伤而感染。

（二）乳房的内部结构

乳房主要由皮肤、脂肪组织和乳腺构成。乳腺被脂肪组织分隔成15~20个乳腺叶，以乳头为中心呈放射状排列。每个乳腺叶又分为若干乳腺小叶，每一乳腺叶有一条排泄管，称输乳管，开口于乳头（图7-24，图7-25）。。乳房手术时应尽量采取放射状开口，以减少对乳腺叶和输乳管的损伤。

乳房皮肤与胸肌筋膜及乳腺之间连有许多结缔组织带或小束，称乳房悬韧带，对乳房有支持作用。当乳腺癌侵及此韧带时，韧带缩短，牵引皮肤向内凹陷，致使皮肤形成许多小凹，类似橘皮，称橘皮样变，是乳腺癌早期的征象之一。

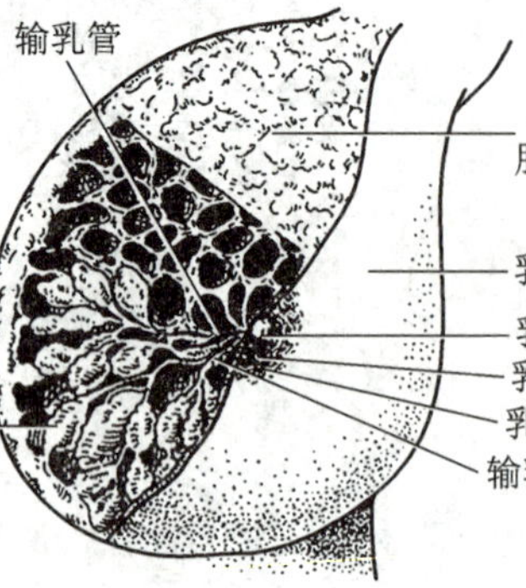

图7-24　女乳房前面

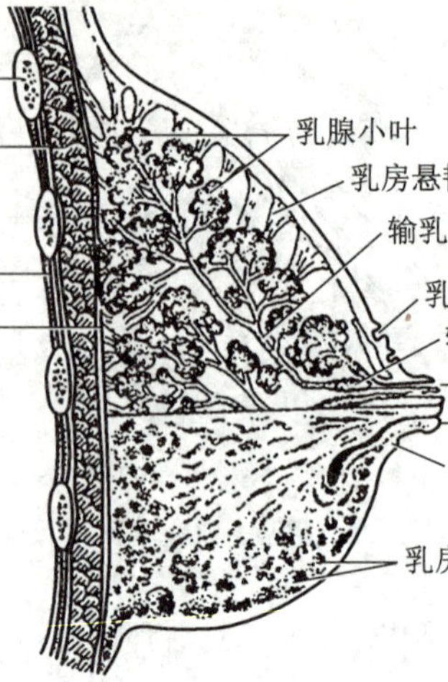

图7-25　女乳房矢状切面

护理应用

人初乳与早吮吸

母亲产后7天以内所分泌的乳汁称为初乳。初乳的特点是较为黏稠，外观微黄色，以后逐渐变成白色成为成熟乳，初乳中抗体和白细胞等抗病物质含量特别高，这些抗病物质对新生儿的呼吸道和消化道能起到保护作用，使新生儿免遭感染。此外，初乳中微量元素铜、铁、锌的含量也较高，以后显著减少。因此，产后应让新生儿早接触母亲乳房，早吮吸。

八、会阴

会阴有广义和狭义之分。广义会阴是指封闭骨盆下口的所有软组织，呈菱形。以两侧坐骨结节的连线为界，将会阴分为前、后两个三角形区域。前方的是尿生殖区，男性有尿道通过，女性有尿道和阴道通过；后方的是肛区，有肛管通过（图7-26）。

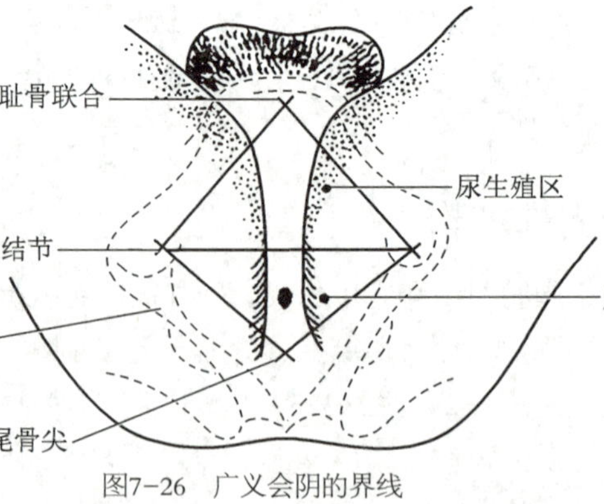

图7-26　广义会阴的界线

狭义会阴指肛门与外生殖器之间狭小区域的软组织，在女性也称产科会阴。产科会阴在分娩时伸展扩张较大，结构变薄，助产时应注意保护，避免撕裂（图7–27）。

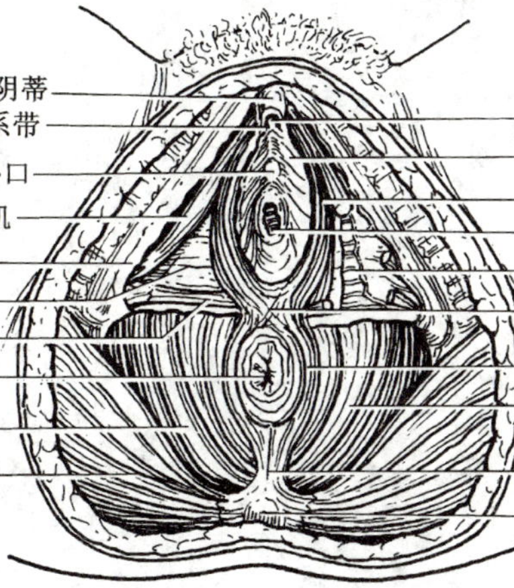

图7–27　女会阴肌

讨论角

1. 月经周期的三个时期中卵巢分泌的雌激素和孕激素水平有何变化？雌激素和孕激素分泌水平的变化对子宫内膜有何影响？
2. 简述子宫的形态、位置及固定装置。

第八章 脉管系统

脉管系统由心血管系统和淋巴系统组成，是一系列密闭而连续的管道系统。心血管系统由心、动脉、毛细血管和静脉组成，其内流动着血液；淋巴系统由淋巴管道、淋巴器官和淋巴组织构成。淋巴液沿淋巴管道向心流动，最后汇入静脉，因此淋巴管道常被看做是静脉的辅助管道。

脉管系统的主要功能是运输，即不断把营养物质、氧气及激素运送到全身各器官的组织和细胞，同时将组织和细胞代谢过程中产生的代谢产物和二氧化碳运送到相应的器官排出体外。另外脉管系统还有内分泌功能，防御功能，并参与维持机体内环境理化特性的相对稳定。

第一节　心血管系统的大体解剖

学习目标

1. 掌握脉管系统的组成。
2. 能描述体循环和肺循环的循环路径，并能比较两者的不同。
3. 掌握心的位置、外形和心腔的形态结构，熟悉心传导系统的组成。
4. 能说出人体动脉主干和主要动脉的名称、起止、行程及主要分支。
5. 能说出上、下腔静脉系的组成及收集范围，能描述人体主要浅静脉的名称、起止、行程、收集范围和注入部位。
6. 掌握肝门静脉的组成、行程、特点，掌握肝门静脉系与上、下腔静脉系间的吻合及临床意义。
7. 知道并能正确指出人体可触及搏动的动脉及常用的压迫止血点。
8. 能认识各器官标本和器官上的主要结构。

一、概述

（一）组成

心血管系统包括心、动脉、毛细血管和静脉。心是一个中空的肌性器官，是血液循环的动力器官，它有节律地收缩和舒张，推动血液在心血管内不停地循环。动脉是引导血液离心的管道，动脉在行程中反复分支，分为大、中、小动脉，最后移行为毛细血管。静脉是引导血液回心的管道，小静脉始于毛细血管，在回心的途中不断接受属支，逐级汇合变粗，经中静脉、大静脉最后注入心房。毛细血管介于小动脉和小静脉之间，相互交织成网，管壁薄、管腔小，血流缓慢，是血液与组织、细胞进行物质交换的场所。

> **知识卡片**
>
> 人体血管知多少？
>
> 人体的任何部位被刺破了，都会流出血液，可见血管纵横交错、密密麻麻地布满了全身。一个身高一米八的人身上的血管，大大小小约有1000多亿条，如果把它们首尾连接起来，会有15万多千米长，也就是说，人体血管的长度可以绕地球两周半。

（二）血液循环

血液由心室出发，流经动脉、毛细血管、静脉、再返回心房，这种周而复始的循环流动称为血液循环，根据血液循环的途径和功能可分为体循环和肺循环（图8-1）。

1. **体循环（大循环）** 携带氧和营养物质的动脉血从左心室经主动脉，再经主动脉各级分支流向全身各处毛细血管，在此进行物质交换，氧和营养物质透过毛细血管壁进入组织间隙，供组织和细胞利用，同时组织和细胞代谢产生的代谢产物及二氧化碳进入血液，这样使鲜红的动脉血变成了暗红的静脉血，再经过各级静脉，最后由上、下腔静脉（心的静脉由冠状窦）回到右心房。体循环途径长，范围广，经过全身各处，完成了物质交换，将动脉血变成了静脉血。

2. **肺循环（小循环）** 由体循环回心的静脉血从右心室射入肺动脉，经肺动脉各级分支至肺泡壁毛细血管，在此进行气体交换，血液中的二氧化碳透过气血屏障进入肺泡腔，肺泡腔中的氧气透过气-血屏障进入毛细血管。此后，血液经左、右肺静脉流至左心房。肺循环途径短，范围小，只经过肺，完成了气体交换，使静脉血变成动脉血。

（三）血管的吻合及侧支循环

血管之间借吻合支或交通支彼此连接，形成血管吻合。人体的血管之间存在有广泛的血管吻合，以适应人体各部的机能。按吻合的形式可分为动脉间吻合、静脉间吻合和动静脉吻合三类（图8-2）。

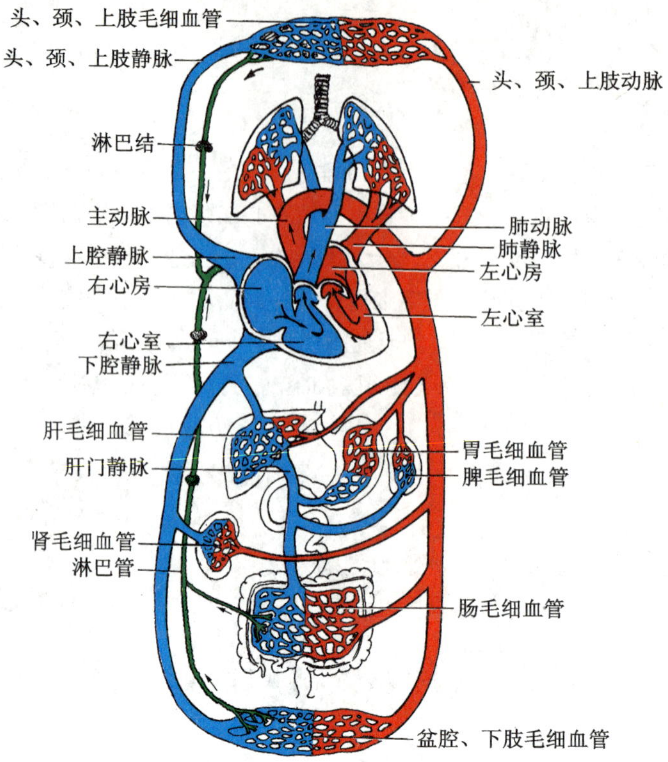

图8-1　血液循环示意图

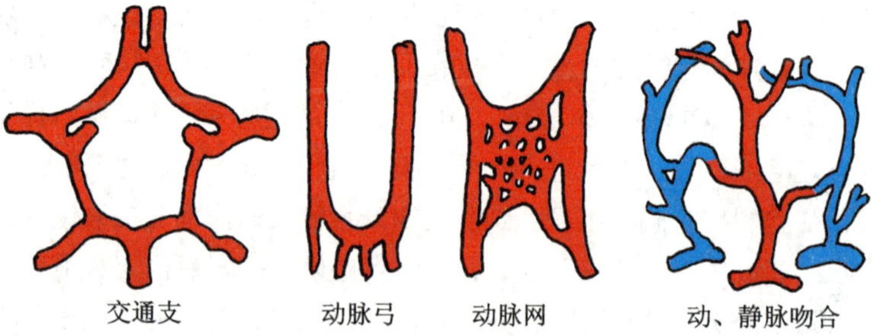

图8-2　血管的吻合形式

1. **动脉间吻合**　在人体许多部位和器官存在动脉间吻合形式，常见的有交通支、动脉网和动脉弓等，如脑底动脉环、膝关节动脉网、掌浅弓、掌深弓等。动脉吻合的意义在于缩短血液循环时间和调节血液流量。

2. **静脉间吻合**　静脉间吻合远比动脉间吻合丰富。浅静脉之间、深静脉之间以及浅、深静脉之间都有吻合，吻合形式除与动脉间的吻合形式相似之外，还有静脉丛和静脉网，如直肠静脉丛、脐周静脉网等。静脉间吻合的意义在于保证静脉回流畅通无阻。

3. **动静脉吻合**　小动脉和小静脉可借动静脉吻合直接连通，如指（趾）端、耳和鼻的皮肤等处。动静脉吻合意义在于缩短循环路径，调节局部血流量和局部温度。

4. **侧支吻合**　有的动脉主干在行程中发出与其平行的侧副管（侧支），发自主干不同平面的侧副管彼此吻合称侧支吻合。当主干阻塞时，侧副管血流量加大而逐渐增粗，以保证主干阻塞以下部位的血供，这种通过侧副吻合而建立的血液循环称侧支循环。侧支循环对保证器官的血液供应有重要意义（图8-3）。

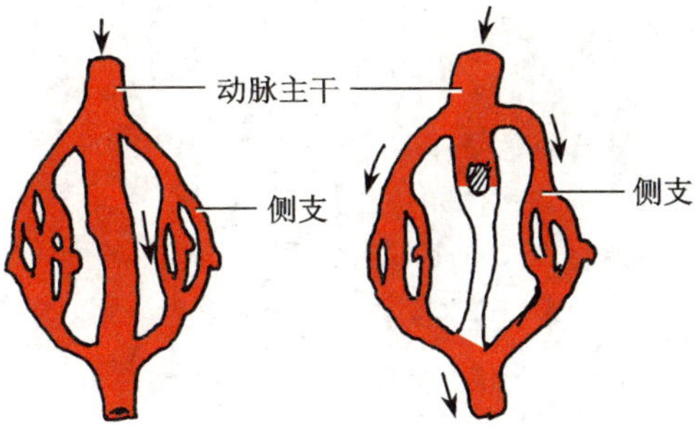

图8-3 血管的侧支吻合与侧支循环示意图

知识卡片

为什么碰伤的皮肤处会有紫癜

毛细血管遍布全身，管壁很薄，当皮肤受到碰击后，皮下组织内的毛细血管容易破裂，流出的血液受到皮肤的阻挡无法流到体外，只能聚集在破碎血管的周围而使皮肤成了青黑色，这就是紫癜形成的原因。

二、心

（一）心的位置与毗邻

心位于胸腔中纵隔内，约2/3位于正中线的左侧，1/3位于正中线的右侧。心的前面大部分被肺和胸膜所遮盖，只有小部分与胸骨体和左侧4~6肋软骨直接相邻。心的后方与食管和胸主动脉相邻。心两侧与肺和胸膜相邻。心下方与膈相邻，上方与出入心的大血管相连（图8-4）。

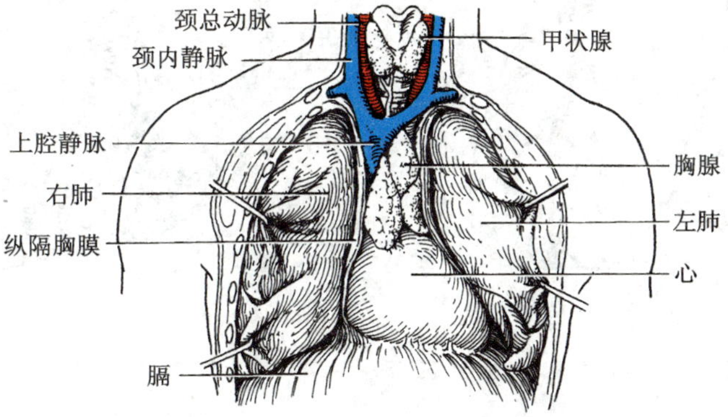

图8-4 心的位置

知识卡片

人体内的“永动机”——心脏

说心脏是“永动机”一点也不夸张，心脏是一个强壮的、不知疲倦、努力工作的强力泵。如果按一个人心脏平均每分钟跳动75次、寿命是70岁计算的话，那么一个人一生中，心脏就要跳动27亿多次，所泵出的血液总量约为2亿多升，可以浮起一艘万吨巨轮。

（二）心的外形

心呈倒置的前后略扁的圆锥形，大小与本人的拳头相似。具有一尖、一底、两面、三缘、三条沟。心底朝向右后上方，与出入心的大血管相连。心尖钝圆，由左心室构成，朝向左前下方，其体表投影在左侧第5肋间隙、左锁骨中线内侧1~2 cm处，或距前正中线7~9 cm处，此处可以摸到心尖搏动。心的前面稍隆凸，与胸骨体和肋软骨相对，又称胸肋面。心的下面较平坦与膈相对，又称膈面。心右缘垂直钝圆，主要由右心房构成。心左缘钝圆主要由左心室构成，小部分为左心耳。心下缘较锐利，近水平位，大部分为右心室构成，仅心尖部为左心室构成。心表面有三条沟，在近心底处有一条不完整的环形沟称冠状沟，是心房和心室在心表面分界的标志。在胸肋面自冠状沟至心尖稍右侧的一条纵沟称前室间沟，在膈面自冠状沟至心尖稍右侧的一条纵行的沟称后室间沟，前、后室间沟是左、右心室的心表面分界的标志。心表面的沟内均有血管和脂肪充填（图8-5、图8-6）。

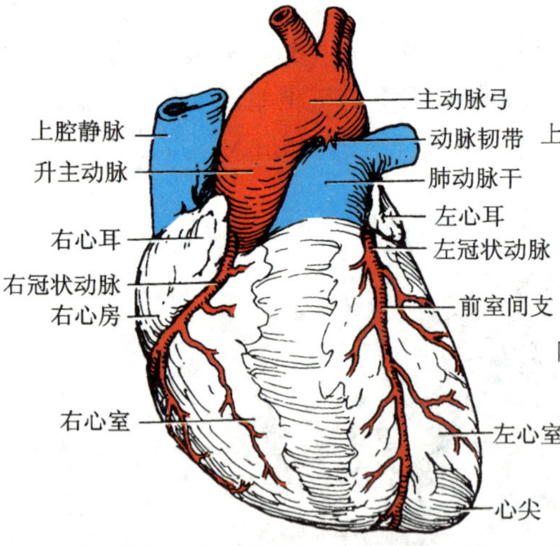

图8-5　心的外形与血管（前面）

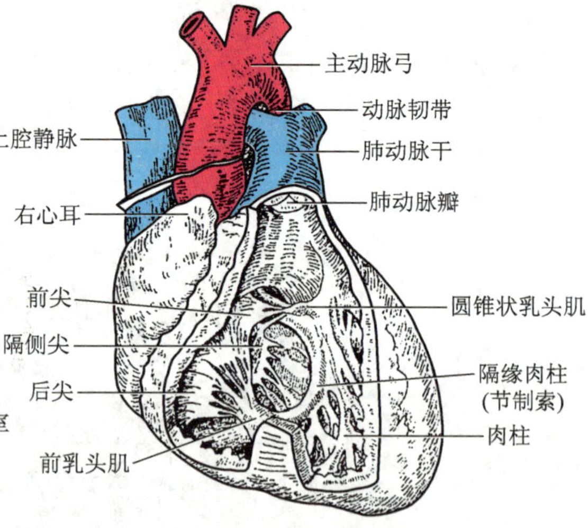

图8-6　右心室的腔面

护理应用

心内注射术的应用

心内注射术是抢救心搏骤停患者时将药物通过胸壁直接注入心室腔内的一种复苏术。进行心内注射时多在左侧第四肋间隙，胸骨左侧旁0.5~1 cm处，沿肋骨上缘垂直进针3~4 cm刺入左心室，穿刺点偏外可穿破胸膜而造成气胸，穿刺点偏内则可能刺破胸廓内动、静脉。穿经结构由浅入深依次为皮肤、浅筋膜、肋间隙、胸内筋膜、心包、心室前壁至心室腔。注射时一定要注意必须抽得回血方可注射药物，以免将药物注入心肌内引起心律失常或心肌坏死。

胸外心脏按压术

胸外心脏按压是抢救心搏骤停患者的一项基本技术，其原理是通过有节律地将心脏按压于胸骨与脊柱之间，使血液从左、右心室排出，放松时胸骨和肋软骨复位，心脏舒张静脉血向心回流，通过心脏被动的排空和充盈来推动血液循环，并借助机械刺激恢复心的自动节律性收缩。操作时注意按压部位要准确，在胸骨中、下1/3交界处，过高可伤及大血管，过低可伤及腹腔脏器；按压力量要适度，使胸骨下陷3~5 cm即可，过轻起不到作用，过重易导致肋骨骨折；必须同时实施人工呼吸才有效。抢救有效的标志是病人肤色转红润，瞳孔缩小，自主呼吸恢复，可摸到大动脉搏动。

（三）心各腔的心态

心为中空的肌性器官，被心间隔分为互不相通的左右两半心，每半心有一个心房和一个心室，房、室之间以房室口相通，所以心共有4个腔，分别是右心房、右心室、左心房和左心室。

1. 右心房　右心房位于心的右上部，以心表面的界沟和内面的界嵴为界分为前方的固有心房和后方的腔静脉窦。固有心房突向左前方的部分称右心耳，右心耳内面有平行排列的肌性隆起，称梳状肌，当心功能障碍，血流缓慢时，在此处易形成血栓。腔静脉窦内面光滑，有3个入口和1个出口，3个入口分别是上端的上腔静脉口，下端的下腔静脉口，下腔静脉口与右房室口之间的冠状窦口，1个出口即右房室口通向右心室。在房间隔右侧面下部有一卵圆形凹陷称卵圆窝，为胚胎时期卵圆孔闭锁后的遗迹（图8-7）。

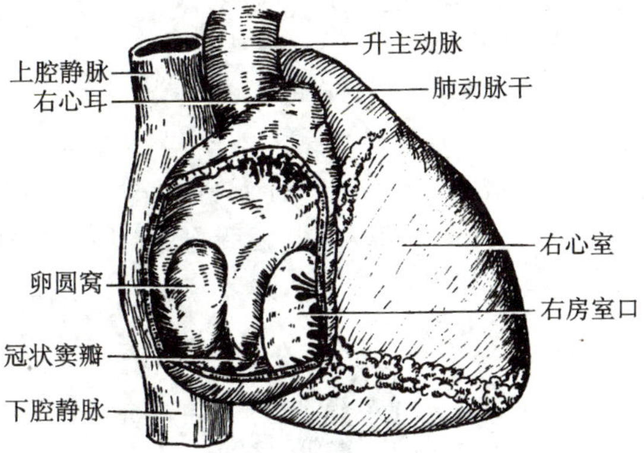

图8-7　右心房的腔面

2. 右心室　右心室位于右心房左前下方，室壁上有一弓状的肌性隆起称为室上嵴，以室上嵴为界将右心室分为后下方的流入道和前上方的流出道。

（1）右心室流入道：腔面凹凸不平，室壁有许多肌性隆起，其中纵横交错的柱状隆起称为肉柱，尖端突入心室腔的锥体形隆起称为乳头肌。右心室的乳头肌分为前、后 、隔侧三群，前乳头肌根部有一肌束横过室腔至室间隔下部称为隔缘肉柱（节制索），内有心传导系统的右束支通过。

流入道有一个入口，称右房室口，口周围的纤维环上附有3片三角形的瓣膜称三尖瓣，分别是前瓣、后瓣和隔侧瓣，瓣膜借腱索与乳头肌相连。在功能上纤维环、三尖瓣、腱索和乳头肌是一个整体，称三尖瓣复合体。当右心室舒张时三尖瓣开放，右心房的血液经房室口流入右心室；当右心室收缩时，三尖瓣关闭，可防止血液反流回右心房，由于有乳头肌收缩牵拉腱索，使瓣膜恰好关闭，不至于翻向心房（图8-8、图8-9）。

（2）右心室流出道：形似圆锥状，室壁光滑称动脉圆锥，有一出口称肺动脉口，口周围的纤维环上附有3片半月形口袋状的瓣膜称肺动脉瓣，开向肺动脉，当右心室收缩时肺动脉瓣开放血液由右心室射入肺动脉，当右心室舒张时肺动脉瓣关闭，防止血流返回右心室（图8-9）。

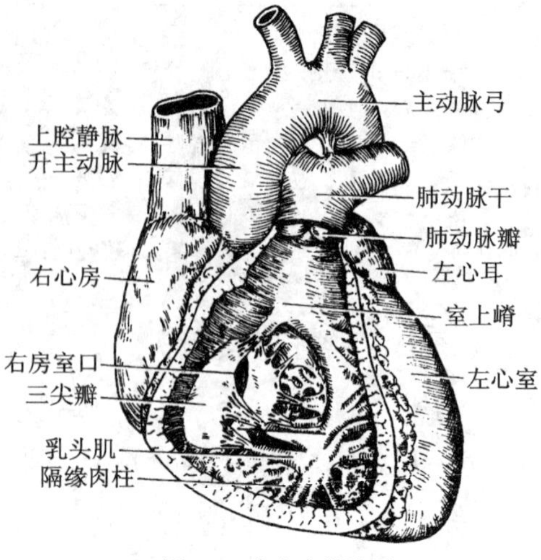

图8-8 右心室的腔面

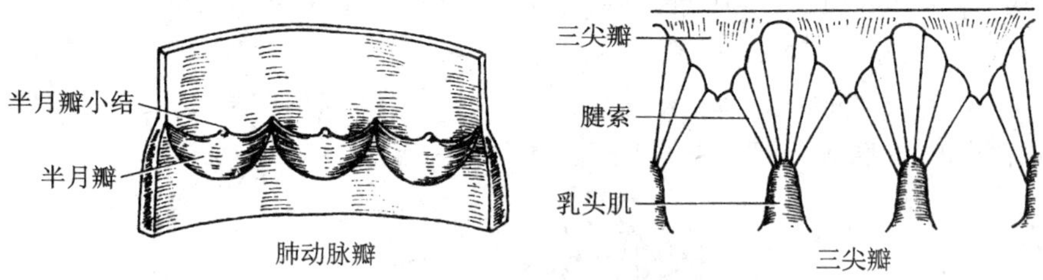

图8-9 肺动脉瓣和三尖瓣模式图

3. 左心房 左心房主要构成心底，其突向右前方的部分称左心耳，左心耳内亦有梳状肌，左心房有4个入口1个出口，4个入口即左心房后壁的两侧各有两个肺静脉口，1个出口即左房室口，通向左心室（图8-10）。

图8-10 左心房与左心室

4. 左心室　左心室位于右心室的左后方，以二尖瓣前瓣为界分为流入道和流出道。

（1）左心室流入道：有1个入口，即左房室口，口周围纤维环上附有两片三角形的瓣膜，称二尖瓣，分别是前瓣和后瓣，瓣膜也借腱索和乳头肌牵拉，室壁内有发达的肉柱。纤维环、二尖瓣、腱索和乳头肌的功能同右心室，称二尖瓣复合体。

（2）左心室流出道：室壁光滑称主动脉前庭，有1个出口称主动脉口，口周围的纤维环上附有3片半月形口袋状的瓣膜，称主动脉瓣，开口向主动脉，其形态和功能同肺动脉瓣。主动脉瓣与主动脉壁之间的腔隙称主动脉窦，可分为左、右、后3个窦，左、右窦壁上分别有左、右冠状动脉的开口，称为左、右冠状窦口（图8-11）。

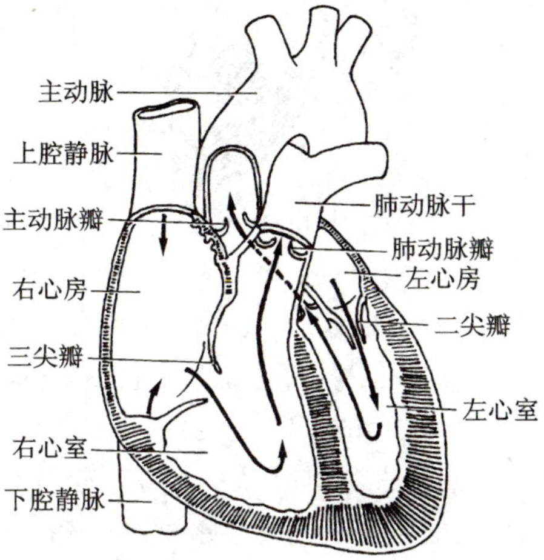

图8-11　心各腔的血流方向（示意图）

> **知识卡片**
>
> 奇妙的人体“阀门”——瓣膜
>
> 阀门是管道、泵或其他机器中调节和控制液体的流量、压力和方向的装置。人体内也有许多功能更为精细和复杂的“阀门”，它们分别是：① 动力阀门——心瓣膜包括二尖瓣、三尖瓣、肺动脉瓣和主动脉瓣，它们顺血流方向而开启，逆血流方向而关闭，以保证心腔内血液的定向流动。② 血管阀门——静脉瓣，循环系统中的浅静脉和部分淋巴管内有半月形的瓣膜，其作用是保证血液和淋巴的定向流动。

（四）心壁的构造

心壁从内向外依次由心内膜，心肌层和心外膜构成（图8-12）。

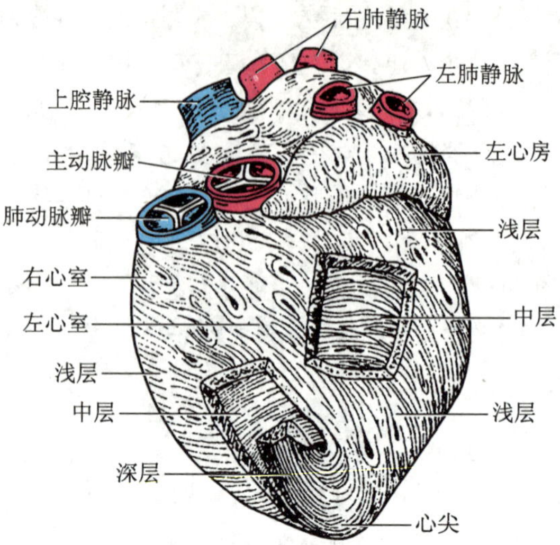

图8-12　心肌层

1. 心内膜　衬于心腔内表面，并与出入心的大血管的内膜相延续，是一层光滑的薄膜，由内皮和内皮下层构成。心内膜在房室口和动脉口折叠成心瓣膜。

2. 心肌层　由心肌纤维构成心壁的主体，包括心房肌和心室肌。心房肌较薄，由浅、深两层构成，浅层肌横行，深层肌呈袢状或环形。心室肌较厚，可分浅、中、深三层，浅层肌斜行，中层肌环形，深层肌纵行，心肌纤维之间有丰富的毛细血管和结缔组织。左心室肌最厚约为右心室肌的3倍。心房肌和心室肌不相连续，分别附于由致密结缔组织构成的纤维环上，故心房肌和心室肌不会同时收缩（图8-13）。

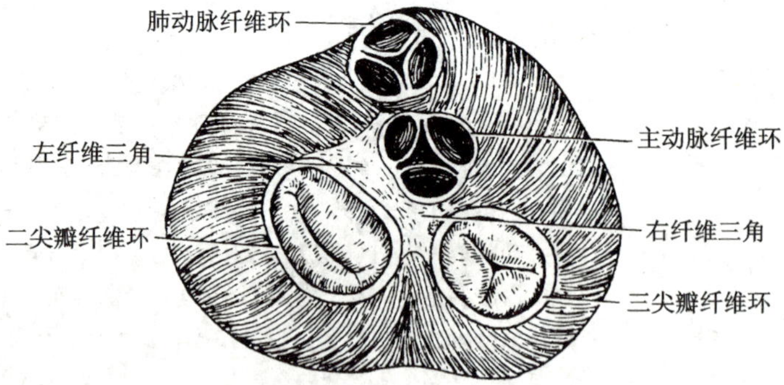

图8-13　纤维环与纤维三角

3. 心外膜　为浆膜性心包的脏层，贴在心肌表面，是一层透明而光滑的浆膜。

4. 房间隔和室间隔

（1）房间隔：房间隔位于左、右心房之间，由两层心内膜夹少量心房肌和结缔组织构成，卵圆窝处较薄弱，是房间隔缺损的好发部位（图8-14）。

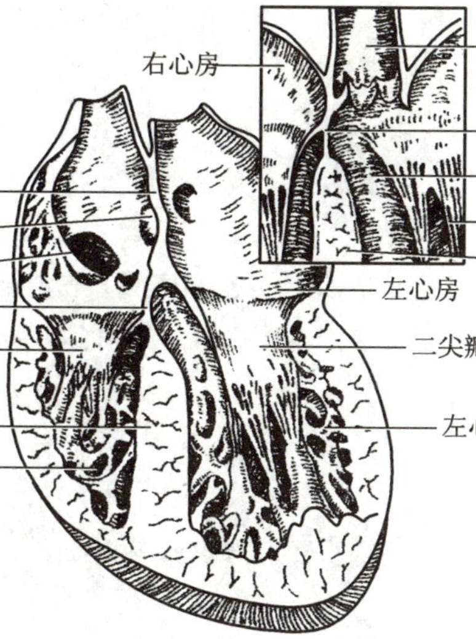

图8-14　房间隔与室间隔

（2）室间隔：室间隔位于左、右心室之间，可分为上方的膜部和下方的肌部（图8-14）。肌部较厚，由两层心内膜夹心室肌构成，两侧心内膜深面分别有左、右束支通过。膜部较薄，为一不规则的膜性部分，缺乏肌质，是室间隔缺损好发部位。

（五）心的传导系统

心传导系统是由特殊分化的心肌细胞构成，包括窦房结、房室结、房室束、左右束支及其终末分支（图8-15）。心传导系统的功能是产生兴奋、传导冲动和维持心的正常节律性搏动。

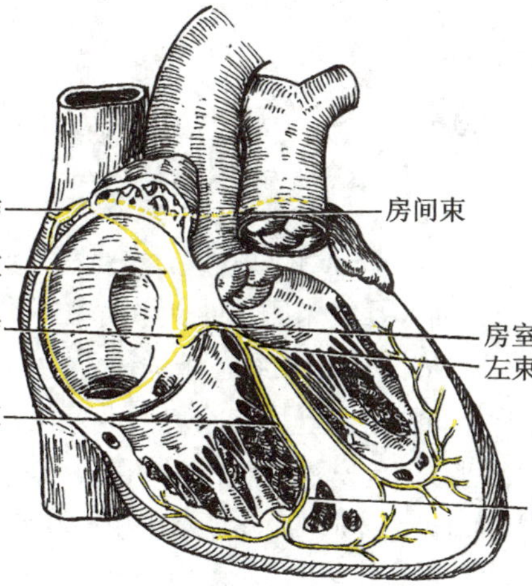

图8-15　心的传导系统模式图

1. **窦房结**　呈长椭圆形，位于上腔静脉与右心房交界处的界沟上1/3心外膜的深面，自律性最高，是心的正常起搏点。

2. **房室结**　呈扁椭圆形，位于冠状窦口前上方的心内膜深面，其主要功能是将窦房结传来的冲动延搁后传给心室。房室结是兴奋从心房传向心室的必经之路，是重要的次级起搏点，许多复杂的心律失常常在此发生。

3. 房室束及左右束支　房室结发出房室束，又称His束，下行进入室间隔膜部，至室间隔肌部上方分为左、右束支，左、右束支沿室间隔肌部两侧，于心内膜深面下行，分成许多细小的浦肯野纤维与普通心肌纤维相连。

窦房结发出的冲动，先传给心房肌，引起心房肌兴奋和收缩，同时也传导至房室结，延搁后，再通过房室束和左、右束支传至浦肯野纤维再到普通心室肌细胞，从而引起心室肌兴奋和收缩。

（六）心的血管

心本身的血液循环称冠状循环，心的血液供应来自左、右冠状动脉，心的静脉血大部分经冠状窦注入右心房。

1. 动脉　营养心的动脉有左、右冠状动脉（图8-16）。

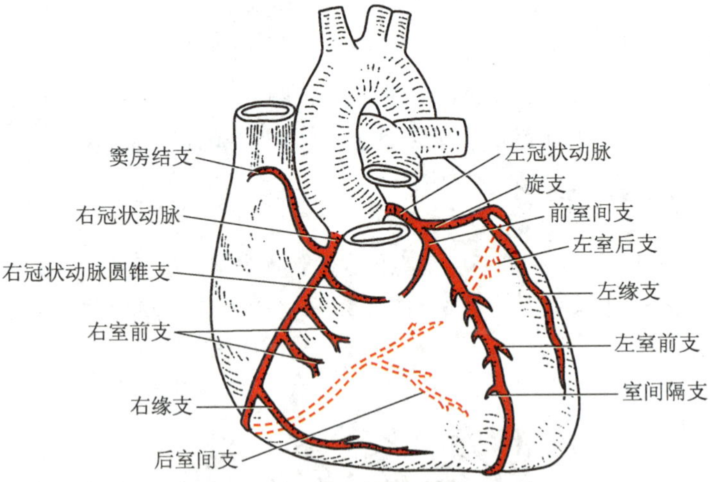

图8-16　冠状动脉

（1）右冠状动脉：起始于主动脉的右冠状动脉窦，主干经右心耳与肺动脉干之间进入冠状沟，沿冠状沟绕心右缘至心膈面，延续为后室间支沿后室间沟下行与前室间支吻合。右冠状动脉通常分布于窦房结、房室结、右心房、右心室、室间隔后下1/3和左心室后壁一部分。

（2）左冠状动脉：起始于主动脉的左冠状动脉窦，主干在左心耳与肺动脉干之间进入冠状沟，立即分为旋支和前室间支。旋支沿冠状沟绕心左缘至心膈面，前室间支沿前室间沟下行，绕心尖切迹至后室间沟与后室间支吻合。左冠状动脉通常分布于左心房、左心室，右心室前壁一部分和室间隔前上2/3。

2. 静脉　心的静脉大多汇入冠状窦，经冠状窦口注入右心房，亦有小静脉直接注入心各腔。冠状窦位于心膈面，左心房与左心室之间的冠状沟内，其主要属支有心大、中、小静脉（图8-17）。

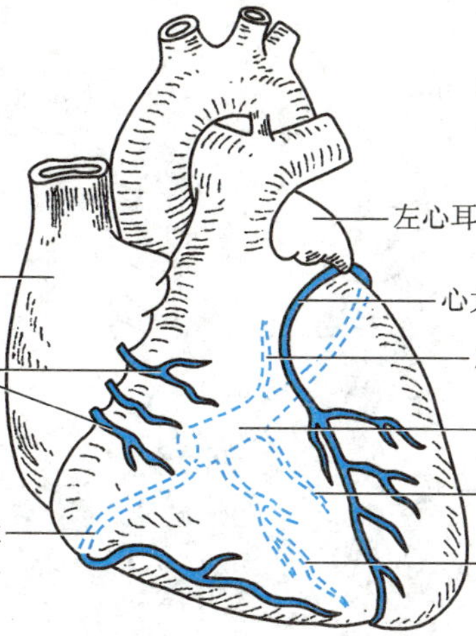

图8-17　心的静脉模式图

（1）心大静脉：在前室间沟与前室间支伴行，进入冠状沟后绕心左缘至心膈面，注入冠状窦左端。

（2）心中静脉：起于心尖部，在后室间沟伴后室间支上行，注入冠状窦右端。

（3）心小静脉：起于心下缘，在冠状沟内与右冠状动脉伴行，注入冠状窦右端。

（七）心包

心包是包裹心和大血管根部的纤维浆膜囊，分内、外两层，外层为纤维心包，内层为浆膜心包。纤维心包厚而坚韧，上方与出入心的大血管外膜相延续，下方与膈的中心腱相愈着。浆膜心包分壁层和脏层，壁层衬于纤维心包内面，脏层即心外膜，包于心肌层表面。脏、壁两层在大血管根部互相移行，二者之间形成的潜在腔隙称心包腔，腔内有少量浆液，起润滑作用，可减少心搏动时脏、壁两层之间的摩擦（图8-18）。

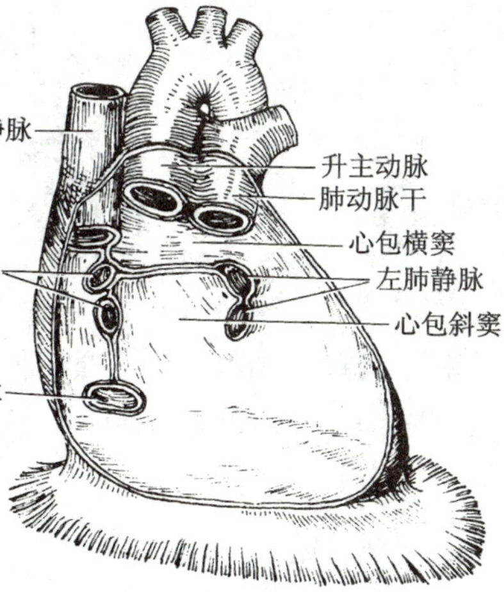

图8-18　心包

（八）心的体表投影

心在胸前壁的体表投影可以用以下四点及其连线来表示（图8-19）。

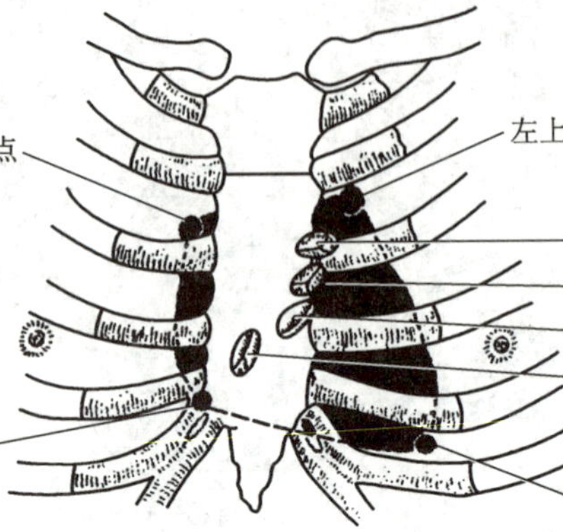

图8-19　心的体表投影

1. 左上点　在左侧第2肋软骨的下缘，距胸骨左缘约1.2 cm处。
2. 右上点　在右侧第3肋软骨的上缘，距胸骨右缘约1 cm处。
3. 左下点　在左侧第5肋间隙，左锁骨中线内侧1~2 cm处（或距前正中线7~9 cm处）。
4. 右下点　在右侧第6胸肋关节处。

左、右上点间的连线为心的上界，左、右下点间的连线为心的下界，左侧上、下点之间稍凸向左侧的连线为心的左界，右侧上、下点之间稍凸向右侧的连线为心的右界。了解心在体表的投影对判断心的大小有重要意义。

三、肺循环的血管

1. 肺循环的动脉　肺动脉干为一粗短动脉干，起自右心室，向左上斜行至主动脉弓的下方，分为左、右肺动脉（图8-5）。左肺动脉较短，水平向左，经食管、胸主动脉前方至左肺门，分两支进入左肺上、下叶。右肺动脉较长，水平向右，经升主动脉、上腔静脉后方至右肺门，分3支分别进入右肺上、中、下三叶。

在肺动脉干分叉处稍左侧与主动脉弓下缘之间有一短的结缔组织索称动脉韧带，是胚胎时动脉导管闭锁后的遗迹（图8-5）。若出生后6个月动脉导管仍不闭锁，称动脉导管未闭，属先天性心脏病的一种。

肺动脉内流动着的是静脉血。

2. 肺循环的静脉　肺循环的静脉起始于肺泡毛细血管，向肺门逐渐汇合，在肺门处每侧肺各形成上、下两条肺静脉，左、右肺静脉出肺门分别注入左心房的各部。肺静脉内流动着的是动脉血。

四、体循环的动脉

动脉是将血液从心运到全身各部器官的管道。动脉的分支，离开主干进入器官前的一段称器官外动脉，进入器官后成为器官内动脉（图8-20）。

动脉在人体的分布具有一定的规律，这种规律是与全身各部的结构、发育和功能相适应的。器官外动脉分布的规律是：动脉分支大部分都是左右对称，每一大局部都有1~2条动脉干；在躯干部动脉分支分为壁支和脏支，在某些部位壁支呈节段性（如肋间后动脉）；动脉走行时常和静脉、神经伴行，形成血管神经束，并走在身体的屈侧或隐蔽安全的部位；动脉分布到器官时总是以最短距离到达，其管径及数目与该器官的功能及新陈代谢的旺盛程度相关。器官内动脉则根据该器官的形态及结构的不同而呈横行、纵行、放射状等形式分布（图8-21）。

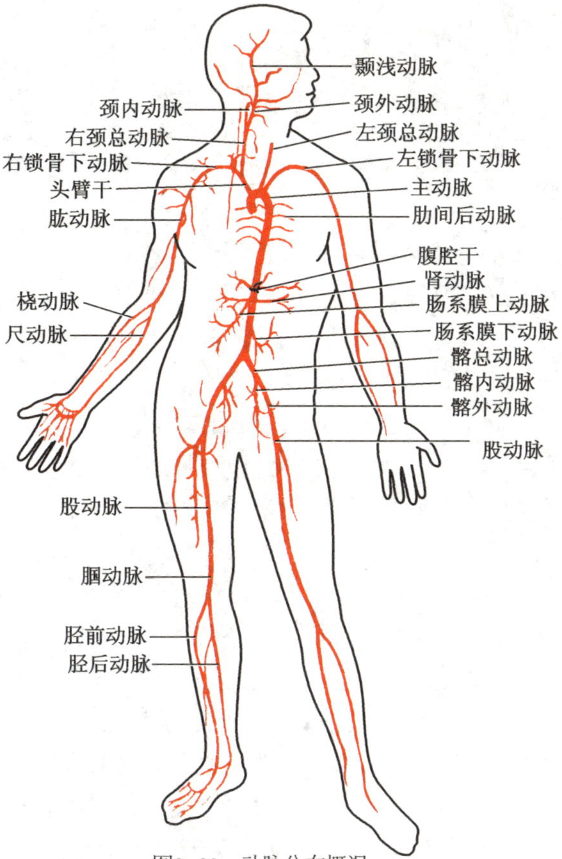

图8-20　动脉分布概况

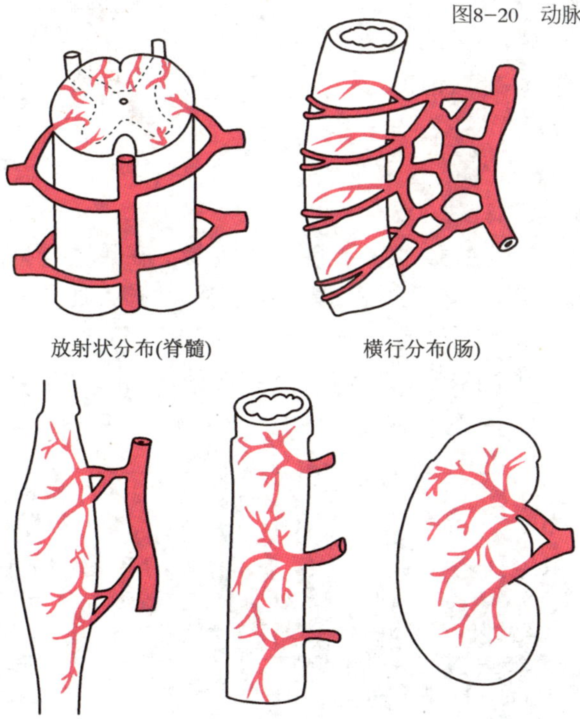

图8-21　器官内动脉分布模式图

护理应用

动脉穿刺术

动脉穿刺术应用于穿刺采血、注射药物或插入导管，临床上常用的穿刺动脉是颈总动脉和股动脉，颈总动脉的穿刺点在胸锁乳突肌前缘中点，股动脉穿刺点在腹股沟韧带中点下方2~3 cm处。实施股动脉穿刺术时要避免伤及股神经或误入股静脉。

动脉是体循环的动脉主干，发自左心室，按其行程分为升主动脉、主动脉弓和降主动脉，降主动脉又以膈为界分为胸主动脉和腹主动脉（图8−22）。

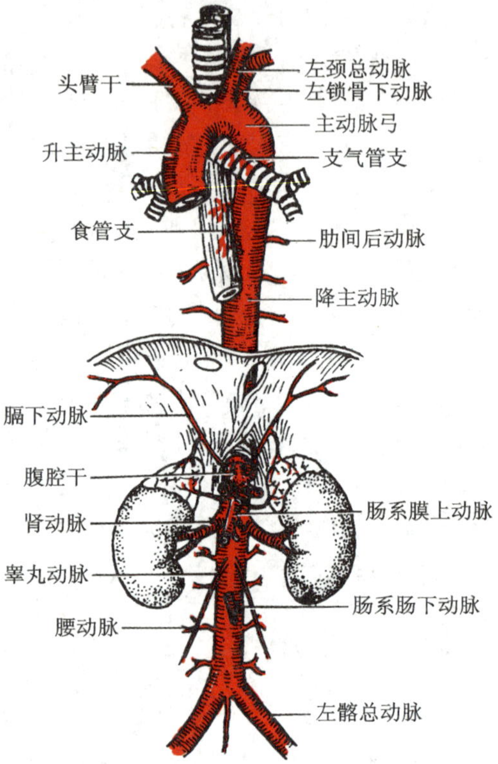

图8−22　主动脉走行及分布概况

升主动脉起自左心室，在肺动脉干与上腔静脉之间上行，至右侧第2胸肋关节后方移行为主动脉弓。升主动脉根部发出左、右冠状动脉。

主动脉弓续升主动脉，在胸骨柄后方弓形弯向左后下，至第4胸椎体下缘移行为降主动脉。主动脉弓壁内有压力感受器，具有感受血压变化和调节血压的作用。在主动弓下方有2~3个粟粒状小体，称主动脉小球，属化学感受器，可以感受血液中CO_2浓度的变化，当血液中CO_2浓度升高时，可反射性引起呼吸加深加快。主动脉弓的凸侧有3大分支，自右向左依次为头臂干、左颈总动脉、左锁骨下动脉。头臂干向右上斜行至右侧胸锁关节后方分为右颈总动脉和右锁骨下动脉。

降主动脉续主动脉弓，沿脊柱左前方下行穿膈主动脉裂孔进入腹腔，降主动脉在膈以上称胸主动脉，在膈以下称腹主动脉。腹主动脉下行至第4腰椎体下缘，分为左、右髂总动脉。髂总动脉沿腰大肌内侧下行，至骶髂关节处分为髂内动脉和髂外动脉。

全身各大局部的动脉主干可以概括如下：头颈部——颈总动脉和锁骨下动脉；上肢——腋动脉；胸部——胸主动脉；腹部——腹主动脉；盆部——髂内动脉；下肢——股动脉。

护理应用

心搏停止的判断

为危重病人实施胸外心脏按压术之前必须确认病人心搏停止，判断的标准是大动脉搏动是否消失。首选颈总动脉，因其位置表浅，易暴露。颈总动脉位于气管与胸锁乳突肌之间，可用示指、中指指端先触及气管正中，男性可先触及喉结，然后滑向颈外侧气管与肌群之间的沟内，触摸有无搏动；其次可选取股动脉，股动脉位于股三角内，可于腹股沟韧带中点稍下方触摸。由于此时病人动脉搏动缓慢、不规律，或者微弱不易触及，因此触摸时间不可少于5~10 s，确认摸不到搏动才可进行心脏按压，因为对尚有心跳的病人进行胸外心脏按压会导致严重的并发症。

（一）头颈部的动脉

头颈部的动脉主干是颈总动脉和锁骨下动脉。

1. 颈总动脉　劲总动脉是头颈部的主要动脉干，左侧颈总动脉起自主动脉弓，右侧颈总动脉起自头臂干，二者均在胸锁关节的后方沿气管、喉和食管的外侧上行，至甲状软骨板上缘高度分为颈内动脉和颈外动脉。颈总动脉分叉处有两个重要的结构，颈总动脉末端和颈内动脉起始处的膨大部，称颈动脉窦，其管壁内有压力感受器，当血压升高时，可反射性引起心跳变慢，周围血管扩张，使血压下降。在颈总动脉分叉处后方有一扁椭圆形小体，称颈动脉小球，属化学感受器，可感受血液中CO_2浓度的变化，调节呼吸运动。

（1）颈外动脉：颈外动脉由颈总动脉分出后，上行穿腮腺，于下颌颈高度分为颞浅动脉和上颌动脉两个终支（图8-23）。主要分支有：① 甲状腺上动脉：由颈外动脉起始处发出，向前下行，分支布于甲状腺上部和喉。② 舌动脉：在甲状腺上动脉稍上方发出，分支布于舌、舌下腺和腭扁桃体。③ 面动脉：约平下颌角起始，经下颌下腺深面，在咬肌前缘越下颌骨下缘至面部，沿口角和鼻翼外侧上行达内眦，改名为内眦动脉。面动脉沿途分支布于面部软组织、下颌下腺和腭扁桃体。④ 颞浅动脉：经耳屏前方上行，越颧弓根至颞部，分支布于腮腺和额、顶、颞部软组织。⑤ 上颌动脉：经下颌颈深面至颞下窝，在翼内、外肌之间向前内走行至翼腭窝，沿途分支布于口腔、鼻腔、咀嚼肌、硬脑膜等。其主要分支为脑膜中动脉，向上穿棘孔入颅腔分支布于硬脑膜和颅骨。

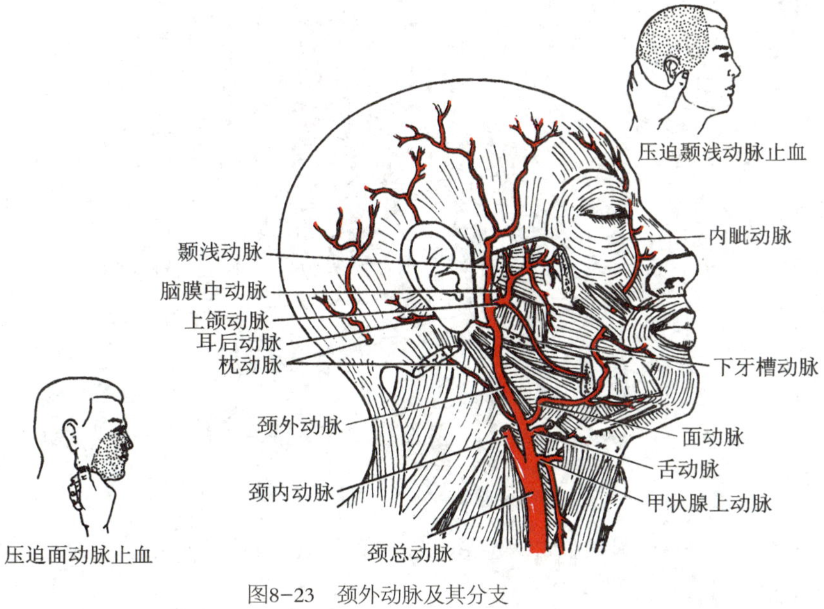

图8-23　颈外动脉及其分支

（2）颈内动脉：颈内动脉由颈总动脉分出后，垂直上行穿过颅底颈动脉管进入颅腔，分支布于脑和视器，在颈部无分支（图8-24）。

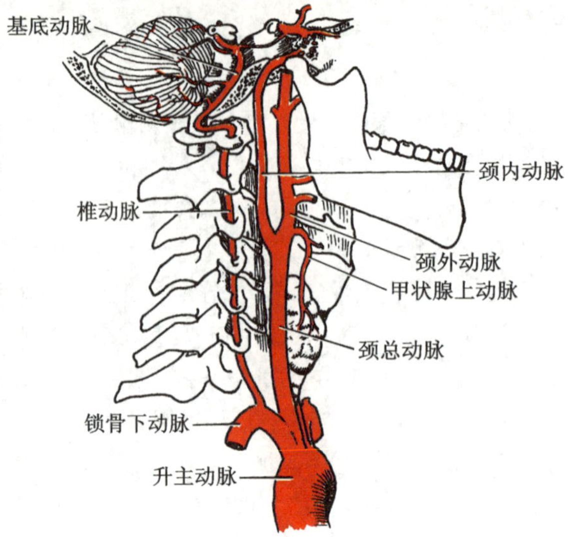

图8-24　颈内动脉与椎动脉

2. 锁骨下动脉　左锁骨下动脉起自主动脉弓，右锁骨下动脉起自头臂干，经胸锁关节后方至颈根部，弓状经胸膜顶前方，穿斜角肌间隙至第1肋外侧缘移行为腋动脉。主要分支有椎动脉、胸廓内动脉和甲状颈干等（图8-25）。

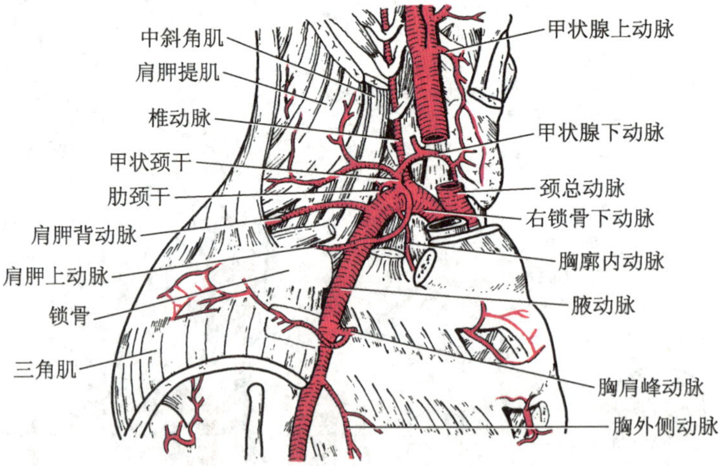

图8-25　锁骨下动脉及其分支

（1）椎动脉：在前斜角肌内侧起始，向上穿第6至第1颈椎横突孔，经枕骨大孔入颅，分支布于脑和脊髓。

（2）胸廓内动脉：起自锁骨下动脉，垂直下行入胸腔，沿胸骨外侧缘1.5 cm处，经第1~6肋软骨后面下行，胸廓内动脉沿途分支布于胸前壁、胸膜、心包、膈、乳房等。其终支称腹壁上动脉，下行进入腹直肌鞘，沿腹直肌后面下行至脐附近与腹壁下动脉吻合，营养腹直肌和腹膜。

（3）甲状颈干：为一短干，起始于椎动脉外侧，自锁骨下动脉发出后，立即分为数支，分支布于甲状腺下部、喉、食管和气管等处，主要分支为甲状腺下动脉。

（二）上肢的动脉

1. 腋动脉　腋动脉是上肢的动脉主干，在第1肋的外侧缘续锁骨下动脉，于背阔肌下缘移行为肱动脉（图8-26），主要分支有：

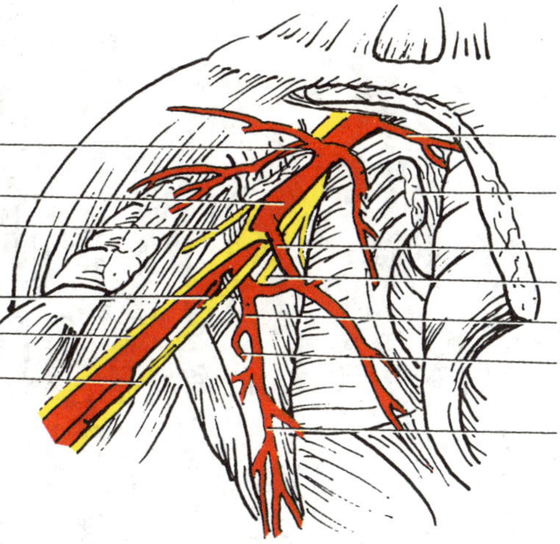

图8-26　腋动脉及其分支

（1）胸肩峰动脉：分支布于三角肌、胸大肌、胸小肌和肩关节。

（2）胸外侧动脉：分支布于前锯肌和乳房等。

（3）肩胛下动脉：分支有胸背动脉和旋肩胛动脉，前者分支布于背阔肌和前锯肌，后者分支布于冈下窝附近诸肌。

（4）旋肱后动脉：绕肱骨外科颈，分支布于肩关节和三角肌。

2. 肱动脉　肱动脉续腋动脉，沿肱二头肌内侧缘下行至肘窝，在桡骨颈平面分为桡动脉和尺动脉。肱动脉沿途分支布于臂部肌肉、肱骨和肘关节（图8-27）。在肘窝稍上方，肱二头肌内侧可摸到肱动脉的搏动，临床上测量血压常在此处听诊。

3. 桡动脉　桡动脉自肱动脉发出后，沿前臂前面桡侧下行，绕桡骨茎突远侧转向手背，穿第1掌骨间隙到手掌。桡动脉沿途分支布于前臂桡侧诸肌、肘关节和腕关节，主要分支有拇主要动脉和掌浅支。掌浅支参与构成掌浅弓，终末支参与构成掌深弓。拇主要动脉分布到拇指两侧和示指桡侧。在桡骨茎突的内侧，桡侧腕屈肌腱外侧，桡动脉位置表浅，可摸到搏动，是临床上测量脉搏的常用部位（图8-28）。

4. 尺动脉　尺动脉由肱动脉分出后，沿前臂前面尺侧下行，经豌豆骨桡侧达手掌。主要分支有骨间总动脉和掌深支。骨间总动脉分为骨间前、后动脉，沿骨间膜前、后面下行，分支布于前臂肌和尺、桡骨。掌深支参与构成掌深弓。

5. 掌浅弓和掌深弓

（1）掌浅弓：位于掌腱膜深面，由尺动脉的末端和桡动脉掌浅支吻合而成，从掌浅弓凸侧发出3条指掌侧总动脉和1条小指尺掌侧动脉，指掌侧总动脉各分为两条指掌侧固有动脉，

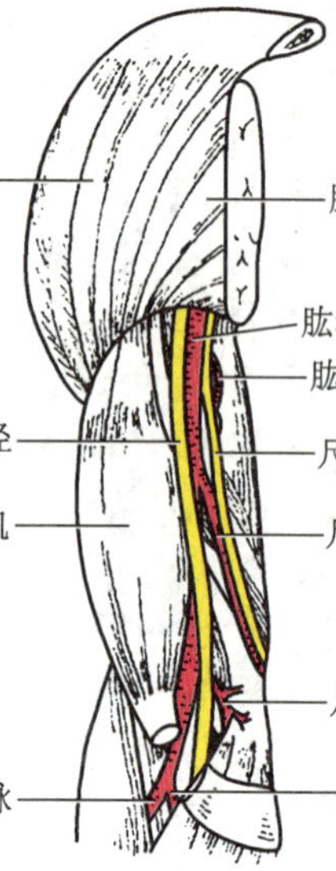

图8-27　肱动脉及其分支

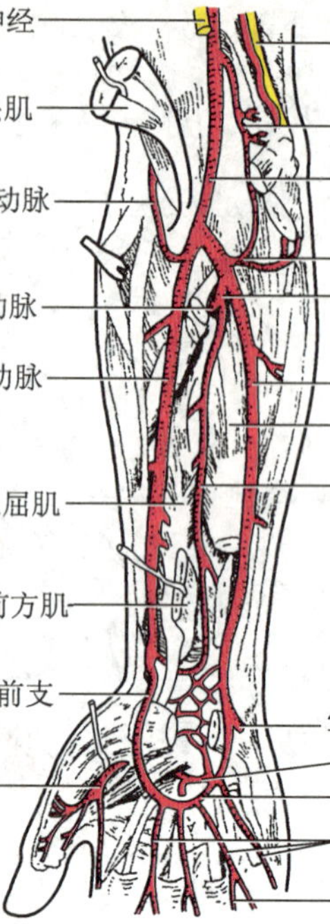

图8-28　前臂前面的动脉

沿2~5指相对缘下行至指端，小指尺掌侧动脉分布于小指掌面侧尺侧缘。

（2）掌深弓：位于手掌屈肌腱深面，由桡动脉末端与尺动脉掌深支吻合而成，由掌深弓凸侧发出3条掌心动脉，分别注入相应的指掌侧总动脉（图8-29）。

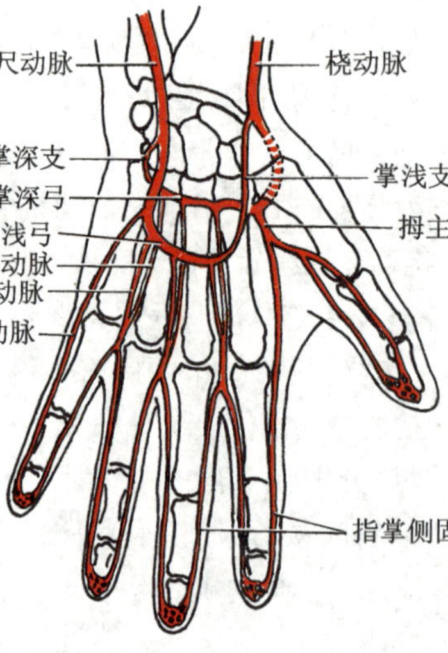

图8-29　掌浅弓和掌深弓

护理应用

动脉血压测量

血压是临床上检测患者病情变化的重要指标之一。临床上常在肱动脉处进行血压测量，因其距离心脏较近、坐位时容易使动脉、心脏及血压计保持在同一水平、且位置表浅，是测量血压时听诊的理想部位。特殊情况下可以选取腘动脉，此部位测量的血压值与在臂部测得的会有差别，一般收缩压会高20~30mmHg，舒张压相同，记录时应予以注明。另外，测量下肢血压时病人应取卧位。

（三）胸部的动脉

胸部的动脉主干是胸主动脉，其分支有壁支和脏支两种。脏支细小，包括支气管支、食管支和心包支，分支布于同名各器官。壁支共10对，上9对走在第3~11对肋间隙内，称肋间后动脉，最后1对走在第12肋的下缘，称肋下动脉，分支布于胸壁、腹壁上部、背部和脊髓等处（图8-30）。

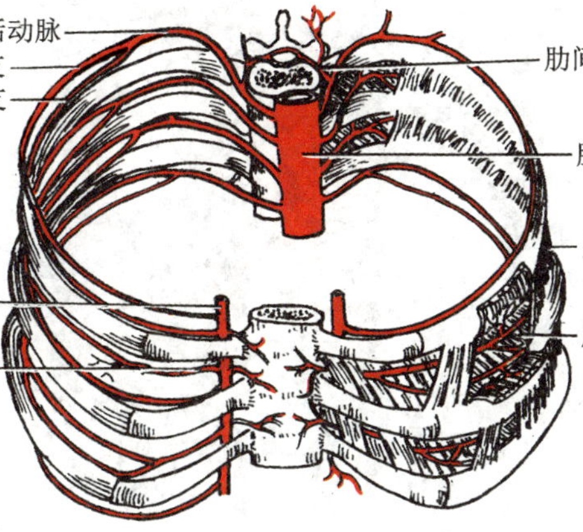

图8-30　胸壁的动脉

（四）腹部的动脉

腹部的动脉主干是腹主动脉，可分为壁支和脏支两类。

1. **壁支**　主要有腰动脉、膈下动脉和骶正中动脉，分布于腹后壁、脊髓、肾上腺和盆腔后壁等处。

2. **脏支**　可分为不成对的脏支和成对的脏支两类。

（1）不成对的脏支：有腹腔干、肠系膜上动脉、肠系膜下动脉。

1）腹腔干：短而粗，在主动脉裂孔稍下方由腹主动脉前壁发出，随即分为胃左动脉、肝总动脉和脾动脉（图8-31、图8-32）。① 胃左动脉：由腹腔干分出后，向左上行至贲门附近，在小网膜两层之间，沿胃小弯右行与胃右动脉吻合，分支布于食管下段和胃小弯侧的胃壁。② 肝总动脉：进入肝十二指肠韧带内，分为肝固有动脉和胃十二指肠动脉。肝固有动脉上行至肝门附近分为左、右支经肝门入肝，肝右支在入肝门前发出胆囊动脉分布于胆囊，肝固有动脉在其起始还发出胃右动脉，沿胃小弯左行与胃左动脉吻合，分支布于胃小弯侧的胃壁。胃十二指肠动脉在十二指上部后方下行，分为胃网膜右动脉和胰十二指肠

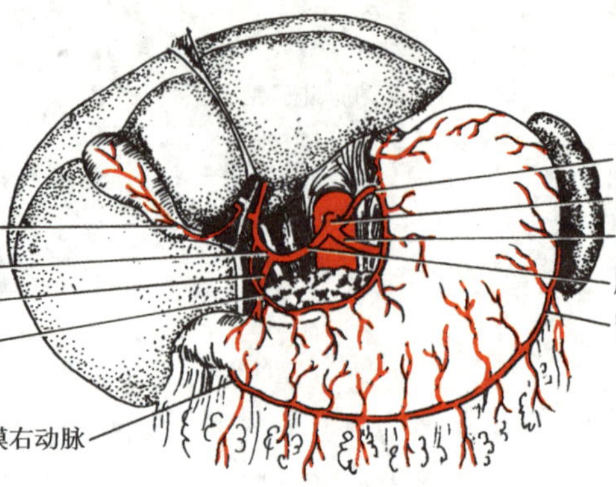

图8-31　腹腔干及其分支（胃前面）

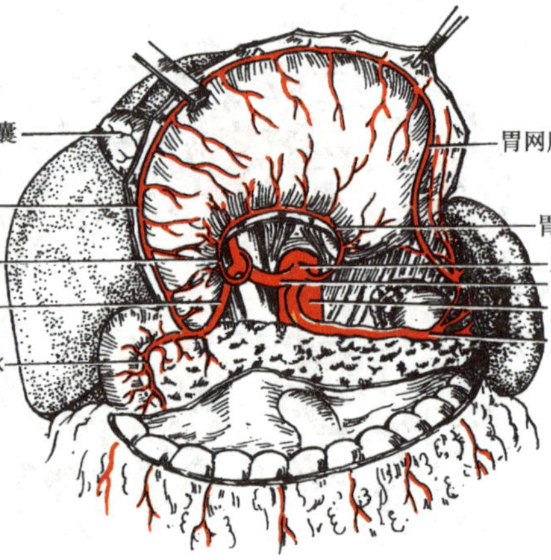

图8-32　腹腔干及其分支（胃后面）

上动脉。胃网膜右动脉沿胃大弯左行与胃网膜左动脉吻合，分支布于胃大弯侧的胃壁和大网膜，胰十二指肠上动脉分支布于十二指肠和胰头。③ 脾动脉：沿胰的上缘左行，至脾门处分数支入脾，沿途发出数条胰支，布于胰。脾动脉在入脾门前还发出2~4条胃短动脉和胃网膜左动脉，胃短动脉布于胃底，胃网膜左动脉沿胃大弯右行与胃网膜右动脉吻合，分支布于胃大弯侧的胃壁和大网膜。

2）肠系膜上动脉：在腹腔干稍下方，约平第1腰椎高度由腹主动脉发出，在胰和十二指肠水平部之间下行入肠系膜根部，向右髂窝走行（图8-33），主要分支有以下几条。① 胰十二指肠下动脉：行于胰头与十二指肠之间，分支布于胰和十二指肠。② 空肠动脉和回肠动脉：13~18支，行于肠系膜内，反复分支吻合形成动脉弓，由最后一级弓上发出小支布于空、回肠。③ 回结肠动脉：是肠系膜上动脉的终末支，行向右下，布于回盲部。阑尾动脉由回结肠动脉发出后经回肠末端后方，走在阑尾系膜游离缘内，布于阑尾（图8-34）。④ 右结肠动脉：向右行分支布于升结肠。⑤ 中结肠动脉：进入横结肠系膜分支布于横结肠。

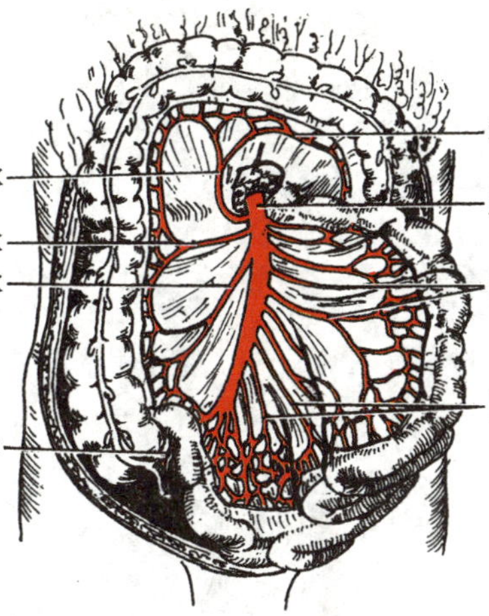

图8-33　肠系膜上动脉及其分支

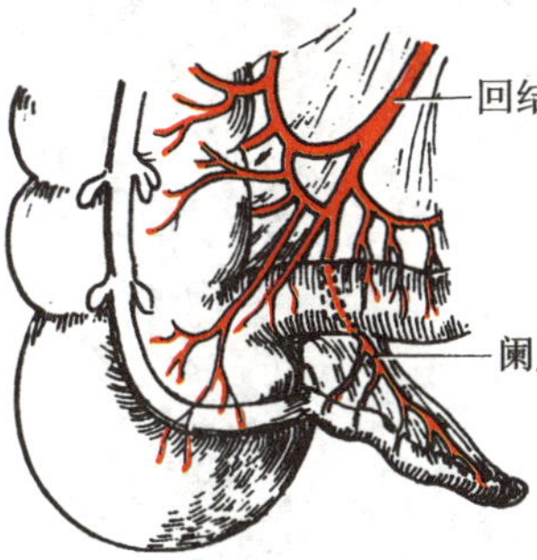

图8-34　阑尾动脉

3）肠系膜下动脉：平第3腰椎高度起自腹主动脉，在腹膜后方向左下行（图8-35），主要分支有：① 左结肠动脉：左行布于降结肠。② 乙状结肠动脉：有2~3条进入乙状结肠系膜，布于乙状结肠。③ 直肠上动脉：于直肠后面两侧下行，布于直肠上部，并与直肠下动脉吻合。分布到结肠的各动脉之间均有吻合，在近结肠处先形成动脉弓，再分支至肠壁。

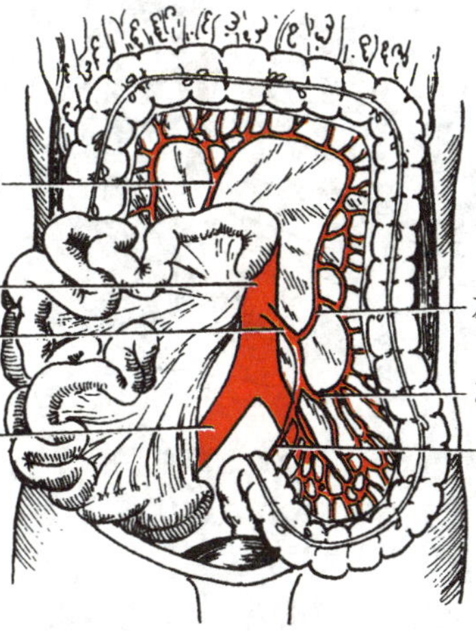

图8-35　肠系膜下动脉及其分支

（2）成对脏支：主要有肾上腺中动脉、肾动脉、睾丸动脉（卵巢动脉）。① 肾上腺中动脉：约平第1腰椎平面起于腹主动脉，向外行布于肾上腺。② 肾动脉：约平第2腰椎高度，起自腹主动脉的侧壁，向外横行，分数支经肾门入肾。③ 睾丸动脉（卵巢动脉）：于肾动脉起始处稍下方，由腹主动脉前壁发出，下行布于睾丸（或卵巢）。

（五）盆部的动脉

髂内动脉是盆部的动脉主干，为一短干，沿盆腔侧壁下行，分壁支和脏支。（图8-36、图8-37）。

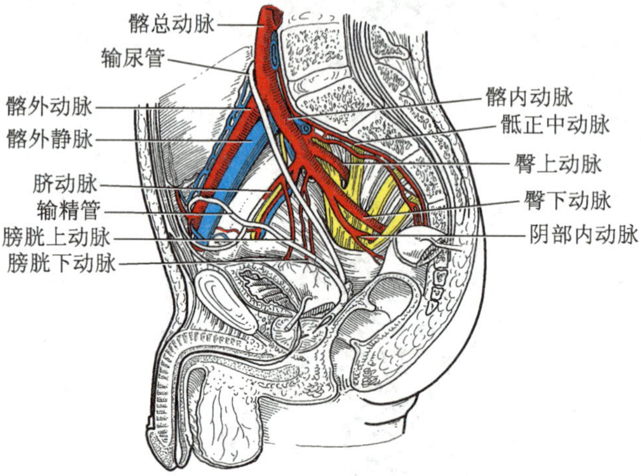

图8-36　男性盆腔的动脉

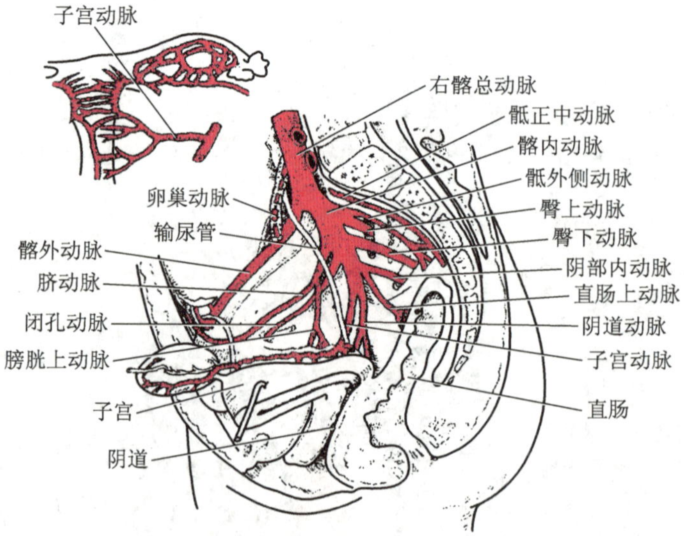

图8-37　女性盆腔的动脉

1. **壁支**　分支布于盆壁，主要分支有：

（1）闭孔动脉：沿盆侧壁向前行，穿闭膜管至大腿内侧，分支布于大腿内侧肌群和髋关节。

（2）臀上动脉：穿梨状肌上孔出盆腔，分支布于臀中、小肌和髋关节。

（3）臀下动脉：穿梨状肌下孔出盆腔，分支布于臀大肌、臀部和股后部皮肤。

2. 脏支 分支布于盆腔脏器和外生殖器，主要分支有：

（1）脐动脉：是胎儿时的动脉干，生后远端闭锁，近段管腔未闭，发出膀胱上动脉，分支布于膀胱中、上部。

（2）膀胱下动脉：分支布于膀胱底、精囊、前列腺和输尿管下段。

（3）直肠下动脉：分支布于直肠下部。

（4）子宫动脉：沿盆侧壁下行，经子宫阔韧带底部，在子宫颈外侧约2 cm处，越过输尿管的前上方，分支布于子宫、阴道、输卵管和卵巢。由于子宫动脉与输尿管成交叉关系，结扎子宫动脉时应注意勿损伤输尿管。

（5）阴部内动脉：穿梨状肌下孔出盆腔，绕坐骨棘，经坐骨小孔入坐骨肛门窝，发出肛动脉、会阴动脉、阴茎（阴蒂）动脉，分布于肛门、会阴、外生殖器等处。

（六）下肢的动脉

髂外动脉沿腰大肌内侧缘下行，经腹股沟韧带深面入股三角，移行为股动脉，髂外动脉在腹股沟韧带稍上方发出腹壁下动脉，向内上行进入腹直肌鞘，在腹直肌后面上行与腹壁上动脉吻合，布于腹直肌（图8–38）。股动脉是下肢动脉的主干。

1. 股动脉 续髂外动脉，在股三角内下行，经收肌管入腘窝，移行为腘动脉（图8–39）。股动脉的主要分支有股深动脉、腹壁浅动脉和旋髂浅动脉，股深动脉再分出旋股内侧动脉、旋股外侧动脉和穿动脉，分支布于大腿肌和髋关节。

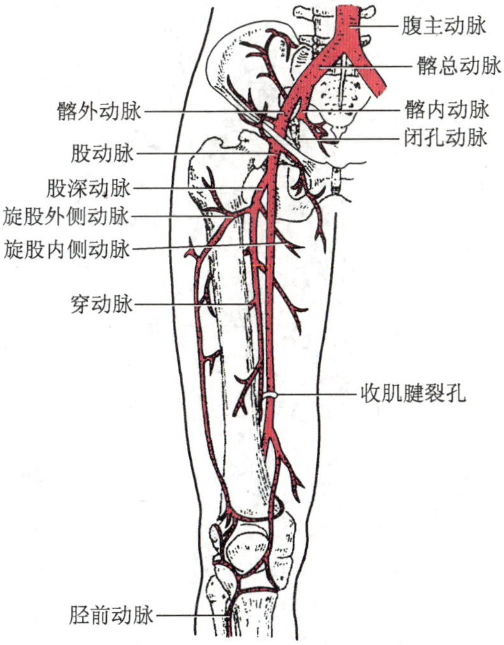

图8–38 盆部与大腿的动脉

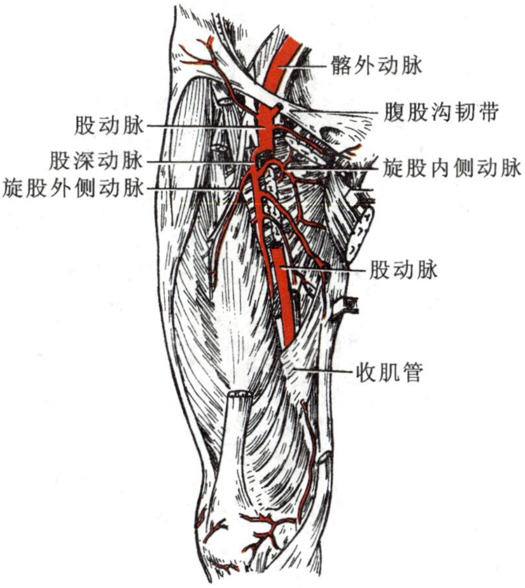

图8–39 股动脉及其分支

2. 腘动脉　续股动脉，在腘窝深部下行，至腘肌下缘分为胫前动脉和胫后动脉。腘动脉发出数条关节支和肌支，布于膝关节及其附近的肌肉（图8-40）。

（1）胫前动脉：胫前动脉由腘动脉发出，穿小腿骨间膜至小腿前面，沿小腿前群肌之间下行，至踝关节前方移行为足背动脉（图8-41、图8-42）。沿途分支布于小腿前群肌、足背、足趾及附近的皮肤，在距小腿关节（踝关节）前方，内外踝连线的中点处可摸到足背动脉的搏动。

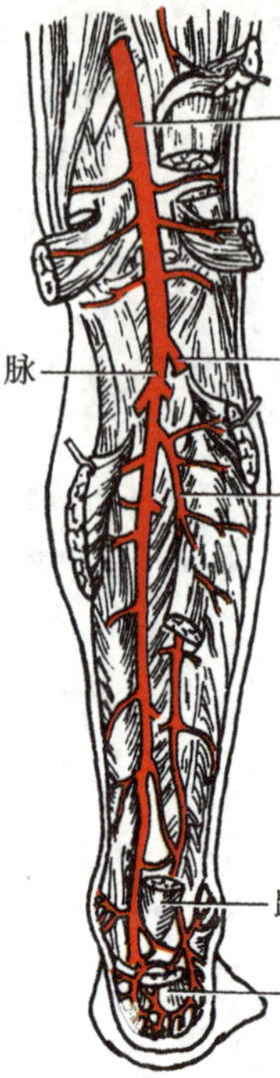

图8-40　小腿后面的动脉

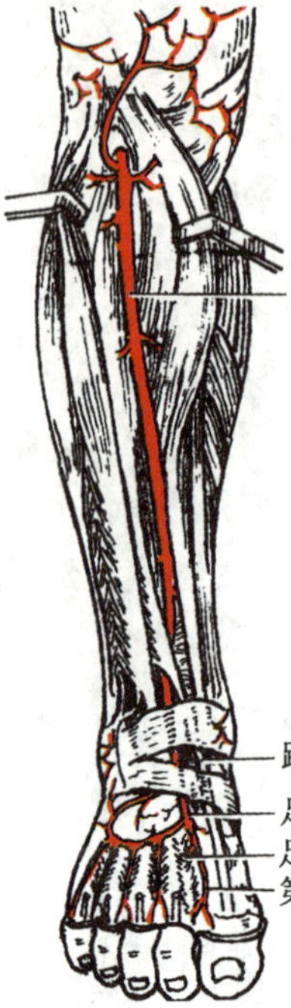

图8-41　小腿前面的动脉

（2）胫后动脉：胫后动脉续腘动脉，在小腿后群浅、深两层肌之间下行，经内踝后方进入足底，分为足底内侧动脉和足底外侧动脉（图8-42、图8-43）。胫后动脉上部还发出腓动脉，沿腓骨内侧下行。胫后动脉及其分支布于胫骨、腓骨、小腿后群肌、小腿外侧群肌及足底肌等。

图8-42　足背动脉及其分支

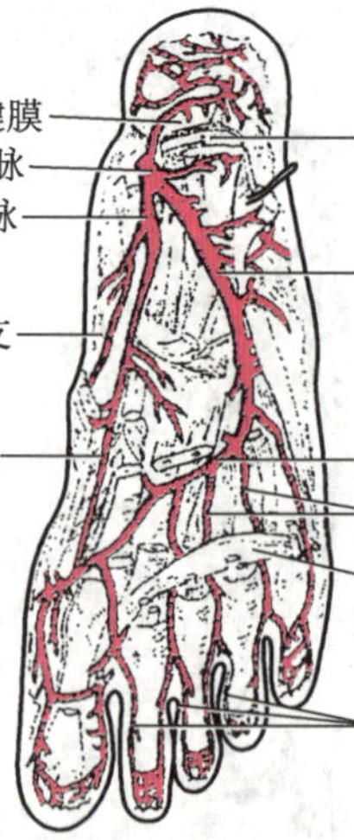

图8-43　足底动脉及其分支

护理应用

人体常用压迫止血的部位

在胸锁乳突肌前缘相当于环状软骨水平，颈总动脉位置表浅，在活体上可扪及其搏动，当头面部大失血时，可将颈总动脉压向第六颈椎的横突结节，进行急救止血；在咬肌止点前缘与下颌体下缘相交处，面动脉位置表浅，在活体可触及其搏动，面部出血时可在此紧急压迫止血；在耳屏前方颧弓根部，颞浅动脉位置表浅，可在该处触及其搏动，当头皮破裂出血时，可在此处压迫止血；当上肢出血时，可在锁骨中点上方的锁骨上窝处向后下方将该动脉压向第1肋进行压迫止血，或在臂中部将肱动脉压迫在肱骨上进行暂时性止血；腹股沟韧带中点下方处股动脉位置表浅，下肢出血时，可在此处压迫止血；在踝关节前方足背动脉位置表浅，在内、外踝连线的中点可触及该动脉搏动，足部出血时可在此进行压迫止血。

脉搏的测量

测量脉搏是护理体检和病情观察的重要内容之一。动脉有节律的搏动称为脉搏。由于心脏周期性活动，使动脉内压和容积发生节律变化，这种变化以波浪形式沿动脉壁向外周传播形成脉搏。凡位置浅表靠近骨骼的动脉，均可用以测量脉搏。常用的有桡动脉，其次有颞浅动脉、颈总动脉、肱动脉、腘动脉、足背动脉、胫后动脉、股动脉等。测量时不可用拇指诊脉，以免拇指小动脉搏动与病人脉搏相混淆。压力的大小以清楚触到搏动为宜，压力太大会阻断动脉血流，压力太小会触摸不到搏动。

五、体循环的静脉

静脉是将血液运送回心脏的血管，起始于毛细血管，止于心房。体循环的静脉与动脉相比较有以下特点：① 静脉数量多，管壁较薄，管腔较大，弹性小。② 静脉管壁有静脉瓣，静脉瓣多成对排列，呈半月形，向心开放（图8-44），是引导血液回心，防止血液逆流的装置，在四肢尤其是下肢静脉瓣较多，而躯干部的大静脉、肝门静脉、头颈部的静脉一般无静脉瓣。③ 静脉有浅、深之分，浅静脉位于浅筋膜内，也称皮下静脉，一般无动脉伴行，最终注入深静脉。临床常通过浅静脉进行输液、采血和插管。深静脉位于深筋膜的深面或体腔内，多与同名动脉伴行。④ 静脉吻合丰富，浅静脉之间，深静脉之间，浅、深静脉之间都有吻合，在某些部位还形成静脉网和静脉丛，以保证静脉血回流畅通。

体循环的静脉包括上腔静脉系、下腔静脉系和心静脉系（心静脉系在心的血管中已叙述）。

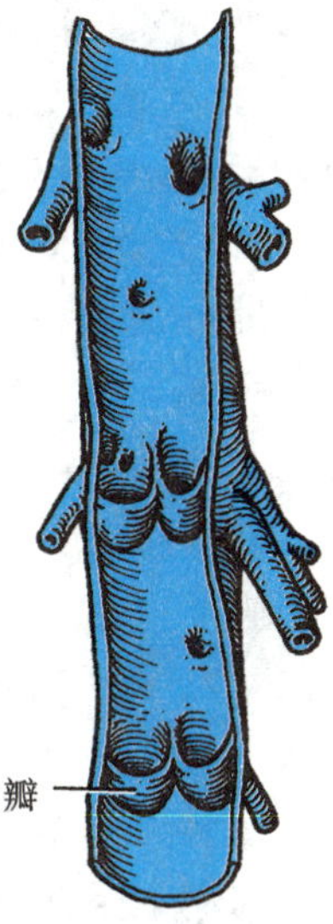

图8-44　静脉瓣

（一）上腔静脉系

上腔静脉系的主干是上腔静脉，属支有左、右头臂静脉和奇静脉，主要收集头颈部、上肢和胸壁的静脉血。上腔静脉由左、右头臂静脉在右侧第1胸肋结合处的后方汇合而成，沿升主动脉右侧垂直下行，注入右心房，在注入右心房之前接收奇静脉。

头臂静脉左、右各一，分别由同侧的颈内静脉和锁骨下静脉在胸锁关节后方汇合而成，汇合处的夹角称静脉角。头臂静脉还接收椎静脉、胸廓内静脉、甲状腺下静脉等。

1. 头颈部的静脉　有3条静脉主干，即颈内静脉、颈外静脉和锁骨下静脉（图8-45）。

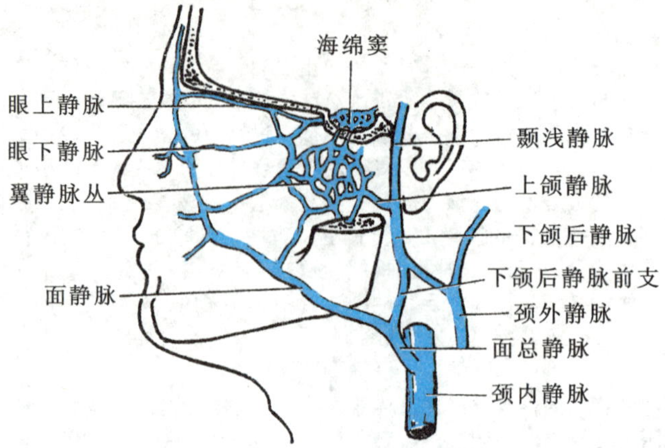

图8-45 头颈部的静脉

（1）颈内静脉：在颅底颈静脉孔处与乙状窦相续，在颈内动脉、颈总动脉外侧下行，至胸锁关节的后方与锁骨下静脉汇合成头臂静脉。颈内静脉颅内属支主要收集脑、脑膜、颅骨、视器和位听器等处的静脉血，在颅外收集相当于颈外动脉分布区域的静脉血。主要颅外属支有面静脉、下颌后静脉、舌静脉、咽静脉和甲状腺上静脉等。

1）面静脉：起自内眦静脉，在面动脉后方与其伴行，在下颌角后方接收下颌后静脉前支，注入颈内静脉。面静脉在口角平面以上一般无静脉瓣，并且可通过内眦静脉、眼静脉与颅内海绵窦相通，还可以通过面深静脉、翼静脉丛、导血管与海绵窦相通，面部感染可通过以上途径向颅内蔓延，故将鼻根至两侧口角之间的三角形区域称“危险三角”，此区发生疖肿，切忌挤压。

2）下颌后静脉：由颞浅静脉和上颌静脉在腮腺内汇合而成，穿腮腺在其下端分为前后两支，前支与面静脉汇合，后支与耳后静脉合成颈外静脉。下颌后静脉收集面侧区和颞区的静脉血。

（2）颈外静脉：是颈部最大的浅静脉，由耳后静脉、枕静脉与下颌后静脉后支汇合而成，沿胸锁乳突肌表面斜向下行，注入锁骨下静脉。

（3）锁骨下静脉：于第1肋外侧缘续腋静脉，横过前斜角肌前面，与颈内静脉合成头臂静脉。锁骨下静脉与其附近的筋膜紧密相连，位置固定，管腔较大，是临床静脉穿刺和放置导管的常选血管。

2. 上肢的静脉 可分深、浅两组。深静脉与同名动脉伴行，多为两条。两条肱静脉在大圆肌下缘处汇合成腋静脉，腋静脉走行在腋动脉前内侧，在第1肋外侧续为锁骨下静脉。腋静脉收集上肢浅静脉和深静脉的全部血液。上肢的浅静脉位于浅筋膜内，主要有头静脉、贵要静脉、肘正中静脉3条主干

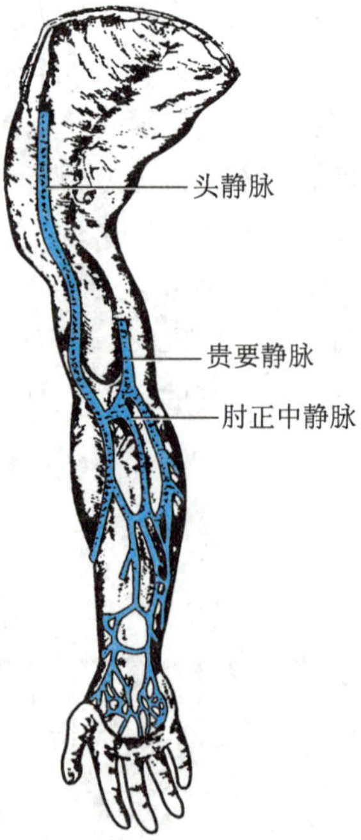

图8-46 上肢浅静脉

（图8–46），是临床上采血、输液和注射药物的常用部位。

（1）头静脉：起于手背静脉网的桡侧，沿前臂前面桡侧上行，至肘窝处通过肘正中静脉与贵要静脉相通，本干沿肱二头肌外侧缘上行，经三角肌与胸大肌间沟，穿深筋膜注入腋静脉或锁骨下静脉。头静脉收集手和前臂桡侧浅层结构的静脉血。

（2）贵要静脉：起于手背静脉网的尺侧、沿前臂尺侧上行，在肘窝处接受肘正中静脉后，在沿肱二头肌内侧沟上行至臂部中点附近，穿深筋膜注入肱静脉或与肱静脉伴行注入腋静脉。贵要静脉收集手和前臂尺侧浅结构的静脉血。

（3）肘正中静脉：在肘窝处连于头静脉与贵要静脉之间，变异较多。

护理应用

头皮静脉穿刺术

头皮静脉分布于颅顶部软组织内，数量多，位置表浅，并借助导静脉与颅内静脉相交通。静脉壁被头皮内纤维隔固定，不易滑动，头皮静脉没有静脉瓣，正逆方向都能穿刺，穿刺后既不影响保暖，也不影响肢体活动，故特别适用于小儿，也可用于成人。头皮静脉中的主要静脉有滑车上静脉、眶上静脉、颞浅静脉、耳后静脉等。穿经结构由浅入深依次为皮肤、皮下组织和静脉壁。由于头皮静脉被固定在皮下组织的纤维隔内，管壁回缩力差，故穿刺完毕后要局部压迫，以免出血而形成皮下血肿。

静脉穿刺置管术

静脉穿刺术是在穿刺的基础上插管进行全胃肠外高能营养疗法、中心静脉压测定、建立体外循环的重要方法之一，是临床常用的抢救、护理和治疗技术，其中常用的静脉就是颈内静脉和锁骨下静脉。但由于两者周围结构复杂、毗邻颈总动脉、胸膜、肺尖等主要结构，所以一定要掌握静脉的位置和走向。

3. 胸部的静脉　胸部的浅静脉在胸前壁形成静脉网，较大的浅静脉有胸腹壁静脉，起于脐周静脉网，经胸外侧静脉注入腋静脉。胸壁深层的静脉主要有奇静脉、椎静脉丛等。

（1）奇静脉：奇静脉在右膈脚处起自右侧的腰升静脉，沿胸主动脉右侧上行，在第4胸椎高度绕右肺根上方注入上腔静脉。奇静脉沿途接受食管静脉、支气管静脉、半奇静脉和副半奇静脉、右侧肋间后静脉，收集食管、支气管、胸壁的静脉血（图8–47）。

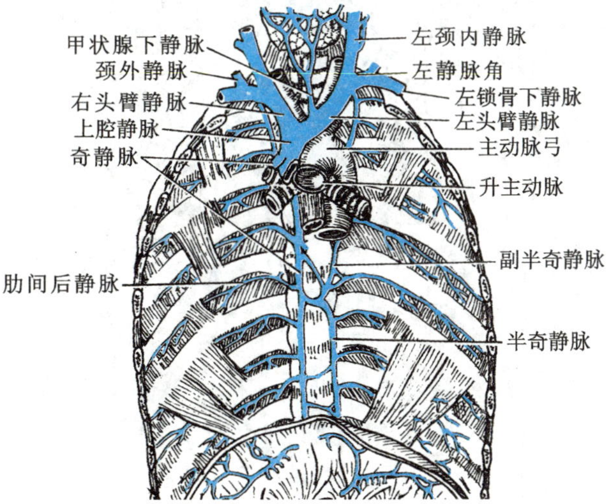

图8–47　上腔静脉及其属支

（2）椎静脉丛：椎管内外有丰富的静脉丛，按其位置分为椎内静脉丛和椎外静脉丛，在椎管内的称椎内静脉丛，在脊柱四周的称椎外静脉丛（图8-48）。椎内、外静脉丛缺乏静脉瓣，互相连通，收集脊髓、脊髓被膜和椎骨及附近肌肉的静脉血，注入附近的椎静脉、肋间后静脉、腰静脉等，并与颅内、颈部、胸部、腰部及盆部的静脉有广泛的交通，所以椎静脉丛是上、下腔静脉之间重要通路之一。

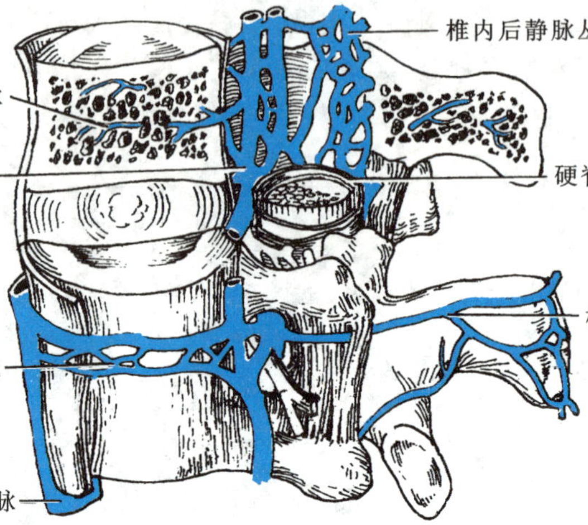

图8-48　椎静脉丛

（二）下腔静脉系

下腔静脉系的主干是下腔静脉，下腔静脉由左、右髂总静脉在第5腰椎平面汇合而成，沿腹主动脉右侧上行，经肝的腔静脉沟，穿膈的腔静脉孔进入胸腔，立即注入右心房。下腔静脉收集下肢、盆部、腹部的静脉血（图8-49）。

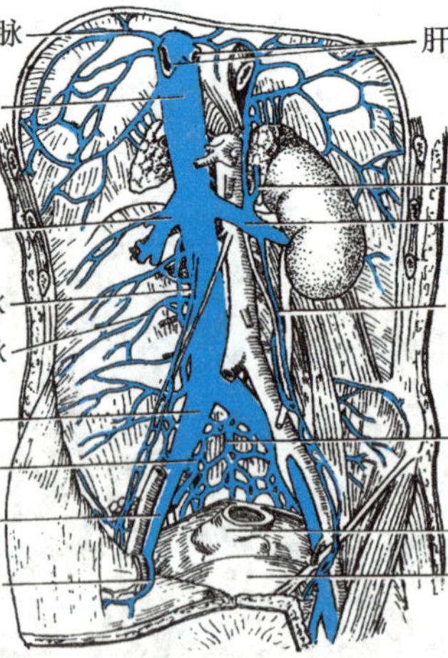

图8-49　下腔静脉

1. 下肢的静脉　分浅静脉和深静脉两类，下肢深静脉与同名动脉伴行，收集同名的动脉分布区的静脉血；下肢浅静脉主要有大隐静脉和小隐静脉。

（1）大隐静脉：起自足背静脉弓的内侧，经内踝前方，沿小腿内侧面、膝关节内后方及大腿内侧上行，在耻骨结节外下方3~4 cm处穿隐静脉裂孔注入股静脉。在注入股静脉之前大隐静脉有5条重要属支，即股内侧浅静脉、股外侧浅静脉、腹壁浅静脉、旋髂浅静脉、阴部外静脉（图8-50）。大隐静脉收集足、小腿和大腿内侧及大腿前部浅层结构的静脉血。在内踝前方，大隐静脉表浅，且位置恒定，临床常在此处做静脉穿刺或静脉切开。

（2）小隐静脉：起于足背静脉弓的外侧，经外踝后方，沿小腿后面上行，在腘窝下方穿深筋膜注入腘静脉（图8-51）。小隐静脉收集足外侧和小腿后部浅层结构的静脉血。

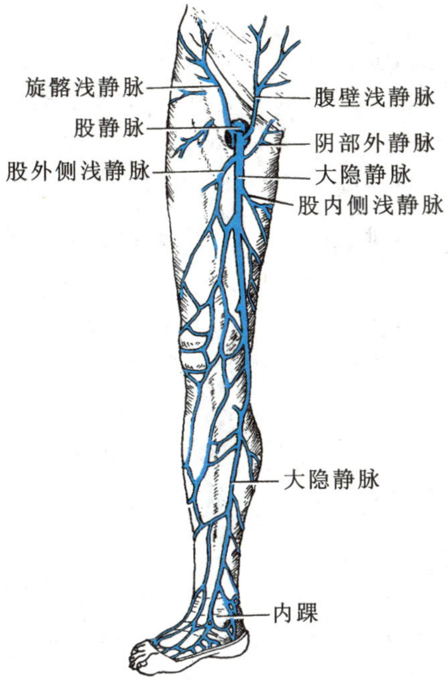

图8-50　大隐静脉

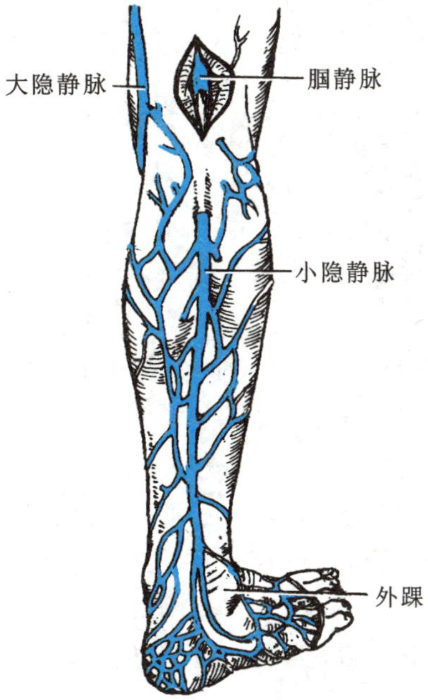

图8-51　小隐静脉

护理应用

下肢静脉曲张

静脉内的静脉瓣有保证血液回流和防止逆流的作用。通常大隐静脉有9~10对静脉瓣，小隐静脉有7~8对静脉瓣，两者之间有丰富的交通支，与深静脉之间也借穿静脉吻合。穿静脉的瓣膜靠近深静脉端，保证血液由浅部向深部流动。隐静脉由于缺乏肌肉支持，血液回流缓慢，在长期站立工作、慢性腹压增高或先天性血管壁发育薄弱等因素影响下，易导致静脉淤血扩张，瓣膜关闭不全，血液逆流，继而管壁伸长、迂曲，形成静脉曲张，患肢皮肤及皮下组织多发生营养不良、慢性溃疡，甚至可致血栓性静脉炎。

2. 盆部的静脉

（1）髂内静脉：与髂内动脉及其分支伴行并同名，属支亦分脏支和壁支，收集同名动脉分布区的静脉血。盆腔脏器的静脉在器官壁内或表面形成丰富的静脉丛，如直肠静脉丛、子宫静脉丛等，在盆腔器官扩张或者受压时有助于静脉血的回流。

（2）髂外静脉：在腹股沟韧带深面续股静脉伴同名动脉上行，收集下肢及腹前壁下部的静脉血。

（3）髂总静脉：由同侧髂内、外静脉在骶髂关节前方汇合而成，左、右髂总静脉在第5腰椎右前方合成下腔静脉。

3. 腹部的静脉　分壁支和脏支，壁支和成对脏支均直接注入下腔静脉，收集同名动脉分布区域的静脉血。脏支分为成对和不成对的脏支，成对的脏支直接或间接注入下腔静脉，不成对的脏支先汇合成肝门静脉入肝，再经肝静脉注入下腔静脉。

（1）壁支：包括4对腰静脉和1对膈下静脉，每侧腰静脉之间有纵支相连形成腰升静脉，左、右腰升静脉分别是奇静脉和半奇静脉的起始部。

（2）脏支：有肾静脉、肾上腺静脉、睾丸（卵巢）静脉、肝静脉等。

1）肾静脉：起自肾门，经肾动脉前下方注入下腔静脉。左肾静脉接受左肾上腺静脉和左睾丸（卵巢）静脉。

2）肾上腺静脉：右侧注入下腔静脉，左侧注入左肾静脉。

3）睾丸静脉（卵巢静脉）：起自精索蔓状静脉丛（卵巢静脉丛），右侧注入下腔静脉，左侧呈直角注入左肾静脉，故精索静脉曲张以左侧多见。

4）肝静脉：由小叶下静脉汇合而成，收集肝血窦的血液，左、中、右3支肝静脉，在腔静脉沟上部注入下腔静脉。

（3）肝门静脉

1）组成：在胰头和胰体交界处的后方脾静脉和肠系膜上静脉汇合而成肝门静脉，肝门静脉经下腔静脉前方进入肝十二指肠韧带，行至肝门后分为两支分别进入肝左叶和肝右叶。肝门静脉在肝内反复分支，最终注入肝血窦。

2）属支和收集范围：肝门静脉主要属支有肠系膜上静脉、脾静脉、肠系膜下静脉、胃左静脉、胃右静脉、胆囊静脉和附脐静脉（图8-52），收集除肝以外腹腔单个脏器的静脉血。

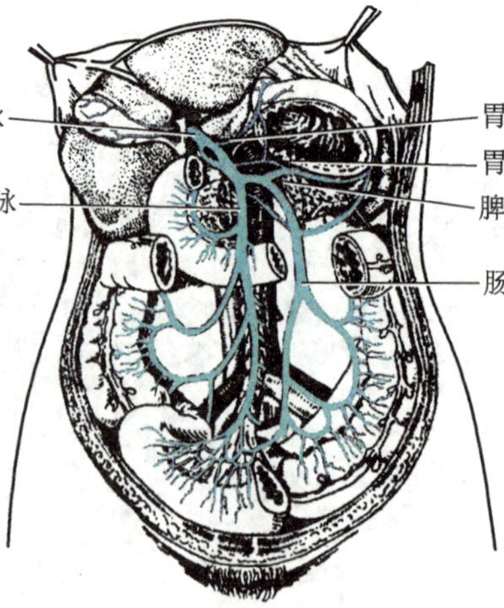

图8-52　肝门静脉

3）结构特点：肝门静脉两端为毛细血管，始端为胃肠壁毛细血管，终端为肝血窦。一般无静脉瓣，当肝门静脉高压时，血液可以逆流。

4）肝门静脉与上、下腔静脉之间的吻合：主要有食管静脉丛、直肠静脉丛、脐周静脉网三处。简述途径如下：① 经食管静脉丛与上腔静脉系的吻合：肝门静脉→胃左静脉→食管静脉丛→食管静脉→奇静脉→上腔静脉；② 经直肠静脉丛与下腔静脉系的吻合：肝门静脉→脾静脉→肠系膜下静脉→直肠上静脉→直肠静脉丛→直肠下静脉或肛静脉→髂内静脉→髂总静脉→下腔静脉；③ 经脐周静脉网分别与上、下腔静脉系的吻合：脐周静脉网位于脐周围的皮下组织内，经胸、腹壁的浅静脉分别注入腋静脉和股静脉，脐周静脉网同时也与附脐静脉相交通，从而构成肝门静脉系与上、下腔静脉之间的吻合（图8-53）。

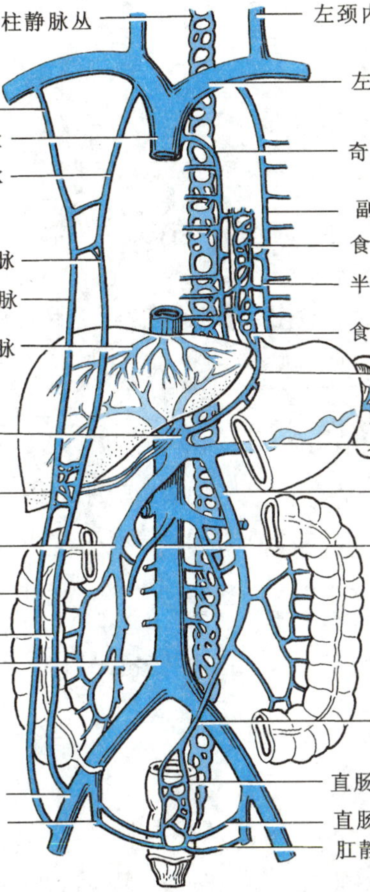

图8-53　肝门静脉与上、下腔静脉之间交通模式图

在正常情况下，肝门静脉系与上、下腔静脉系之间的吻合支细小，血流量很少，当肝门静脉高压（如肝硬化、肝肿瘤）时，肝门静脉回流受阻，血液可在上述几个吻合处形成侧支循环，由上、下腔静脉系回心，这时吻合支血流量增大，血管扩大迂曲，可导致食管静脉丛、直肠静脉丛、脐周静脉网曲张，严重时可导致食管静脉丛、直肠静脉丛破裂，出现呕血、便血、脐周静脉网曲张，同时会出现脾大、腹水等症状。

护理应用

肝门静脉高压病人的护理

肝硬化导致肝门静脉压力增高时，门、腔静脉系之间的侧支吻合开放，以分流减压。由于血流量增多，交通支变得粗大、弯曲，相应静脉丛淤血、曲张。食管静脉丛曲张时，如吞咽较硬食物，可致食管静脉破裂，引起呕血，所以此类病人要加强饮食护理，应进软食，细嚼慢咽，切勿混入糠皮、硬屑、鱼刺等，药物也要磨成粉末；直肠静脉丛曲张时，易形成痔核破裂时出现便血，所以要加强排便护理，以防粪便干结和便秘的发生。

第二节　淋巴系统

学习目标

1. 能说出淋巴系统的组成。
2. 能描述胸导管和右淋巴导管的起始、行程、注入部位及其收受范围。
3. 能说出淋巴干的数目及名称。
4. 知道头颈部淋巴结、锁骨上淋巴结和腋淋巴结群的位置、收纳范围与输出管的去向。
5. 掌握脾的位置、形态特点。

淋巴系统由淋巴管道、淋巴组织和淋巴器官组成（图8-54）。血液流经毛细血管动脉端时，血液中的水分、营养物质和氧气透过毛细血管壁进入组织间隙，形成组织液。组织液与细胞进行物质交换后，大部分在毛细血管静脉端进入毛细血管，由静脉回流；小部分进入毛细淋巴管形成淋巴，由淋巴管道回流，最终注入静脉。因此淋巴系统是静脉的辅助管道，协助静脉回流。淋巴液是无色透明的液体，但小肠中央乳糜管吸收的淋巴液，因含有脂肪微粒，呈白色乳糜状，称乳糜。淋巴组织和淋巴器官具有滤过淋巴液、产生淋巴细胞、参与免疫应答的功能。

知识卡片

免 疫 系 统

免疫系统是机体保护自身的防御性结构，由淋巴器官、淋巴组织和免疫细胞组成。免疫细胞包括淋巴细胞、巨噬细胞、抗原提呈细胞、浆细胞、粒细胞和肥大细胞等。以上成分分散于全身各处，通过血液循环和淋巴循环相互联系，形成一个完整的功能整体。免疫系统中起核心作用的是淋巴细胞，淋巴细胞种类繁多，分工细致，寿命长短不一。免疫系统通过识别自我和非我抗原物质、产生免疫应答以发挥免疫保护、免疫监护和免疫自稳功能。

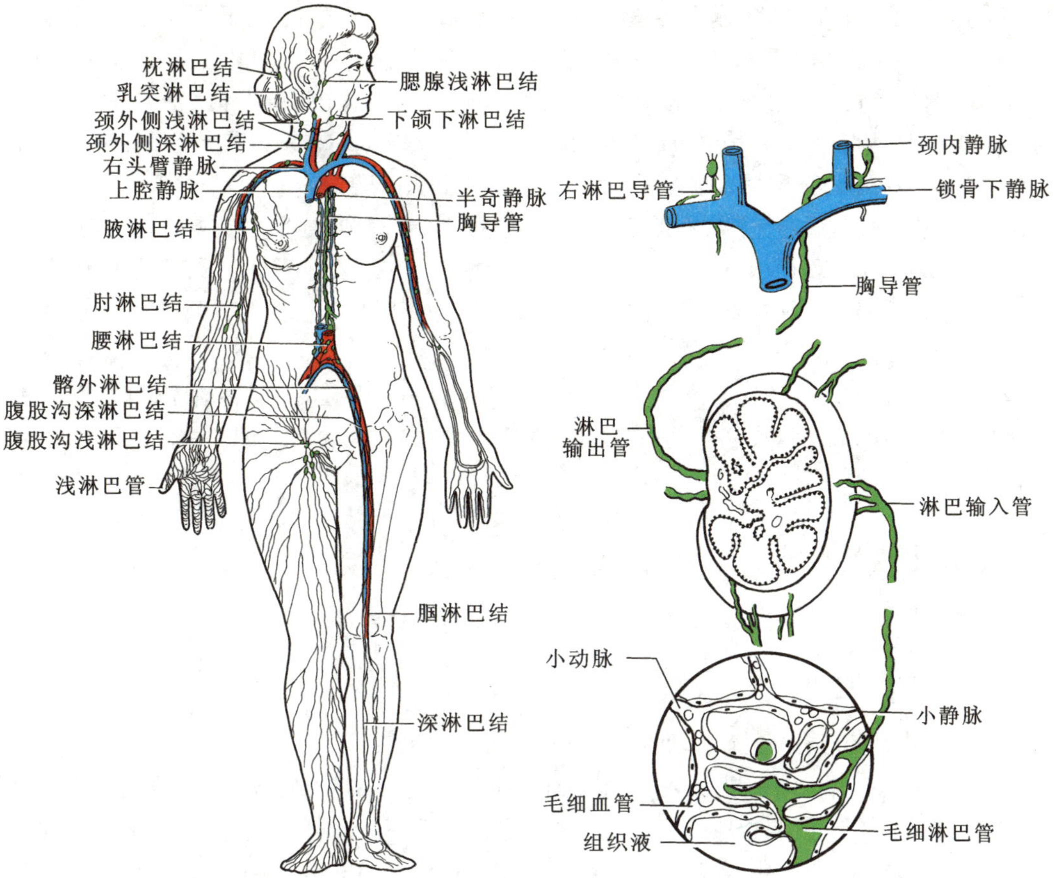

图8-54　全身浅淋巴管和淋巴结（左）以及淋巴回流示意图（右）

一、淋巴管道

根据结构和功能的不同，淋巴管道可分为毛细淋巴管、淋巴管、淋巴干和淋巴导管。

1. 毛细淋巴管　是淋巴管道的起始部分，以盲端起始于组织间隙，粗细不等，管径一般较毛细血管大，管壁由一层内皮细胞构成，相邻内皮细胞之间呈叠瓦状排列，间隙较大，无基膜。毛细淋巴管通透性较毛细血管大，故组织液中一些不易进毛细血管的大分子物质，如蛋白质、细菌、异物、癌细胞等容易进入毛细淋巴管。毛细淋巴管分布广泛，除上皮、角膜、晶状体、软骨、脑和脊髓等处外，毛细淋巴管几乎遍布全身。

2. 淋巴管　由毛细淋巴管汇合而成，管壁结构与静脉相似，但管径较细，数量更多，瓣膜更丰富，相邻瓣膜之间淋巴管明显扩大，外观呈串珠状。淋巴管在向心途中，要穿过一至多个淋巴结。淋巴管亦分浅、深两种，浅淋巴管位于皮下，多与浅静脉伴行，深淋巴管位于深筋膜深面，多与深部的血管伴行，浅、深淋巴管之间有丰富的交通。

3. 淋巴干　全身各部的浅、深淋巴管最后汇合成9条淋巴干：即左、右颈干，由头颈部的淋巴管汇合而成；左、右锁骨下干，由上肢及部分胸壁的淋巴管汇合而成；左、右支气管纵隔干，由胸腔脏器及部分胸、腹壁淋巴管汇合而成；左、右腰干，由下肢、盆部、腹腔成对脏器和部分腹壁淋巴管汇合而成；单一的肠干，由腹腔不成对脏器的淋巴管汇合而成。

4. 淋巴导管　有两条，即胸导管和右淋巴导管，分别由淋巴干汇集而成。

（1）胸导管：胸导管是全身最大的淋巴管道，长30~40 cm，起自乳糜池。乳糜池是由左、右腰干和肠干在第1腰椎前方汇合而成，呈梭形膨大。胸导管起始后，经膈的主动脉裂孔入胸腔，在食管后方、脊柱右前方上行，至第5胸椎高度移向脊柱左前方上行，出胸廓上口达左侧颈根部，呈弓状弯向左下行，注入左静脉角。在注入静脉角之前，胸导管还接纳左颈干、左锁骨下干和左支气管纵隔干。胸导管收集两下肢、盆部、腹部、左半胸、左上肢及左半头颈部的淋巴，即人体3/4部位的淋巴。

（2）右淋巴导管：右淋巴导管为一短干，长约1.5 cm，由右颈干、右锁骨下干、右支气管纵隔干汇合而成，注入右静脉角，收集人体上半身右侧半的淋巴，即人体右上1/4部位的淋巴。

二、淋巴器官

淋巴器官包括淋巴结、脾、胸腺和扁桃体。

（一）淋巴结

1. 淋巴结的形态、位置和功能

（1）形态：淋巴结呈圆形或椭圆形灰红色小体，大小不等，质软，一侧隆凸有数条输入淋巴管进入，另一侧凹陷称淋巴结门，有1~2条输出淋巴管和神经、血管出入（图8-54），由于淋巴在向心流动途中要经过一至多个淋巴结，故前一淋巴结的输出管是后一淋巴结的输入管。

（2）位置：淋巴结常成群分布，有浅、深之分，浅淋巴结位于浅筋膜内，深淋巴结位于深筋膜深面。在四肢淋巴结多位于关节的屈侧，在内脏，淋巴结位于器官门附近或血管的周围。

（3）功能：淋巴结主要有滤过淋巴，产生淋巴细胞，参与机体免疫应答的功能。

2. 全身主要淋巴结群的位置及淋巴引流概况　淋巴结内的淋巴窦是淋巴管道的一个组成部分，故淋巴结对于淋巴引流起着重要作用。引流某一器官或部位淋巴的第一级淋巴结称为局部淋巴结，又称为哨位淋巴结。当人体某一区域或器官发生病变时，细菌、毒素或肿瘤细胞可沿淋巴管到达相应部位的淋巴结，引起局部淋巴结肿大，甚至可继续沿淋巴结引流方向蔓延扩散。因此，了解淋巴结的位置、收集范围及流注方向，对病变的诊断和治疗具有重要的意义。

（1）头颈部的淋巴结和淋巴管：头部的淋巴结多位于头颈交界处，主要有枕淋巴结、乳突淋巴结、腮腺淋巴结、下颌下淋巴结和颏下淋巴结，引流头面部的淋巴，其输出管注入颈外侧浅或颈外侧深淋巴结（图8-55）。

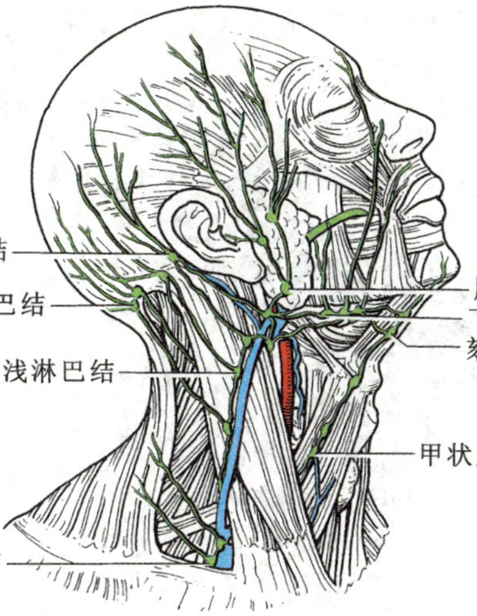

图8-55　头颈部淋巴结和淋巴管

颈部的淋巴结主要有颈外侧浅淋巴结和颈外侧深淋巴结。颈外侧浅淋巴结沿颈外静脉排列，收集颈浅部、耳后及枕部的淋巴，其输出管注入颈外侧深淋巴结。颈外侧深淋巴结沿颈内静脉排列，数目较多，分上、下两群。上群中重要的淋巴结有颈内静脉二腹肌淋巴结，鼻咽癌和舌根癌常首先转移至该淋巴结，另外还有颈内静脉肩胛舌骨肌淋巴结，舌尖癌常首先转移至该淋巴结。下群中重要的淋巴结有锁骨上淋巴结和斜角肌淋巴结，当患食管癌或胃癌时，癌细胞常经胸导管转移至左锁骨上淋巴结。颈外侧深淋巴结主要引流头颈部的淋巴，其输出管合成颈干，左颈干注入胸导管，右颈干注入右淋巴导管（图8-56）。

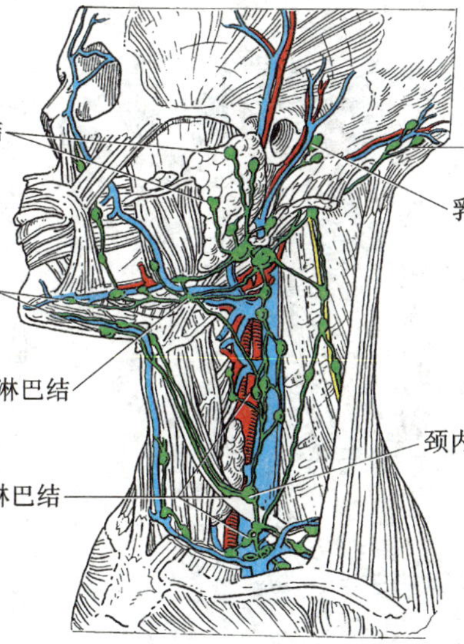

图8-56　颈深部淋巴管和淋巴结

（2）上肢的淋巴结和淋巴管：上肢的浅深淋巴管分别与浅静脉和深血管伴行，直接或间接注入腋淋巴结。腋淋巴结位于腋窝内腋血管的周围，数目较多，可分为外侧淋巴结、胸肌淋巴结、肩胛下淋巴结、中央淋巴结和尖淋巴结，收集上肢、胸前外侧壁、乳房和肩背部的淋巴，其输出管合成左、右锁骨下干，左侧注入胸导管，右侧注入右淋巴导管（图8-57）。

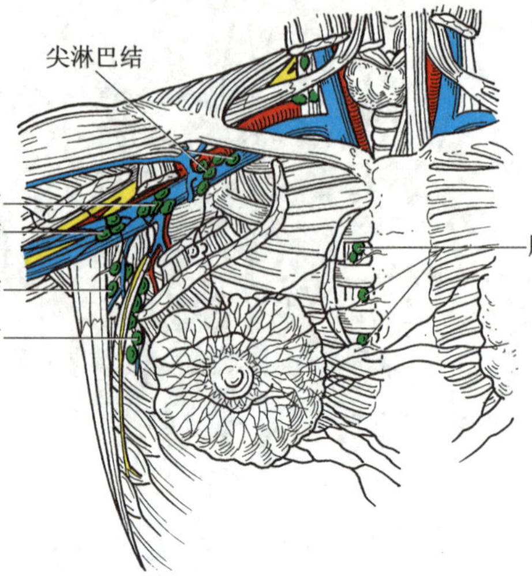

图8-57　腋淋巴结及乳房淋巴回流

（3）胸部的淋巴结和淋巴管：胸部淋巴结位于胸壁内和胸腔器官周围。胸壁的浅淋巴主要注入腋淋巴结。深淋巴主要注入胸骨旁淋巴结和肋间淋巴结。胸骨旁淋巴结沿胸廓内血管排列，其输出管参与组成支气管纵隔干；肋间淋巴结沿肋间后血管排列，输出管注入胸导管。胸腔脏器淋巴结主要有支气管肺门淋巴结，位于肺门处，收集肺的淋巴管，其输出管注入气管杈周围淋巴结和气管旁淋巴结，后者的输出管参与组成支气管纵隔干，左侧注入胸导管，右侧注入右淋巴导管（图8-58）。

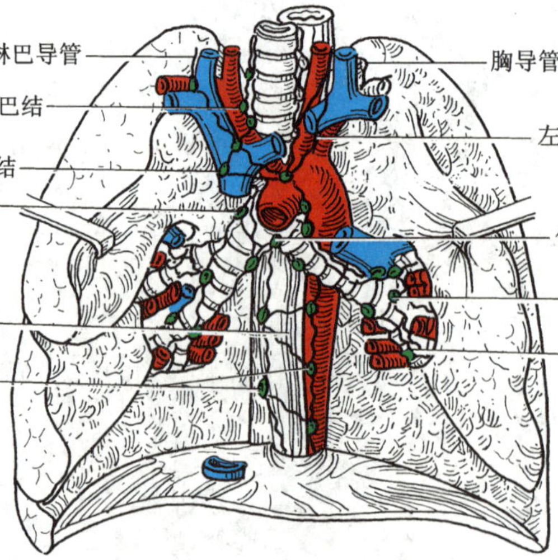

图8-58　胸腔器官淋巴结

（4）下肢的淋巴结和淋巴管：下肢的淋巴结主要有腹股沟浅、深淋巴结，腹股沟浅淋巴结沿腹股沟韧带下方和大隐静脉末端排列，位于浅筋膜内，收集腹前壁下部、臀部、会阴、外生殖器、下肢大部分浅淋巴管，输出管注入腹股沟深淋巴结及髂外淋巴结。腹股沟深淋巴结沿股静脉周围排列，收集下肢深淋巴，并接受腹股沟浅淋巴结的输出管，其输出管注入髂外淋巴结（图8-59）。

（5）盆部的淋巴结和淋巴管：盆部的淋巴结沿髂内、外血管和髂总血管排列，分别称髂外淋巴结、髂内淋巴结和髂总淋巴结，引流同名动脉分布区的淋巴，髂内、外淋巴结的输出管注入髂总淋巴结，髂总淋巴结的输出管注入腰淋巴结（图8-60）。

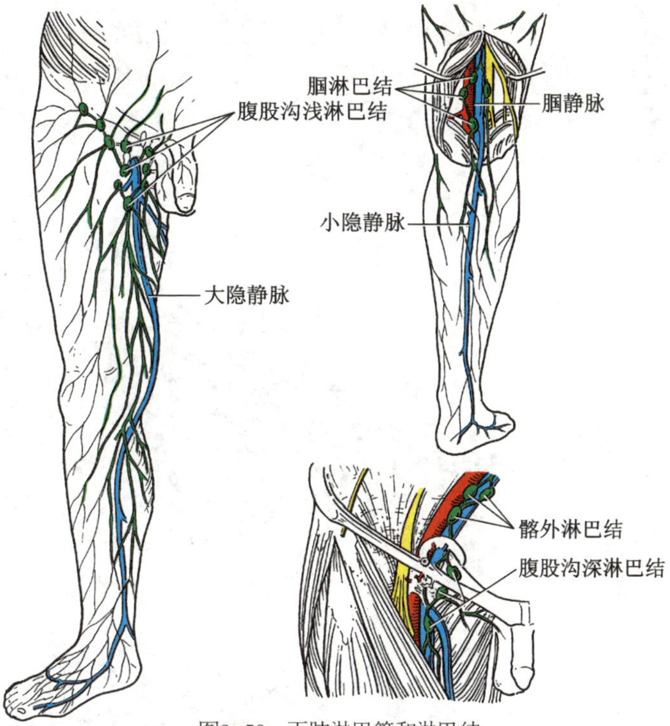

图8-59　下肢淋巴管和淋巴结

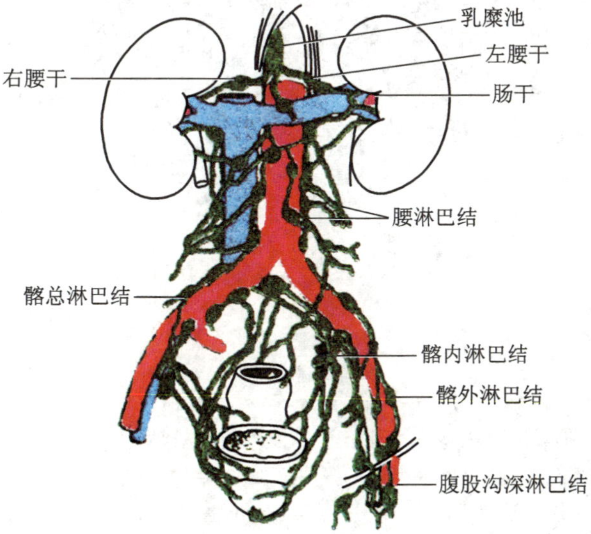

图8-60　腹盆腔淋巴结

（6）腹部的淋巴结和淋巴管：腹部淋巴结位于腹壁和腹腔脏器周围，沿腹腔血管排列。腹前外侧壁浅淋巴管在脐平面以上注入腋淋巴结，脐平面以下注入腹股沟浅淋巴结，深层淋巴管分别注入胸骨旁淋巴结和腹股沟深淋巴结，腹后壁深层淋巴管注入腰淋巴结。腰淋巴结位于腹主动脉和下腔静脉周围，收集髂总淋巴结、腹腔成对器官淋巴结输出管、腹后壁深层淋巴管。腰淋巴结输出管合成左、右腰干，注入乳糜池。

腹腔不成对器官的淋巴结主要有腹腔淋巴结、肠系膜上淋巴结、肠系膜下淋巴结，沿同名动脉及其分支排列，数量很多，收集同名动脉分布区域的淋巴，腹腔淋巴结、肠系膜上淋巴结、肠系膜下淋巴结的输出管汇合成单一的肠干，注入乳糜池（图8-61、图8-62）。

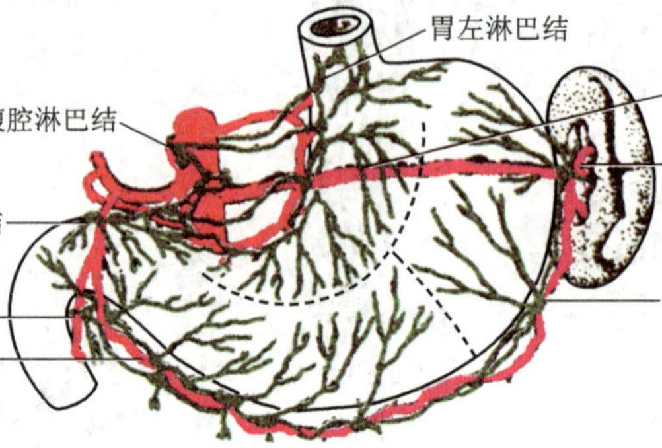

图8-61　沿腹腔干及其分支排列的淋巴结（1）

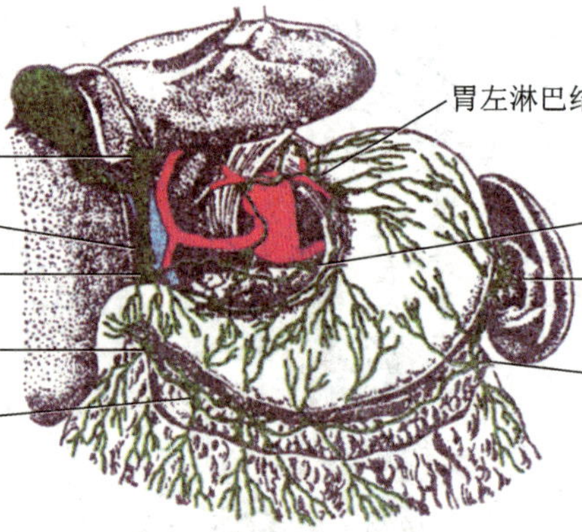

图8-62　沿腹腔干及其分支排列的淋巴结（2）

知识卡片

淋巴结与肿瘤转移

淋巴转移是恶性肿瘤最常见的转移途径之一，由于毛细淋巴管管壁通透性大，肿瘤细胞很容易进入毛细淋巴管。恶性肿瘤细胞侵入淋巴管后，随淋巴液首先到达局部淋巴结，使局部淋巴结肿大，再继续转移到下一站淋巴结，最后经淋巴导管进入血液再发生血道转移。

（二）胸腺

胸腺位于上纵隔前部胸骨柄的后方，略呈锥体形，分为不对称的左、右两叶，两叶之间有结缔组织相连，质较软，灰红色。胸腺有明显的年龄变化，新生儿及幼儿时期胸腺相对较大，至青春期重25~40g，以后逐渐退化，成人胸腺组织多被脂肪组织所代替。

胸腺是中枢淋巴器官，是T淋巴细胞发育、分化和成熟的场所，胸腺还有内分泌功能。

（三）脾

脾是人体最大的淋巴器官，正常成人脾长约12 cm、宽约7 cm，厚3～4 cm，重量约为150g。脾位于左季肋区，与第9~11肋相对，脾的长轴与第10肋一致，正常情况下在左肋弓下不能触及脾（图8–63）。

脾呈扁椭圆形，暗红色，质软而脆，可分为膈、脏两面，上、下两缘和前、后两端。脾的膈面光滑隆凸，与膈相邻；脏面凹陷，近中央区有脾门，是神经、血管出入的部位。脾的上缘较锐，前部有2~3个脾切迹，在脾大时，是触诊脾的标志（图8–64）。脾的下缘钝圆。脾的前端较宽，朝向前上方，后端钝圆，朝向后内方。

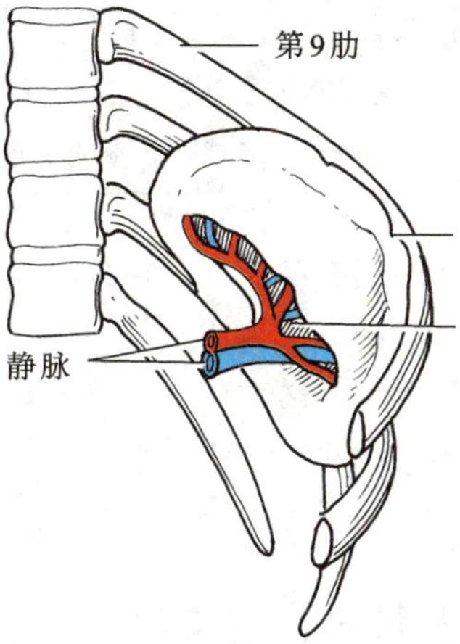

图8–63　脾与肋的关系

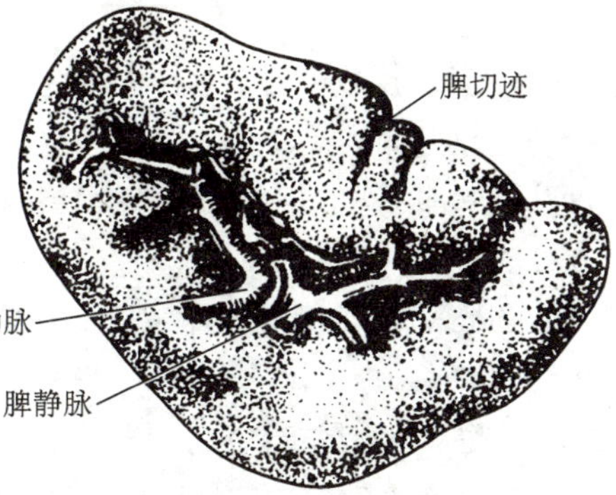

图8–64　脾脏面观

脾具有储血、造血、清除衰老的红细胞和进行免疫应答的功能。

讨论角

1. 阑尾炎患者可通过口服、臀部肌内注射和手背静脉注射的途径使用药物达到抑制炎症的目的，请问在这三种情况下药物在体内经过怎样的途径到达炎症部位？
2. 肿瘤患者发生血道和淋巴道转移的时候会在体内许多器官形成转移灶，为何最先累及的是肺和肝？

第三节　脉管系统的微细结构

学习目标

1. 理解大动脉、中动脉、小动脉、微动脉管壁及静脉管壁结构特点。
2. 理解心壁三层结构，毛细血管的组织结构和分类，微动脉的概念和组成。
3. 学会淋巴管道和淋巴组织的结构特点。
4. 认识淋巴结、脾、胸腺的组织结构特点及功能。

脉管系统是分布于全身各部的连续而封闭的管道系统，包括心血管系统和淋巴系统两个部分。心血管系统由心脏、动脉、毛细血管和静脉组成，司人体的血液运输并参与血液和组织细胞间的物质交换。淋巴系统由各级淋巴管道、淋巴器官和淋巴组织组成，可辅助静脉引流组织液。

一、血管壁的组织结构

（一）动脉

动脉（artery）从心脏发出以后，反复分支，管径逐渐变细，管壁亦逐渐变薄。根据管壁的结构特点和管径大小，可将动脉分为大动脉、中动脉、小动脉和微动脉，但各类之间没有明显的界线。所有的动脉管壁都由内膜、中膜、外膜3层构成，其中以中动脉管壁的结构最典型。

1. 中动脉（medium-sized artery）　除大动脉外，凡在解剖学上有名称的动脉大多属于中动脉（图8-65）。

（1）内膜（tunica intima）：位于管壁的最内层，是3层膜中最薄的一层，由内皮、内皮下层和内弹性膜组成。内皮是衬贴于血管腔面的一层单层扁平上皮，其游离面光滑，直接与血液接触，减少血液流动时的阻力。内皮下层是位于内皮和内弹性膜之间的薄层结缔组织，内含少量的胶原纤维、弹性纤维。内弹性膜由弹性蛋白组成。在血管横切面上，因血管壁收缩，内弹性膜常呈波浪状。

（2）中膜（tunica media）：较厚，主要由10~40层环形排列的平滑肌纤维构成，故中动脉又称肌性动脉。平滑肌纤维之间夹有少量的弹性纤维和胶原纤维。

（3）外膜（adventitia）：厚度与中膜相近，主要由疏松结缔组织构成，其中含有弹性纤维、胶原纤维、血管、淋巴管和神经。在其与中膜交界处，多数中动脉有一层外弹性膜。

2. 大动脉（large artery）　一般将与心直接相连的主动脉、肺动脉及头臂干、颈总动脉、锁骨下动脉、髂总动脉等称为大动脉（图8-66）。

（1）内膜：内膜较厚，内皮下层外面的内弹性膜与中膜的弹性膜相续，使内膜与中膜之

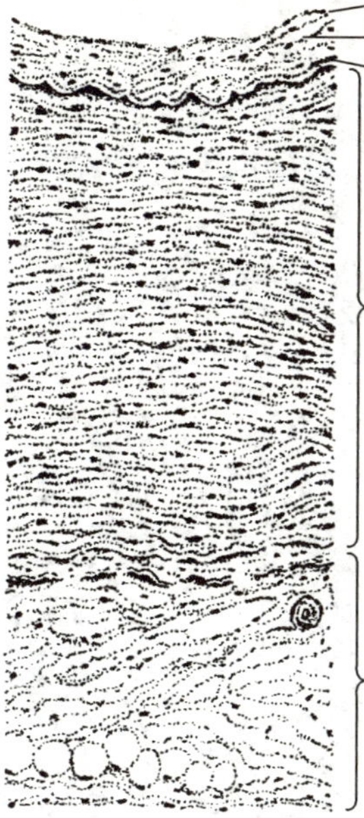

图8-65　中动脉的组织结构

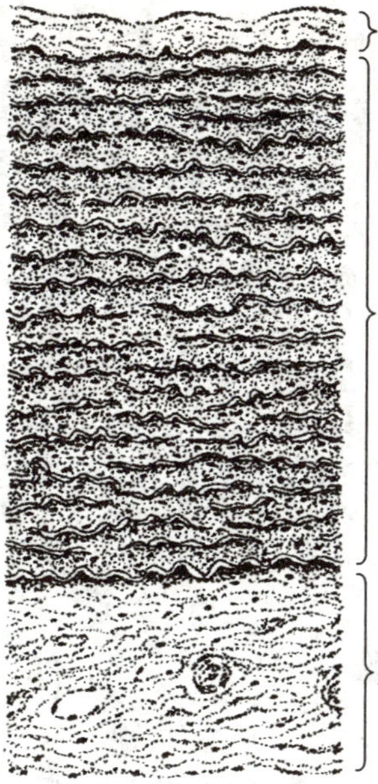

图8-66　大动脉的组织结构

间无明显的界线。

（2）中膜：中膜厚，主要由40~70层弹性膜构成，故大动脉又称弹性动脉。各层弹性膜之间夹杂着平滑肌纤维和少量弹性纤维及胶原纤维，在病理状况下，中膜的平滑肌纤维可迁移入内膜增生，使内膜增厚，引起动脉粥样硬化。

（3）外膜：外膜很薄，主要由疏松结缔组织构成。

3. 小动脉（small artery）　管径在0.3~1 mm的动脉称为小动脉，也属于肌性动脉。小动脉与中动脉结构相似，但各层均变薄。（图8-67）。

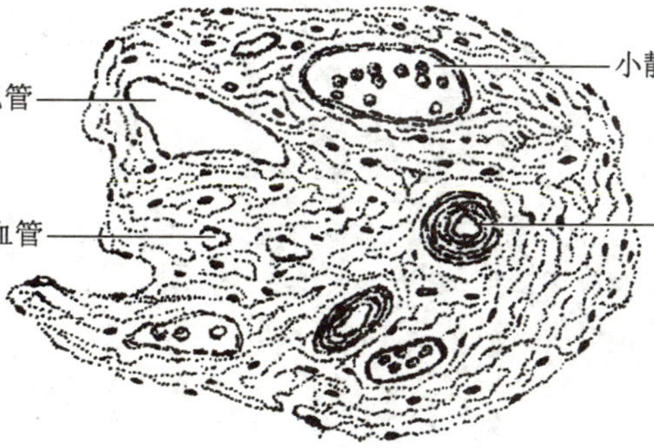

图8-67　小动脉和小静脉的组织结构

4. 微动脉（arteriole）　管径在0.3mm以下的动脉称为微动脉。内膜无内弹性膜，中膜由1~2层平滑肌组成，外膜较薄。

知识卡片

动脉管壁结构与功能的关系

心脏规律的舒缩，将血液间断地射入动脉，但动脉的血流却是持续不断的。这是因为靠近心脏的大动脉的管壁具有弹性，心脏收缩时其管壁扩张，而心脏舒张时，其管壁回缩。大动脉管壁的弹性使血管内血液的流动维持连续不断，起辅助泵的作用。中动脉中膜平滑肌发达，平滑肌收缩和舒张使血管管径缩小或扩大，可调节分配到身体各部和各器官的血量，因此中动脉又称分配动脉。小动脉和微动脉管壁的舒缩，能显著地改变血流的外周阻力，调节进入器官和组织的血流量，并维持正常血压，因此小动脉和微动脉又称外周阻力血管。

（二）静脉

静脉（vein）由小至大逐级汇合，管径渐增粗，管壁也渐增厚。根据管径的大小，静脉也分为大静脉、中静脉、小静脉和微静脉。中静脉及小静脉常与相应的动脉伴行。静脉的数量比动脉多，管腔较大。静脉管壁分为内膜、中膜、外膜，与相伴行动脉比较，静脉管壁薄，管腔常呈不规则塌陷，三层膜界限不清。内膜由内皮和内皮下层组成，一般较薄，在有些部位内膜折叠成静脉瓣，有防止血液逆流的作用。中膜不发达。外膜较厚，由结缔组织构成，内含营养管壁的小血管和神经（图8-68），在大静脉的外膜内，含有较多的纵行平滑肌束和弹性纤维。

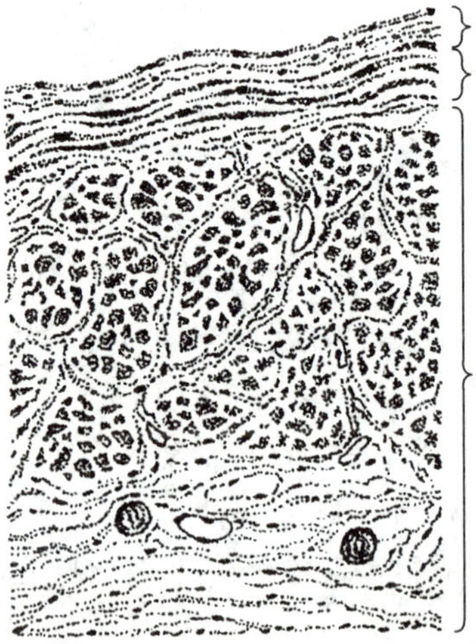

图8-68　大静脉的组织结构

知识卡片

静脉曲张

静脉中有许多瓣膜，阻止血液滞留或逆流，使之稳定地流向心脏。如果静脉瓣膜正常功能受到破坏，会使过多的血液淤积于静脉，结果该处静脉迂曲扩张，形似蚯蚓状，称静脉曲张。静脉曲张多发生在下肢。

（三）毛细血管

毛细血管（capillary）是连接小动脉和小静脉之间的微细管道，管径最细，管壁最薄，数量最多，分布最广，分支多，互连成网，是血液与组织、细胞进行物质交换的场所。

1. 毛细血管的组织结构　毛细血管的管壁主要由1~3个内皮细胞围成，内皮细胞外侧有基膜。内皮细胞呈扁平梭形或不规则形，与血管长轴平行排列，基膜外有少量的结缔组织，其中有成纤维细胞、巨噬细胞和肥大细胞。内皮细胞和基膜之间，有一种扁平而有突起的细胞称周细胞，有人认为周细胞对毛细血管有支持作用，也有人认为它是一种未分化的细胞，在毛细血管受到损伤时，能分化为平滑肌细胞和成纤维细胞，参与组织再生（图8-69）。毛细血管管壁很薄，通透性大，有利于物质交换。

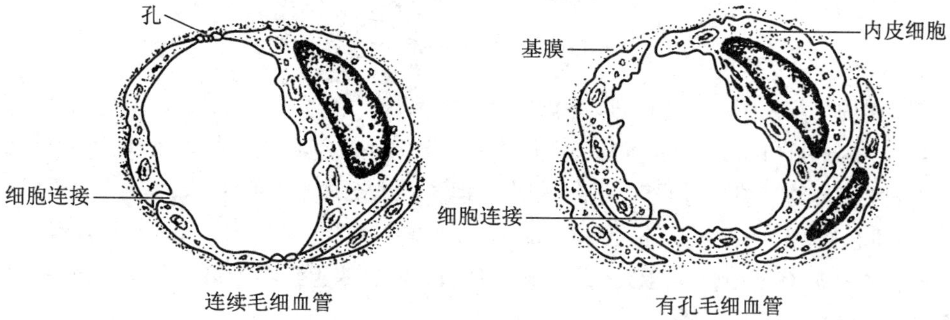

图8-69　毛细血管的超微结构

2. 毛细血管的分类　光镜下，毛细血管结构相似，电镜下，根据毛细血管内皮细胞和基膜的结构特点，可将毛细血管分为三类。

（1）连续毛细血管（continuous capillary）：特点是内皮细胞形成紧密连接和完整的基膜，内皮细胞胞质内含有许多吞饮小泡，多分布于结缔组织、肌组织、肺和中枢神经系统。

（2）有孔毛细血管（fenestrated capillary）：特点是内皮细胞不含核的部分很薄，有许多贯穿细胞的小孔，孔上有隔膜封闭，相邻细胞之间紧密连接，基膜完整。有孔毛细血管的通透性较大，主要分布于肾血管球、胃肠黏膜和某些内分泌腺等处。

（3）血窦（sinusoid）：又称窦状毛细血管（sinusoid capillary），特点是管腔大，形状不规则，管壁薄，内皮细胞有孔，相邻细胞之间有较大的间隙，无紧密连接，基膜不连续或缺如。血窦通透性大，主要分布于肝、脾、骨髓和一些内分泌腺中。

（四）微循环

微循环（microcirculation）是指微动脉与微静脉之间的微细血管的血循环，它是血液循环的基本功能单位和物质交换的场所，能按组织需要调节局部血流量，对组织和细胞的代谢和功能活动有很大的影响，人体各器官中微循环的血管可区分为微动脉、中间微动脉、真毛细血管、直捷通路、动静脉吻合和微静脉6种（图8-70）。

1. 微动脉　是微循环的起始部，管壁有完整的平滑肌，平滑肌的舒缩，调节着微循环的血流量，起控制微循环血流量总闸门的作用。

2. 中间微动脉（metaarteriole）　是微动脉的分支，管壁平滑肌松散，已不是完整的一层。

3. 真毛细血管（truecapillary）　是中间微动脉分支形成的彼此吻合的毛细血管网，即通称的毛细血管。在其起始部，管壁上有少量的环行平滑肌组成的毛细血管前括约肌，可以调节真毛细血管内的血流量，是调节微循环的分闸门。真毛细血管分支多，互连成网，血

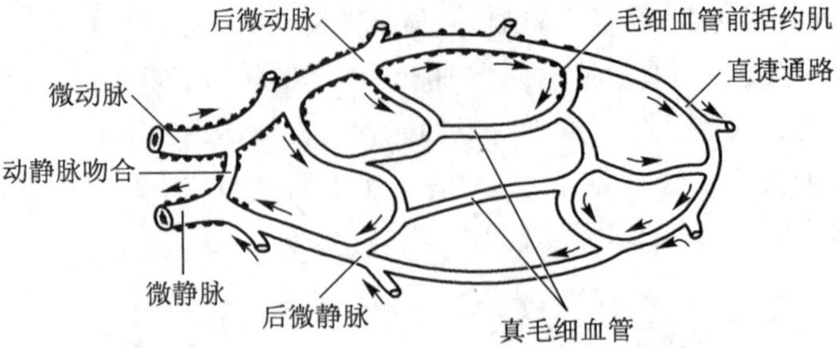

图8-70　微循环模式图

流缓慢，是血液与组织、细胞间进行物质交换的场所。

4. 直捷通路（thoroughfare channel） 是中间微动脉的延续，直接与微静脉相通，是距离最短的毛细血管。路径短而直，血流较快，是经常开放的血液通路。

5. 动静脉吻合（arteriovenous anastomosis） 是微动脉与微静脉之间的直接连续，人体内各器官几乎均有该结构，但以皮肤、肺、脾、唇和鼻等组织中为多，是调节局部组织血流量的重要结构。

6. 微静脉（venule） 与小静脉相连，内皮较薄，较大的微静脉管壁上有平滑肌，属于毛细血管后阻力血管，是微循环血流控制的“后闸门”，而在有的部位内皮细胞间隙大，管壁通透性较大，有物质交换功能。

一般情况下，微循环的血液大部分由微动脉经过中间微动脉和直捷通路流入微静脉，只有小部分血液流经真毛细血管。当组织代谢旺盛时，毛细血管前括约肌开放，大部分血液流入真毛细血管网进行物质交换。

护理应用

冷、热疗法

冷、热疗法是临床常用的物理治疗方法。目的是通过冷或热作用于人体的局部或全身，达到止痛、止血、消炎、退热和增进舒适。

局部受冷刺激时，可增强交感神经对血管收缩的冲动，使小动脉、微动脉收缩，微循环血流量减少，毛细血管通透性降低。临床护理中经常使用冰袋、冰帽、冰囊局部冷疗，起到降低体温，局部消肿、止血、阻止发炎或化脓，减轻疼痛的目的。

局部受热刺激时，由于抑制交感神经对血管收缩的冲动，使受热部位及周围的动脉扩张，微循环血流量增多，毛细血管通透性增加。如使用热湿敷法，促进局部血液循环、消炎、消肿、减轻疼痛。

二、淋巴器官

淋巴器官（lymphoid organ）是以淋巴组织为主要成分构成的器官，根据其功能和结构的不同，分为中枢淋巴器官（central lymphoid organ）和周围淋巴器官（peripheral lymphoid organ）两类。中枢淋巴器官包括胸腺和骨髓，中枢淋巴器官发育较早，不断向周围淋巴器官输送淋巴细胞，并决定周围淋巴器官的发育程度，与抗原刺激无关。周围淋巴器官包括淋巴结、脾和扁桃体，并接受中枢淋巴器官输入的淋巴细胞，该淋巴器官发生较晚，是进行免疫应答的主要场所。

（一）胸腺

1. 胸腺的组织结构　胸腺（thymus）分左、右两叶，表面有薄层结缔组织构成的被膜，被膜伸入胸腺实质内将其分成许多不完全的小叶，称为胸腺小叶，小叶的周边为皮质，深部为髓质，相邻小叶的髓质彼此相连（图8–71）。

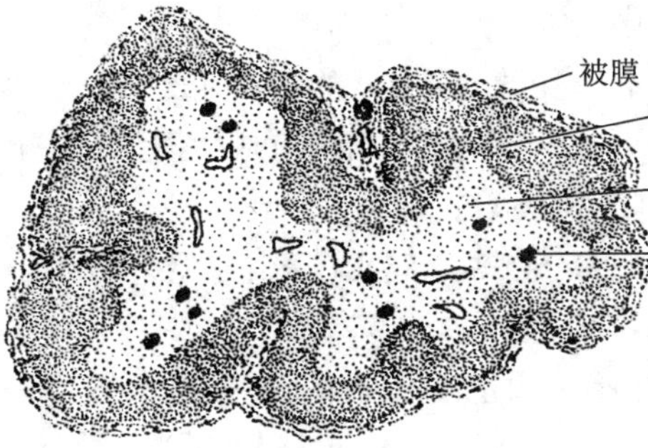

图8–71　胸腺的组织结构

胸腺实质主要由T淋巴细胞和上皮性网状细胞构成。在胸腺皮质内淋巴细胞排列密集，而胸腺髓质内则较稀疏。胸腺内的淋巴细胞绝大多数是T细胞的前体，对抗原无反应能力。

2. 胸腺的功能

（1）分泌激素：胸腺上皮性网状细胞能产生多种激素，如胸腺素、胸腺生成素和胸腺体液因子。这些激素对T淋巴细胞增殖和发育成熟起主要作用。

（2）产生、培育T淋巴细胞：胸腺是机体产生、培育T淋巴细胞主要场所。

（二）淋巴结

淋巴结（lymph　node）是哺乳类特有的周围淋巴器官，是滤过淋巴和产生免疫应答的重要器官。淋巴结呈豆形，其凸面有数条输入淋巴管通入；一侧凹陷，称门部，有1~2条输出淋巴管穿出，血管、神经也由此穿出。

1. 淋巴结的组织结构　淋巴结表面有薄层致密结缔组织构成的被膜，被膜结缔组织伸入实质形成小梁，小梁互连成网，构成淋巴结实质的粗支架，淋巴结的实质可分为周边部染色较深的皮质（cortex）和中央部染色较浅的髓质（medulla）（图8–72）。

（1）皮质：位于被膜下方，一般分为浅层皮质、副皮质区和皮质淋巴窦三部分。

1）浅层皮质（superfacial）：紧贴在被膜

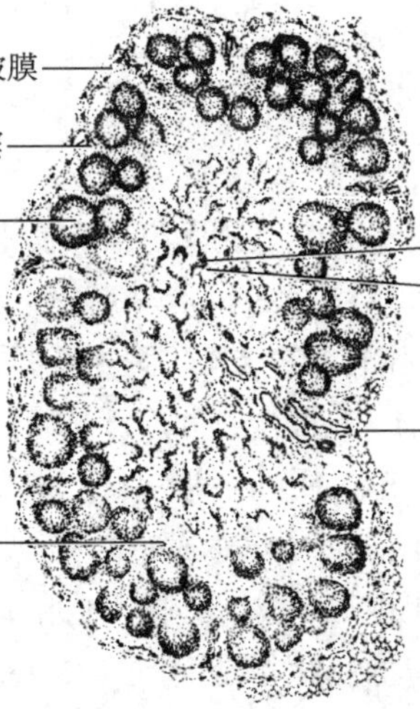

图8–72　淋巴结组织结构

下的薄层淋巴组织，主要由淋巴小结构成。为皮质的B细胞区。淋巴小结内可见生发中心。

2）副皮质区（paracortex zone）：位于浅层皮质的深层，为较大片的弥散淋巴组织，主要由T淋巴细胞密集构成，也称胸腺依赖区。

3）皮质淋巴窦（cortical sinus）：是淋巴结内淋巴流经的通道，包括被膜下窦和小梁周窦，窦壁由薄的内皮构成，窦腔内含星形的内皮细胞及许多巨噬细胞。淋巴在窦内流动缓慢，有利于巨噬细胞清除细菌和异物。

（2）髓质：位于淋巴结的深部，由髓索及其间的髓窦组成。

1）髓索（medullary cord）：是由密集的淋巴组织构成的索条状结构，互连成网。髓索内主要有B淋巴细胞、浆细胞和巨噬细胞等。

2）髓窦（medullary sinus）：位于髓索之间或髓索与小梁之间，结构同皮质淋巴窦，但窦腔较大，腔内巨噬细胞较多，有较强滤过功能。

（3）淋巴在淋巴结内的流通途径：淋巴结输入淋巴管→皮质淋巴窦→髓窦→输出淋巴管。

2. 淋巴结的功能

（1）滤过淋巴：进入淋巴结的淋巴常带有抗原物质，如细菌、病毒、毒素和大分子抗原等。它们在缓慢地流过淋巴结时，可被巨噬细胞清除。

（2）参与免疫应答：病菌等抗原物质进入淋巴结后，巨噬细胞和交错突细胞可捕获与处理抗原，然后将抗原信息传递给T、B细胞，引起免疫应答。

知识卡片

局部淋巴结

人体某一部位的淋巴引流至一定的淋巴结，该淋巴结则被称为这个区域器官的局部淋巴结。当局部有感染时，毒素、细菌、寄生虫或癌细胞等可沿淋巴管侵入相应的局部淋巴结，引起淋巴结肿大。因此，了解局部淋巴结的位置、收纳范围及流注方向对诊断和治疗某些疾病有重要意义。

（三）脾

脾为人体最大的淋巴器官。形态变化较大，在很大程度上决定于与之相邻的结构。脾的大小和重量可因不同年龄、不同个体的不同状态而异。

1. 脾的组织结构　脾的表面覆有较厚的被膜，由致密结缔组织构成，内含有少量的平滑肌纤维，表面覆有间皮。被膜结缔组织伸入实质后形成脾小梁，小梁互连成网，构成脾的支架。脾实质可分为白髓、边缘区和红髓三部分（图8-73）。

（1）白髓（white pulp）：在新鲜平脾切面上呈分散的灰白色小点状，主要由淋巴细胞密集的淋巴组织构成，由淋巴小结和动脉周围淋巴鞘构成。

1）动脉周围淋巴鞘（periarterial lymphatic sheath）：为弥散的淋巴组织，分布在中央动脉周围，主要由T淋巴细胞组成，为胸腺依赖区，相当于淋巴结内的副皮质区。

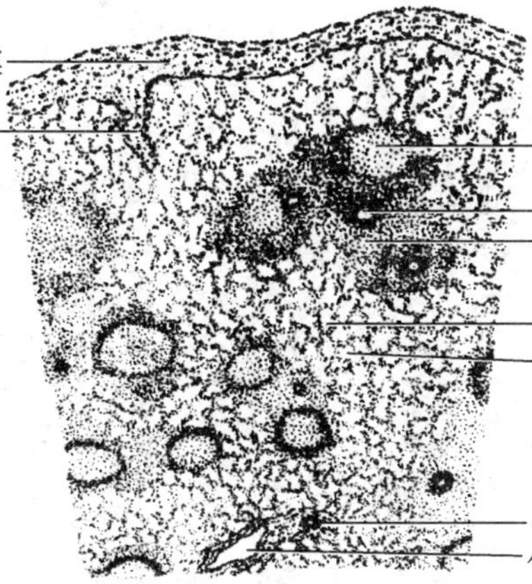

图8-73　脾组织结构

2）淋巴小结：又称脾小体（splenic　corpuscle），位于动脉周围淋巴鞘和边缘区之间，主要由B淋巴细胞组成，结构同淋巴结内的淋巴小结相似。

（2）边缘区（marginal zone）：位于白髓和红髓交界处，含有T细胞、B细胞和较多的巨噬细胞，是血液及淋巴细胞进入淋巴组织的重要通道，也是脾首先接触抗原并引起免疫应答的重要部位。

（3）红髓（red pulp）：位于被膜下方，白髓和边缘区的周围及小梁的周围。由脾索和脾窦构成。因含大量红细胞，故在新鲜脾切面上呈红色。

1）脾索（splenic cord）：是富含血细胞的淋巴组织构成，呈索状，互连成网，脾索内主要含B淋巴细胞，并有浆细胞和巨噬细胞等。

2）脾窦（splenic sinus）：是位于脾索之间的血窦，互连成网，腔大而不规则，窦壁由长杆状的内皮细胞和不连续的基膜构成，通透性大，有利于血细胞的进出。

2. 脾的功能

（1）滤血：脾内滤血的主要部位在脾索和边缘区，此处含有大量的巨噬细胞，能清除血液内的异物、病菌、衰老的红细胞或血小板。当脾功能亢进时，红细胞或血小板破坏过多，可导致红细胞或血小板减少。

（2）造血：在胚胎早期脾有造血功能，成年后，脾内仍含有少量造血干细胞，当机体严重贫血时或者某些病理状态下，脾可以恢复造血功能。

（3）储血：人脾储血能力较小，约可储存40 ml的血液，当机体需要时，脾内平滑肌收缩，可将其所储存的血液输送入血液循环，以供机体应急。

（4）免疫：脾是各类免疫细胞居住的场所，内含有大量的B细胞、T细胞、NK细胞等，分别参与机体的免疫应答。

（四）扁桃体

扁桃体位于消化道和呼吸道入口的交汇处，包括腭扁桃体、咽扁桃体和舌扁桃体，其中以腭扁桃体最重要。扁桃体属机体第一道防线之一，是一个易于接受抗原刺激的周围淋巴器官，可引起局部或全身免疫应答，对机体有重要的防御、保护作用。

讨论角

1. 动脉的结构为基础，比较各类动脉、静脉及淋巴管的结构和功能。
2. 淋巴结和脾的组织结构和功能。

第九章

内分泌系统

学习目标

1. 总结内分泌系统的组成和功能。
2. 识别甲状腺的位置、形态；归纳甲状腺滤泡上皮细胞、滤泡旁细胞的功能。
3. 识别甲状旁腺的位置、形态；归纳甲状旁腺主细胞的功能。
4. 识别肾上腺的位置、形态、分部；归纳肾上腺皮质球状带、束状带、网状带、肾上腺髓质嗜铬细胞的功能。
5. 识别垂体的位置、形态；归纳腺垂体和神经垂体各种细胞的功能。

内分泌系统（endocrine system）由内分泌腺（endocrine glands）和内分泌组织构成。

内分泌腺有垂体、甲状腺、甲状旁腺、肾上腺和松果体等；内分泌组织有胰岛、睾丸间质细胞、卵泡细胞和黄体、消化管壁内的内分泌细胞等（图9-1）。

内分泌系统分泌的高效能的生物活性物质，称激素（hormone）。内分泌系统的功能就是通过分泌激素，调节机体的新陈代谢、生长发育和生殖等活动。

内分泌腺的结构特点是：① 腺细胞排列成团块状、索状、网状或围成滤泡；② 内分

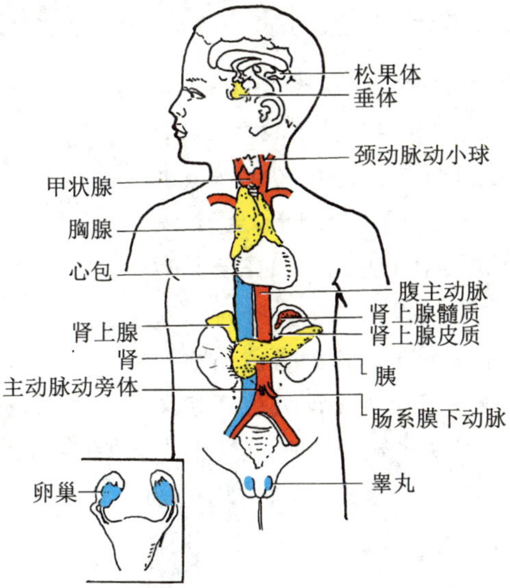

图9-1 内分泌系统概观

泌腺没有导管，又称无管腺；③ 毛细血管丰富，分泌的激素直接进入血液或淋巴送往全身。

第一节　垂体

垂体（hypophysis）位于颅中窝蝶骨体的垂体窝内，借漏斗连于下丘脑。垂体呈椭圆形，灰红色，长约1cm，宽1~1.5cm，高约0.5cm，重0.6~0.7g，其表面包有结缔组织被膜。垂体由腺垂体和神经垂体组成，垂体对主要内分泌腺或内分泌细胞团有调控作用，其本身的内分泌活动又直接受下丘脑控制，故垂体在神经系统和内分泌系统的相互作用中居枢纽地位（图9–2）。

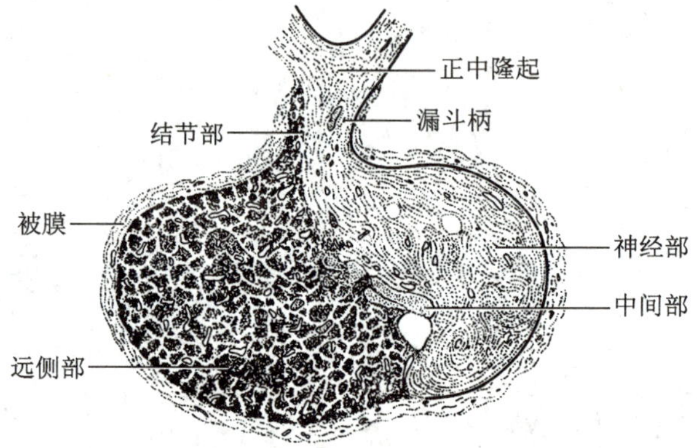

图9–2　垂体（矢状切面）模式图

一、腺垂体

腺垂体（adenohypophysis）是垂体的主要部分，约占垂体体积的75%。腺垂体又分远侧部、结节部和中间部。

（一）远侧部

远侧部（pars distalis）又称垂体前叶，此部最大，腺细胞排列成团或索，少数围成小滤泡，细胞间有少量结缔组织和丰富的血窦。在HE染色标本中，根据细胞对染料的亲和性不同，分为嗜色细胞和嫌色细胞两类；嗜色细胞又分嗜酸性细胞和嗜碱性细胞（图9–3）。各种腺细胞均有含氮激素细胞的结构特点；各种

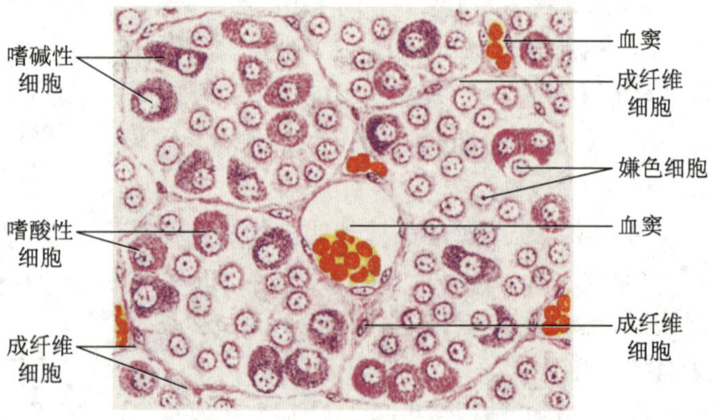

图9–3　垂体远侧部模式图

腺细胞以其所分泌的激素而命名。

1. 嗜酸性细胞　数量较多，约占腺垂体细胞总数的40%。胞体大，胞质内充满粗大的嗜酸性颗粒。根据嗜酸性细胞所分泌的激素不同又分为两种。

（1）生长激素细胞（somatotroph）：数量较多，分泌生长激素（growth hormone，GH），能促进机体的生长和代谢，特别是刺激骺板软骨细胞增殖，促进骨骼增长。如分泌过盛，在幼年引起巨人症，在成人发生肢端肥大症；如儿童时期生长激素分泌不足，则引起侏儒症。

（2）催乳激素细胞（mammotroph）：分泌催乳激素（prolactin，PRL），能促进乳腺发育和乳汁分泌。

2. 嗜碱性细胞　数量较嗜酸性细胞少，约占腺垂体细胞总数的10%。胞质内含有嗜碱性颗粒。嗜碱性细胞分为三种。

（1）促甲状腺激素细胞（thyrotroph）：数量少，分泌促甲状腺激素（thyroid stimulating hormone，TSH），能促进甲状腺滤泡上皮细胞的增生及甲状腺激素的合成和释放。

（2）促肾上腺皮质激素细胞（corticotroph）：细胞呈不规则形，分泌促肾上腺皮质激素（adrenocorticotropic hormone，ACTH），能促进肾上腺皮质束状带细胞分泌糖皮质激素。

（3）促性腺激素细胞（gonadotroph）：细胞较大，多为圆形。分泌尿促卵泡素（follicle stimulating hormone，FSH）和黄体生成素（luteinizing hormone，LH）。电镜免疫细胞化学研究证明，两种激素同时存在于同一细胞的分泌颗粒内。尿促卵泡素在女性促进卵泡发育；在男性则刺激生精小管支持细胞合成雄激素结合蛋白，促进精子发生。黄体生成素可促进卵巢排卵和黄体形成，刺激睾丸间质细胞分泌雄激素，故又称间质细胞刺激素。

3. 嫌色细胞（chromophobe cell）　数量最多，约占腺垂体细胞总数的50%。细胞体积小，胞质少，着色浅，细胞轮廓不清。电镜下有些嫌色细胞含有少量分泌颗粒。因此嫌色细胞可能是脱颗粒的嗜色细胞，或处于嗜色细胞形成的初级阶段。

（二）结节部

结节部（pars tuberalis）呈薄层套状包围着神经垂体的漏斗。结节部有丰富的纵行毛细血管。腺细胞主要为嫌色细胞，也含有少量嗜酸性细胞和嗜碱性细胞。

（三）中间部

中间部（pars intermedia）为位于远侧部与神经部间的狭窄部分，与神经垂体的神经部合称垂体后叶。中间部可见由较小细胞围成的大小不等的滤泡，滤泡腔内含有胶质，滤泡周围有一些散在的嫌色细胞和嗜碱性细胞。

二、神经垂体

神经垂体属神经组织，主要由无髓神经纤维和神经胶质细胞组成，含有丰富的窦状毛细血管。无髓神经纤维主要是下丘脑的视上核、室旁核发出的轴突，向下经漏斗进入神经部，构成下丘脑-垂体束。视上核、室旁核的神经内分泌细胞具有分泌激素的功能，分泌颗粒沿轴突运输到神经部，分泌颗粒常聚集成团，在光镜下呈现大小不等的嗜酸性团块，称赫令体（图9-4）。神经胶质细胞又称垂体细胞，大小不一，对神经纤维起支持、保护和营养作用。神经垂体无内分泌功能，只是储存和释放下丘脑所产生的激素（图9-5）。视上核和室旁核的神经内分泌细胞合成抗利尿激素和缩宫素（催产素）。抗利尿激素主要促进肾远曲小管和集合管重吸收水，使尿量减少。抗利尿激素分泌减少时，将导致尿崩症。若超过生理剂量，可使小动脉收缩，血压升高，故又称加压素。缩宫素可引起子宫平滑肌收缩，加速分娩过程，还可促进乳腺分泌。

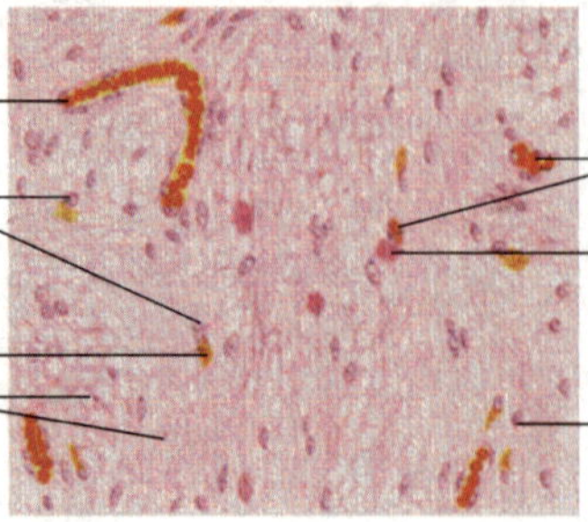

图9-4　垂体神经部模式图

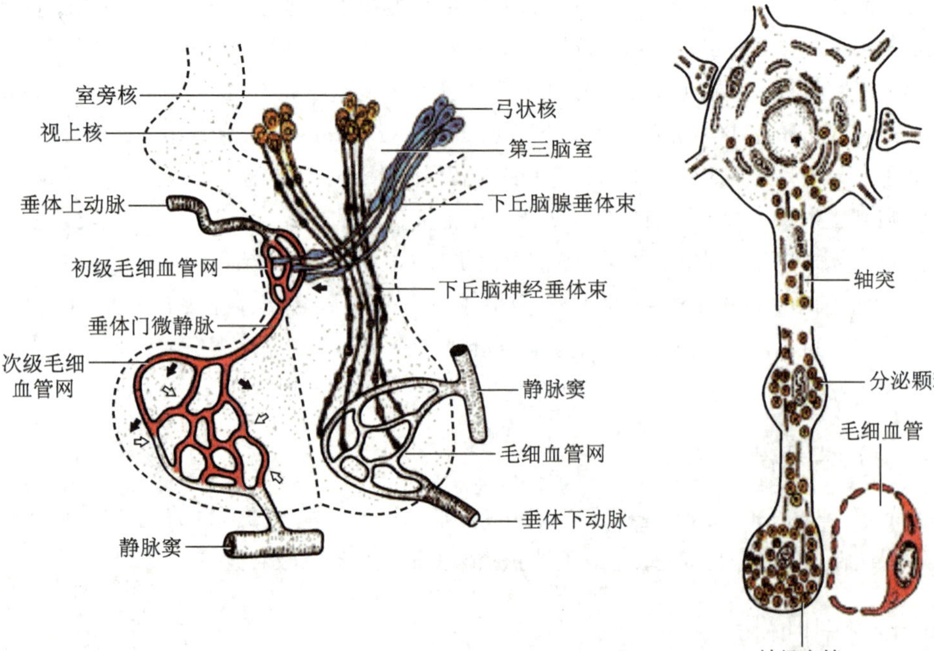

图9-5　垂体的血管分布及其与下丘脑的关系模式图

第二节　甲状腺

一、甲状腺的形态和位置

甲状腺（thyroid gland）呈H形，分左侧叶和右侧叶以及中间的甲状腺峡（图9-6）。峡的上缘可有一向上延伸的锥状叶。

甲状腺峡横位于第2~4气管软骨的前方，侧叶位于喉和气管上部的两侧。甲状腺借结缔组织附于喉，当吞咽或发音时，甲状腺可随喉上下移动。根据此特点可判定颈部的肿块是否与甲状腺有关。

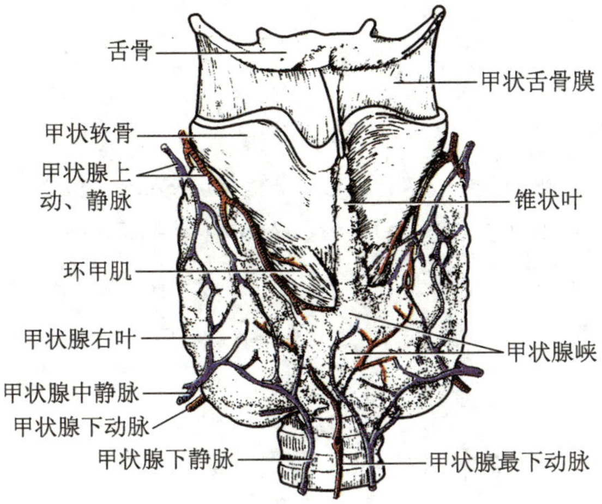

图9-6　甲状腺（前面）

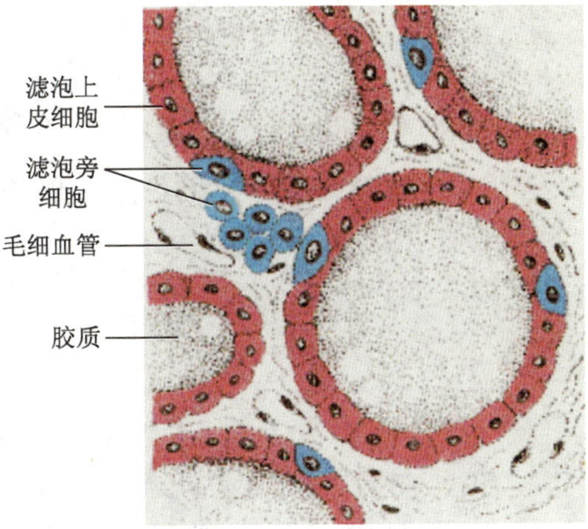

图9-7　甲状腺模式图

二、甲状腺的组织结构

甲状腺表面是一层结缔组织被膜，被膜伸入内部将甲状腺分成许多小叶，每个小叶内有20~40个甲状腺滤泡（图9-7）。

甲状腺滤泡由一层立方形细胞围成，称滤泡上皮细胞，能合成和分泌甲状腺激素。甲状腺激素有T_3（三碘甲腺原氨酸）和T_4（四碘甲腺原氨酸）两种，它们能促进机体的新陈代谢，提高神经系统的兴奋性，促进身体的生长发育，尤其对婴幼儿骨骼的生长和中枢神经系统（脑）的发育影响较大（图9-8）。

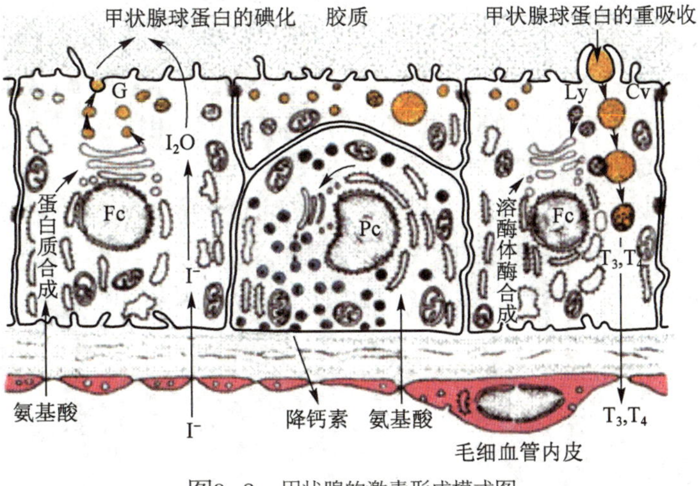

图9-8　甲状腺的激素形成模式图

在滤泡或滤泡上皮之间的结缔组织内，有单个或成群分布于血管附近的滤泡旁细胞，又称降钙素细胞，能分泌降钙素，使血钙降低。

第三节　甲状旁腺

一、甲状旁腺的位置和形态结构

甲状旁腺（parathyroid gland）呈扁椭圆形，棕黄色，大如黄豆，每个重30~50mg，位于甲状腺侧叶背面的甲状腺被囊之外，上、下各1对（见图9-1）。少数人的甲状旁腺埋在甲状腺内。

二、微细结构

甲状旁腺表面包有薄层结缔组织被膜。腺细胞呈团索状排列，间质中有丰富的有孔毛细血管网，腺细胞分为主细胞和嗜酸性细胞两种（图9-9）。

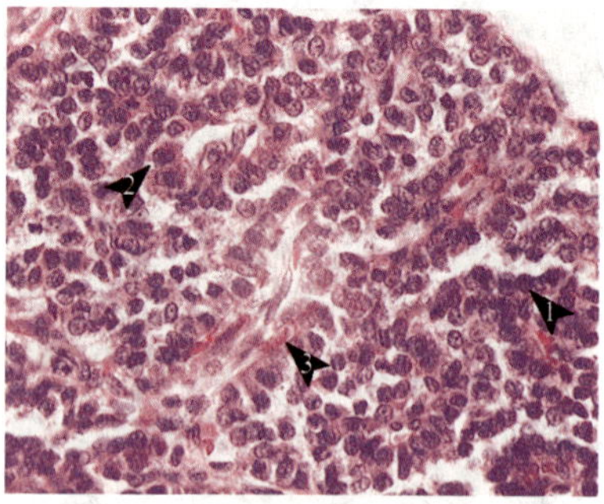

图9-9　甲状旁腺

1. 主细胞；2. 嗜酸性细胞；3. 毛细血管

主细胞（chief cell）是腺实质的主要细胞成分，能分泌甲状旁腺素（parathyroid hormone），可增强破骨细胞的破骨功能，溶解骨组织，使钙盐溶解，形成可溶性钙释放入血；并能促进肠及肾小管对Ca^{2+}的吸收，使血钙升高。机体在甲状旁腺素和降钙素协同作用下，维持血钙的稳定。

嗜酸性细胞（oxyphil cell）体积稍大于主细胞，可单个和成群存在。嗜酸性细胞随年龄而增加，其生理意义及其与主细胞的关系尚不清楚。

甲状旁腺的腺细胞以主细胞为主。主细胞能分泌甲状旁腺素，调节钙磷代谢。

第四节　肾上腺

一、肾上腺的位置和形态

肾上腺（suprarenal gland）位于腹膜后，附着于肾的内上方，左、右各一。左肾上腺近似半月形，右肾上腺呈三角形（图9-10）。

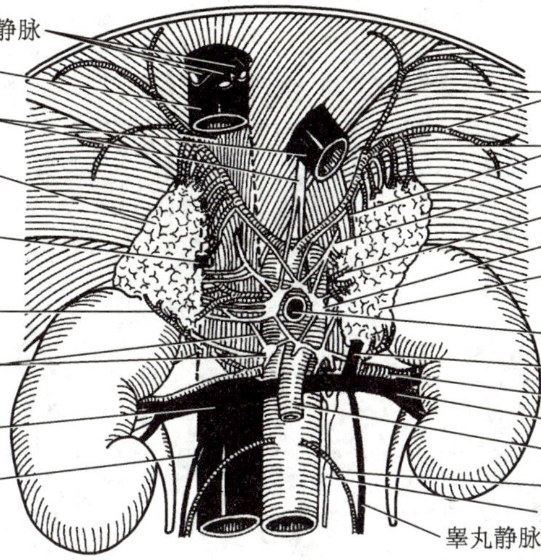

图9-10　肾上腺

二、肾上腺的组织结构

肾上腺表面为结缔组织被膜，被膜深面为实质。实质由周围的皮质和中央的髓质构成。

1. 肾上腺皮质　占肾上腺的大部分。根据细胞的形态和排列特点，由浅入深将皮质分为球状带、束状带和网状带（图9-11）。

（1）球状带：细胞染色较深，排列成许多个球状团块。球状带细胞能分泌盐皮质激素（其代表是醛固酮），主要调节水盐代谢。

（2）束状带：细胞排列成索状，能分泌糖皮质激素（主要代表是皮质醇），主要调节糖、蛋白质和脂肪的代谢。

（3）网状带：细胞排列成索状并吻合成网，能分泌性激素，以雄激素为主，也分泌少量雌激素。

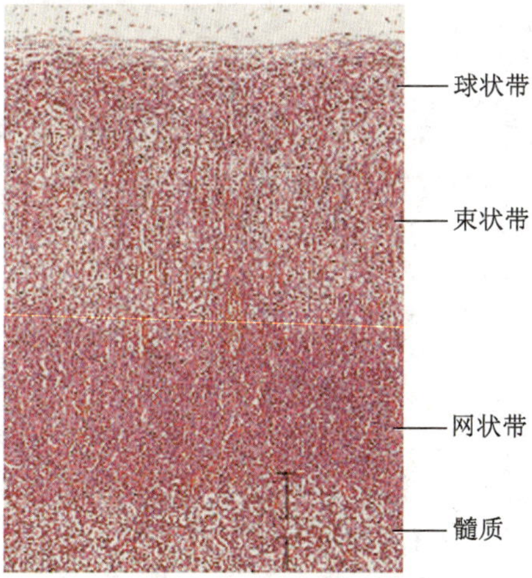

图9-11　肾上腺光镜像

2. 肾上腺髓质　肾上腺髓质细胞可被铬盐染成棕褐色，故又称嗜铬细胞。嗜铬细胞可分泌肾上腺素和去甲肾上腺素。二者都可作用于心脏和血管，但又有侧重。

肾上腺素主要使心肌收缩力增强、心率加快，心排血量增加，血压升高。临床常作为

"强心药"。

去甲肾上腺素主要使小动脉平滑肌收缩，口径变小，阻力增大，血压升高。临床常作为"升压药"。

第五节　松果体

松果体（pineal body）因其形态酷似松果而得名，位于背侧丘脑的后上方，通过分泌褪黑激素来抑制腺垂体分泌促性腺激素，从而间接抑制性腺的发育，特别是在幼年时期，松果体有防止性早熟的作用。儿童时期损伤松果体（如肿瘤），则可出现性早熟和第二性征的异常发育、生殖器官巨大症等。

护理应用

甲亢及护理

成人甲状腺激素分泌过多，耗氧增加，产热量增多，基础代谢率增高，怕热多汗；肌肉蛋白质分解，消瘦无力，肌肉震颤；眼球突出；病人好激动，讲话像开炮，喜怒无常。与甲亢病人沟通时，应有耐心，要理解和体谅病人，有容人、容事之心。突眼是甲亢病人的主要特征之一，可与甲亢同时出现，也可在甲亢出现的前后或在治疗中发生，突眼的程度与甲亢的严重程度并无平行关系。对突眼症患者，重点是保护眼睛，预防感染。

知识卡片

高血压也可能是肾上腺疾病招惹的

肾上腺疾病是继发性高血压的主要原因，患者血压急剧升高，药物治疗效果不佳，手术是目前最主要的治疗方法，通过手术治疗高血压可以得到明显控制，甚至不需要服用降压药物，早期发现和治疗将取得更明显的降压效果。

讨论角

1. 请描述内分泌系统的组成和功能。
2. 请问甲状腺滤泡上皮细胞、滤泡旁细胞及甲状旁腺主细胞各有什么功能？
3. 请问肾上腺皮质球状带、束状带、网状带和肾上腺髓质嗜铬细胞各有什么功能？
4. 请简述神经垂体和腺垂体的结构特点和功能。
5. 用所学的解剖学知识解释呆小症和侏儒症有何区别？

第十章 感觉器

人体有多种感觉器，如眼、耳、鼻、舌、皮肤等。感觉器是感受器及其附属结构的总称。感受器是指分布在体表、体腔或组织内的一些专门感受机体内、外环境变化的结构或装置，如与痛觉有关的游离神经末梢、视网膜上的视锥细胞和视杆细胞等。感受器在人体分布广泛，分类方法较多：根据感受器所在的部位可分为内感受器和外感受器，根据感受器特化的程度可分为一般感受器和特殊感受器，根据所接受刺激的性质可分为光感受器、温度感受器和化学感受器等。

机体受到的各种刺激，只有先作用于机体的感受器或者感觉器，再转化为相应的神经冲动，经过一定的神经传导通路到达大脑皮质的特定部位，才能产生相应的感觉。

第一节 视器

学习目标

1. 能描述眼球壁构成以及各层次的构成与特点。
2. 能描述眼球内容物的组成，理解各部分的功能。
3. 能说出房水的产生及循环途径。
4. 能列举眼外肌的名称，了解其作用。
5. 熟悉眼外肌的名称和作用。

视器又称眼，由眼球及眼副器组成，能接受光波的刺激。

一、眼球

眼球为视器的主要部分，近似球形，位于眶内，其后方借视神经连于间脑。眼球由眼球壁及眼球内容物组成（图10-1）。

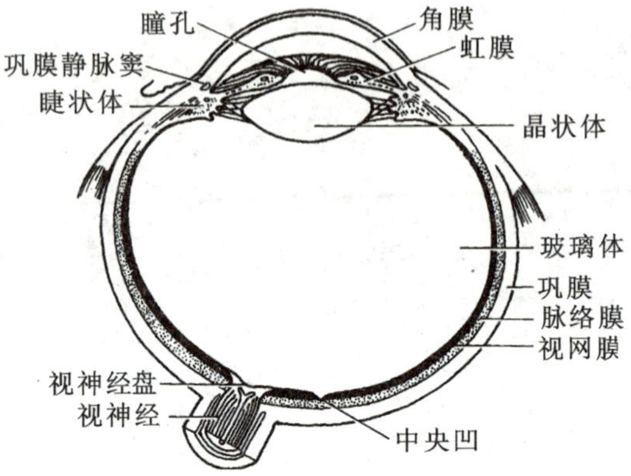

图10-1　眼球的构造

（一）眼球壁

眼球壁分三层，从外向内依次为外膜、中膜和内膜。

1. 外膜　又称纤维膜，由致密结缔组织构成，厚而坚韧，具有维持眼球外形和保护眼球内容物的作用。外膜可分为角膜和巩膜两部分。

（1）角膜：占纤维膜的前1/6，无色透明，略向前凸，有折光作用。角膜无血管，营养物质来自角膜周围的毛细血管、泪液和房水。角膜感觉神经末梢丰富，感觉敏锐，当角膜发生病变时，疼痛剧烈。

（2）巩膜：占纤维膜的后5/6，乳白色，不透明。角膜与巩膜交界处的深部有一环形的巩膜静脉窦，是房水回流的通道。

护理应用

角 膜 反 射

当一侧角膜受到刺激时，引起双眼轮匝肌收缩而出现急速瞬眼，这种现象叫做角膜反射，受刺激侧和另一侧的角膜反射分别叫做直接和间接角膜反射。角膜反射为防御性反射的一种，通过瞬眼保护角膜以免受到伤害。在临床上角膜反射是判断意识障碍程度的重要标志之一。

知识卡片

角 膜 移 植

眼睛是心灵之窗，而角膜则是这扇窗户上的玻璃，对各种角膜损伤和疾病导致的失明最好的治疗方法就是角膜移植。第一例成功的角膜移植是萨米埃尔·比格在拿破仑战争之后做的，他为一只宠物瞪羚移植了角膜。1906年一位德国外科医生爱德华·泽尔设法将一个人的角膜移植到另一个人的眼睛上，其他的外科医生也试图模仿泽尔的做法，但大都失败了。第二次世纪大战之后，细针和细丝线的出现使外科医生能够精确地缝合移植的角膜。事实上，角膜移植是当前最常做的一种移植术。角膜移植会如此成功的原因之一是角膜没有血管，移植的角膜不会被机体的免疫系统所排斥。手术中，医生只需要切掉角膜的病变部分甚至整个角膜，然后缝合上健康的角膜组织就可使许多患者重见光明。

2. 中膜　又称血管膜，含有丰富的血管和色素细胞，呈棕黑色。中膜自前向后依次分为虹膜、睫状体和脉络膜三部分。

（1）虹膜：为中膜的最前部，位于角膜后方，呈圆盘状，中央有一圆孔，称瞳孔。虹膜内有两种不同排列方向的平滑肌：呈环行排列的称瞳孔括约肌，收缩时使瞳孔缩小；呈放射状排列的称瞳孔开大肌，收缩时使瞳孔开大。瞳孔的缩小或开大可调节进入眼球内的光线，在弱光下或看远物时，瞳孔开大；在强光下或看近物时，瞳孔缩小。虹膜的颜色有种族的差异，主要取决于色素的多少，国人虹膜多为棕色。

（2）睫状体：是中膜中部最厚的部分，位于角膜与巩膜移行部的内面。睫状体前部有许多向内突出、呈放射状排列的皱襞，称睫状突。睫状突发出细丝状的睫状小带与晶状体相连。睫状体内有平滑肌，称睫状肌，该肌收缩与舒张，可牵动睫状小带紧张或松弛，以调节晶状体的曲度。房水也由睫状体产生。

（3）脉络膜：占中膜的后2/3，衬于巩膜的内面，内有丰富的血管和色素细胞，具有营养眼球内组织和吸收眼内分散的光线等作用。

护理应用

瞳孔的观察

瞳孔是病情观察的重要内容之一，可为多种疾病的诊疗提供动态信息，观察的内容包括瞳孔的大小、对称性、形状以及对光反射等。正常瞳孔直径为2.5~5.0mm，两侧等大等圆，对光反射灵敏，双侧瞳孔缩小见于有机磷、吗啡、氯丙嗪等药物中毒，双侧瞳孔散大见于颅内压增高、颅脑损伤、颠茄类药物中毒及濒死状态，一侧瞳孔散大、固定见于同侧颅内病变导致的小脑幕裂孔疝。瞳孔对光反射迟钝或者消失常见于危重或深昏迷的病人。

知识卡片

看巩膜知病情

巩膜前部露于眼裂的部分正常呈乳白色，巩膜颜色的改变有助于对某些疾病的诊断。巩膜黄染常是诊断肝病的重要体征，越近穹隆部黄染越明显，先天性薄巩膜呈蔚蓝色，巩膜呈淡灰色可能有消化不良，巩膜上有蓝斑提示可能有寄生虫感染，老年人的巩膜可因脂肪组织沉着而略呈黄色。

3. 内膜　又称视网膜，贴附于中膜的内面，其中位于虹膜和睫状体内面的部分无感光作用，称视网膜盲部；位于脉络膜内面的部分有感光作用，称视网膜视部。视网膜后部偏鼻侧有一白色的圆形隆起，为视神经起始处，称视神经盘，又称视神经乳头，此处无感光细胞，为生理性盲点。在视神经盘颞侧约3.5mm处，有一黄色区域，称黄斑。黄斑中央凹陷处，称中央凹，是感光、变色和视力最敏锐的部位。

视网膜可分为内、外两层。外层为色素层，由单层色素上皮细胞构成，内含黑色素，能吸收光线，可保护视细胞免受强光的刺激。内层为神经层，两层之间连接疏松，视网膜剥离征即是指这两层之间发生分离。神经层由三层神经细胞组成，这三层神经细胞是：① 视细胞：位于外层，包括视锥细胞和视杆细胞，前者具有感受强光和辨别颜色的功能，后者仅能感受弱光。② 双极细胞：位于中层，是连接视细胞和节细胞的联络神经元。③ 节细胞：位于最内层，为多极神经元，其树突与双极细胞形成突触，轴突向视神经盘处集中，穿过脉络膜和巩膜后构成视神经（图10-2）。

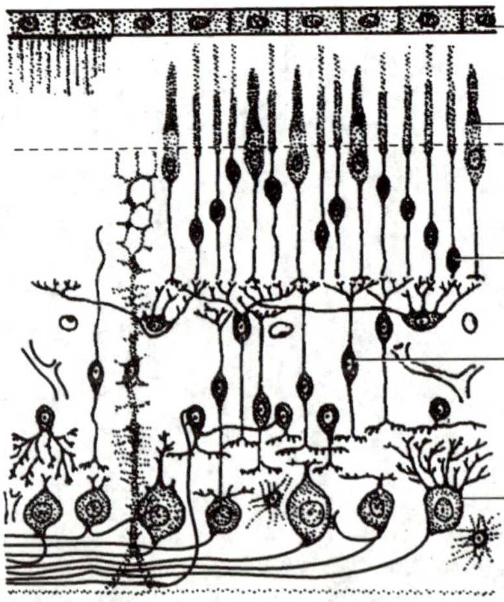

图10-2　视网膜的结构

知识卡片

盲点试验

现在知道的盲点概念和盲点试验是法国物理学家马略特在1668年最先提出来的。当时马略特叫两个人相距两米对面站着，都只用一只眼睛看旁边的某一物点，这时候出现了一种怪异现象，他们两人都发现对方的脑袋不见了。这个试验在当时成为轰动一时的奇闻，这就是著名的马略特盲点试验。

（二）眼球内容物

眼球内容物包括房水、晶状体和玻璃体。这些结构无色透明，无血管，具有屈光作用，与角膜共同构成眼的屈光系统（图10-3）。

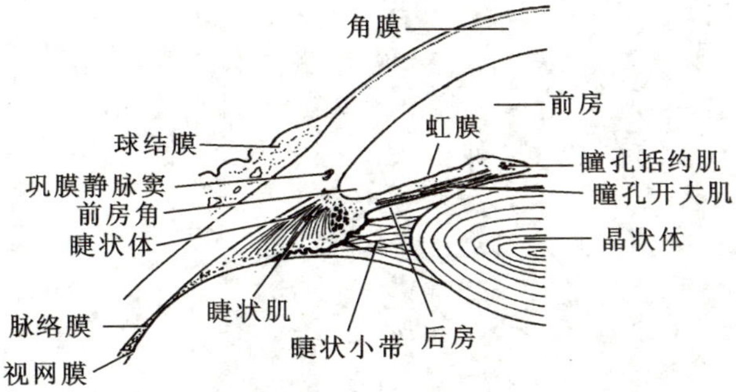

图10-3　晶状体与睫状体（示房水回流）

1. 房水　是无色透明的液体，充满在眼房内。眼房是位于角膜与晶状体之间的腔隙，被虹膜分为眼前房和眼后房，前、后房借瞳孔相通。虹膜与角膜形成的夹角，称虹膜角膜角。房水由睫状体产生，进入眼后房，经瞳孔到眼前房，再经虹膜角膜角渗入巩膜静脉窦，最后汇入眼静脉。房水不断更新，除具有屈光作用外，还有营养眼球及维持眼内压的功能。某些病理情况下房水代谢紊乱，导致眼内压增高，可使视力受损，临床上称为青光眼。

2. 晶状体　位于虹膜的后方，呈双凸透镜状，无色透明，具有弹性，不含血管和神经。晶状体是由内部平行排列的晶状体纤维和外面包裹的富有弹性的晶状体囊组成，周缘借助睫状小带与睫状体相连。晶状体是屈光系统的主要装置，晶状体的曲度可随睫状肌的舒缩而改变，以确保所视物体无论远近，进入眼球的光线都能在视网膜上清晰成像。

晶体是眼球屈光系统的重要组成部分，也是唯一具有调节能力的屈光间质，当看近物时，睫状肌收缩，睫状小带放松，晶状体曲度加大，屈光度增强。看远物时，睫状肌舒张，睫状小带拉紧，晶状体曲度变小，屈光度减弱，就这样使眼球聚光的焦点准确地落在视网膜上。随着年龄的增长，晶状体的弹性逐渐减弱，睫状肌逐渐萎缩，调节功能减退，看近物时模糊，从而出现老视。近视则是因为眼轴过长或屈光系统的屈光度过强，光线聚焦在视网膜的前方。若晶状体因疾病或创伤而变混浊，称为白内障。

3. 玻璃体　为无色透明的胶状物质，充填于晶状体与视网膜之间，除具有屈光作用外，对视网膜和眼球壁还有支撑作用。

知识卡片

T细胞新亚型—Th_{17}

近年的研究发现，机体存在一类不同于Th_1、Th_2的$CD4^+$ T细胞亚群——Th_{17}细胞，该细胞是由天然T细胞前体分化而来，具有独立的分化和发育调节机制，并特异性分泌IL-17，在系统性硬化病、系统性红斑狼疮、类风湿关节炎、银屑病等多种自身免疫性疾病的发生和发展中起着重要作用，在某些细菌、病毒、真菌等感染性疾病中也发挥着重要作用，并可能与肿瘤的发生发展有着密切的关系。因此对Th_{17}细胞的深入研究将可能为此类疾病的治疗提供新的靶点和途径。

准分子激光如何治疗近视眼

眼球的折光度主要取决于角膜，而角膜的折光度主要取决于其前表面的弯曲半径，因此采用准分子激光改变角膜前表面的弯曲半径以矫正视力成了很多近视患者的选择。

准分子激光角膜屈光治疗技术是用一种特殊的极其精密的微型角膜板层切割系统将角膜表层组织制作成一个带蒂的角膜瓣，翻转角膜瓣后，在计算机控制下，用准分子激光对瓣下的角膜基质层拟去除的部分组织予以精确气化，然后于瓣下冲洗并将角膜瓣复位，以此改变角膜前表面的形态，调整角膜的折光度，使外界光线能够准确地在眼底会聚成像，达到矫正近视的目的。

二、眼副器

眼副器包括眼睑、结膜，泪器和眼球外肌等，对眼球起保护、运动和支持作用（图10-4）。

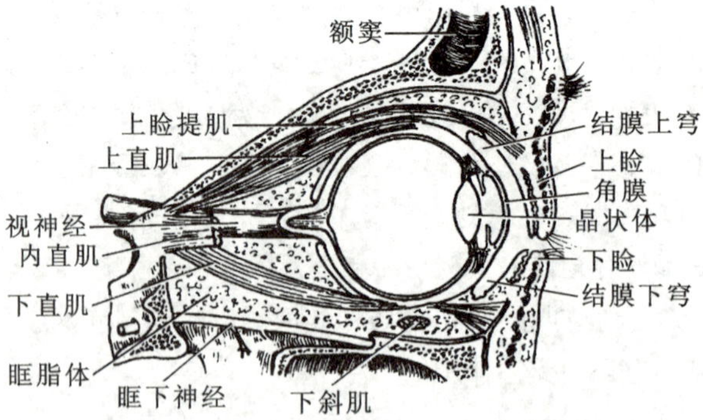

图10-4 眼副器

（一）眼睑

眼睑位于眼球的前方，有保护眼球的作用。眼睑分上睑和下睑，上、下睑之间的裂隙，称睑裂，睑裂的内侧角和外侧角，分别称内眦和外眦。睑的游离缘，称睑缘，长有睫毛。睫毛根部有睫毛腺。眼睑腺体及睫毛毛囊的急性化脓性炎症称睑腺炎，又称麦粒肿。在上、下睑缘近内眦处，各有一小孔，称泪点，是上、下泪小管的入口。

眼睑由浅至深可分为五层结构：皮肤、皮下组织、肌层、睑板和睑结膜（图10-5）。皮下组织疏松，易发生水肿。肌层主要为眼轮匝肌，收缩时可闭合睑裂。

（二）结膜

结膜是一层薄而光滑、富含血管的透明黏膜，衬于上、下睑内面的，称睑结膜；衬于巩膜前面的，称球结膜。上、下睑结膜与球结膜转折移行处，分别形成结膜上穹和结膜下穹。闭眼时，睑结膜和球结膜围成一个囊状腔隙，称结膜囊（图10-6）。

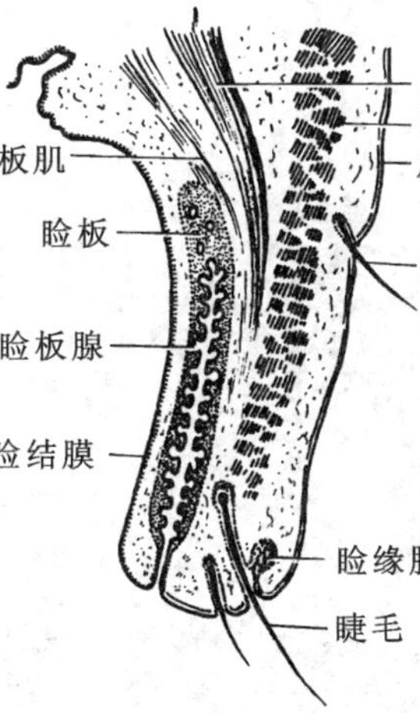

图10-5　眼睑的结构

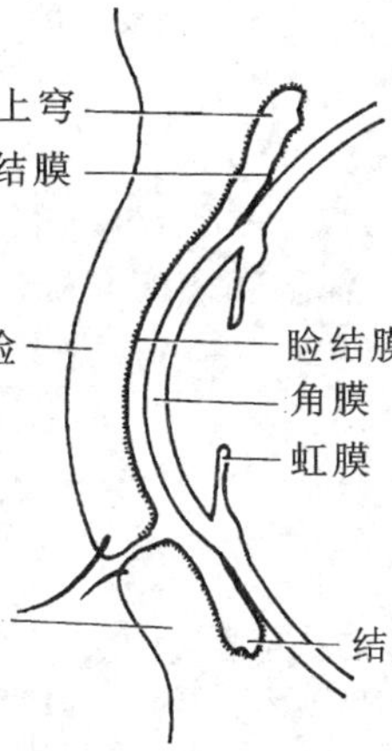

图10-6　结膜

护理应用

滴 眼 药 法

滴眼药法是一种常用的局部给药方法，是用滴管或眼药滴瓶将药液滴入结膜囊，以达到麻醉、散瞳、缩瞳、杀菌等治疗或诊断作用。滴注时病人取仰卧位或坐位头后仰，药液要滴入结膜囊内，不宜滴在角膜上，因角膜神经末梢丰富感觉敏锐，滴完用棉球按压泪囊部1～2min，以免药液进入泪囊后通过鼻泪管进入鼻腔被吸收导致不良反应，并稀释药液影响用药效果。

（三）泪器

由泪腺和泪道组成（图10-7）。泪腺位于眶外上方的泪腺窝内，有10~20条排泄小管，开口于结膜上穹外侧部。泪道包括泪点、泪小管、泪囊和鼻泪管。泪小管上、下各一，分别起于上、下睑缘的泪点，先分别向上、下行，然后近似水平转向内侧，开口于泪囊。泪囊为一膜性囊，位于眶内侧壁泪囊窝内。上为盲端，向下移行为鼻泪管。鼻泪管开口于下鼻道。泪腺分泌的泪液流至结膜上穹后，借眨眼的活动，布于结膜囊各部湿润和清洁眼球，多余的泪液流向内眦，经泪点进入泪小管。

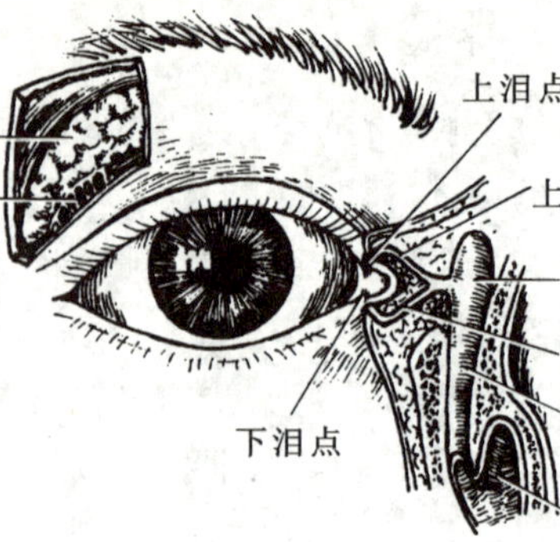

图10-7　泪器

知识卡片

眼泪的奥妙

正常情况下，泪腺在白天大约分泌0.5~0.6ml的泪液，起湿润眼球的结膜和角膜的作用，而在睡觉时则停止分泌泪液。泪液是一种弱碱性的透明液体，其中98.2%是水，其余为少量无机盐和蛋白质，还有溶菌酶、免疫球蛋白A、补体、乳铁蛋白、β-溶素等，它们具有抑制细菌生长的作用。眼泪并不完全表示情绪的变化，当我们眼睛中落入灰尘等异物时，也会产生大量的眼泪把异物冲出来，有趣的是在这两种情况下眼泪的成分有很大的不同。泪水还含有一些目前尚不知道的神秘物质，有待于科学家去探索。

护理应用

眼 睛 护 理

人一般平均每分钟眨眼13次左右，这是一种生理需要。眨眼时，可以让泪液均匀地涂布于角膜、结膜，使眼球不至于干燥，保持角膜光泽，并为角膜提供营养。如果不眨眼，眼球上的泪膜会很快地蒸发，我们就会觉得眼睛干涩、不适、刺痛。临床上昏迷病人、甲亢重度突眼患者眼睑无法闭合或闭合不全，护理此类病人时要用生理盐水浸湿的纱布覆盖在其眼睛上，或给予眼药膏保护甚至行眼睑缝合术，否则会导致角膜干燥、炎症、溃疡、穿孔甚至失明。

（四）眼球外肌

眼球外肌（图10-8）共7块，位于眼球周围，均为骨骼肌，其中运动眼球的肌肉有6块，运动上睑的肌有1块。运动眼球的肌肉是上直肌和下直肌，分别使眼球转向上内和下内；内直肌和外直肌，分别使眼球转向内侧和外侧；上斜肌和下斜肌，分别使眼球转向外下方和外上方。眼球的正常转动，是由这6块肌互相协作来完成。运动上睑的肌肉称上睑提肌，作用为提起上睑，开大眼裂。

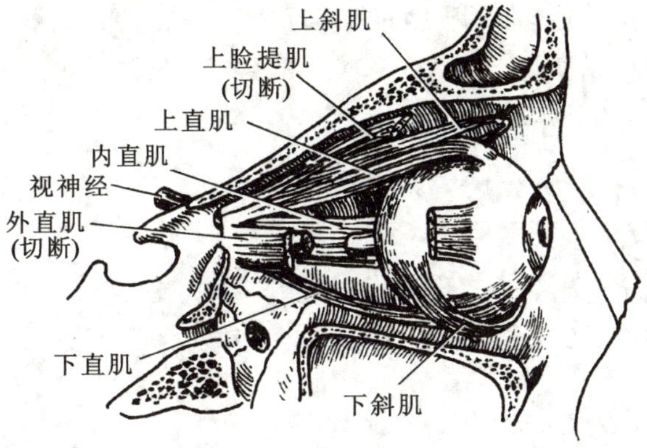

外侧面观

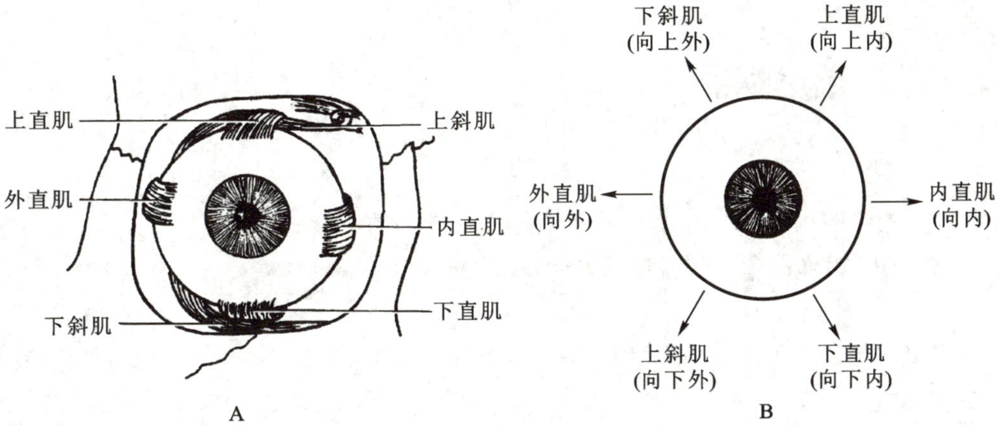

图10-8 眼肌

三、眼的血管

1. 眼动脉 是颈内动脉在颅内的分支，经视神经管入眶，分布于眼球及眼副器等处。其重要分支为视网膜中央动脉，该动脉行于视神经中央，至视盘处分为4支，即视网膜鼻侧上、下动脉和视网膜颞侧上、下动脉，分布于视网膜（图10-9）。

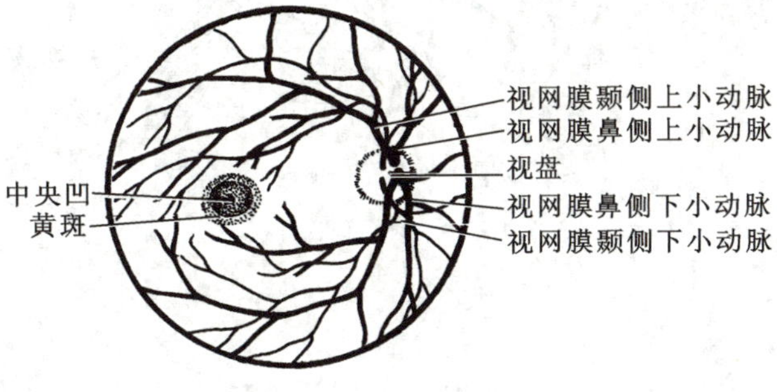

图10-9 眼底（右眼）

2. 眼静脉　眼静脉及属支与眼动脉和分支伴行，向前与内眦静脉相交通，向后经眶上裂入颅注入海绵窦。眼静脉无瓣膜，因此面部感染可经此途径侵入颅内。

知识卡片

视网膜动脉的临床意义

视网膜中央动脉及其分支是从体外唯一可以直接观察到的动脉，临床上，可以借助无创伤的简单器械—眼底镜直接观察这些小动脉，其变化可反映体内动脉的变化情况。一些疾病如高血压、动脉粥样硬化、糖尿病、尿毒症、颅内高压等都有动脉的病理改变，所以眼底血管检查对这些疾病的诊断和预后判断具有重要的意义。

第二节　前庭蜗器

学习目标

1. 能说出外耳、中耳、内耳的组成，解释咽鼓管的功能和特点。
2. 能说出位置觉感受器和听觉感受器的名称和位置。

前庭蜗器又称耳，包括前庭器（听觉感受器）和蜗器（位觉感受器），二者功能虽不同，但在结构上关系密切。耳分为外耳、中耳和内耳三部分（图10-10）。听觉感受器和位觉感受器位于内耳，外耳和中耳是收集和传导声波的通道。

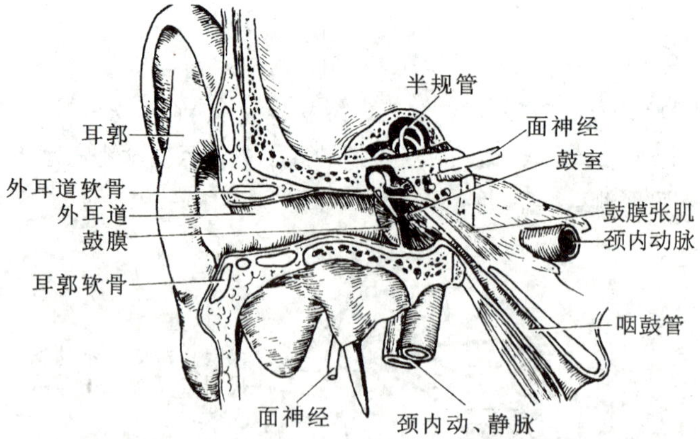

图10-10　前庭蜗器概观

一、外耳

外耳包括耳郭，外耳道和鼓膜三部分。

1. 耳郭　位于头部两侧，由弹性软骨作为支架，外覆皮肤，皮下组织少，富含血管和神经。耳郭下部无软骨的部分，称耳垂，为临床常用的采血部位。耳郭中部的深凹内有外耳门，向内通外耳道（图10-11）。耳郭有收集声波的作用。

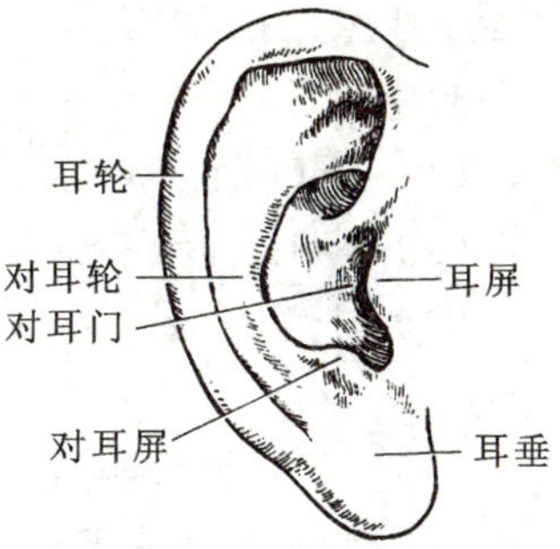

图10-11　耳郭

知识卡片

耳　郭

祖国医学实践发现人体各部位和脏器在耳郭上都有一定的代表区，分布规律是与身体各部相对应的穴位在耳郭的分布像一个倒置胎儿。当身体某部位患病时，在耳郭相应代表区可出现敏感点，故在临床诊断中具有一定的参考价值，耳针疗法和耳针麻醉也在医学实践中得到应用。

2. 外耳道　是连接外耳门和鼓膜的弯曲管道，成人长2~2.5 cm，外侧1/3为软骨部，是耳郭软骨的延续；内侧2/3为骨部，位于颞骨内。外耳道呈“S”形弯曲，若将耳郭拉向后上方，可使外耳道变直，以便检查外耳道及鼓膜。小儿因颞骨尚未骨化，检查时需将耳郭拉向后下方。外耳道皮肤富含皮脂腺和耵聍腺，耵聍腺分泌耵聍，若积存过多可妨碍听力。外耳道皮肤与软骨和骨膜结合紧密，当发生炎症或疖肿时疼痛剧烈。

3. 鼓膜　位于外耳道与中耳之间，为一椭圆形半透明的薄膜，与外耳道下壁约成45° 角。鼓膜呈浅漏斗状，中心略向内凹陷，称鼓膜脐，为锤骨柄末端附着处。鼓膜上1/4为松弛部，在活体呈粉红色；下3/4为紧张部，在活体呈灰白色。鼓膜脐的前下方有一个三角形的反光区，称光锥（图10-12），中耳的病变可导致光锥改变或者消失。

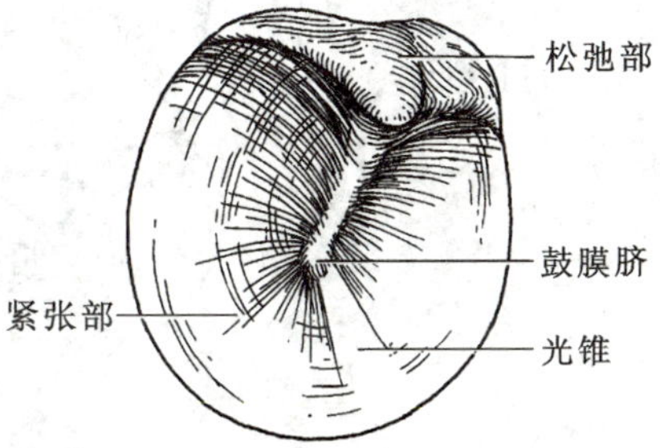

图10-12　鼓膜（右侧）

二、中耳

中耳由鼓室、咽鼓管、乳突窦和乳突小房组成。

（一）鼓室

鼓室位于鼓膜与内耳之间，为颞骨岩部内不规则的含气小腔，内衬黏膜，并与咽鼓管及乳突小房的黏膜相延续。鼓室有6个壁，内有3块听小骨。

1. 鼓室的6个壁

（1）上壁：即鼓室盖，为一薄骨板，分隔鼓室与颅中窝。

（2）下壁：称颈静脉壁，为一薄骨板，分隔鼓室与颈内静脉的起始部。

（3）前壁：称颈动脉壁，为颈动脉管的后壁，上方有咽鼓管开口，经咽鼓管与鼻咽部相通。

（4）后壁：称乳突壁，有乳突窦开口，向后与乳突小房相通。

（5）外侧壁：称鼓膜壁，主要由鼓膜构成。

（6）内侧壁：称迷路壁，即内耳的外侧壁。此壁中部有一圆形隆起称岬，岬的后上方有一卵圆形小孔，称前庭窗；岬的后下方有一圆形小孔，称蜗窗，被第二鼓膜封闭。前庭窗的后上方有一弓形隆起，称面神经管凸，内有面神经通过。

2. 听小骨　听小骨有3块，由外向内依次为锤骨、砧骨和镫骨。锤骨借柄附于鼓膜内面，镫骨的底封闭前庭窗，3块骨借关节和韧带相互连结，构成一条听骨链。当声波振动鼓膜时，引起听骨链的杠杆运动，使镫骨底在前庭窗上来回摆动，将声波的振动转换成机械能传入内耳（图10-13）。

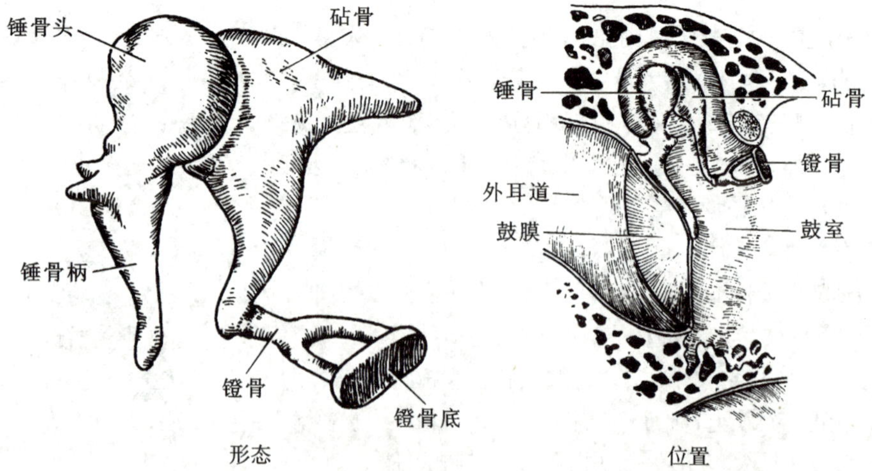

图10-13　听小骨

（二）咽鼓管

咽鼓管是连通咽与鼓室的管道，其作用是维持鼓室与外界大气压的平衡，以利于鼓膜的正常振动。与成人相比小儿的咽鼓管短粗且平直，因此，小儿咽部感染易经此管传入鼓室，引起中耳炎。

（三）乳突窦和乳突小房

乳突窦是鼓室与乳突小房之间的空腔，乳突小房是颞骨乳突内许多彼此相通的含气小腔，向前借乳突窦与鼓室相通。故中耳炎可蔓延到乳突小房而引起乳突炎。

知识卡片

中 耳 炎

中耳炎是婴幼儿常见的一种疾病，成年人发病率较低。因为幼儿咽鼓管较成年人短、宽、直，流质食物容易从咽部进入鼓室，咽部急、慢性炎症时，可通过咽鼓管继发中耳炎，并可蔓延至临近结构，引起并发症：累及鼓膜可引起鼓膜穿孔，累及内侧壁可引起化脓性迷路炎，侵及面神经管可致面瘫，向后蔓延至乳突窦和乳突小房可引起化脓性乳突炎，向上腐蚀破坏鼓室盖可引发颅内感染。

如何擤鼻涕

擤鼻涕方法不正确也可导致中耳炎。有的人擤鼻涕时往往用两手指捏住两侧鼻翼，用力将鼻涕擤出。这种擤鼻涕的方法不但不能完全擤出鼻涕而且很危险，鼻涕中含有大量的病毒和细菌，如果两侧鼻孔都捏住用力擤，则压力迫使鼻涕向鼻后孔挤出，到达咽鼓管引发中耳炎。因此应提倡正确的擤鼻方法：用手指按住一侧鼻孔，稍用力向外擤出对侧鼻孔的鼻涕，用同法再擤另一侧。

护理应用

正确的哺乳方法

婴幼儿哺乳方法不正确易引发中耳炎。由于幼儿的咽鼓管比较平直，且管腔较短，内径较宽，奶汁可经咽鼓管进入中耳，因为奶汁是细菌良好的培养基，易引发中耳炎。因此母亲给孩子哺乳时应取坐位，把婴儿抱起呈斜位。哺乳完毕不可立即使婴儿平卧，因为婴幼儿食管较短，贲门括约肌功能不健全，胃呈水平位，胃容量较小，肌张力较低，乳汁容易反流入食管而溢奶呛咳进入中耳。所以哺乳后应将小儿抱起，头靠在母亲肩上，轻拍婴儿背部，使胃内空气得以排出然后再放到床上。

三、内耳

内耳位于颞骨岩部的骨质内，是鼓室与内耳道之间的一系列复杂管道，故又称迷路，包括骨迷路和膜迷路两部分（图10-14）。骨迷路是骨性管道，膜迷路是套在骨迷路内的膜性管道和囊，与骨迷路形态基本相似。膜迷路内含内淋巴，膜迷路与骨迷路之间的间隙内充满外淋巴，内、外淋巴互不交通。听觉感受器和位觉感受器位于膜迷路内。

（一）骨迷路

骨迷路由三部分构成，从后外向前内分别为骨半规管、前庭和耳蜗（图10-15）。

1. 骨半规管　为骨迷路的后部，由3个相互垂直的半环形骨管构成，分别称为前骨半规管、后骨半规管和外骨半规管。每个骨半规管有两个脚连于前庭，其中一个脚膨大，称骨壶腹。前、后骨半规管的另一个脚合成一个总脚，因此3个骨半规管共有5个口与前庭相通。

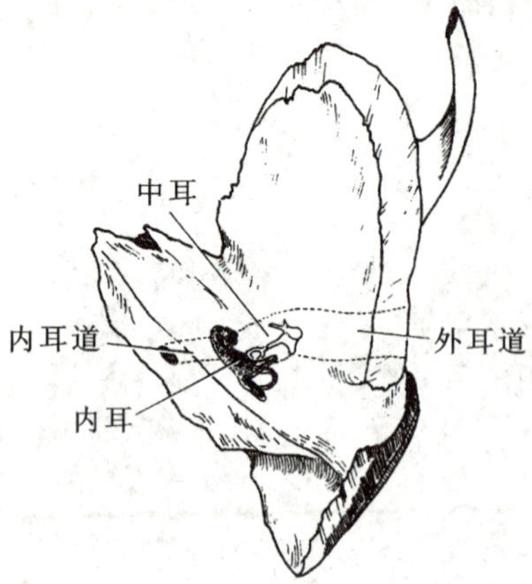

图10-14 内耳在颞骨岩部的投影

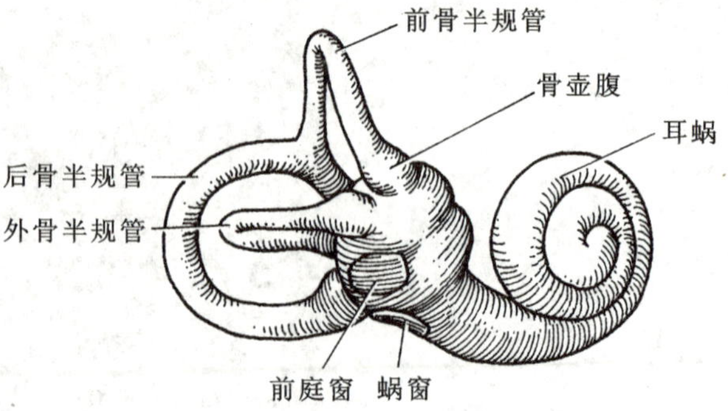

图10-15 骨迷路

2. 前庭 为骨迷路的中部，为一不规则近似椭圆形的腔隙，后壁有5个小孔与3个骨半规管相通，前壁连通耳蜗，外侧壁即鼓室内侧壁，有前庭窗和蜗窗，内侧壁即内耳道底。

3. 耳蜗 为骨迷路的前部，形似蜗牛壳。其尖端朝向前外方，称蜗顶，其底朝向后内侧，称蜗底。耳蜗由蜗螺旋管环绕蜗轴旋转约2圈半而成。自蜗轴伸出骨螺旋板突入蜗螺旋管内，骨螺旋板的游离缘连接膜迷路（蜗管），并将蜗螺旋管分为上、下两部分，上部称前庭阶，下部称鼓阶。

（二）膜迷路

膜迷路套在骨迷路内，由膜半规管、椭圆囊、球囊和蜗管组成（图10-16）。

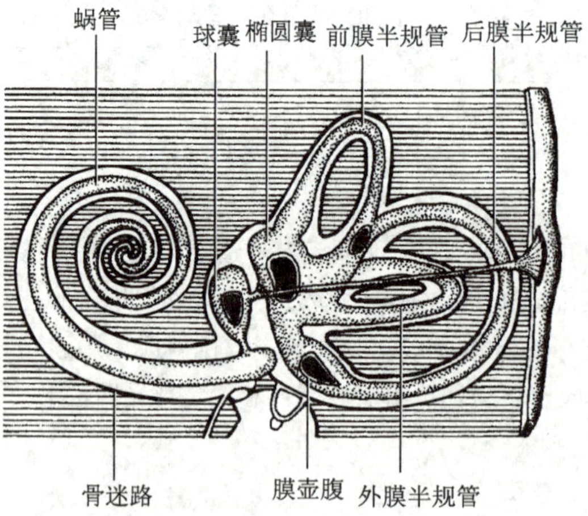

图10-16 膜迷路

1. 膜半规管 位于同名骨半规管内，形态与骨半规管相似，在骨壶腹内有相应膨大的膜壶腹，膜壶腹壁上有隆起的壶腹嵴。壶腹嵴是位觉感受器，能感受旋转变速运动的刺激。

2. 椭圆囊和球囊　是位于前庭内两个互相连通的小囊。椭圆囊与膜半规管相通，球囊与蜗管相通。在囊壁上分别有突入囊腔的斑状隆起，称为椭圆囊斑和球囊斑，二者是位觉感受器，能感受直线变速运动的刺激。

3. 蜗管　位于蜗螺旋管内，连于骨螺旋板的游离缘，随蜗螺旋管也旋转约2周圈半，以盲端终于蜗顶。蜗管横切面呈三角形（图10－17）。上壁称前庭膜，外侧壁与蜗螺旋管的骨膜相结合，下壁为基底膜，膜上有螺旋器（Corti器），是听觉感受器，能感受声波的刺激。

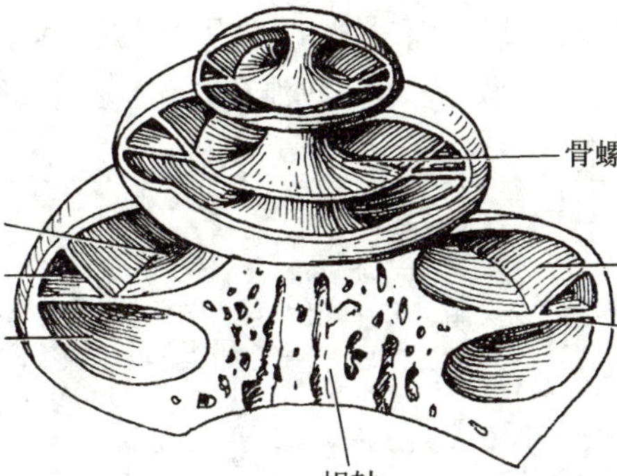

图10－17　耳蜗的结构

知识卡片

前庭器官的植物性功能反应

前庭器官受到过强或时间过长的刺激时，或刺激虽未过量但是前庭机能过于敏感时，常会引起恶心、呕吐、眩晕、皮肤苍白等现象，称为前庭植物性功能反应，临床上也将此类症状称为美尼埃综合征；一些人发生的晕船、晕车等也属于前庭植物性功能反应。

声波的传导

声波传入内耳的途径有两条，即空气传导和骨传导，在正常情况下以空气传导为主。

（1）空气传导：声波经耳郭收集，进入外耳道，引起鼓膜振动，经听骨链运动将其传至前庭窗，使前庭阶和鼓阶的外淋巴波动，继而使蜗管的内淋巴波动，刺激基底膜上的螺旋器，将刺激转变为神经冲动，最后经蜗神经传到大脑皮质的听区，产生听觉。

（2）骨传导：声波直接引起颅骨的振动，继而引起颞骨内的内淋巴振动，刺激螺旋器引起听觉。正常情况下骨传导效能极微，但当空气传导途径阻断的时候，骨传导可起到代偿作用，不会产生完全性耳聋。

第三节　皮肤

学习目标

1. 能说出皮肤的组成和层次结构特点。
2. 熟悉表皮和真皮的结构，了解皮肤附属器的名称、结构和功能。

皮肤覆盖于身体表面，是人体最大的器官。由表皮和真皮组成，借皮下组织与深部组织相连。表皮衍生出毛、皮脂腺、汗腺和指（趾）甲等附属结构，称皮肤附属器。完整的皮肤具有保护机体、调节体温、吸收、分泌、排泄及感觉等多种功能。

护理应用

皮 肤 护 理

皮肤新陈代谢迅速，其代谢产物皮脂、汗液及脱落的表皮碎屑能与外界细菌及尘埃结合形成污垢，黏附于皮肤表面，如不及时清除可刺激皮肤，降低皮肤的抵抗力，破坏其屏障作用，成为细菌入侵的门户。所以对病人要做好皮肤的清洁护理工作，尤其是长期卧床的病人，要做到勤观察、勤翻身、勤按摩、勤擦洗、勤整理、勤更换，以防压疮的发生。

一、皮肤的结构

皮肤由浅层的表皮和深层的真皮两部分组成（图10-18），并借皮下组织与深部组织相连。

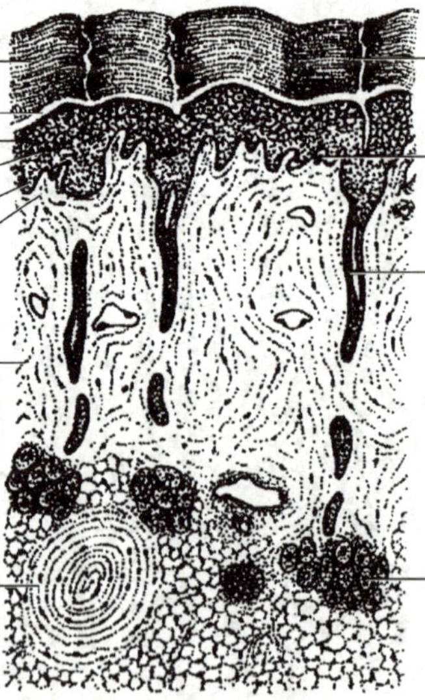

图10-18　手指的皮肤

（一）表皮

表皮由角化的复层扁平上皮构成，上皮细胞之间有丰富的游离神经末梢。表皮细胞分为两大类：一类是角质形成细胞，数量多，分层排列；另一类是非角质形成细胞，数量少，散在于角质形成细胞之间。

1. 表皮的分层和角质形成细胞　根据角质形成细胞的不同发育阶段和形态特点，表皮由基底到表面可分为5层：基底层、棘层、颗粒层、透明层和角质层。

（1）基底层：附于基膜上，由1层矮柱状或立方形的基底细胞构成，细胞核呈圆形或椭圆形，染色较浅，胞质较少，呈强嗜碱性。基底细胞具有活跃的分裂能力，新生的细胞不断向浅层推移，分化成表皮的其余各层细胞。

（2）棘层：由4~10层多边形细胞构成，细胞表面有许多细小的棘状突起。细胞体积较大，核圆形，位于细胞中央，胞质多，呈弱嗜碱性。

（3）颗粒层：由3~5层梭形细胞构成，细胞核和细胞器渐趋退化，细胞质内有大小不等、形状不规则、强嗜碱性的透明角质颗粒。其内容物以胞吐的方式释放到细胞间隙内，成为阻止物质透过表皮的重要屏障。

（4）透明层：由数层扁平细胞构成，细胞界限不清，细胞核和细胞器均已消失，细胞质呈均匀透明状。

（5）角质层：位于表皮的最浅层，由多层扁平的角质细胞构成，细胞核和细胞器完全消失，细胞质内充满角蛋白。角质层表层细胞连接松散，呈片状脱落形成皮屑。角化层耐酸碱、抗摩擦，能阻止病原体和异物的侵入，对机体有重要的保护作用。

2. 非角质形成细胞　包括黑（色）素细胞、朗格汉斯细胞和梅克尔细胞。

（1）黑（色）素细胞：有多个突起，散在于基底层细胞之间。细胞质内含有黑素体，可生成黑色素。黑色素能吸收紫外线，保护深部组织免受辐射损伤。黑色素是决定皮肤颜色的重要因素。

（2）朗格汉斯细胞：散在于棘细胞之间，为树枝状有突起的细胞。朗格汉斯细胞是一种抗原提呈细胞，能获捕和处理侵入皮肤的抗原，并传递给T细胞，引发免疫应答。

（3）梅克尔细胞：位于基底细胞之间，为短指状有突起的细胞，其功能尚不清楚，可能是接受机械刺激的感觉细胞。

（二）真皮

真皮位于表皮深面，向下与皮下组织相连，与后者无明显界限。真皮由致密结缔组织构成，可分为乳头层和网织层。

1. 乳头层　紧邻表皮基底层，较薄，纤维细密，细胞较多。结缔组织呈乳头状突向表皮，称真皮乳头，使其扩大了表皮与真皮的接触面积。乳头内含丰富的毛细血管和神经末梢，在手指掌侧的真皮乳头内有较多的触觉小体。

2. 网织层　位于乳头层的深面，较厚，与乳头层无明显分界。网织层的胶原纤维束粗大、交织成网，并有较多的弹性纤维，使皮肤具有较强的韧性和弹性。此层内含有较多的小血管、淋巴管、毛囊、皮脂腺、汗腺、神经纤维和环层小体等。

（三）皮下组织

皮下组织即浅筋膜，由疏松结缔组织和脂肪组织构成，它将皮肤与深部组织相连，使皮肤有一定的活动性。皮下组织含较大的血管、淋巴管和神经，毛囊和汗腺也常延伸到此层中。

护理应用

皮内注射法

皮内注射法是将小量药液注入表皮与真皮之间的方法。常用于各种药物过敏试验、预防接种以及局部麻醉的先驱步骤。用于皮肤试验时常取前臂内侧中、下段，因该处皮肤较薄，肤色较淡，易于注射和辨认。注射时左手绷紧皮肤，右手持注射器，使针头斜面向上，和皮肤呈5° 角刺入，待针头斜面进入皮内后，放平注射器，注入药液0.1ml，药量要准确，使局部形成一圆形隆起的皮丘，皮肤变白，毛孔变大。注意进针时角度不可过大、不可过深，以免将药液注入皮下。

皮下注射法

皮下注射法是将小量药液注入皮下组织的方法。注射部位常选上臂三角肌下缘、上臂外侧、腹部、后背及大腿外侧方。注射时左手绷紧皮肤，右手持注射器，食指固定针栓，针头斜面向上和皮肤呈30° ~40° 角，过瘦者可捏起注射部位并减少进针角度，刺入针头的2/3，抽吸无回血，即可推注药液。

二、皮肤的附属器

皮肤有若干附属器官，包括毛、皮脂腺、汗腺和指（趾）甲等（图10–19）。

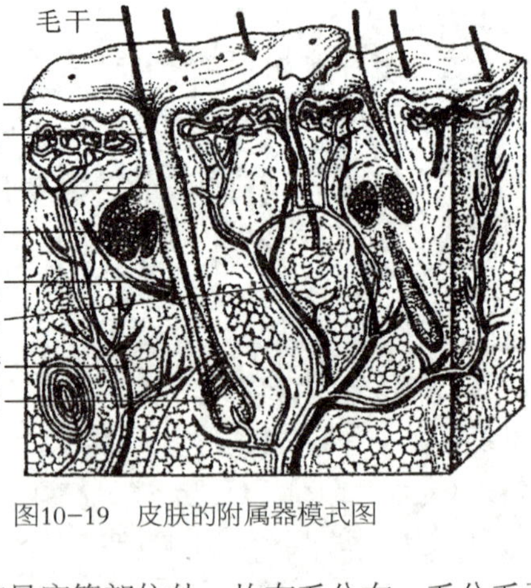

图10–19　皮肤的附属器模式图

1. 毛　人体皮肤除手掌和足底等部位外，均有毛分布。毛分毛干和毛根两部分，露在皮肤外面的部分，称毛干，埋于皮肤内的部分，称毛根。毛根周围有上皮组织和结缔组织构成的毛囊。毛根下端膨大，与周围的毛囊一起形成毛球，毛球底部内陷，结缔组织突入其中形成毛乳头，毛乳头是毛的生长点。毛囊一侧有一束连接毛囊和真皮的斜行平滑肌，称竖毛肌。竖毛肌受交感神经支配，收缩时可使毛直立。

2. 皮脂腺　位于毛囊与竖毛肌之间，为泡状腺，导管大多开口于毛囊上段，也有的开口于皮肤表面，其作用是分泌皮脂。皮脂是几种脂类的混合物，可滋润皮肤、毛发，抑制和杀灭皮肤表面的细菌。皮脂腺的发育和分泌受性激素的调节。

3. 汗腺　是弯曲的单管状腺，分泌部位于真皮或皮下组织中，导管呈螺旋状，开口于表皮的表面。汗腺分为大汗腺和小汗腺两种，小汗腺遍布于全身各处，以手掌、足底等处最多；大汗腺主要分布在腋窝、会阴等处，其分泌物较黏稠，经细菌分解后可产生特殊的气味，称为腋臭或狐臭。汗液的分泌有排泄代谢产物、调节体温和水盐平衡的作用。

4. 指（趾）甲　位于手指和足趾远端的背面，为表皮角质层增厚而成的板状结构。露出体表的部分称甲体，甲体深面的组织称甲床，甲的近端埋入皮肤内称甲根。甲根深部的上皮为甲母质，是甲的生长点。甲体两侧和甲根浅面的皮肤皱襞称甲襞，甲襞与甲体之间的沟称甲沟。

讨论角

1. 视近物和远物时，眼睛如何调节使物像正好落在视网膜上？
2. 生活中当一个人哭泣的时候会“一把鼻涕一把泪”，请用解剖学知识解释为什么会出现这种现象。

第十一章 神经系统

学习目标

1. 归纳神经系统的组成、分部。
2. 归纳中枢神经系统的划分，脑和脊髓各部的形态、分部及各部的结构特点；
3. 识别脑和脊髓内部主要结构的名称、位置和功能。
4. 归纳脑和脊髓被膜的层次和主要间隙的构成；
5. 识别脑和脊髓的血供、脑脊液的产生及循环途径。
6. 识别归纳皮质功能定位和经典神经传导通路。
7. 识别周围神经系统的组成。
8. 归纳脊神经各神经丛的组成、位置、主要分支及分布。
9. 列举胸神经的分布特点。
10. 归纳脑神经的组成及其出入脑和颅的部位，了解其神经损伤后的主要表现。
11. 归纳内脏神经的组成、分类；比较交感和副交感神经低级中枢的位置并了解两者间的区别。

第一节 概述

神经系统由位于颅腔内的脑和椎管内的脊髓及遍布于全身各部的周围神经所组成，在人体各器官系统中占有十分重要的地位。神经系统通过调节和控制全身各器官系统的活动，在各大系统中起主导作用。使人体成为一个完整的有机统一体，相互制约、相互协调，从而保证其功能活动协调统一，以适应机体内外环境的变化，是完成统一生理功能的重要神经活动物质基础。

一、神经系统的组成

神经系统按其所在位置和功能分为中枢神经系统和周围神经系统两部分。中枢神经系统包括脑和脊髓，分别位于颅腔和椎管内；周围神经系统包括脑神经、脊神经和内脏神经。脑神经与脑相连，共12对；脊神经与脊髓相连，共31对；内脏神经是指分布于内脏、心血管和腺体的神经。内脏神经又分为内脏感觉神经和内脏运动神经（自主神经）。内脏运动神经可分为交感神经和副交感神经（图11-1）。

二、神经系统的基本活动方式

神经系统的基本活动方式是反射，是指神经系统在调节机体的活动中接受内、外环境的刺激，并做出适宜反应的神经调节过程。执行反射活动的解剖学基础是反射弧。反射弧包括五个环节，即感受器——传 入（感觉）神经——中枢——传出（运动）神经——效应器（图11-2）。如果反射弧任何一部分损伤，反射即出现障碍。因此临床上常用检查反射的方法来诊断神经系统的某些疾病。

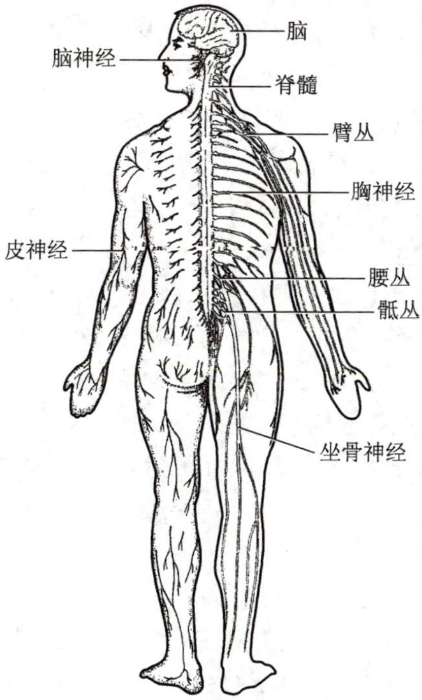

图11-1　神经系统区分

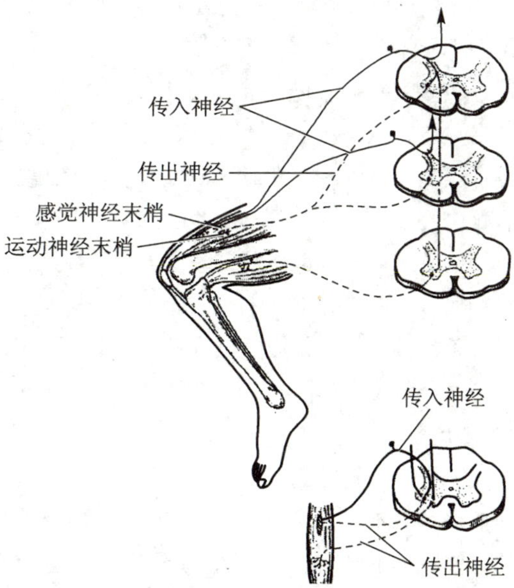

图11-2　反射弧

三、神经系统的常用术语

在神经系统中，神经元的胞体和突起在不同的部位有不同的集聚方式，因而有不同的术语名称。

1. 灰质和皮质　在中枢神经系统内，神经元胞体和树突集聚之处，在新鲜标本上呈灰色称灰质，位于大、小脑表面的灰质层称为皮质。

2. 白质和髓质　在中枢神经系统内神经纤维集聚之处，因神经纤维外面包有髓鞘，色泽白亮称白质，位于大、小脑深部的白质称为髓质。

3. 神经核和神经节　形态与功能相似的神经元胞体集聚成一团，在中枢神经内称神经核，在周围神经内称神经节。

4. 纤维束和神经　在中枢神经内凡起止、行程与功能相同的一束纤维，称纤维束，在周围神经中神经纤维集聚成粗细不等的神经纤维束，称神经。

5. 网状结构　在中枢神经内，神经纤维交织成网状，网眼内含有分散的大小不等的神经细胞核团，这些区域称为网状结构。

第二节　中枢神经

一、脊髓

（一）脊髓的位置和外形

脊髓位于椎管内，呈前后略扁的圆柱状。上端于枕骨大孔处与延髓相接，下端成人约平第1腰椎体下缘，新生儿可达第3腰椎体下缘。

脊髓全长粗细不等，有两处膨大，即颈膨大和腰骶膨大。颈膨大由第5颈节至第1胸节构成；腰骶膨大位于第2腰节至第3骶节之间。这两处膨大的形成分别与支配上肢和下肢的神经元数量较多有关。脊髓在腰骶膨大以下逐渐变细呈圆锥状，称脊髓圆锥。自脊髓圆锥向下延伸出一条细丝，称为终丝，向下终止于尾骨背面（图11-3）。

脊髓表面有6条纵行的沟或裂。前面正中较深的沟称为前正中裂；后面正中较浅的沟称为后正中沟。前正中裂两侧有两条浅沟，称前外侧沟，后正中沟两侧有两条后外侧沟。脊髓前外侧沟连接31对脊神经前根，由运动纤维组成；后外侧沟连接31对脊神经后根，每条脊神经的后根均有一个膨大神经节，称为脊神经节。每一脊髓节段的前、后根在椎间孔处合并成一条脊神经，从相应的椎间孔穿出（图11-4）。根据每对脊神经根的附着范围，脊髓可划分为31个节段，包括8个颈节（C）、12个胸节（T）、5个腰节（L）、5个骶节（S）和1个尾节（Co）。

成人脊髓与脊柱的长度是不相等的，脊髓的长度约占椎管的上2/3，因此，脊髓节段与相应的椎骨并不完全对应（图11-4）。掌握脊髓节段与各部椎骨的对应关系，对脊髓损伤平面的定位有其重要的临床意义。这种对应关系的大致推算方法见表11-1。

因椎管长于脊髓，则脊神经根与相应椎间孔的距离愈来愈远，结果脊神经根自上而下

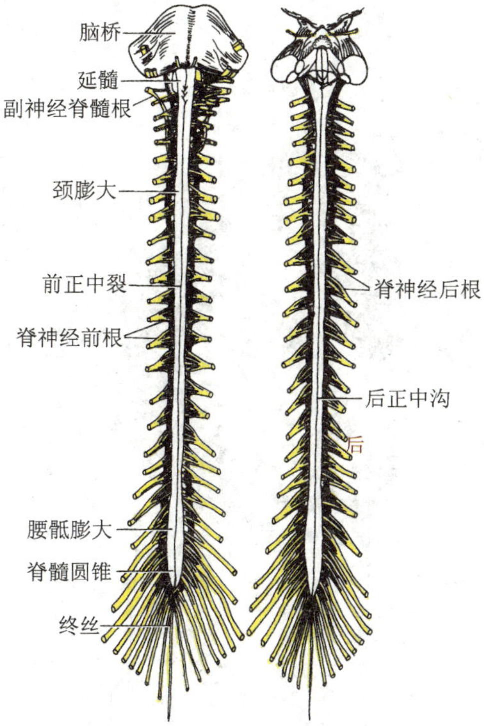

图11-3　脊髓的外形

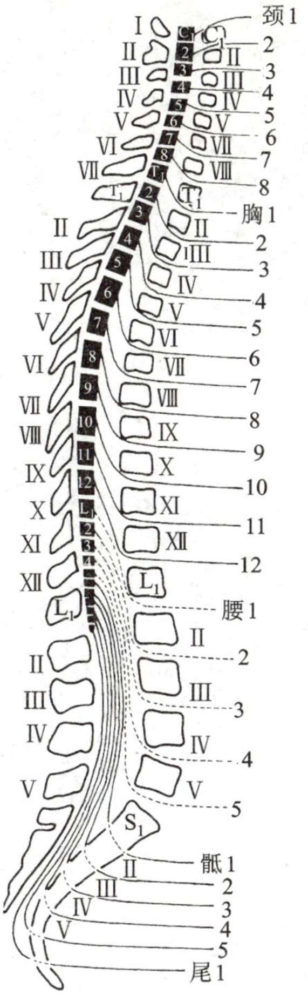

图11-4　脊髓节与椎骨对应关系

逐渐下行，腰骶部的神经根近乎垂直下行。在脊髓圆锥下方，腰骶神经根连同终丝总称为马尾。在成人由于整个脊髓位于枕骨大孔至第1腰椎体下缘之间的椎管内，第1腰椎体以下已无脊髓而只有马尾，因此临床上常选择第 3、4 或 4、5 腰椎之间进行穿刺，不致损伤脊髓。

表11-1　脊髓节段与椎骨的对应关系

脊髓节段	对应椎骨	推算举例
颈髓$C_{1\sim4}$	与同序数椎骨的椎体相对应	如第3颈髓段对应第3颈椎体
颈髓$C_{5\sim8}$和胸髓$T_{1\sim4}$	与同序数椎骨上一节椎体相对应	如第4胸髓段对应第3胸椎体
胸髓$T_{5\sim8}$	与同序数椎骨上两节椎体相对应	如第6胸髓段对应第4胸椎体
胸髓$T_{9\sim12}$	与同序数椎骨上3节椎体相对应	如第11胸髓段对应第8胸椎体
腰髓$L_{1\sim5}$	平对第10~12胸椎体	
骶髓$S_{1\sim5}$和尾髓Co	平对第12胸椎和第1腰椎体	

（二）脊髓的内部结构

在脊髓的横切面上可见正中是中央管，它贯穿脊髓全长，中央管周围是“H”形的灰质。灰质前部的突起称前角，后部的突起称后角。在胸髓和上3节腰髓（T_1~L_3）的前后角之间还有向外侧突出的侧角。连接两侧的灰质部位称灰质连合。灰质的外周是白质，每侧白质以前、后外侧沟分为三个部分。前正中裂和前外侧沟之间的白质为前索，前、后外侧沟之间的为外侧索，后外侧沟与后正中沟之间的为后索。在灰质与白质之间，灰、白质混合交织之处，称为网状结构（图11-5）。

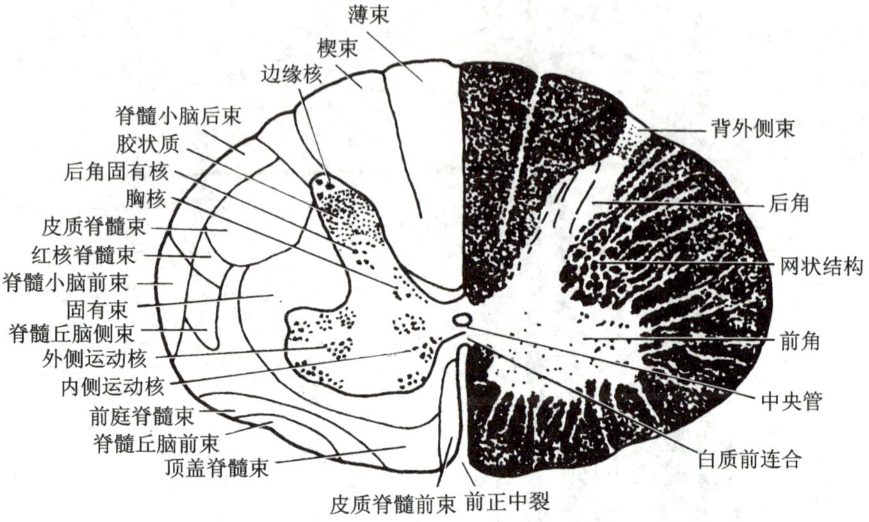

图11-5　脊髓颈节（横断面）

1. 灰质

（1）前角：主要由运动神经元组成。前角运动神经元分为内、外侧两群，内侧核群支配躯干肌、外侧核群支配四肢肌。根据前角运动神经元的形态和功能可将其分为大、小两型细胞；大型细胞为α神经元，支配骨骼肌的运动；小型细胞为γ神经元，其作用与调节肌张力有关。

（2）后角：主要由中间神经元组成，接受后根的传入纤维。后角的细胞分群较多。在后角的边缘区，由少数大型的细胞组成，称缘层，也称后角边缘核。在缘层前方是由小型神经细胞组成的胶状质，胶状质贯穿脊髓全长，主要完成脊髓节段间的联系。在胶状质的前方，主要是由大、中型细胞组成的后角固有核。它发出的纤维上行到背侧丘脑。在后角基部内侧，有一团大型细胞，称胸核又称背核。仅见于颈8到腰2节段，发出的纤维组成同侧的脊髓小脑后束。

（3）侧角：由中、小型细胞组成，仅见于胸1~腰3脊髓节段，是交感神经的低级中枢。在脊髓骶2~4节段，虽无侧角但在相当于侧角位置的部位有由小型神经元组成的核团，称为骶副交感核，是副交感神经在脊髓的中枢。

2. 白质　脊髓白质位于灰质周围，由上、下走行的纤维束组成。在白质中向上传递神经冲动的传导束称为上行（感觉）纤维束，向下传递神经冲动的传导束称为下行（运动）纤维束（图11-6）。

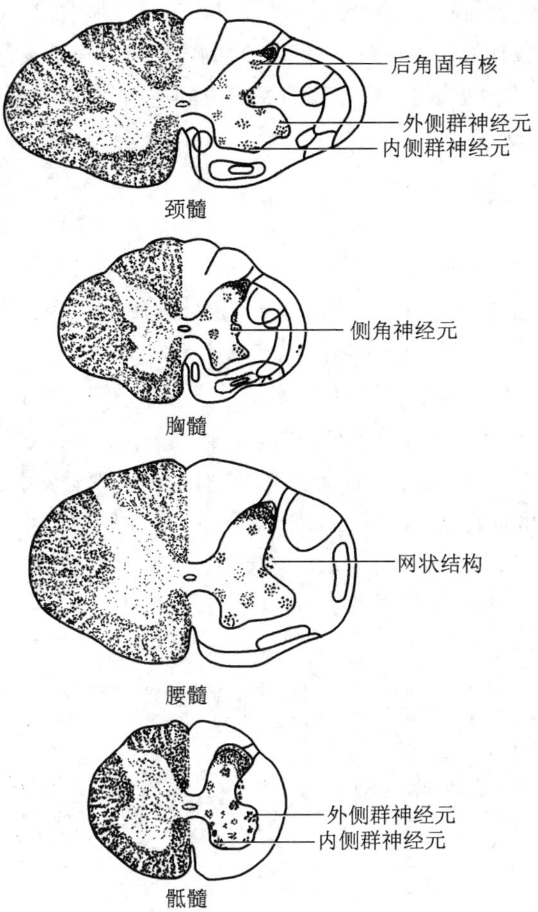

图11-6　脊髓各部（横切面）

（1）上行（感觉）纤维束

1）薄束和楔束：位于后索，薄束位于内侧，楔束位于外侧，由起自脊神经节内的部分中枢突组成，经脊神经后根入脊髓后索直接上升。薄束由第5胸节以下的上行纤维组成，楔束由第4胸节以上的上行纤维组成，向上分别止于延髓内的薄束核和楔束核。此二束的功能是向大脑传导本体感觉（来自肌、腱和关节等处的位置觉、运动觉和振动觉）和精细触觉（如辨别两点距离和物体的纹理精细等）。

2）脊髓丘脑束：位于外侧索的前半和前索中，分为脊髓丘脑侧束和脊髓丘脑前束两部分。此束纤维起自后角缘层和后角固有核，其纤维大部分斜经白质前连合交叉到对侧，在外侧索和前索内上行，终于背侧丘脑。其功能是传导痛觉、温度觉、压觉和粗触觉。

（2）下行（运动）纤维束：皮质脊髓束，起源于大脑皮质运动中枢，下行至延髓下端大部分纤维交叉至对侧，称为皮质脊髓侧束，少量未交叉的纤维在同侧下行称为皮质脊髓前束。

1）皮质脊髓侧束：位于脊髓外侧索深部，由对侧大脑皮质运动中枢发出的纤维组成，终止于同侧脊髓前角中支配上、下肢肌和躯干肌的运动神经元。

2）皮质脊髓前束：位于脊髓前索，由同侧大脑皮质运动中枢发出的纤维组成，终止于双侧脊髓前角中支配躯干肌的运动神经元。此束仅存在于脊髓中胸部以上。

支配上、下肢肌的前角运动神经元只接受同侧皮质脊髓束的支配，而支配躯干肌的运动神经元接受双侧皮质脊髓束的支配，当脊髓一侧的皮质脊髓束损伤后，出现同侧肢体的肌肉瘫痪，而躯干肌不瘫痪。

（三）脊髓的功能

脊髓的功能主要表现在两个方面。

1. 传导功能　脊髓白质纤维是传导功能的主要结构，它使躯干四肢的周围神经与脑的各部分联系起来。如通过上行纤维束将感觉信息传至脑，又通过下行纤维束接受高级中枢的调控。因此，脊髓成为脑与脊髓低级中枢和周围神经联系的重要通道。

2. 反射功能　脊髓反射指脊髓固有的反射，其反射弧并不经过脑，在正常情况下，其反射活动是在脑的控制下进行的。脊髓反射包括躯体反射和内脏反射。

躯体反射是指骨骼肌的反射活动，如牵张反射、屈曲反射、浅反射等；内脏反射是指一些躯体内脏反射、内脏内脏反射和内脏躯体反射，如竖毛反射、排尿反射、排便反射等。

临床链接

（1）脊髓完全横断后，横断平面以下全部感觉和运动丧失，反射消失，称为脊髓休克。

（2）脊髓半横断伤侧平面以下位置觉、震动觉和精细触觉丧失，同侧肢体硬瘫，损伤平面以下的对侧肢体痛、温觉丧失。

（3）脊髓前角受损主要伤及前角运动细胞，表现为这些细胞所支配的骨骼肌呈弛缓性瘫痪，肌张力低下，腱反射消失，肌萎缩，无病理反射，但感觉无异常，如脊髓灰质炎（小儿麻痹症）患者。

二、脑

脑位于颅腔内，由端脑、小脑、间脑、中脑、脑桥及延髓组成。通常把延髓、脑桥、中脑三部分合称脑干（图11-7，图11-8）

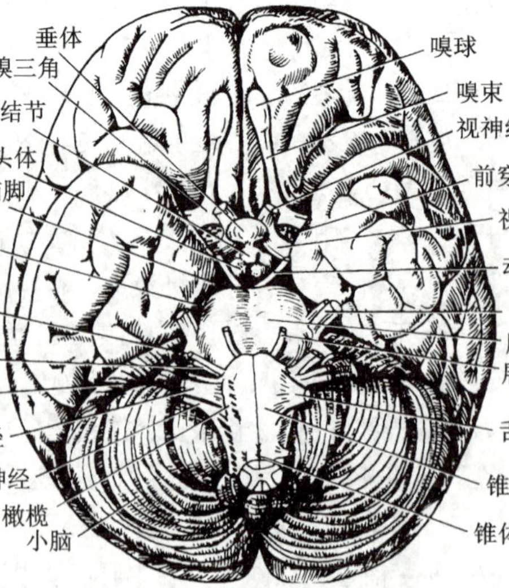

图11-7　脑的底面

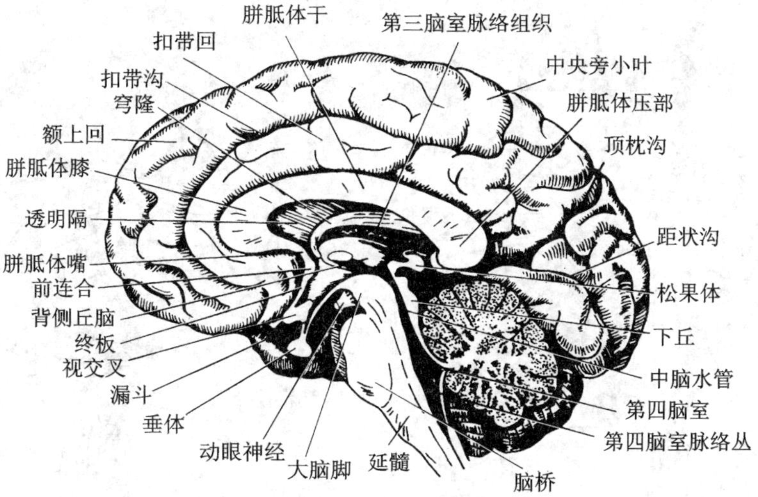

图11-8　脑正中矢状面

（一）脑干

脑干自下而上由延髓、脑桥和中脑组成。延髓在枕骨大孔处下接脊髓，中脑向上与间脑相接，脑干的背面与小脑相连。

1. 脑干的外形

（1）腹侧面：延髓位于脑干的最下部，上与脑桥以延髓脑桥沟分界；下连脊髓，有与脊髓相延续的前正中裂和前外侧沟。在前正中裂的两侧，各有一对纵行隆起的锥体，其内有锥体束通过，锥体的下端是锥体交叉，其内有锥体束的纤维交叉走行至脊髓对侧。锥体的外侧为橄榄，内含下橄榄核。锥体与橄榄之间有舌下神经根，在橄榄的后方，自上而下依次有舌咽神经根、迷走神经根和副神经根（图11-9）。

脑桥位于脑干的中部，其腹侧面的突出称脑桥基底部，基底部正中纵形的浅沟称基底沟。基底部向两侧延伸为小脑中脚，两者移行处有粗大的三叉神经根。延髓脑桥沟中自内向外依次有展神经根、面神经根和前庭蜗神经根。延髓、脑桥与小脑交界处，临床上称为脑桥小脑三角，前庭蜗神经和面神经根位居此处。

中脑位于脑干的上部，腹侧有一对粗大的柱状结构，称为大脑脚，两脚之间的凹陷称脚间窝，脚间窝内有动眼神经根。

（2）背侧面：延髓背侧面下半部形似脊髓。其后正中沟两侧各有一对隆起，称薄束结节和楔束结节，深面是薄束核和楔束核（图11-10）。

脑桥背侧面形成菱形窝的上部，两侧是小脑上脚和小脑中脚，两侧小脑上脚之间的薄层白质，称为上髓帆。

中脑背侧面有两对圆形隆起，上方的一对称上丘，是视觉反射中枢；下方的一对称下丘，是听觉反射中枢，在下丘的下方连有滑车神经根。

（3）菱形窝：构成第四脑室底，由脑桥和延髓上半部背侧面构成，中部有横行的髓纹可作为脑桥和延髓背侧面的分界。窝的正中有纵行的正中沟，正中沟的两侧为内侧隆起，外

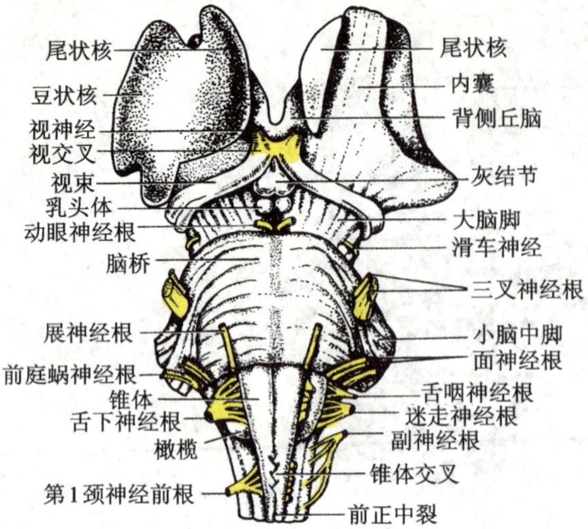

图11-9　脑干外形（腹侧面）

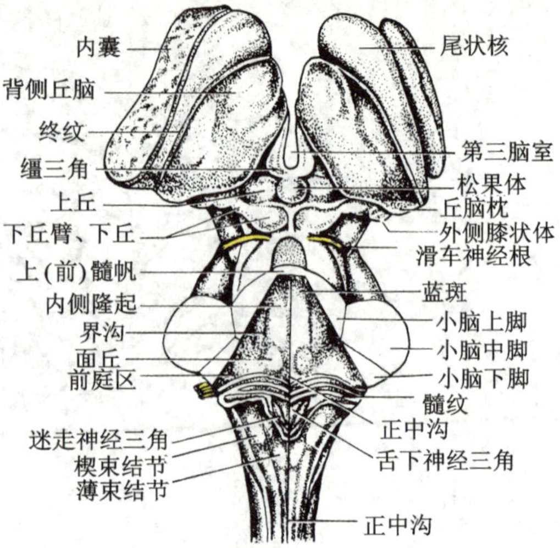

图11-10　脑干外形（背侧面）

侧还有纵行的界沟，界沟的外侧为呈三角形的前庭区，其深面有前庭神经核，前庭区的外侧角上有一小隆起，称为听结节，内含蜗神经核。靠近髓纹上方，内侧隆起上有一圆形隆起，称面神经丘，其深面有展神经核。在髓纹以下可见两个三角区，迷走神经三角位于外侧，内含迷走神经背核；舌下神经三角位于内侧，内含舌下神经核。

（4）第四脑室：位于延髓、脑桥和小脑之间的室腔。上皮性室管膜，其表层被覆软膜和血管共同形成第四脑室脉络组织，脉络组织上的一部分血管反复分支缠绕成丛，夹带着软膜和室管膜上皮突入室腔，成为第四脑室脉络丛，脉络丛产生脑脊液。

第四脑室脉络组织的两侧分别有第四脑室外侧孔，下部有一个第四脑室正中孔。第四脑室向上经中脑水管通第三脑室，并借第四脑室正中孔和外侧孔与蛛网膜下隙相通（图11-11）。

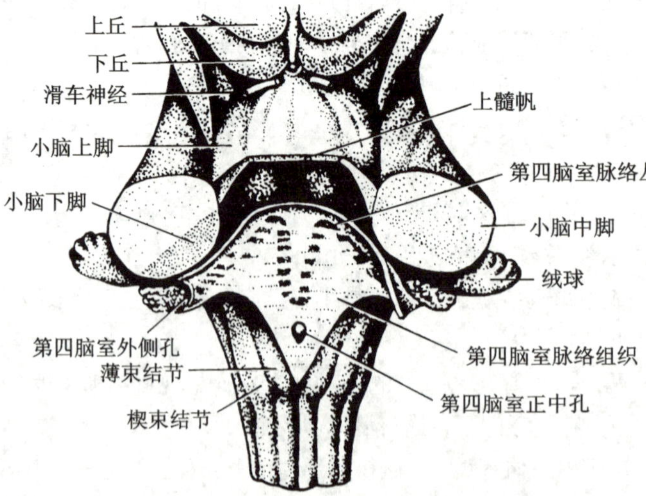

图11-11　第四脑室脉络丛

2. 脑干的内部结构　由灰质、白质及网状结构组成。

脑干的灰质由于延髓中央管在背侧敞开，使灰质由腹背方向排列改变成内外方向排列；另外由于神经纤维的左、右交叉并相互交织穿插，又使灰质柱形成了一些细胞团块。脑干的神经核分为两种：第一种是直接与脑神经相连的，称脑神经核；第二种是参与组成各种神经传导通路或反射通路，称非脑神经核。

（1）脑神经核：脑干内脑神经核按功能不同由内侧向外侧排列成四种性质的纵行细胞功能柱，即躯体运动核、内脏运动核、内脏感觉核和躯体感觉核（图11-12）。

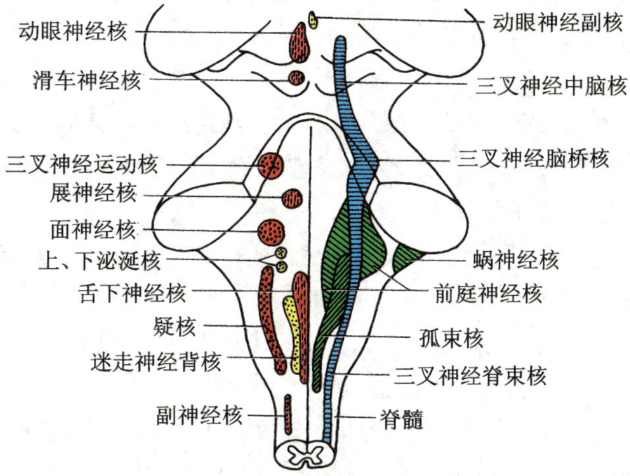

图11-12　脑神经核在脑干背侧面的投影

1）躯体运动核：此核邻近脑干的中线，包括8对脑神经核团。

① 动眼神经核：位于中脑上丘平面，此核发出的纤维参与组成动眼神经，支配上睑提肌、上直肌、下直肌、内直肌和下斜肌。② 滑车神经核：位于中脑下丘平面，发出的纤维组成滑车神经，支配上斜肌。③ 展神经核：位于脑桥中下部，相当于面神经丘的深部，发出的纤维组成展神经，支配外直肌。④ 舌下神经核：位于延髓上部，相当于舌下神经三角的深部，发出的纤维组成舌下神经，支配舌肌的运动。⑤ 三叉神经运动核：位于脑桥中部展神经核的外上方，发出的纤维组成三叉神经运动根，出脑后加入下颌神经，支配咀嚼肌。⑥ 面神经核：位于脑桥中下部，发出的纤维组成面神经，主要支配面肌和镫骨肌。⑦ 疑核：位于延髓上部，此核上部发出的纤维加入舌咽神经，中部发出的纤维加入迷走神经，下部发出的纤维组成副神经的颅根，支配咽、喉和软腭肌。⑧ 副神经核：位于躯体运动柱的最尾端，由延髓部和脊髓部组成，延髓部发出的纤维并入迷走神经，支配腭肌和喉肌。由脊髓部发出的纤维组成副神经脊髓根，支配胸锁乳突肌和斜方肌。

2）内脏运动核：位于躯体运动核的外侧，包括4对脑神经核团。

① 动眼神经副核：位于动眼神经核上端的背内侧，发出的纤维支配瞳孔括约肌和睫状肌。② 上泌涎核：位于脑桥下部的网状结构中，发出的纤维加入面神经，支配舌下腺、下颌下腺和泪腺的分泌。③ 下泌涎核：位于延髓上部的网状结构，发出的纤维加入舌咽神经，支配腮腺的分泌。④ 迷走神经背核：位于迷走神经三角深面，舌下神经核的外侧，发出的纤维

加入迷走神经，支配颈部、胸腔和腹腔大部分脏器（结肠左曲以上的消化管）的活动。

3）内脏感觉核：位于界沟外侧，由一对孤束核构成。

孤束核：为一纵长核柱，位于迷走神经背核的外侧，接受面神经、舌咽神经和迷走神经中的内脏感觉纤维。

4）躯体感觉核：位于内脏感觉柱的腹外侧，包括三对核团。① 三叉神经感觉核：三叉神经感觉核由三个部分构成，包括三叉神经中脑核、三叉神经脑桥核和三叉神经脊束核，分别与头面部的本体感觉、触觉和痛、温觉传导有关。② 蜗神经核：分为蜗腹侧核和蜗背侧核，分别位于小脑下脚的腹外侧和背侧，接受蜗神经传入的听觉。③ 前庭神经核：位于第四脑室底前庭区的深面，接受前庭神经传入的平衡觉。

（2）非脑神经核

1）薄束核和楔束核：分别位于延髓薄束结节和楔束结节的深面，接受薄束和楔束的纤维。由此二核发出的纤维，左、右交叉形成内侧丘系交叉，交叉后的纤维走向对侧形成内侧丘系，传导本体感觉和精细触觉。

2）红核：位于中脑上丘平面的被盖部，呈圆柱状。主要接受来自小脑和大脑皮质的传入纤维，并发出红核脊髓束，交叉后下行至脊髓。

3）黑质：位于中脑被盖和大脑脚底之间的板状灰质，延伸于中脑全长，可分为背侧的致密部和腹侧的网状部。黑质的细胞内含黑色素，故呈黑色，同时还含有多巴胺。多巴胺是一种神经递质，经其传出纤维释放到大脑的新纹状体，临床上因黑质病变，多巴胺水平下降，可引起震颤麻痹或Parkinson病。

（3）脑干的白质：包括脑干本身各核团间的联系纤维，大脑、小脑和脊髓间相互联系的纤维，以及脑干各神经核团与脑干以外各结构间的联系纤维等。主要由上行（感觉）和下行（运动）传导束组成。

1）上行（感觉）传导束：① 内侧丘系：由薄束核及楔束核发出的纤维，呈弓状绕过中央管的腹侧，交叉后组成内侧丘系继续上行，终于背侧丘脑的腹后外侧核，传导对侧躯干和上、下肢的本体感觉和精细触觉。② 脊髓丘系：脊髓丘脑束进入脑干后，与一些从脊髓投向上丘的纤维合在一起，组成脊髓丘系，终于背侧丘脑的腹后外侧核，传导对侧躯干及四肢的温、痛、粗触觉和压觉。③ 三叉丘系：由三叉神经脑桥核和三叉神经脊束核发出的传入纤维交叉至对侧，组成三叉丘系，终于背侧丘脑的腹后内侧核，传导对侧头面部的触觉、痛觉和温度觉。④ 外侧丘系：由蜗神经核的蜗腹侧核和蜗背侧核发出的纤维，在脑桥横行相互交叉后至对侧折向上行，称为外侧丘系，止于间脑的内侧膝状体，传导听觉。

2）下行（运动）传导束：① 锥体束：是大脑皮质发出的控制骨骼肌随意运动的下行纤维束，其中一部分纤维在下行过程中止于各脑神经躯体运动核，称皮质核束；另一部分纤维下行至脊髓止于前角，称皮质脊髓束。皮质脊髓束的大部纤维在延髓锥体下端处左右交叉，形成锥体交叉。约3/4的纤维交叉后在脊髓外侧索内下行，称为皮质脊髓侧束；其余1/4的纤维不交叉，在脊髓前索内下行，称为皮质脊髓前束。② 皮质脑桥束：由大脑皮质额、顶、颞叶发出的纤维下行组成额桥束和顶枕颞桥束，经过内囊进入脑桥基底部，终止于脑桥核。

（4）脑干网状结构：在脑干中各神经核团及纤维束之间，有纵横交错成网的神经纤维和位于纤维网内大小不等的神经细胞团，这些区域称为网状结构。

脑干网状结构内有两个调节躯体运动的区域，一个是抑制区，另一个是易化区，它们发出的纤维至脊髓前角的运动神经元，分别起到抑制和增强骨骼肌的运动和肌张力的作用。维持正常的骨骼肌运动和肌张力，如果二区的作用发生失调，就表现出肌运动和肌张力的异常。

对内脏活动的调节，在脑桥尾侧和延髓的外侧核群内存在着吸气、呼气、加压和减压等呼吸和心血管活动中枢，它们通称为"生命中枢"，故脑干损伤，会导致呼吸、循环障碍，甚至危及生命。

（二）小脑

小脑位于颅后窝，在延髓和脑桥的后方，以小脑下脚、中脚和上脚与脑干相连，小脑与脑干间的腔隙即第四脑室。

1. 小脑的形态　小脑上面平坦，下面中间部凹陷。中间缩窄的部分称小脑蚓；两侧膨隆的部分称小脑半球。半球上面前1/3与后2/3交界处，有一深沟，称原裂。小脑半球下面近枕骨大孔处膨出部分，称小脑扁桃体，它位于延髓的背外侧面，两者同靠的枕骨大孔上方，当颅内压增高时，小脑扁桃体可向下嵌入枕骨大孔，压迫延髓的呼吸中枢和心血管中枢，导致呼吸心搏骤停，这种情况叫枕骨大孔疝或小脑扁桃体疝（图11-13）。

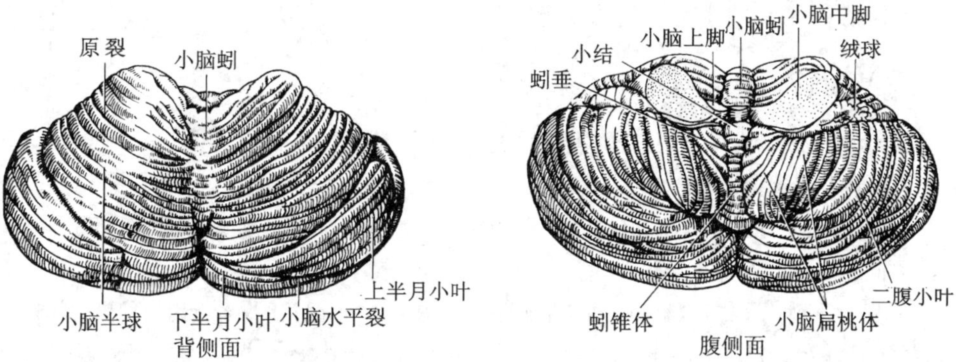

图11-13　小脑外形

2. 小脑的分叶　根据小脑的发生，功能和纤维联系，可把小脑分为三叶（图11-14）。

（1）绒球小结叶：位于小脑下面，包括半球上的绒球和小脑蚓前端的小结，其间有绒球脚相连。此叶因种系发生上最古老，故称古小脑。主要接受内耳的前庭的信息，与维持身体平衡有关，古小脑损伤后，病人平衡失调，站立和行走时摇晃不稳，甚至倾倒。

（2）前叶：位于小脑上部原裂以前的部分，加上小脑下面的蚓垂和蚓垂体。在种系发生上晚于绒球小结叶，称为旧小脑。与肌张力的调节有关，损伤后主要表现为肌张力降低。

（3）后叶：原裂以后的部分，占小脑的大部分。在进化过程中是新发生的结构，称为新小脑。与骨骼肌的协调运动有关，损伤后表现为随意运动不协调，病人不能完成精巧动作，把握不住动作的力量和方向等，不能进行快速交替运动，不能进行多个关节同时活动的复

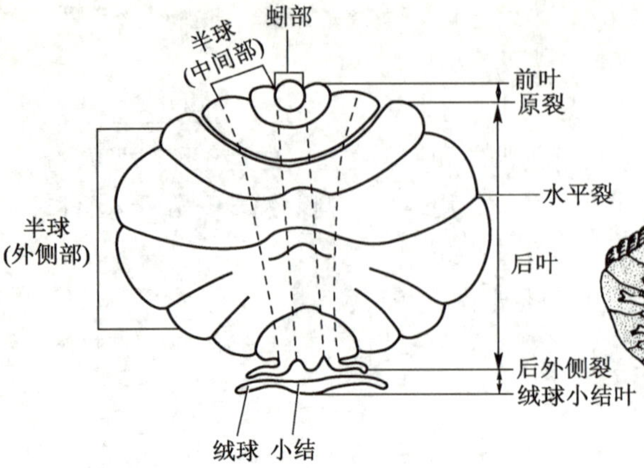

图11-14　小脑分叶

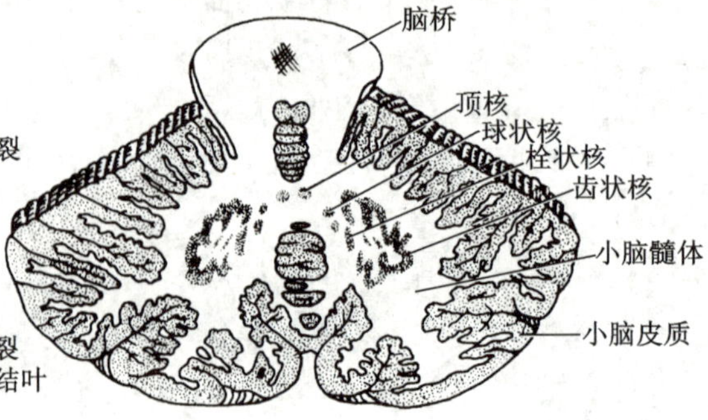

图11-15　小脑核

杂运动等。

3. 小脑的内部结构（图11-15）　小脑的内部结构主要由小脑皮质、小脑髓体和小脑核三部分组成。

（1）小脑皮质主要由神经元胞体构成。

（2）小脑髓体主要由传入和传出纤维构成。

（3）小脑核有四对，包括齿状核、顶核、栓状核和球状核。齿状核位于小脑半球的白质内，接受来自新小脑皮质的纤维，发出的纤维在中脑交叉后止于红核以及背侧丘脑的腹中间核和腹前核。

（三）间脑

间脑位于中脑和端脑之间。两侧和背面被大脑半球所掩盖，仅腹侧部的视交叉、垂体和乳头体等结构外露于脑底。

1. 间脑的形态和分部　间脑可分为背侧丘脑、上丘脑、下丘脑、后丘脑和底丘脑五部分。两侧间脑之间的腔隙称第三脑室。

（1）背侧丘脑：又称丘脑，由两个卵圆形的灰质团块借丘脑间黏合连接而成，背侧丘脑的前端隆凸为前结节，后端膨大称丘脑枕，其外侧面连接内囊，背面和内侧面游离，内侧面参与组成第三脑室的侧壁。

（2）后丘脑：位于丘脑枕后下方，由两个小团块组成，偏外侧的是外侧膝状体，内侧的是内侧膝状体。

（3）上丘脑：位于第三脑室顶部的周围。主要有丘脑髓纹、缰三角、松果体等结构。

（4）下丘脑：位于下丘脑沟的下方，构成第三脑室的下壁和侧壁的下部。从脑底面由前向后可见视交叉、灰结节和乳头体。灰结节下延为漏斗，漏斗向下连有垂体。

（5）底丘脑：位于间脑和中脑被盖的过渡区。内含底丘脑核。

2. 间脑的内部结构和功能

（1）背侧丘脑：由白质构成的“Y”形内髓板，将背侧丘脑内部的灰质分隔成3个核群，即前核群、内侧核群和外侧核群（图11-16）。

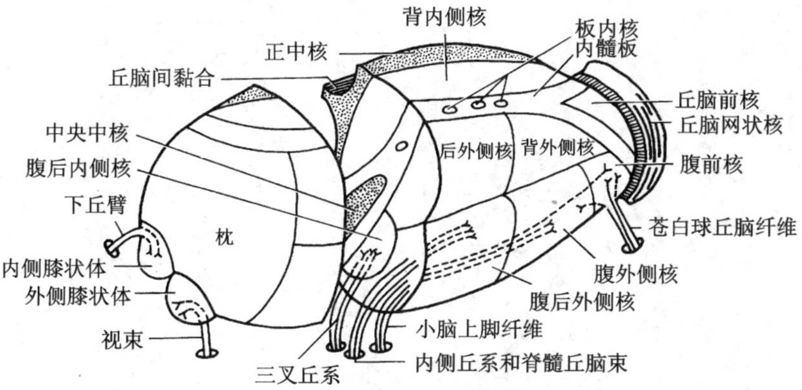

图11-16　右侧背侧丘脑核团示意图

1）前核群：位于内髓板分叉部的前上方，是边缘系统中的一个重要中继站，其功能与内脏活动有关。

2）内侧群：居内髓板内侧，其功能可能是联合躯体和内脏感觉冲动的整合中枢。

3）外侧群：位于内髓板外侧，可分为背、腹侧两部分，腹侧部分又称腹侧核群，是背侧丘脑的主要部分，由前向后可分为腹前核、腹中间核（又称腹外侧核）和腹后核。腹后核又分为腹后内侧核和腹后外侧核。① 腹后外侧核：接受内侧丘系和脊髓丘系的中继核，发出的纤维参与组成丘脑中央辐射，主要终止于大脑皮质中央后回中、上部和中央旁小叶后部，传导躯干和四肢的深、浅感觉。② 腹后内侧核：接受三叉丘系及味觉纤维，发出纤维参与组成丘脑中央辐射，终止于中央后回的下部，传导头面部的感觉及味觉。

背侧丘脑的主要功能是感觉传导通路的中继站。背侧丘脑受损害时，常见的症状是感觉丧失或过敏，并可伴有剧烈的自发疼痛。

（2）后丘脑：① 内侧膝状体接受听觉传导纤维，发出纤维组成听辐射。② 外侧膝状体接受视觉传导纤维，发出纤维组成视辐射。

（3）下丘脑：主要核团有 ① 视上核在视交叉外端的背外侧；② 室旁核在第三脑室上部的两侧（图11-17）。

下丘脑的纤维联系：下丘脑的纤维联系非常复杂，它与背侧丘脑、端脑、脑干和脊髓之间均有往返纤维联系，其中以与垂体的联系比较重要。

与腺垂体的联系：下丘脑神经元分泌的许多垂体前叶的激素释放因子与抑制因子，沿轴突送至垂体后叶或送至正中隆起，后者再通过垂体门静脉送至腺垂体，影响垂体前叶各种激素的分泌。

与神经垂体的联系：下丘脑的室旁核和视上核分别发出室旁垂体束和视上垂体束至神经垂体，两核分别主要产生血管加压素和催产素通过该神经束传至神经垂体，经血管吸收后再运送至靶器官。

下丘脑的功能：下丘脑与大脑边缘系统是内脏活动的较高级中枢。另外，通过对垂体的联系，成为调节内分泌活动的重要中枢。下丘脑将神经调节和体液调节融为一体，对体温、摄食、生殖、水盐代谢等起着重要的调节作用，同时也参与睡眠和情绪反应活动（图11-18）。

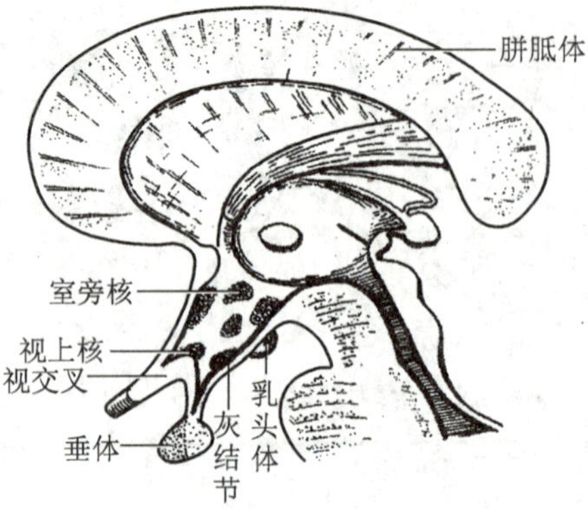

图11-17　下丘脑的主要核团

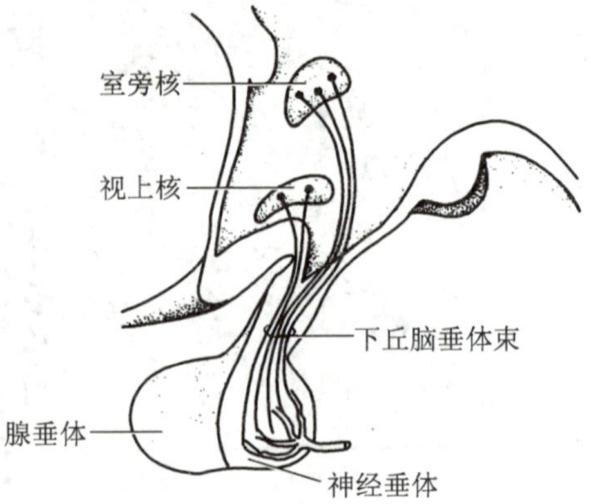

图11-18　下丘脑垂体束

3. 第三脑室　位于两侧背侧丘脑和下丘脑之间的狭窄腔隙。前方借左、右室间孔与两侧大脑半球内的侧脑室相通，后方借中脑水管与第四脑室相通，顶部为第三脑室脉络组织，其底由下丘脑组成。

（四）端脑

端脑是脑的最高级部分。端脑被大脑纵裂分为左、右两个大脑半球，大脑与小脑之间为大脑横裂。半球表层的灰质，称大脑皮质，皮质的深面是髓质（白质），髓质中包藏着一些核团，称基底核。大脑半球内部的腔隙为侧脑室。

1. 端脑的形态和分叶　大脑半球表面布满深浅不同的沟，称大脑沟，沟间隆起的部分称大脑回。每个半球有三个面，即上外侧面、内侧面和下面。

每侧大脑半球以较恒定的三条大脑沟为标记，将大脑分为五叶。这三条沟是：中央沟起自半球上缘中点稍后方，向前下斜行于半球上外侧面；外侧沟起自半球下面，行向后上方，至上外侧面；顶枕沟位于半球内侧的后部，自下向上方。中央沟前方、外侧沟上方的部分是额叶；中央沟后方、外侧沟上方的部分为顶叶；外侧沟下方的部分为颞叶；顶枕沟以后较小部分为枕叶。岛叶藏在外侧沟的深部，被额、顶、颞叶所掩盖（图11-19）。

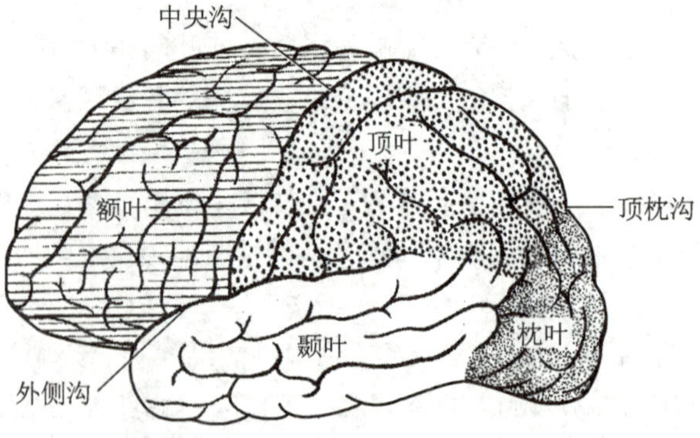

图11-19　大脑半球分叶

2. 大脑半球的重要沟回

（1）大脑半球上外侧面（图11-20）

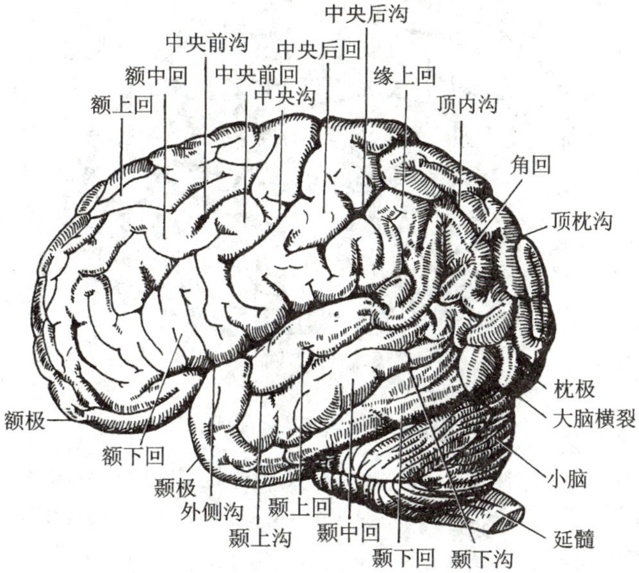

图11-20　大脑半球上外侧面

1）额叶：在额叶上有与中央沟平行的中央前沟，二者之间的部分称中央前回。自中央前沟水平向前分出两条沟，分别称额上沟和额下沟。额上沟以上的部分为额上回。额上、下沟之间的部分为额中回，额下沟和外侧沟之间的部分为额下回。

2）顶叶：在顶叶有与中央沟平行的中央后沟，二者之间的部分称中央后回。在中央后沟中部向后发出的与上缘平行的沟称顶内沟，此沟将中央后回以后的顶叶分为上、下两部，上部称顶上小叶，下部称顶下小叶。顶下小叶又分为两部，围绕外侧沟末端的部分称缘上回，围绕颞上沟末端的部分称角回。

3）颞叶：在颞叶上有与外侧沟大致平行的颞上沟，二者间的部分称颞上回，自颞上回转入外侧沟的部分有两条横行的大脑回，称颞横回。颞下沟与颞上沟大致平行，二者之间的部分称颞中回。

4）枕叶：在外侧面上有许多不恒定的沟和回。

5）岛叶：周围有环状的沟围绕，其表面有长短不等的脑回。

（2）大脑半球内侧面（图11-21）：额、顶、枕、颞四叶在内侧面均可见到。在间脑上方有联络两半球的纤维，称胼胝体。胼胝体下方的弓形纤维束称穹隆，穹隆与胼胝体之间的薄板，称透明隔。胼胝体上方与之平行的沟称胼胝体沟，在胼胝体沟上方有与之平行的扣带沟，两沟之间的隆起是扣带回，扣带回外周部的前份属额上回，中份称中央旁小叶，它是中央前、后回延伸至内侧面的部分。自顶枕沟前下向枕极的弓形沟称距状沟，顶枕沟与距状沟之间的三角区称楔叶。距状沟以下为舌回。

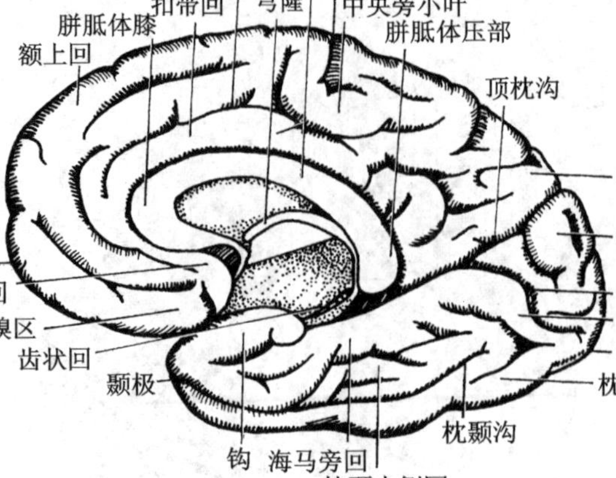

图11-21　大脑半球内侧面

（3）大脑半球下面：额叶下面有纵行的嗅束，其前端膨大，称嗅球，后端扩大为嗅三角。颞叶下面有与半球下缘平行的枕颞沟。在此沟内侧并与之平行的为侧副沟，侧副沟的内侧为海马旁回，其前端弯成钩形，称钩。在海马旁回上内侧为海马沟，在海马沟的上方有呈锯齿状窄条皮质，称齿状回。在齿状回的外侧，侧脑室下角底壁上有一呈弓状的隆起，称海马（图11-22）。

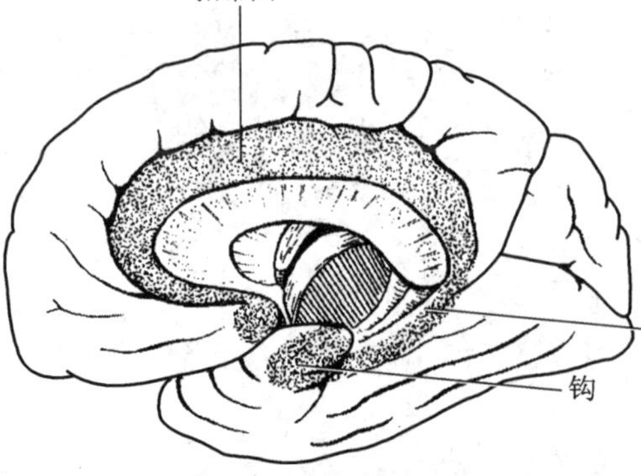

图11-22　边缘叶

边缘叶指胼胝体周围和侧脑室下角底壁的一圈弧形结构。包括隔区、扣带回、海马旁回、海马和齿状回等，它们属于原皮质和旧皮质。边缘叶及其邻近的皮质及皮质下结构组成边缘系统。

3. 大脑皮质　是中枢神经系统发育最复杂和最完善的部位，运动、感觉的最高中枢和语言、意识思维的物质基础。机体各种功能活动的最高中枢在大脑皮质上具有定位关系，形成许多重要中枢，但这些中枢只是执行某种功能的核心部分，例如中央前回主要管理全身骨骼肌运动，但也接受部分感觉冲动；中央后回主要司全身感觉，但刺激它也可产生少量运动，因此大脑皮质功能定位概念是相对的。除了一些具有特定功能的中枢外，还存在着广泛的脑区，对各种信息进行加工、整合，完成高级的神经精神活动，称为联络区，联络区在高等动物显著增加。

大脑皮质不同区域的大脑皮质的结构、厚薄、纤维疏密以及细胞成分有所不同，根据皮质各部的细胞和纤维构筑，将全部皮质分为若干区。现在广为采用的是Bordmann分区，将皮质分成52区。大脑皮质是神经系统的最高中枢，各种感觉传向大脑皮质中，经皮质的整合，或产生特定的意识性感觉，或储存记忆，或产生运动信息。不同的皮质区具有不同的功能，但不同的功能相对集中在某些特定的皮质区，进行机能的分析综合，称为皮质功能定位（图11－23、图11－24）。

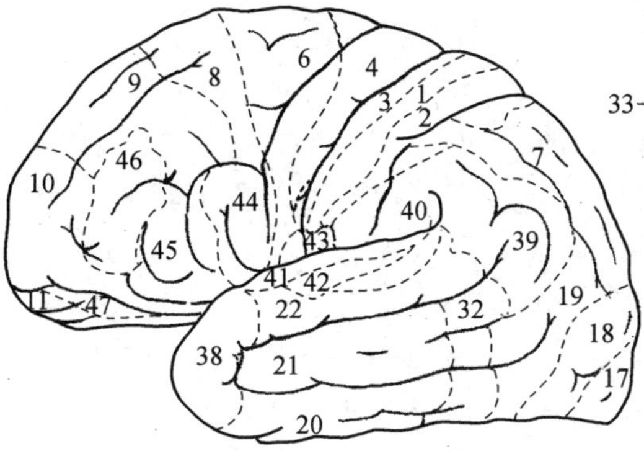

图11－23　大脑皮质分区（背外侧面）

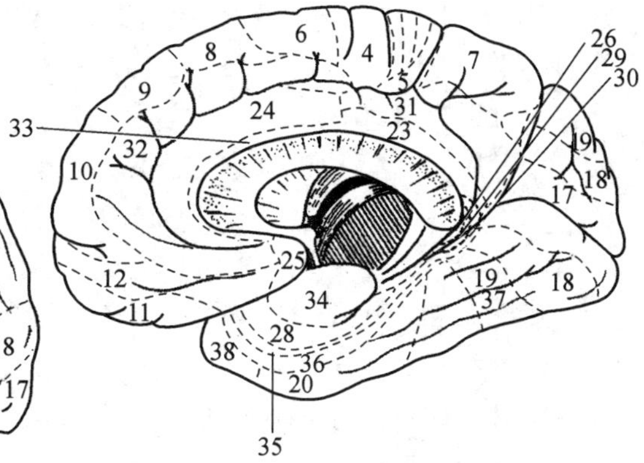

图11－24　大脑皮质分区（内侧面）

（1）躯体运动中枢：位于中央前回和中央旁小叶前部，包括Bordmann第4区和第6区，管理全身骨骼肌的运动。身体各部在此区的投影特点为：

1）身体各部代表区为倒置人形，但头部是正的。中央前回最上部和中央旁小叶前部与下肢和会阴部的运动有关，中部与躯干和上肢的运动有关，下部与面、舌、咽喉的运动有关。

2）左、右交叉支配。一侧运动区支配对侧肢体的运动。但一些与联合运动有关的肌，则受两侧运动区的支配，如面上部肌、眼球外肌、咽喉肌、咀嚼肌、呼吸肌和会阴肌等，故在一侧运动区受损后这些肌不出现瘫痪。

3）身体各部代表区的大小与运动的灵巧、精细程度有关。

（2）躯体感觉中枢：位于中央后回和中央旁小叶后部，包括3、1、2区。接受背侧丘脑腹后核传来的对侧浅感觉和深感觉纤维。身体各部在此区的投射特点与躯体运动中枢类似，即：① 身体各部代表区为倒置人形，但头部是正的；② 左、右交叉；③ 身体各部在该区投射范围的大小与该部感觉的敏感度有关。

（3）视觉中枢：位于距状沟上、下的枕叶皮质，即上方楔叶和下方舌回，相当于第17区。一侧视区接受同侧视网膜颞侧半和对侧视网膜鼻侧半的纤维。因此，一侧视区损伤，可引起双眼对侧视野同向性偏盲。

（4）听觉中枢：位于颞横回，相当于第41、42区。每侧听区接受双侧的听觉冲动。因此，每侧听区受损，不致引起明显听觉障碍。

（5）运动性语言中枢：位于额下回后部，相当于44、45区。此区受损，丧失说话能力，称运动性失语症。

（6）听觉性语言中枢：位于缘上回，相当于22区。此区受损，患者虽听力正常，但听不懂别人讲话的意思，自己说话错误、混乱而不自知，称感觉性失语症。

（7）书写中枢：位于额中回后部，相当于8区。此区受损，虽然手的运动正常，但不能写出正确的文字，称失写症。

（8）视觉性语言中枢：位于角回，相当于39区。此区受损时，虽视力正常，但不能理解文字符号的意义，称失读症。

额叶的功能与躯体运动、发音、语言及高级思维活动有关；顶叶与躯体感觉、味觉、语言等有关；枕叶与视觉信息的整合有关；颞叶与听觉、语言和记忆功能有关；岛叶与内脏感觉有关；边缘叶与情绪、行为、内脏活动有关。

4. 端脑的内部结构

（1）基底核：埋藏于白质内，包括纹状体、屏状核和杏仁体。

1）纹状体：包括尾状核和豆状核，其前端互相连接。尾状核呈“C”形弯曲，分头、体、尾三部分，围绕豆状核和背侧丘脑，伸延于侧脑室前角、中央部和下角的壁旁。豆状核位于尾状核和背侧丘脑的外侧，岛叶的深部。在水平切面呈三角形，底向外侧，尖向内侧。豆状核被两个白质板分成三部，外侧部最大称壳；内侧的两部合称苍白球（图11-25）。在种系发生上尾状核与壳发生较晚，称新纹状体，苍白球较为古老，称旧纹状体。纹状体是锥体外系的重要组成部分，其功能主要是维持肌肉的张力，协调骨骼肌的运动。

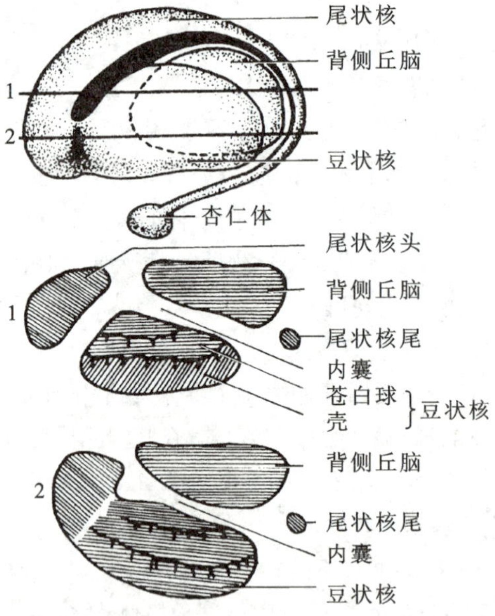

图11-25　基底核与背侧丘脑示意图

中图是1的水平切面　下图是2的水平切面

2）杏仁体：位于海马旁回的深面，与尾状核尾部相连，属于边缘系统的一部分，其功能与内脏活动、行为和内分泌有关。

3）屏状核：位于豆状核和岛叶皮质之间的薄层灰质，其功能目前不明。

（2）大脑半球的髓（白）质：大脑半球的髓质由大量的神经纤维所组成，可分为三类：即联络纤维、连合纤维和投射纤维（图11-26）。

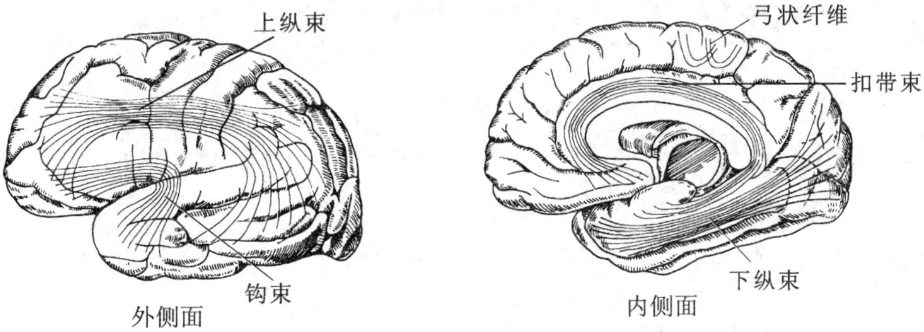

图11-26　大脑皮质联络纤维

1）联络纤维：是联系同侧半球各部之间的纤维。其中短纤维联系相邻脑回，称弓状纤维，长纤维联系各叶，如扣带束、上纵束、下纵束和钩束等。

2）连合纤维：是连接左右两半球的纤维，包括胼胝体。胼胝体位于大脑纵裂的底部，为粗大的白质板，连接两侧半球广大区域。胼胝体呈弓状，其前部称胼胝体嘴，弯曲部称胼胝体膝，中间部称胼胝体干，后部称胼胝体压部。此外还有前连合和穹隆连合。

3）投射纤维：由联系大脑皮质和皮质下中枢的上、下行纤维构成。这些纤维绝大部分经过尾状核、背侧丘脑与豆状核之间，形成宽厚的白质纤维板，称内囊。内囊在大脑水平切面上，左右略呈“><”形，可分为三部。前部位于豆状核与尾状核之间，称内囊前肢，主要有上行到额叶的丘脑前辐射和下行的额桥束通过；后部位于豆状核和背侧丘脑之间，称内囊后肢，主要有皮质脊髓束、皮质红核束、丘脑中央辐射、顶枕颞桥束、视辐射和听辐射通过；前、后肢相交处称内囊膝，有皮质核束经此下行（图11-27）。

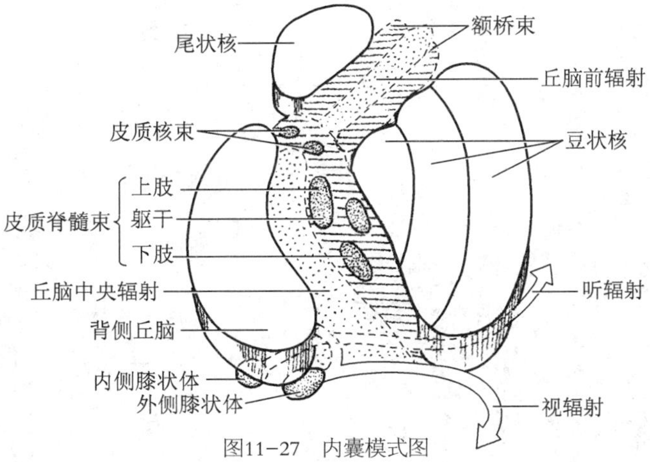

图11-27　内囊模式图

临床链接

内囊是投射纤维高度集中的区域，所以此处的病灶即使不大，亦可导致严重的后果。例如一侧供给内囊的小动脉破裂（通称脑出血）或栓塞时，将导致：① 对侧半身深、浅感觉障碍，即偏身感觉障碍（丘脑中央辐射受损）。② 对侧半身随意运动障碍，即偏瘫（皮质脊髓束、皮质核束受损）。③ 双眼同向偏盲（视辐射受损）的“三偏”症状。此即临床所谓的脑血管意外，俗称“中风”。

（3）侧脑室：是位于两侧大脑半球内的腔隙，内含脑脊液，可分为四部：中央部位于顶叶内；前角是中央部伸向额叶的部分；后角是中央部伸向枕叶的部分；下角是中央部伸向颞叶的部分。两侧前角各借室间孔与第三脑室相通，室腔内有产生脑脊液的脉络丛组织。

第三节　脑和脊髓的被膜、血管和脑脊液循环

脑和脊髓的表面包有三层被膜，由外向内依次为硬膜、蛛网膜和软膜。硬膜由厚而坚韧的结缔组织构成。蛛网膜为紧贴硬膜内面的半透明薄膜，其与软膜之间有结缔组织小梁相连。软膜薄而富有血管，紧贴脊髓和脑的表面，并深入其沟裂中。它们有保护、支持、营养脑和脊髓的作用。

1. 脊髓的被膜

（1）硬脊膜：上端附于枕骨大孔边缘，与硬脑膜相延续；下部在第2骶椎水平逐渐变细，包裹马尾，末端附于尾骨；两侧在椎间孔处与脊神经外膜相延续。硬脊膜与椎管内面的骨膜及黄韧带之间的腔隙，称硬膜外隙，内含疏松结缔组织、脂肪组织、淋巴管、椎内静脉丛，此隙不与颅内相通，略呈负压，有脊神经根通过。硬膜外麻醉，就是将药物注入此隙，阻滞脊神经根内的上下行神经传导（图11-28，图11-29）。

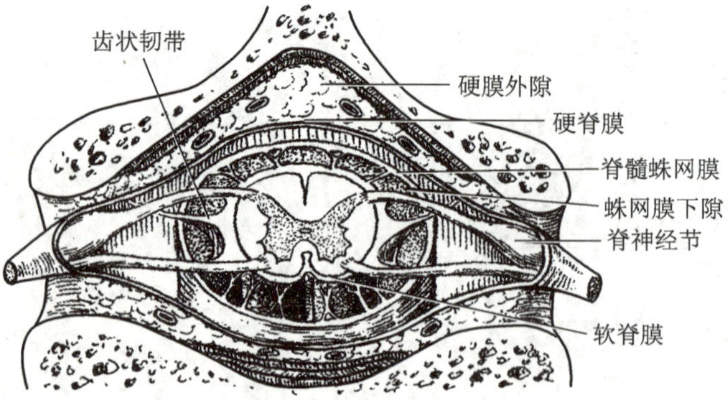

图11-28　脊髓的被膜（横切面）

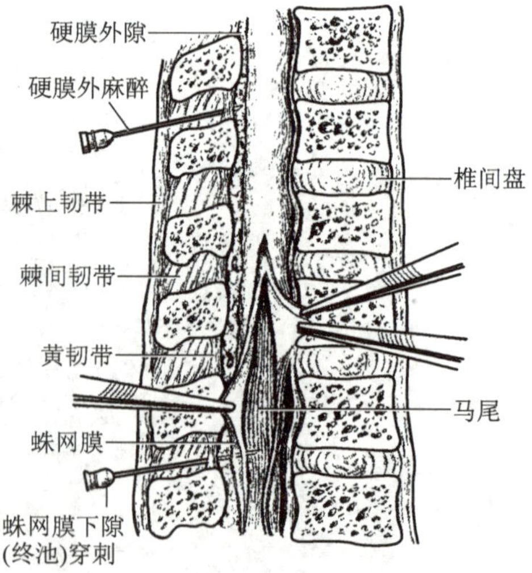

图11-29　硬脊膜外隙及蛛网膜下隙穿刺

（2）蛛网膜：紧贴硬脊膜内，向上与脑蛛网膜相续，向下包绕脊髓和马尾，下端达第2骶椎平面。蛛网膜向内发出许多结缔组织小梁与软脊膜相连。蛛网膜和软脊膜之间为蛛网膜下隙，隙内充满脑脊液。蛛网膜下隙在某些部位扩大，称蛛网膜池，位于1、2腰椎以下的扩大，称为终池。

（3）软脊膜：紧贴脊髓表面，并延伸至脊髓的沟裂中，在脊髓下端移行为终丝。在脊髓两侧，脊神经前、后根之间，软脊膜形成齿状韧带，齿尖向外经蛛网膜附着于硬脊膜。脊髓借齿状韧带和脊神经根固定于椎管内，并浸泡于脑脊液中，加上硬膜外隙内的脂肪组织和椎内静脉丛的弹性垫作用，使脊髓不易受外界震荡而损伤。

2. 脑的被膜

（1）硬脑膜：由两层合成，外层即颅骨内膜，内层较外层坚厚，两层之间有丰富的血管和神经。硬脑膜与颅盖骨结合较松，易于分离，但在颅的缝和颅底则附着牢固，很难分离。因此，当颅盖外伤硬脑膜血管破裂时，易在颅骨与硬脑膜间形成硬膜外血肿。硬脑膜在颅底与颅骨粘连牢固，当颅底骨折时，易将硬脑膜和蛛网膜同时撕裂，使脑脊液外漏。

硬脑膜的某些部位因内、外两层分离，形成一些硬脑膜窦；某些部位的硬脑膜内层向内折叠形成几个形态各异的隔，并伸入各脑部之间，对脑有固定和承托作用。

大脑镰：呈镰刀形，伸入两侧大脑半球之间，其前端窄，附于鸡冠，后端宽，向下连于小脑幕的上面，下缘游离于胼胝体的上方（图11-30）。

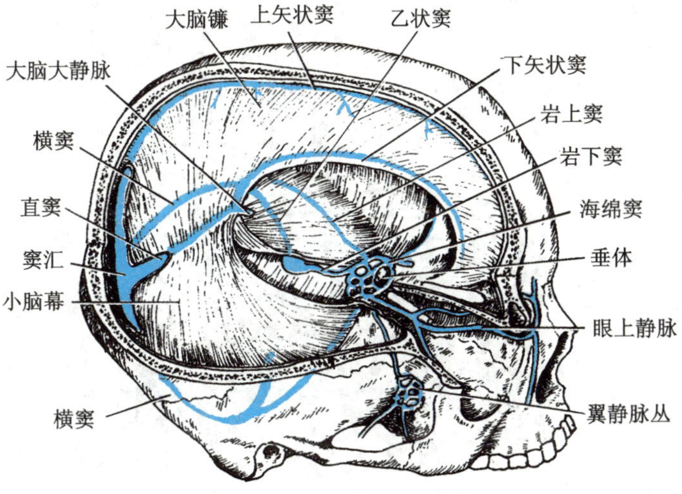

图11-30 硬脑膜及硬脑膜窦

小脑幕：呈半月状，水平地位于大脑半球与小脑之间。后外侧缘附于横窦沟，前外侧缘附于颞骨岩部上缘，前内侧缘游离凹陷，称为小脑幕切迹。切迹内有中脑通过。小脑幕将颅腔不完全地分隔成上下两部。当上部颅脑病变引起颅内压增高时，位于小脑幕切迹上方的海马旁回和钩可能被挤入小脑幕切迹下方，形成小脑幕切迹疝而压迫动眼神经，引起一侧瞳孔散大，眼球外斜等相应症状。

硬脑膜窦内含静脉血，窦内无瓣膜，窦壁无平滑肌，故损伤时出血难止。主要的硬脑膜窦有：

1）上矢状窦：位于大脑镰的上缘，前方起自盲孔，向后流入窦汇，是大脑上静脉的主要引流通道。

2）下矢状窦：位于大脑镰下缘，其走向与上矢状窦一致，向后汇入直窦。

3）直窦：位于大脑镰与小脑幕连接处，由大脑大静脉和下矢状窦汇合而成，向后通窦汇。

4）横窦：成对，位于小脑幕后外侧缘附着处的枕骨横窦沟内，连于窦汇与乙状窦之间。

5）乙状窦：成对，位于乙状窦沟内，是横窦的延续，向前内于颈静脉孔处出颅续为颈内静脉。

6）海绵窦：位于蝶鞍两侧，为硬脑膜两层间的不规则腔隙，形似海绵，故得名，左、右海绵窦借海绵间窦互相交通（合称环窦）。窦内有颈内动脉和展神经通过，在窦的外侧壁内，自上而下有动眼神经、滑车神经、眼神经和上颌神经通过。

海绵窦与颅外静脉有广泛的交通：① 海绵窦—眼上静脉—内眦静脉—面静脉；② 海绵窦—眼下静脉—翼静脉丛；③ 海绵窦—卵圆孔、破裂孔和颈动脉管的导血管—翼静脉丛；④ 海绵窦—基底静脉丛—椎内静脉丛。故面部感染可通过眼静脉波及海绵窦，造成颅内感染和血栓形成，也可累及上述神经，出现相应症状。

（2）蛛网膜：脑蛛网膜与脊髓蛛网膜一样也是一层薄而半透明的结缔组织膜，包绕整个脑，除在大脑纵裂和大脑横裂处以外，均跨越脑的沟裂而不伸入沟内。脑的蛛网膜下隙向下与脊髓蛛网膜下隙相通，其中的扩大有小脑与延髓间的小脑延髓池、中脑脚间窝处的脚间池、脑桥腹侧的桥池等。

蛛网膜靠近硬脑膜处，特别是在上矢状窦处形成许多绒毛状突起，突入上矢状窦内，称蛛网膜粒。脑脊液通过这些蛛网膜粒渗入硬脑膜窦内，回流入静脉（图11-31）。

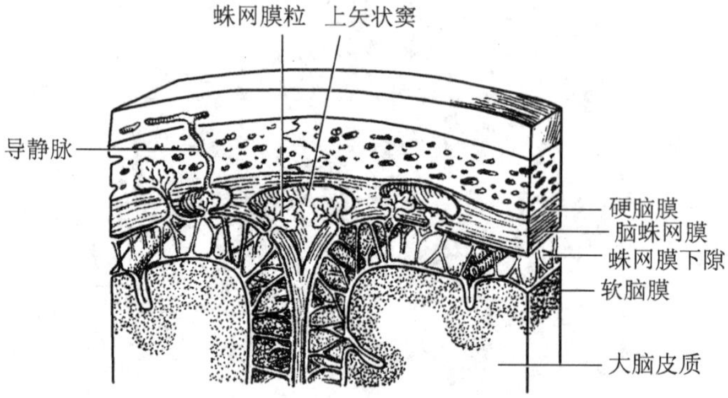

图11-31　蛛网膜粒和硬脑膜窦

（3）软脑膜：薄而富含血管，紧贴脑的表面并伸入沟裂内。在脑室的一定部位，软脑膜及其血管与该部位的室管膜上皮共同构成脉络组织。

3. 脊髓和脑的血管

（1）脊髓的血管

1）脊髓的动脉：脊髓的动脉有两个来源，一是椎动脉发出的脊髓前动脉和脊髓后动脉，它们分别在前正中裂和后正中沟下行；二是节段性动脉，由颈升动脉、肋间后动脉和腰动脉发出脊髓支，伴脊神经进入椎管与脊髓前、后动脉吻合，使之不断得到增补加强而延续到脊髓末端（图11-32）。

2）脊髓的静脉：脊髓的静脉较动脉多而粗，汇集成脊髓前、后静脉，注入椎内静脉丛，再转注入椎外静脉丛返回心。

（2）脑的血管：脑血管分为脑的动脉和脑的静脉。

1）脑的动脉：脑的动脉来自颈内动脉和椎-基底动脉。以顶枕沟为界，颈内动脉供应大脑半球的前2/3和间脑前部。椎-基底动脉供应大脑半球后1/3、间脑后部、脑干和小脑。二者都发出皮质支和中央支，皮质支供应端脑和小脑的皮质及浅层髓质；中央支供应间脑、基底核及内囊等（图11-33）。

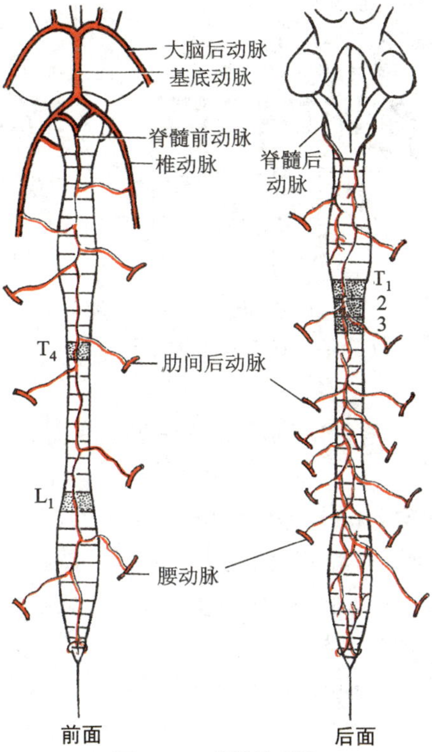

图11-32　脊髓的动脉

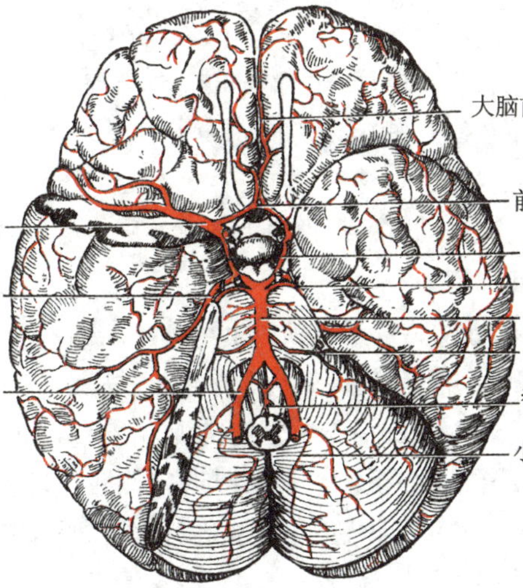

图11-33　脑底面示脑的动脉及分支

① 颈内动脉：起自颈总动脉，经颅底的颈动脉管入颅，向前穿过海绵窦，在视交叉外侧，分为大脑前动脉和大脑中动脉等分支（图11-33，图11-34）。

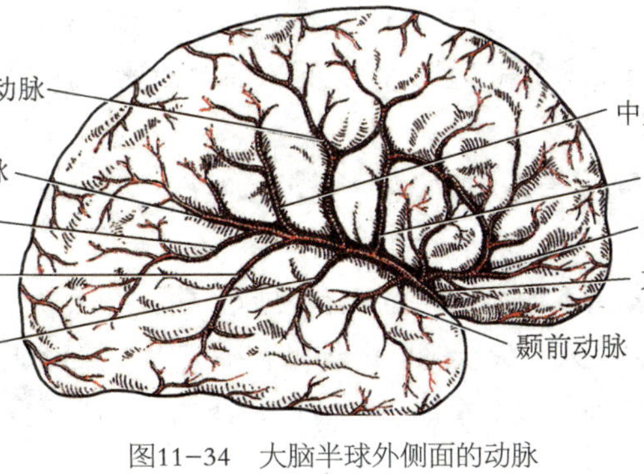

图11-34　大脑半球外侧面的动脉

大脑前动脉：在视神经上方向前内行，进入大脑纵裂，然后沿胼胝体沟向后行，分布于顶枕沟以前的半球内侧面和额叶底面。左、右大脑前动脉进入大脑纵裂前有横支相连，称前交通动脉。大脑前动脉发出中央支进入脑实质，供应豆状核、尾状核前部和内囊前肢。

大脑中动脉：可视为颈内动脉的直接延续，进入大脑外侧沟向后行，沿途发出皮质支翻出外侧沟，分布于大脑半球上外侧面的大部分（顶枕沟前）和岛叶。其起始处发出一些细小的中央支（又称豆纹动脉）垂直向上穿入脑实质，分布于尾状核、豆状核、内囊膝和后肢的前部。在高血压动脉硬化时，豆纹动脉容易破裂，故又名出血动脉（图11-35）。

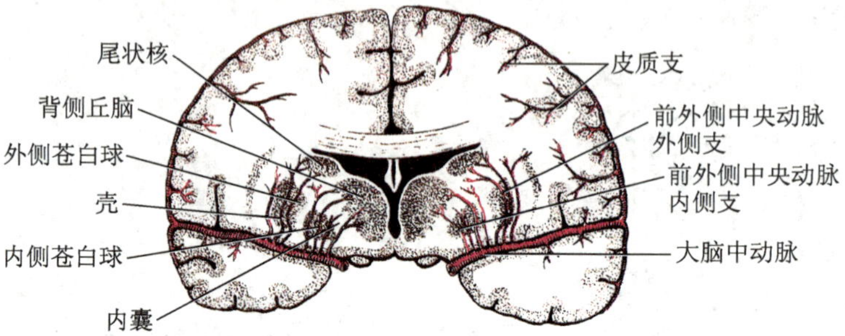

图11-35　大脑中动脉的分支

大脑中动脉粗大，供血量占大脑半球的80%，其皮质支供应许多重要中枢，如躯体运动、躯体感觉和语言中枢，而中央支又供应内囊等处，一旦栓塞或破裂，都可产生严重的临床症状。

后交通动脉：在视束下面行向后，与大脑后动脉吻合，将颈内动脉系与椎-基底动脉系吻合在一起。

② 椎动脉：起自锁骨下动脉，向上依次穿过第6至第1颈椎横突孔，向内弯曲经枕骨大孔入颅腔，在脑桥延髓沟，两侧椎动脉合成一条基底动脉，通常将这两段动脉合称椎-基底动脉。基底动脉沿脑桥基底沟上行，至脑桥上缘分为左、右大脑后动脉两大终支。大脑后动脉至外侧行于颞叶下面和枕叶内侧面。其皮质支分布于颞叶及枕叶。

椎-基底动脉还先后发出脊髓前、后动脉，脑桥动脉和小脑动脉，分别营养脊髓、小脑、延髓和脑桥等。

③ 大脑动脉环：又称Willis环（图11-36），由前交通动脉、大脑前动脉、颈内动脉、后交通动脉和大脑后动脉吻合而成。该环围绕在视交叉、灰结节和乳头体周围，将颈内动脉系与椎-基底动脉系联系在一起，也使左右大脑半球的动脉相联合。正常情况下，大脑动脉环两侧的血液不相混合，大脑动脉环是一种可以起代偿作用的潜在性结构。

当构成此环的某一动脉血流减少或被阻断时，通过动脉环调节，血流重新分配和代偿，以维持脑的血液供应。

2）脑的静脉：脑的静脉壁薄无瓣膜，不与动脉伴行，可分浅、深静脉，均注入硬脑膜窦（图11-37）。

浅静脉引流皮质和皮质下的血液，主要有大脑上静脉、大脑中浅静脉和大脑下静脉。三者相互吻合成网，分别注入上矢状窦、海绵窦和横窦等。深静脉：收集大脑髓质、基底核、间脑和脑室脉络丛的静脉血，在胼胝体压部后下方，向后注入大脑大静脉（Galen静

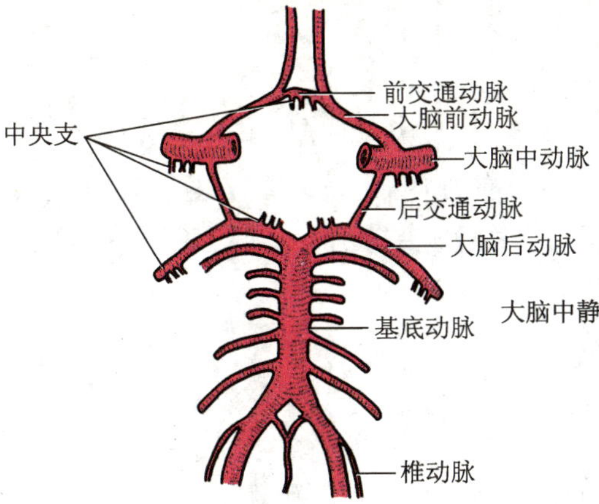

图11-36 大脑动脉环及中央支

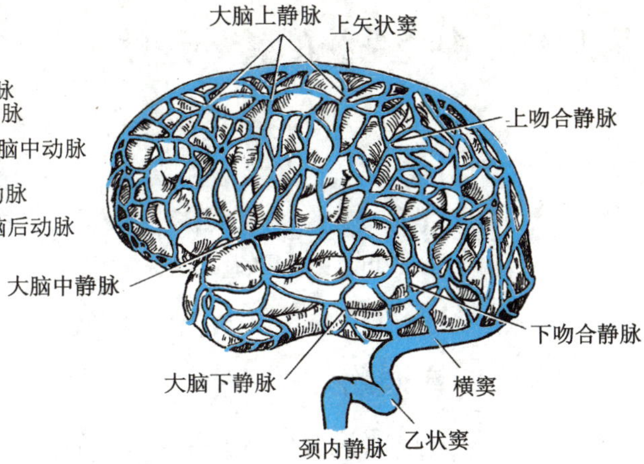

图11-37 大脑浅静脉

脉）。大脑大静脉很短，约长1 cm，向后注入直窦。

4. 脑脊液产生及其循环 脑脊液自各脑室的脉络丛产生，经蛛网膜粒渗入上矢状窦。其回流途径：侧脑室脉络丛产生的脑脊液，经室间孔入第三脑室；汇同第三脑室脉络丛产生的脑脊液，经中脑水管入第四脑室；再汇同第四脑室脉络丛产生的脑脊液，经第四脑室正中孔和外侧孔不断流入蛛网膜下隙，沿该隙流经蛛网膜粒渗入上矢状窦回流入颈内静脉。

脑脊液是充满各脑室、脊髓中央管和蛛网膜下隙的无色透明液体，对中枢神经系统起缓冲、保护、营养、运输代谢产物以及维持正常颅内压的作用。成人脑脊液总量约150ml，处于不断产生、循环和回流的相对平衡状态（图11-38）。

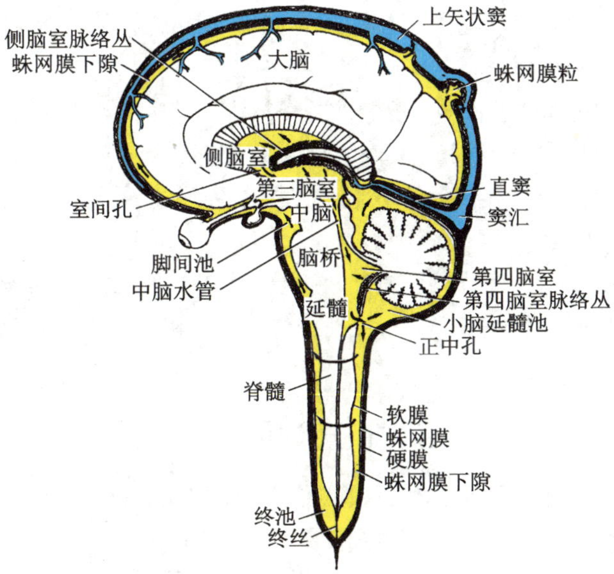

图11-38 脑脊液循环模式图

临床链接

正常脑脊液有恒定的化学成分和细胞数，脑的某些疾病可引起脑脊液成分和量的改变，因此临床上检验脑脊液，可协助诊断。

第四节　神经系统的传导通路

神经系统的传导通路是指从感受器到大脑皮质中枢，或从大脑皮质中枢到效应器之间传导神经冲动的神经元链。其中，从感受器到大脑皮质的神经元链，称感觉（上行）传导通路；从大脑皮质到效应器的神经元链，称运动（下行）传导通路。实际上可视为它们分别是复杂反射弧组成中的传入和传出部分。

一、感觉传导通路

（一）本体感觉和精细触觉传导通路

本体感觉亦称深感觉，是来自肌、腱、关节的位置觉、运动觉和振动觉。该传导通路还传导浅部感觉中的精细触觉（即辨别两点间距离和感受物体的纹理粗细等）。此处主要叙述躯干和四肢的本体感觉传导通路，它由三级神经元组成（图11–39）。

第1级神经元胞体位于脊神经节内，周围突分布于躯干及四肢的肌、腱、关节等处深部感觉感受器和皮肤的精细触觉感受器；中枢突经脊神经后根内侧部进入脊髓后索。其中，来自胸髓第5节以下（含第5胸节）的纤维行于后索的内侧部，形成薄束；来自胸髓第4节以上（含第4胸节）的纤维行于后索薄束的外侧形成楔束，两束上行，分别止于延髓的薄束核和楔束核。

第2级神经元的胞体在薄束核和楔束核内，由此二核发出的纤维向前绕过中央灰质的腹侧，在中线上与对侧的纤维交叉，称内侧丘系交叉。交叉后的纤维转向上行，即内侧丘系，止于背侧丘脑的腹后外侧核。

第3级神经元的胞体位于背侧丘脑腹后外侧核内，其轴突组成丘脑中央辐射经内囊后肢，投射到中央后回的中、上部和中央旁小叶后部，部分纤维投射至中央前回。

此通路损伤时，则患者在闭眼时不能确定损伤平面以下关节的位置和运动方向以及辨别两点间距离。

本体感觉传导通路除传入大脑皮质外，还通过脊髓小脑束传向小脑皮质，反射性地调节躯干和四肢肌的张力和协调运动，以维持身体的平衡和姿势，为非意识性深部感觉传导通路。

（二）痛觉、温度觉和压觉粗触觉传导通路

痛觉、温度觉、粗触觉和压觉又名浅感觉。浅感觉传导通路由三级神经元组成。

1. 躯干和四肢的痛、温度觉和粗触觉传导通路（图11–40）

（1）第1级神经元胞体位于脊神经节内，周围突分布于躯干和四肢皮肤内的感受器；中枢突经脊神经后根进入脊髓背外侧束，在束内上升1~2个脊髓节段后终止于后角固有核。

（2）第2级神经元胞体主要位于后角固有核，其轴突经白质前连合交叉到对侧的外侧索和前索，再转行向上，形成脊髓丘脑侧束和脊髓丘脑前束（侧束传导痛、温觉，前束传导

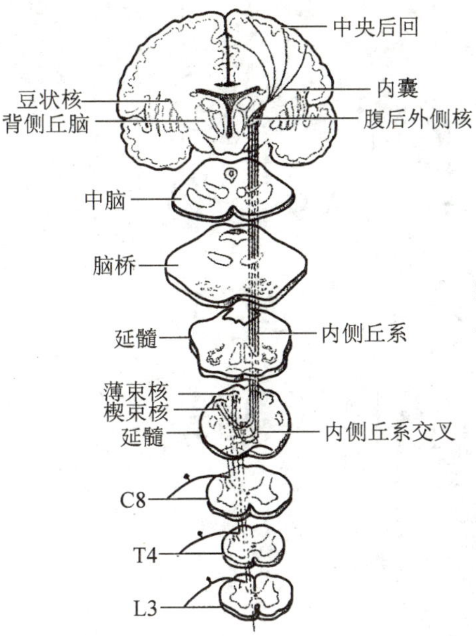

图11-39　躯干四肢本体感觉传导通路

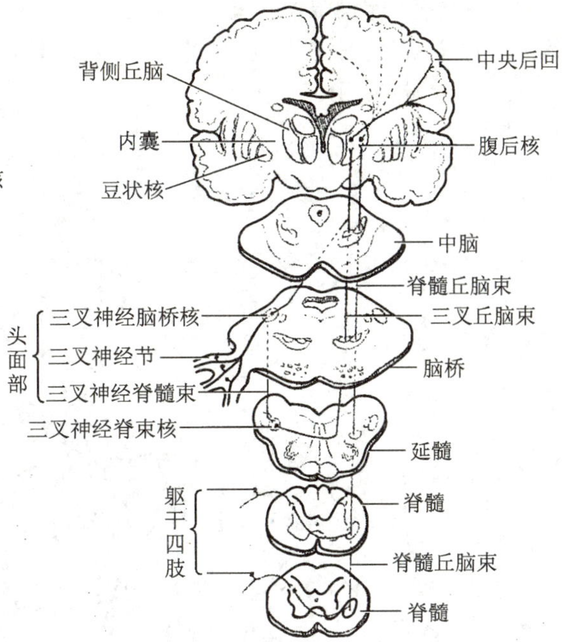

图11-40　痛、温度、粗触觉及压觉传导通路

粗触觉和压觉）。脊髓丘脑前、侧束进入脑干后，行至延髓中部合并成一束，称脊髓丘系，终止于背侧丘脑的腹后外侧核。

（3）第3级神经元胞体位于背侧丘脑腹后外侧核，其轴突组成丘脑中央辐射经内囊后肢，投射到中央后回中、上部和中央旁小叶后部。

2. 头面部的痛、温觉、粗触觉传导通路（图11-40）

（1）第1级神经元位于三叉神经节内，其周围突经三叉神经分支分布于头面部皮肤及口鼻黏膜各相应感受器；中枢突经三叉神经根入脑桥，传导痛温觉的纤维下降为三叉神经脊束，止于三叉神经脊束核；传导触压觉的纤维终止于三叉神经脑桥核。

（2）第2级神经元的胞体在三叉神经脊束核和三叉神经脑桥核内，它们发出纤维交叉到对侧，组成三叉丘系，止于背侧丘脑的腹后内侧核。

（3）第3级神经元位于腹后内侧核，其传出纤维经内囊后肢，投射到中央后回下部。在此通路中，若三叉丘系及以上部位受损，则导致对侧头面部痛温觉和触压觉障碍。

（三）视觉传导和瞳孔对光反射通路

1. 视觉传导通路　由三级神经元组成。第1级神经元为视网膜的双极细胞，其周围突与视网膜的视锥细胞和视杆细胞形成突触，中枢突与节细胞形成突触。第2级神经元是节细胞，其轴突在视神经盘处集合成视神经，经视神经管入颅腔，形成视交叉后，延续为视束。在视交叉中，来自双眼视网膜鼻侧半的纤维交叉后进入对侧视束；来自视网膜颞侧半的纤维不交叉，进入同侧视束。因此，左侧视束内含有来自两眼视网膜左侧半的纤维，右侧视束内含有来自两眼视网膜右侧半的纤维。视束绕过大脑脚向后，主要终止于外侧膝状体。第3级神经元胞体在外侧膝状体内，其发出的纤维组成视辐射，经内囊后肢投射到视觉中枢，产生视觉（图11-41）。

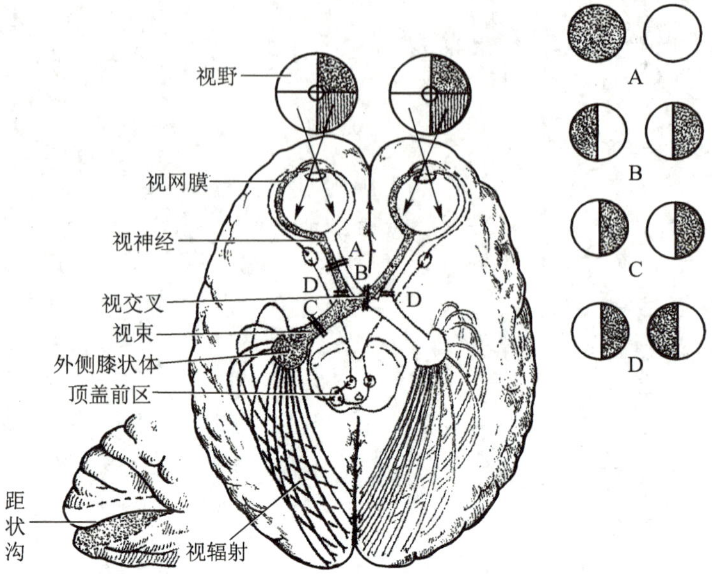

图11-41　视觉传导路

当眼球固定不动向前平视时，所能看到的空间范围称视野。由于眼球屈光装置对光线的折射作用，鼻侧半视野的物像投射到颞侧半视网膜，上半视野的物像投射到下半视网膜，反之亦然。当视觉传导通路的不同部位受损时，可引起不同的视野缺损：① 一侧视神经损伤可致该侧眼视野全盲；② 视交叉中交叉纤维损伤可致双眼视野颞侧偏盲；③ 一侧视交叉外侧部的不交叉纤维损伤，则患侧视野的鼻侧偏盲；④ 一侧视束、视辐射或视区皮质损伤，可致双眼病灶对侧视野同向性偏盲（如右侧视束受损则右眼视野鼻侧半和左眼视野颞侧半偏盲）。

2. 瞳孔对光反射通路　以光照射一侧瞳孔，引起双眼瞳孔缩小的反应称为瞳孔对光反射。光照侧瞳孔发生的反应称直接对光反射，未接受光照射侧瞳孔发生的反应称间接对光反射。瞳孔对光反射的通路由光照一侧视网膜起始，经视神经、视交叉至视束，视束的部分纤维经上丘臂至顶盖前区，顶盖前区为对光反射中枢，发出纤维与两侧动眼神经副核联系，动眼神经副核发出的副交感节前纤维经双侧动眼神经分别至同侧睫状神经节，自节发出的副交感节后纤维分布于瞳孔括约肌和睫状肌，以调节瞳孔和晶状体，光照一侧致使两侧瞳孔同时缩小。

视神经和动眼神经的损伤均可引起瞳孔对光反射的改变。一侧视神经受损时，瞳孔对光反射通路传入中断，患侧眼直接瞳孔对光反射消失，而间接瞳孔对光反射存在。一侧动眼神经受损时，反射通路传出中断，则患侧眼直接、间接瞳孔对光反射都消失。

（四）听觉传导通路

第1级神经元为蜗螺旋神经节内的双极细胞。蜗螺旋神经节位于耳蜗内。其周围突分布于内耳的螺旋器；中枢突组成蜗神经，与前庭神经一道进入脑桥，止于蜗神经腹侧核和背侧核。

第2级神经元胞体在蜗神经腹侧核和背侧核，发出纤维大部分在脑桥内交叉至对侧并折向上行形成外侧丘系，外侧丘系的纤维经下丘止于内侧膝状体。少数纤维不交叉，进入同侧外侧丘系。

第3级神经元胞体在内侧膝状体，发出纤维组成听辐射，经内囊后肢，止于听觉中枢。

听觉冲动是双侧传导的。若一侧通路在外侧丘系以上受损，不会产生明显症状，但若损伤了蜗神经、内耳或中耳，则将导致听觉障碍。

二、运动传导通路

运动传导通路管理骨骼肌的运动，包括锥体系和锥体外系两部分。

（一）锥体系

锥体系管理骨骼肌的随意运动，由两级神经元组成，即上运动神经元和下运动冲经元。上运动神经元的胞体位于中央前回和中央旁小叶前部以及其他一些皮质区域中即锥体细胞，轴突组成下行的锥体束。

由于终止的部位不同，锥体束分为皮质脊髓束和皮质核束。其中，止于脑神经运动核的纤维称皮质核束，止于前角运动细胞的纤维称皮质脊髓束。下运动神经元为脑神经运动核和脊髓前角运动细胞。

1. 皮质脊髓束　由中央前回上、中部和中央旁小叶前半部以及其他皮质区域的锥体细胞轴突集合而成，下行经内囊后肢的前部、大脑脚和脑桥基底部至延髓形成锥体。在锥体下端，约70%~90%的纤维左右交叉至对侧，形成锥体交叉。交叉后的纤维下行于对侧脊髓外侧索内，形成皮质脊髓侧束，此束在沿途下降中发出侧支，逐节终止于同侧前角运动细胞，支配四肢肌。皮质脊髓束中少部分未交叉的纤维在同侧脊髓前索内下行，称皮质脊髓前束（仅达中胸节以上），该束纤维的一部分经白质前连合逐节交叉至对侧，终于前角运动神经元，支配躯干肌和四肢肌的运动。另一部分纤维始终不交叉止于同侧前角运动神经元，支配躯干肌。所以躯干肌是受两侧大脑皮质支配，一侧皮质脊髓束在锥体交叉以上受损，主要引起对侧肢体瘫痪，而躯干肌的运动无明显影响（图11–42）。

2. 皮质核束　由中央前回下部等处皮质区域的锥体细胞轴突集合而成，下行经内囊膝部至中脑，此后分出纤维，大部分终止于双侧脑神经运动核（动眼神经核、滑车神经核、展神经核、三叉神经运动核、面神经核上半部、疑核和副神经核），支配眼外肌、咀嚼肌、面上部表情肌（眼裂以上面肌）、胸锁乳突肌、斜方肌和咽喉肌等。小部分纤维则交叉至对侧，终止于面神经运动核下部细胞群和舌下神经核，支配对侧面下部表情肌（眼裂以下面肌）和舌肌（图11–43）。

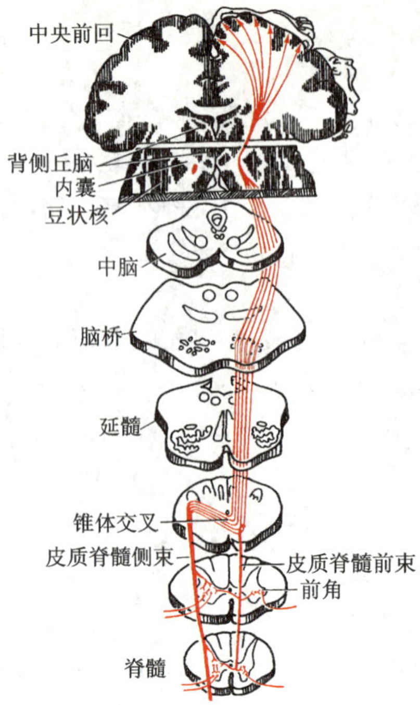

图11-42　锥体系——皮质脊髓束

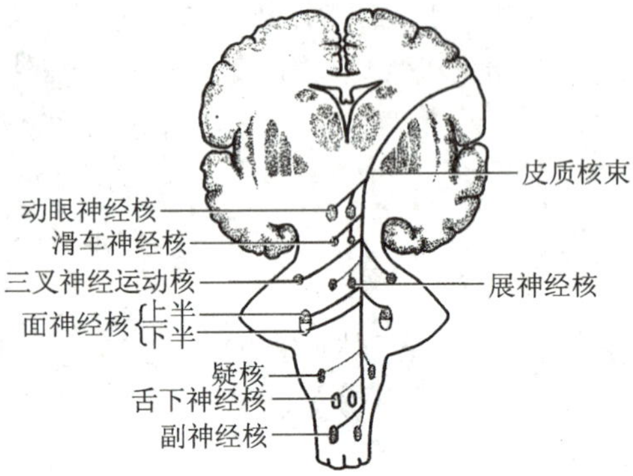

图11-43　皮质核束

因此，一侧皮质核束受损，使对侧眼裂以下的面肌和对侧舌肌瘫痪，表现为病灶对侧鼻唇沟消失、口角低垂并向病灶侧偏斜、流涎、不能鼓腮露齿，伸舌时舌尖偏向病灶对侧，为核上瘫。一侧面神经核或面神经损伤，可致病灶侧所有面肌瘫痪，表现为额横纹消失、眼不能闭、口角下垂、鼻唇沟消失等；一侧舌下神经受损，可致病灶侧全部舌肌瘫痪，表现为伸舌时舌尖偏向病灶侧，称核下瘫（图11-44，图11-45）。

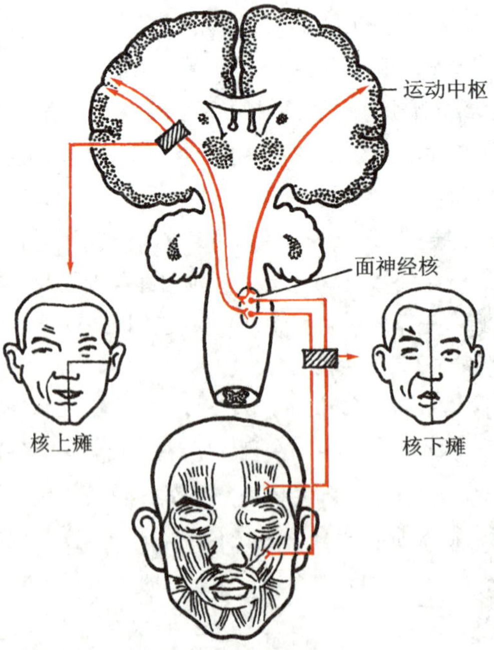

图11-44　面肌瘫痪

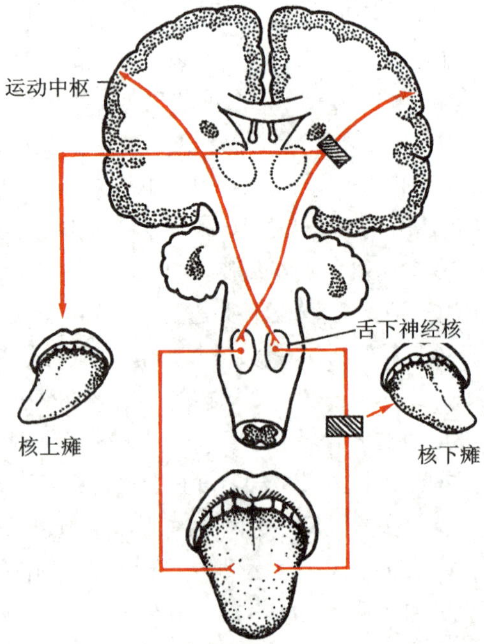

图11-45　舌肌瘫痪

锥体系的任何部位损伤都可引起其支配区的随意运动障碍，即瘫痪。由上运动神经元损伤而出现的瘫痪，称上运动神经元瘫（核上瘫）；下运动神经元损伤而引起的瘫痪，称下运动神经元瘫（核下瘫）。上、下运动神经元损伤后虽均出现瘫痪，但其临床表现不同（表11-2）。

表11-2　上、下运动神经元瘫的临床表现

损伤部位 / 临床表现	上运动神经元（皮质锥体细胞或锥体束）	下运动神经元（脑神经运动核、脊髓前角运动细胞或脑、脊神经）
瘫痪的范围	较广泛	较局限
肌萎缩	早期无萎缩、为废用性肌萎缩	早期即可出现肌萎缩
肌张力	增高	减低
反射	腱反射亢进	腱反射减弱或消失
病理反射	有	无
瘫痪特点	痉挛性瘫（硬瘫）	弛缓性瘫（软瘫）

（二）锥体外系

锥体外系是指锥体系以外的控制骨骼肌活动的神经传导通路。锥体外系主要功能是调节肌张力，协调肌群运动，维持身体平衡，支配习惯性和节律性动作等。锥体外系结构复杂，是涉及脑内许多结构的功能系统。包括大脑皮质、纹状体、背侧丘脑、底丘脑、中脑顶盖、红核、黑质、脑桥核、前庭神经核、小脑、网状结构及其纤维联系。锥体外系的纤维最后经红核脊髓束、网状脊髓束等中继，下行终止于脑干躯体运动核和脊髓前角运动细胞。

1. 皮质-新纹状体-苍白球系　大脑额叶、顶叶皮质发出纤维至尾状核和壳，在此交换神经元后止于苍白球。苍白球发出的纤维，穿过内囊分别终于红核、黑质、网状结构等处。由红核、网状结构发出的纤维，分别组成红核脊髓束和网状脊髓束，影响前角运动细胞的活动（图11-46）。

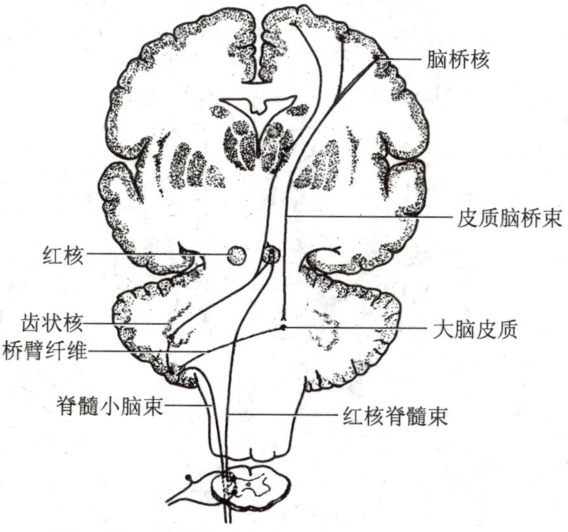

图11-46　椎体外系皮质-脑桥-小脑-皮质环路

2. 皮质-脑桥-小脑系　大脑额、顶、颞、枕叶皮质发出纤维组成额桥束、顶枕颞桥束，下行经内囊止于同侧脑桥核，由此核发出纤维经小脑中脚交叉至对侧止于新小脑皮质。小脑皮质将冲动传递至齿状核。齿状核发出纤维组成小脑上脚，纤维在中脑左右交叉后止于对侧的红核和背侧丘脑。由红核发出的纤维左右交叉后组成红核脊髓束，下行止于脊髓前角运动细胞。由背侧丘脑发出的纤维至大脑皮质运动区，形成皮质-脑桥-小脑-皮质环路（图11-46）。因而使随意运动协调，精细和准确。此环路任何部位损伤，都会导致共济失调，如行走蹒跚和醉汉步态等。

第五节　周围神经

周围神经系统包括脊神经、脑神经和内脏神经。脊神经与脊髓相连，分布于躯干和四肢；脑神经与脑相连，主要分布于头面部；内脏神经是脊神经和脑神经中的纤维成分，主要分布于内脏、心血管和腺体。

一、脊神经

脊神经共31对，其中包括：颈神经8对、胸神经12对、腰神经5对、骶神经5对、尾神经1对。每对脊神经由前根和后根在椎间孔处汇合而成，前、后根均以根丝分别与脊髓的前、后外侧沟相连。前根为运动性纤维，由来自脊髓前角运动神经元及侧角和骶2~4节段内脏运动神经元的轴突组成。随脊神经分布于骨骼肌、平滑肌及腺体，后根为感觉性纤维，由脊神经节中假单极神经元的中枢支组成。其周围支参与组成脊神经，分布于躯干和四肢的皮肤、骨骼肌、腱、关节及内脏等，将躯体和内脏的感觉冲动传向中枢。

每一对脊神经都是混合性神经，均含有感觉纤维和运动纤维两种成分。每一种成分又区分为躯体性和内脏性两种。因此根据脊神经分布范围和功能的不同，可将脊神经所含的神经纤维成分分成四种（图11-47）：① 躯体感觉纤维，分布于皮肤、骨骼肌、肌腱和关节。

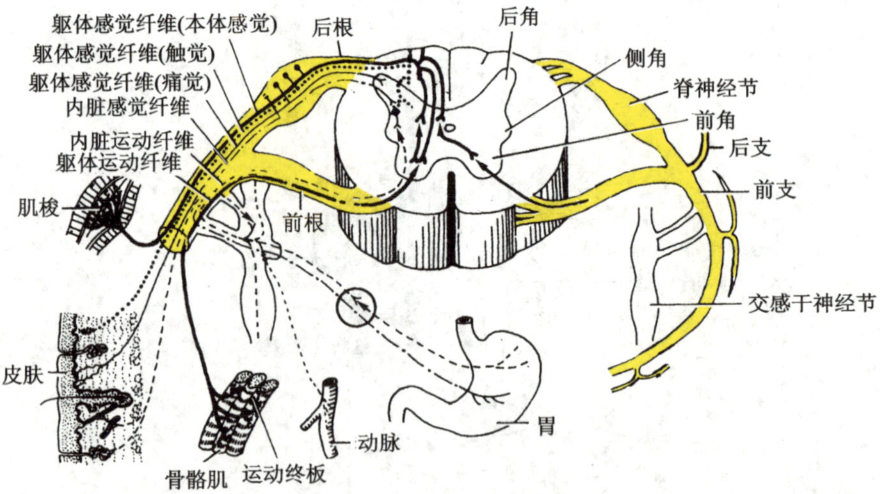

图11-47　脊神经的组成

② 内脏感觉纤维，分布于内脏、心血管和腺体。③ 躯体运动纤维，分布于骨骼肌，支配其运动。④ 内脏运动纤维，支配平滑肌和心肌运动和腺体的分泌。

脊神经出椎间孔后，立即分为前支、后支、脊膜支和交通支。脊神经前支较粗大，分布于躯干前外侧和四肢的皮肤、肌肉。只有第2~11胸神经前支保持明显的节段性分布，其余脊神经前支先相互交织，形成神经丛，再由丛发出分支组成神经干分布到一定区域。脊神经前支形成的神经丛有颈丛、臂丛、腰丛和骶丛。脊神经后支较细而短，分出后经相邻椎骨的横突之间或骶后孔向后走行，分布于项、背、腰、骶部的深层肌和皮肤。脊膜支经椎间孔返回椎管内，分布于脊髓的被膜等处。交通支为连于脊神经与交感干之间的细支。

（一）颈丛

1. 颈丛的组成和位置　颈丛由第1~4颈神经前支组成，位于颈侧部胸锁乳突肌上部的深面（图11-48）。

2. 颈丛的主要分支　颈丛的分支有皮支和肌支。

（1）皮支：自胸锁乳突肌后缘中点附近穿出至浅筋膜，呈放射状分布。主要有枕小神经、耳大神经、颈横神经和锁骨上神经（图11-49）。胸锁乳突肌后缘中点是颈部皮肤浸润麻醉的阻滞点。

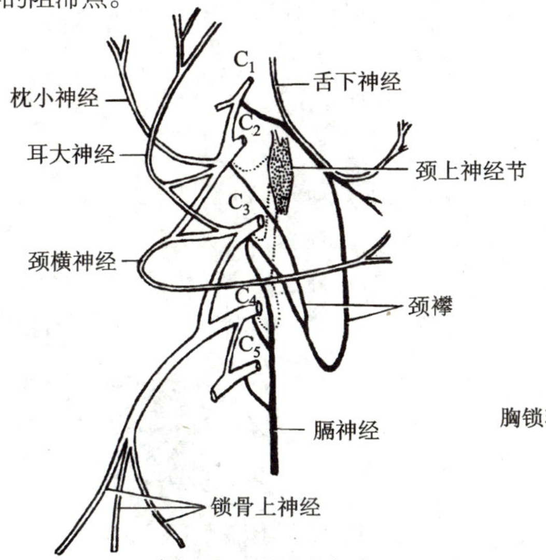

图11-48　颈丛的组成

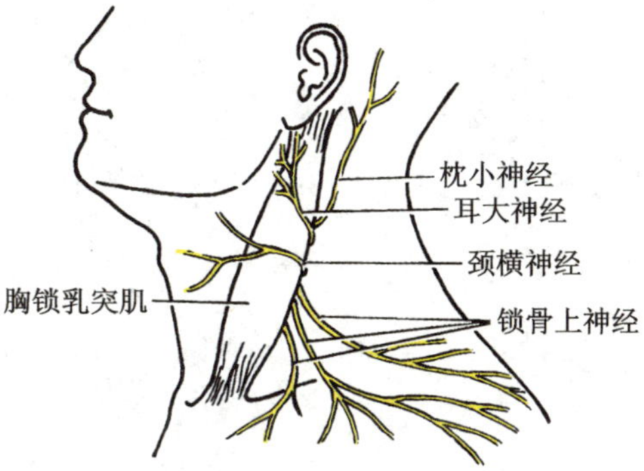

图11-49　颈丛的皮支

（2）肌支：主要是膈神经，自颈丛发出后下行，从前斜角肌上端的外侧浅出，沿该肌前面下降至其内侧，经过锁骨下动、静脉之间入胸腔。然后经肺根前方，行于纵隔胸膜与心包之间下行至膈。其运动纤维支配膈肌，感觉纤维分布于心包、纵隔胸膜、膈胸膜和膈下中央部腹膜。右膈神经的感觉纤维还分布至肝和胆囊表面（图11-50）。

临床链接

膈神经损伤可致同侧膈肌瘫痪、呼吸困难，咳嗽无力。当膈神经受刺激时，膈肌出现痉挛性收缩，可产生呃逆。膈下脓肿刺激膈下腹膜时出现可似胸部病征。

（二）臂丛

1. 臂丛的组成和位置 臂丛由第5~8颈神经前支和第1胸神经前支的大部分组成，自斜角肌间隙穿出，行于锁骨下动脉后上方，经锁骨后方进入腋腔，行程中臂丛5个根纤维过分离和再组合，最后围绕腋动脉的内侧、外侧、后方形成内侧束、外侧束及后束（图11-51）。由此三束再分出若干长、短神经。在锁骨中点后方，臂丛各分支较集中，位置较浅，此点为进行臂丛阻滞麻醉部位。

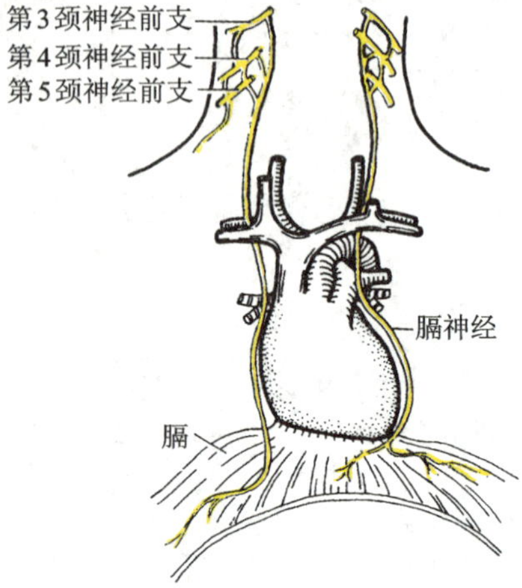

图11-50 膈神经

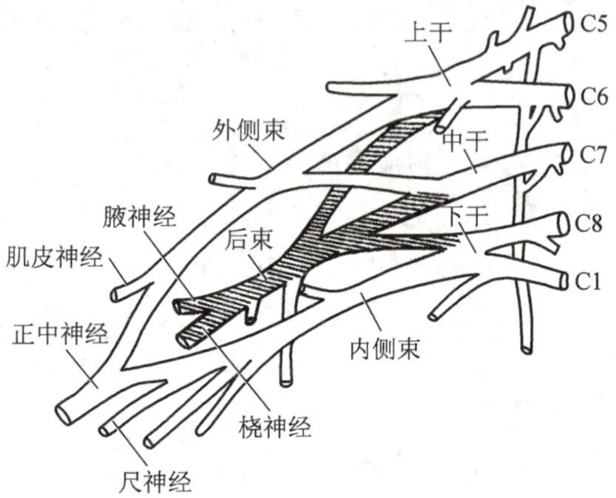

图11-51 臂丛组成模式图

2. 臂丛的分支 臂丛的分支主要有以下几支（图11-52）。

（1）胸长神经：于锁骨上方发自臂丛，沿前锯肌外侧面下降并支配此肌。

（2）胸背神经：起自后束，沿肩胛骨腋缘下行，支配背阔肌。

（3）肌皮神经：自外侧束发出后，向外下斜穿喙肱肌，经肱二头肌和肱肌之间下行，并发出分支支配上述三肌。终支在肘关节稍上方的外侧，穿出臂部深筋膜，改称为前臂外侧

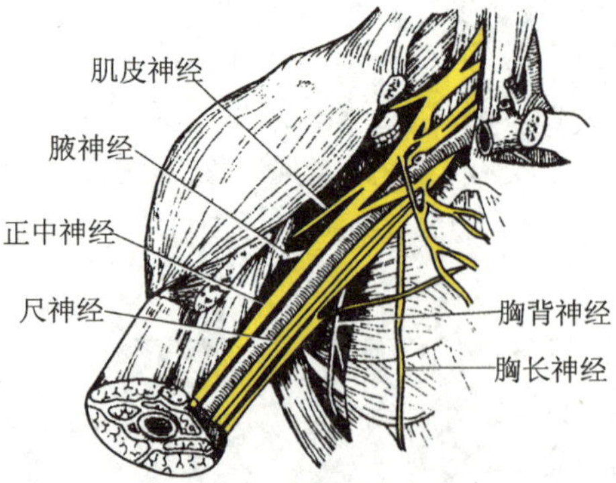

图11-52 臂丛及其分支

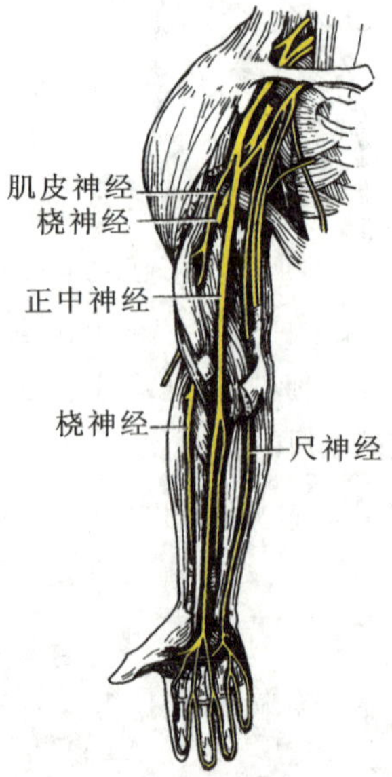

图11-53 上肢前面的神经

皮神经，分布于前臂分布于侧皮肤。

（4）正中神经：由分别发自臂丛内、外侧束的内、外侧两根合成正中神经干，沿肱二头肌内侧沟，伴肱动脉下行到肘窝，继续在前臂指浅、深屈肌之间沿前臂正中线下行经腕管，在掌腱膜深面至手掌，先发出正中神经掌支（返支），进入大鱼际，继而发出三条指掌侧总神经，再各分为两支指掌侧固有神经至1~4指相对缘。正中神经在臂部无分支，在肘部、前臂发出肌支，支配除肱桡肌、尺侧腕屈肌和指深屈肌尺侧半以外所有前臂屈肌及旋前肌，在手掌分支支配除拇收肌以外的鱼际肌和第1、2蚓状肌。其皮支支配手掌桡侧2/3的皮肤、桡侧三个半指的掌面皮肤及其背面中节和远节的皮肤（图11-53~图11-55）。

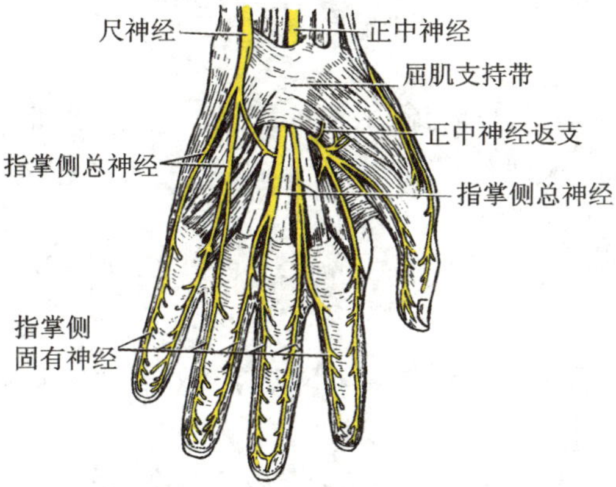

图11-54　手掌的神经

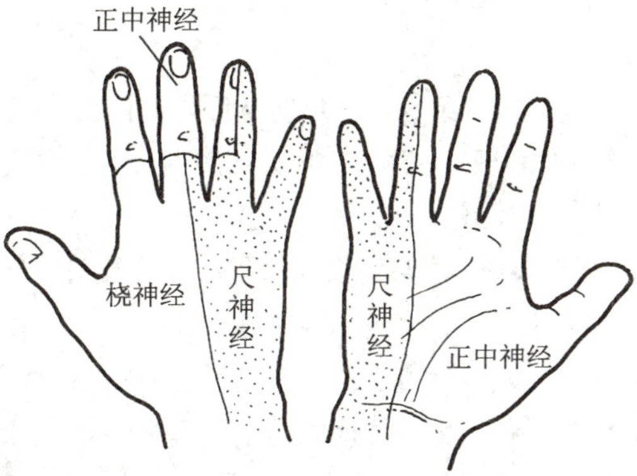

图11-55　手部皮神经分布

临床链接

正中神经损伤时表现为：① 运动障碍，前臂不能旋前，屈腕力减弱，拇指、示指及中指不能屈曲，拇指不能作对掌动作，不能捏东西。② 感觉障碍，上述皮支分布区感觉障碍，尤以拇、示、中指远节最为明显。③ 肌肉萎缩，鱼际肌萎缩，手掌平坦称“猿手”，握掌时3~5指可屈曲而食指及拇指不能屈，称为“枪形手”（图11-56）。

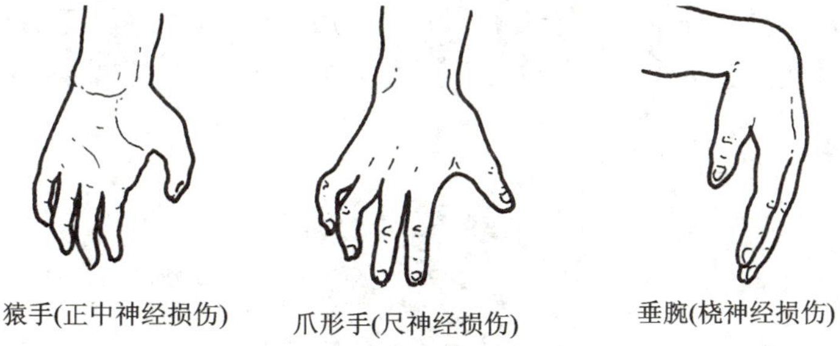

图11-56　上肢神经损伤的手形

（5）尺神经：发自臂丛内侧束，沿肱二头肌内侧伴随肱动脉下行，在臂中部转向后下，经肱骨内上髁后方的尺神经沟进入前臂，在沟中尺神经位置表浅，又紧贴骨面，骨折时易受损伤。尺神经在前臂尺侧腕屈肌深面随尺动脉下行，至桡腕关节上方5 cm处，发出尺神经手背支，本干下行称尺神经掌支，经豌豆骨外侧分为浅、深支入手掌。

尺神经在前臂发出肌支，支配尺侧腕屈肌和指深屈肌尺侧半。在腕部发出深支支配小鱼际肌、拇收肌、全部骨间肌及第3、4蚓状肌。浅支在手掌分布于小鱼际、小指和无名指尺侧半的皮肤，手背支分布于手背尺侧半、小指和无名指尺侧半、无名指桡侧半和中指尺侧半近节背面的皮肤（图11-53~图11-55）。

临床链接

尺神经损伤时表现为：① 运动障碍，屈腕力减弱，拇指不能内收，其他指不能内收与外展。② 感觉障碍，尺神经分布区感觉迟钝，而小鱼际及小指感觉丧失。③ 肌肉萎缩，小鱼际平坦，由于骨间肌及蚓状肌萎缩，掌骨间隙出现深沟，各掌指关节过伸，第4、5指的指间关节屈曲，表现为“爪形手”（图11-56）。

（6）桡神经：为发自臂丛后束的粗大神经，先行于腋动脉后方，分出皮支和肌支，继而伴随肱深动脉向后，在肱三头肌深面紧贴肱骨体的桡神经沟向下外行，到肱骨外上髁前方分为浅支与深支（图11-53）。

桡神经在臂部发出的分支有：皮支分布于臂背面、臂下外侧和前臂背面皮肤；肌支支配肱三头肌、肱桡肌和桡侧腕长伸肌。

1）浅支：为皮支，在肱桡肌深面，伴桡动脉下行，至前臂中、下1/3交界处转向手背，分布于手背桡侧半及桡侧两个半手指近节背面的皮肤。

2）深支：较粗，主要为肌支，至前臂背侧在深、浅层肌之间下降，支配前臂后群其余的伸肌和旋后肌。

临床链接

桡神经损伤时表现为：① 运动障碍，不能伸腕和伸指，拇指不能外展，前臂旋后功能减弱。② 感觉障碍，前臂背侧皮肤及手背桡侧半感觉迟钝，“虎口”区皮肤感觉丧失。抬前臂时，由于伸肌瘫痪及重力作用，出现“垂腕”征（图11-56）。

（7）腋神经：发自臂丛后束，伴旋肱后动脉向后，绕肱骨外科颈后方至三角肌深面。其肌支支配三角肌和小圆肌；皮支绕三角肌后缘分布于肩部和臂部上1/3外侧皮肤（图11-57）。

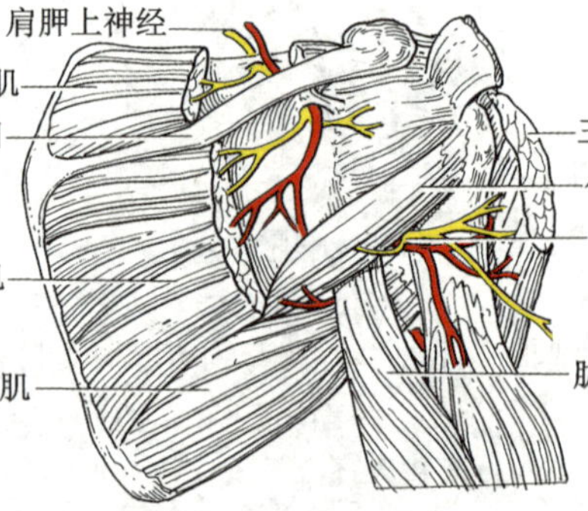

图11-57 腋神经

临床链接

腋神经损伤时表现为：① 运动障碍，肩关节外展幅度减小，不能做梳头、戴帽等动作。② 感觉障碍，三角肌区皮肤感觉障碍。③ 肌肉萎缩，三角肌萎缩，肩部失去圆隆的外形，肩峰突出，形成“方形肩”。

（三）胸神经前支

胸神经前支共12对，除第1对大部分参加臂丛，第12对小部分参加腰丛外，其余皆不形成丛。第1~11对胸神经位于相应肋间隙中，称肋间神经，第12对胸神经位于第12肋下方，称肋下神经。

肋间神经位于肋间内肌和肋间外肌之间，在肋间血管下方沿肋沟前行，至腋前线附近发出外侧皮支后继续向前内侧走行。上6对肋间神经达胸骨侧缘附近浅出皮下，称前皮支。下5对肋间神经及肋下神经穿出肋弓后走行于腹横肌和腹内斜肌之间、向前内进入腹直肌鞘，至白线附近穿出为前皮支。肋间神经和肋下神经的肌支分布于肋间肌和腹前外侧壁诸肌，皮支分布于胸、腹壁皮肤，还发支分布于壁胸膜和相应的壁腹膜。

胸神经前支的皮支在胸、腹部呈明显的节段性分布，其分布由上而下按神经顺序排列，如T_2相当于胸骨角平面；T_4相当于乳头平面；T_6相当于剑突平面；T_8相当于肋弓最低平面；T_{10}相当于脐平面；T_{12}相当于脐和耻骨联合连线中点平面。临床上施行硬脊膜外麻醉时，常以上述皮神经分布区来测定麻醉平面的高低。脊髓损伤时，可根据感觉障碍平面来推断脊髓损伤的节段（图11-58，图11-59）。

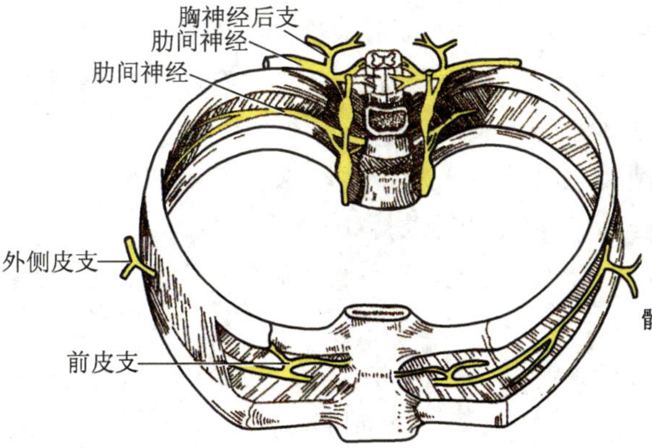

图11-58　肋间神经

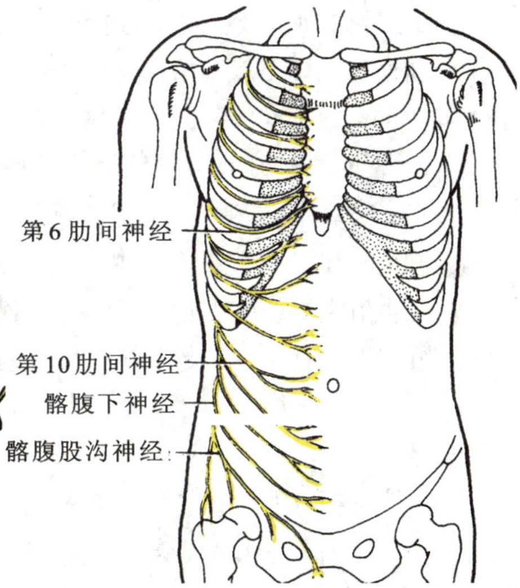

图11-59　肋间神经在胸腹壁的分布

（四）腰丛

1. 腰丛的组成和位置（图11-60）。 腰丛由T_{12}，前支的一部分、$L_{1\sim3}$前支和L_4前支的一部分组成。而L_4前支的另一部分和L_5前支组成腰骶干，向下加入骶丛。腰丛位于腰大肌深面，其分支分别自腰大肌穿出。

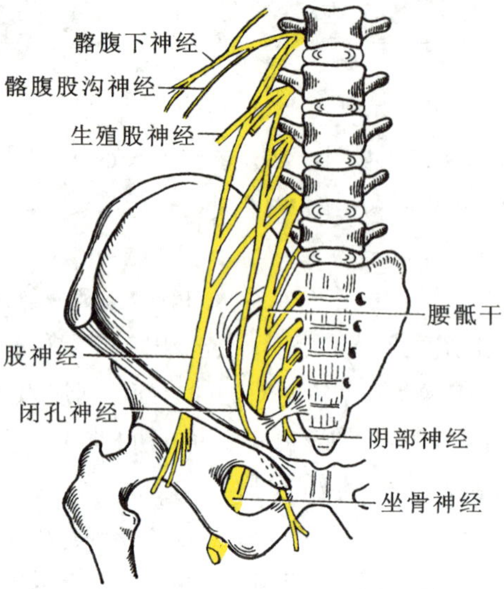

图11-60 腰、骶丛组成模式图

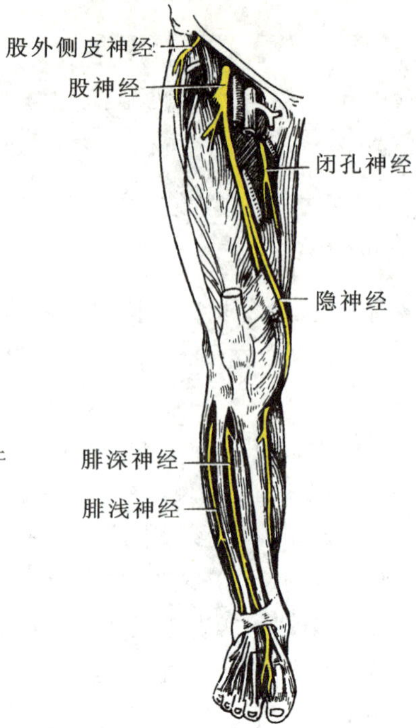

图11-61 下肢前面的神经

2. 腰丛的主要分支 腰丛组成后，除发出肌支，支配髂腰肌与腰方肌外，其余分支有以下几条（图11-60）。

（1）髂腹下神经及髂腹股沟神经：以共同的神经干发自腰丛，再分为平行的两细支，经腰方肌前面行向外下至髂嵴上方，进入腹横肌与腹内斜肌之间向前内行。髂腹下神经在髂前上棘内侧，穿出腹内斜肌，在腹外斜肌腱膜深面走行，达腹股沟管浅环上方，穿出此腱膜浅出于皮下。髂腹股沟神经于腹股沟韧带中点附近进入腹股沟管，并随精索或子宫圆韧带出浅环，分布于阴茎根部及阴囊或大阴唇皮肤。此二神经在走行过程中，分布于腹股沟区的腹壁诸肌和皮肤。在腹股沟疝手术中应保护这两条神经。

（2）生殖股神经：穿出腰大肌，沿此肌前面下降，分为两支：一支进入腹股沟管，随精索走行支配提睾肌；另一支分布于阴囊（或大阴唇），及隐静脉裂孔附近皮肤。

（3）股外侧皮神经：自腰大肌外侧向外下，经腹股沟韧带深面入股部，分布于大腿外侧面的皮肤。

（4）股神经：为腰丛中最大的分支，在腰大肌外侧缘和髂肌之间下行，经腹股沟韧带深面进入股三角内，位于股动脉外侧，分为数支：① 肌支：支配耻骨肌、股四头肌及缝匠肌；② 皮支：分布于股前皮肤，其中最长的一支为隐神经，伴随股动脉入收肌管，向下在膝关节内侧浅出皮下后，与大隐静脉伴行，分布于小腿内侧面及足内侧缘皮肤（图11-61）。

临床链接

股神经损伤时表现为：① 运动障碍，股前肌群瘫痪，行走时抬腿困难，不能伸小腿。② 感觉障碍，股前面及小腿内侧面皮肤感觉障碍。③ 肌肉萎缩，股四头肌萎缩，膝反射消失。

（5）闭孔神经：从腰大肌内侧缘穿出，沿骨盆侧壁向前下行，通过闭孔至大腿内侧，分布于大腿内侧群肌和大腿内侧的皮肤。

（五）骶丛

1. 骶丛的组成和位置 骶丛由腰骶干、全部骶神经和尾神经的前支组成。骶丛位于骶骨和梨状肌前面，其主要部分略呈三角形，尖端朝向下，移行为坐骨神经（图11-62）。

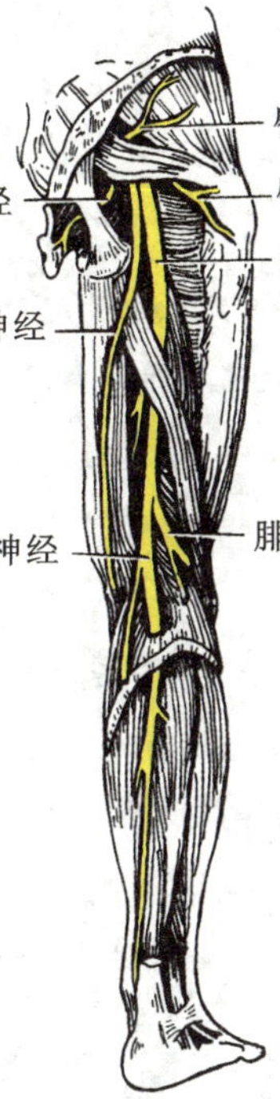

图11-62 下肢后面的神经

2. 骶丛的主要分支 骶丛除发出短小的肌支支配梨状肌、肛提肌及臀部一些小肌肉外，还发出以下主要分支：

（1）臀上神经：经梨状肌上孔出盆腔，支配臀中、小肌及阔筋膜张肌。

（2）臀下神经：经梨状肌下孔出盆腔，支配臀大肌。

（3）阴部神经：经梨状肌下孔出盆腔，绕坐骨棘经坐骨小孔入坐骨肛门窝，经此窝外侧壁向前，分支分布于肛门、会阴部和外生殖器的肌肉和皮肤（图11-62）。

（4）股后皮神经：出梨状肌下孔，沿股后正中线下行至腘窝，分布于臀下部、股后部及腘窝的皮肤。

（5）坐骨神经：为全身最粗大的神经。经梨状肌下孔出骨盆，在臀大肌深面下行，经大转子与坐骨结节之间下降达股后，从股二头肌深面下降至腘窝上方分为胫神经和腓总神经。坐骨神经在股后发出肌支、支配大腿后群肌（图11-62）。

坐骨神经的体表投影：从梨状小孔出盆，经髂后上棘与坐骨结节连线中点外侧约2.5 cm处弯向下外，至坐骨结节与股骨大转子连线的中点，垂直下降至股骨两髁后连线中点。此三点连线构成坐骨神经在臀区和股后区的体表投影。

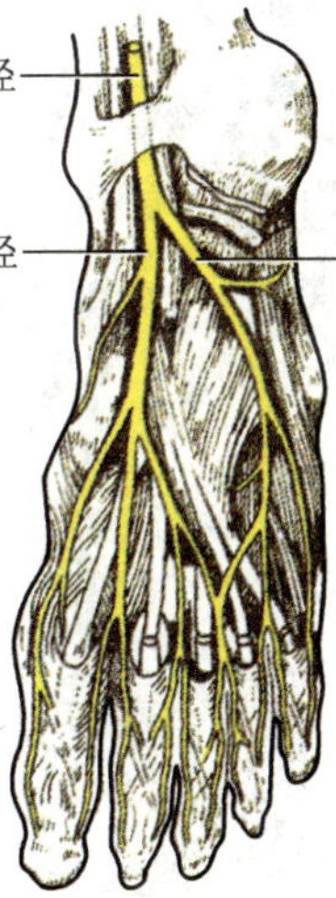

图11-63 足底神经

1）胫神经（图11-62）：沿腘窝中线与腘血管伴行下降，在小腿经比目鱼肌深面伴胫后动脉下行，至内踝后方分为足底内侧神经和足底外侧神经，进入足底。胫神经在腘窝以下分布于膝关节、小腿后群肌及小腿后面的皮肤。足底内侧神经和足底外侧神经分布于足底肌和皮肤（图11-63）。

临床链接

胫神经损伤时表现为：① 运动障碍，足不能跖屈，不能屈趾和足内翻。② 感觉障碍，小腿后面及足底感觉迟钝或丧失。③ 足畸形，因小腿肌前、外侧肌群的牵拉，足呈背屈外翻状态，为“仰趾足”畸形（图11–64）。

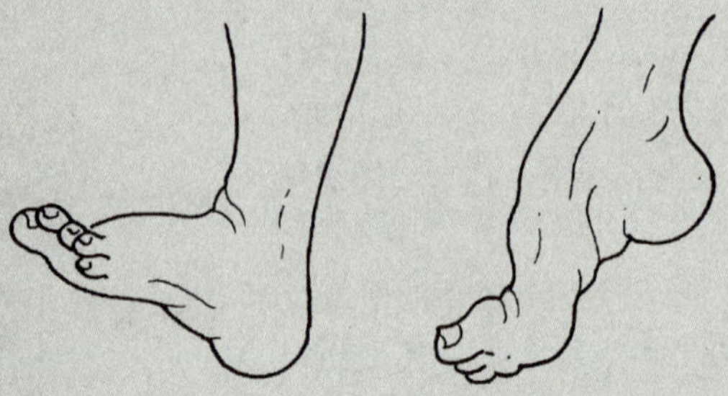

图11–64　小腿神经损伤足形

2）腓总神经：沿腘窝外侧缘下降，绕腓骨颈外侧向前，穿腓骨长肌起始部达小腿前面，分为腓浅神经和腓深神经二支：① 腓浅神经下行于腓骨长、短肌之间，并支配此二肌，其本干于小腿中、下1/3交界处浅出于皮下，分布于小腿前外侧面、足背及第2~5趾背面相对缘皮肤；② 腓深神经在小腿肌前群深面，伴胫前动脉下降，支配小腿前群肌及足背肌，末支分布于第1~2趾背面相对缘皮肤（图11–62）。

临床链接

腓总神经损伤时表现为：① 运动障碍，足不能背屈，足下垂，略有内翻，不能伸趾，行走时呈“跨阈步态”（病人用力，使髋、膝关节高度屈曲以提高下肢抬起足尖，才能行走。② 感觉障碍，小腿外侧、足背及趾背皮肤感觉迟钝或消失。③ 足畸形，“马蹄”内翻足（图11–64）。

二、脑神经

脑神经共12对，脑神经的顺序一般以罗马数字表示：Ⅰ嗅神经、Ⅱ视神经、Ⅲ动眼神经、Ⅳ滑车神经、Ⅴ三叉神经、Ⅵ展神经、Ⅶ面神经、Ⅷ前庭蜗神经、Ⅸ舌咽神经、Ⅹ迷走神经、Ⅺ副神经及Ⅻ舌下神经（图11–65）。

各对脑神经中所含纤维成分不尽相同，所有脑神经中的纤维成分按其性质概括为以下四种：

（1）躯体感觉纤维：将来自头面部浅、深部的感觉冲动，传入脑内的躯体感觉核。

（2）内脏感觉纤维：将来自头、颈、胸、腹部内脏的感觉以及味觉冲动，传入脑内的内脏感觉核。

（3）躯体运动纤维：为脑干内的躯体运动核发出的轴突、支配眼球外肌、舌肌、头颈部肌和咽喉肌等。

（4）内脏运动纤维：为脑干内的内脏运动核发出的轴突，分布于平滑肌、心肌和腺体。

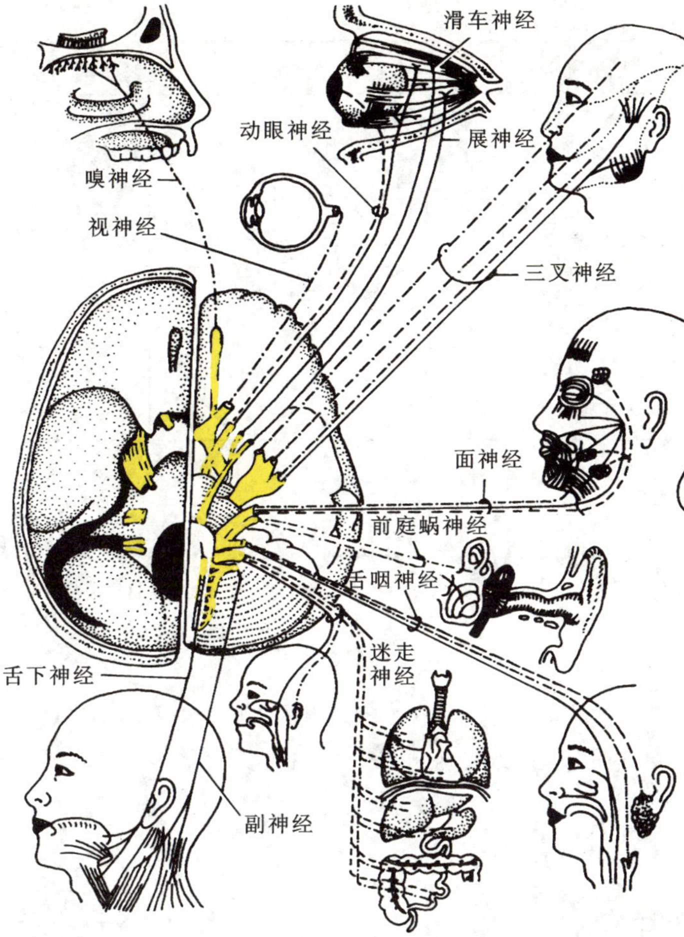

图11-65　脑神经示意图

—— 运动纤维　-·-·-· 感觉纤维　- - - - 副交感纤维

每对脑神经内所含神经纤维的种类不同。因而根据脑神经所含纤维性质的不同，将脑神经分为感觉性神经（第Ⅰ、Ⅱ、Ⅷ对脑神经）、运动性神经（第Ⅲ、Ⅳ、Ⅵ、Ⅺ、Ⅻ对脑神经）和混合性神经（第Ⅴ、Ⅶ、Ⅸ、Ⅹ对脑神经）。脑神经除嗅神经连于端脑，视神经连于间脑，其余均连于脑干（表11-3）。

表11-3　脑神经连脑和出入颅的部位

名称	连脑部位	出、入脑的部位	出、入颅的部位
Ⅰ嗅神经	端脑	嗅球	筛孔
Ⅱ视神经	间脑	视交叉	视神经管
Ⅲ动眼神经	中脑	脚间窝	眶上裂
Ⅳ滑车神经	中脑	下丘下方（前髓帆）	眶上裂

续表

名称	连脑部位	出、入脑的部位	出、入颅的部位
Ⅴ三叉神经	脑桥–脑桥	脑桥与桥臂移行处延髓脑桥沟内	
眼神经	脑桥	侧部	眶上裂
上颌神经	脑桥	延髓脑桥沟外侧部	圆孔
下颌神经	延髓	延髓脑桥沟外侧部	卵圆孔
Ⅵ展神经	延髓	橄榄后沟上部	眶上裂
Ⅶ面神经	延髓	橄榄后沟中部	内耳门→茎乳孔
Ⅷ前庭蜗神经	延髓	橄榄后沟下部	内耳门
Ⅸ舌咽神经		前外侧沟	颈静脉孔
Ⅹ迷走神经			颈静脉孔
Ⅺ副神经			颈静脉孔
Ⅻ舌下神经			舌下神经管

（一）嗅神经

嗅神经传导嗅觉，起自鼻腔嗅区黏膜的嗅细胞，嗅细胞为双极神经元，其周围突分布于嗅黏膜上皮，中枢突集成15~20条嗅丝，上穿筛孔入颅，止于端脑的嗅球（图11–66）。

（二）视神经

视神经由视网膜内的节细胞轴突，在视网膜后部先集中形成视神经盘，然后穿出巩膜构成视神经。视神经向后穿视神经管入颅腔，形成视交叉，再经视束止于外侧膝状体，传导视觉冲动（图11–67）。

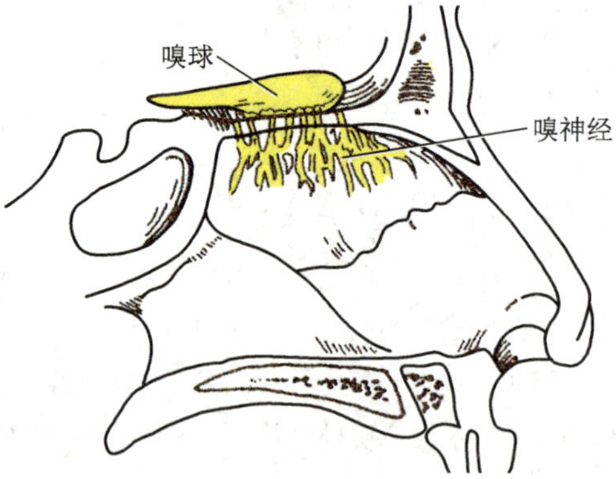

图11–66　嗅神经

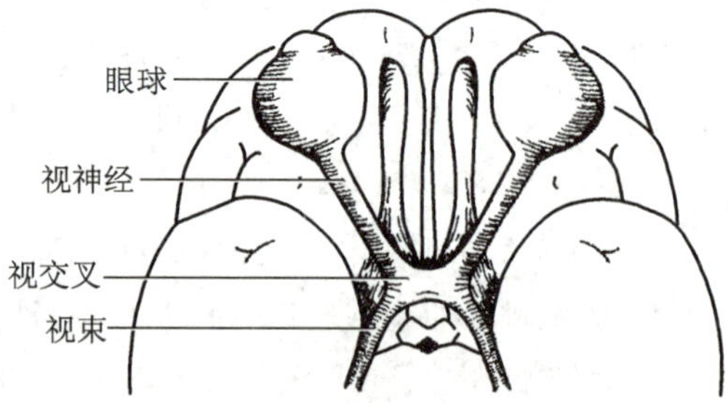

图11–67　视神经与视交叉

（三）动眼神经

动眼神经由中脑上丘平面动眼神经核发出的躯体运动纤维和动眼神经副核发出的内脏运动纤维（副交感神经）组成。自中脑脚间窝出脑，经海绵窦外侧壁向前，穿眶上裂进入眶。躯体运动纤维支配提上睑肌、上直肌、内直肌、下直肌和下斜肌。而副交感纤维，进入睫状神经节内换神经元。其节后纤维支配瞳孔括约肌及睫状肌，兴奋时使瞳孔缩小和调节晶状体的屈度加大（图11–68，图11–69）。

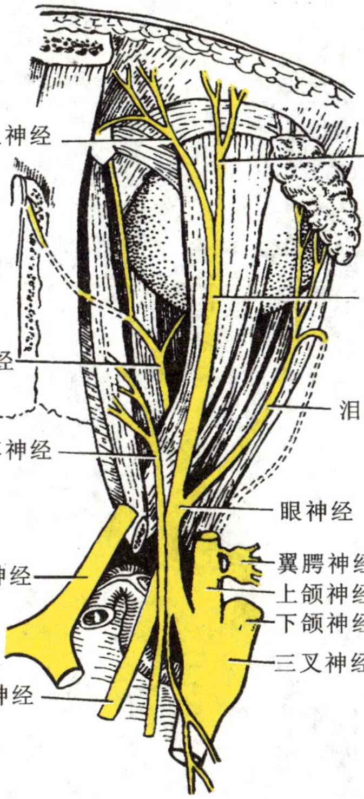

图11-68　眶内神经上面观

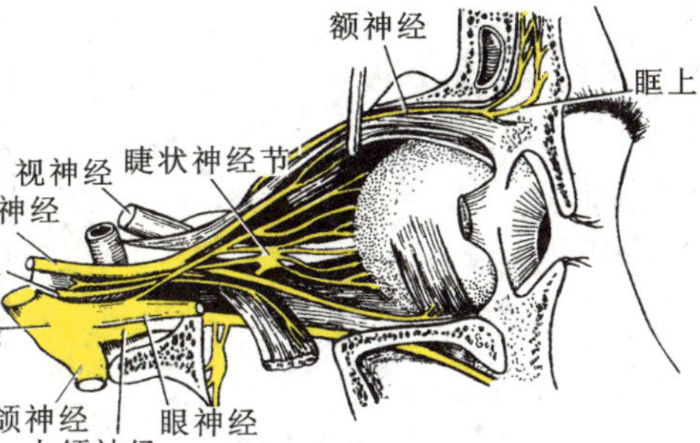

图11-69　眶内神经侧面观

临床链接

动眼神经损伤时表现为一侧动眼神经损伤，可出现患侧上睑下垂、眼球朝向外下方，固定不能转动，瞳孔对光反射消失，这是因为该神经支配的眼肌瘫痪所致。

（四）滑车神经

滑车神经由中脑下丘平面对侧的滑车神经核发出的躯体运动纤维组成，于中脑背侧下丘下方出脑，绕过大脑脚外侧向前，经海绵窦外侧壁及眶上裂入眶内，支配上斜肌（图11-68，图11-69）。

（五）三叉神经

三叉神经是最粗大的脑神经，含有终止于三叉神经感觉核的躯体感觉纤维以及起自三叉神经运动核的躯体运动纤维，它们组成粗大的感觉根和细小的运动根，两根在脑桥基底部与小脑中脚交界处相连。在感觉根上有三叉神经节，此节位于颞骨岩部前面，主要由感觉神经元胞体聚集而成。三叉神经运动根于三叉神经节下面通过。由节发出眼神经、上颌神经和下颌神经三条神经（图11-70）。

1. 眼神经　为感觉神经，向前沿海绵窦外侧壁，经眶上裂入眶内，分为下列各支：

（1）额神经：有2~3条分支，其中较大的分支为眶上神经，经眶上切迹（孔）出眶，分布于上睑及额顶部皮肤。

（2）鼻睫神经：经上直肌和视神经之间斜向眶内侧，分布于鼻背、泪囊、鼻黏膜、眼睑皮肤和眼球壁。

（3）泪腺神经：沿外直肌上缘前行，分布于泪腺、结膜及上睑皮肤。

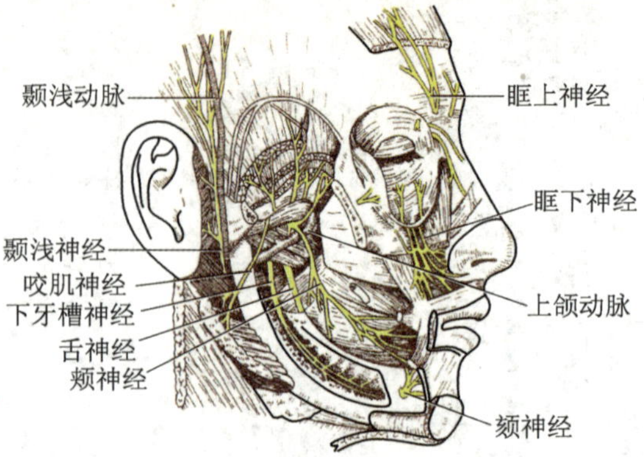

图11-70　三叉神经的分布

2. 上颌神经　为感觉神经，经圆孔出颅，至翼腭窝内，分为数支（图11-71）。

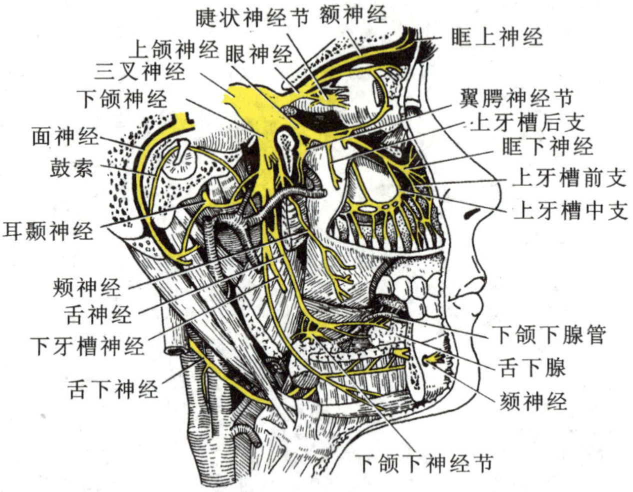

图11-71　上、下颌神经

（1）眶下神经：它向前经眶下裂入眶，经眶下沟通过眶下管出眶下孔，分布于下睑、外鼻及上唇皮肤。眶下神经在眶下管内发出上牙槽神经前、中支，分布于上颌尖牙、切牙及其附近牙龈。

（2）上牙槽后神经：从上颌骨体后方穿入上颌骨，分布于上颌前磨牙、磨牙及附近牙龈和上颌窦。

（3）翼腭神经：为2~3小支，穿翼腭神经节后分布于鼻、腭、咽部的黏膜及腭扁桃体。

3. 下颌神经　为混合神经。含躯体感觉纤维和三叉神经运动核发出的躯体运动纤维。下颌神经出卵圆孔，即发出肌支支配咀嚼肌，其感觉支分支如下（图11-71）。

（1）耳颞神经：以两根夹持脑膜中动脉向后合成一干，经下颌关节后方折转向上，穿腮腺上行，分支分布于腮腺、耳屏、外耳道及颞区的皮肤。

（2）下牙槽神经：经下颌孔入下颌管，在管内发出许多小支至下颌牙和牙龈。其终支由颏孔浅出，称为颏神经，分布于颏部及下唇皮肤和黏膜。

（3）颊神经：自下颌神经分出沿颊肌外面前行，并贯穿此肌，分布于颊部皮肤和黏膜。

（4）舌神经：自下颌神经分出后，呈弓形弯向前，于下颌下腺上方进入舌内，分布于口腔底及舌前2/3黏膜，司一般感觉。另外，舌神经在行程中，于颞下窝内有来自面神经的鼓索（详见面神经）自后方加入舌神经，舌神经在下颌下腺附近连有一个下颌下神经节。

临床链接

三叉神经损伤时表现：

① 运动障碍，患侧咀嚼肌瘫痪，张口时下颌偏向患侧。

② 感觉障碍，患侧头面部皮肤及舌、口、鼻腔黏膜的一般感觉丧失。

三叉神经痛表现与该支在面部分布区相一致，当压迫眶上孔眶下孔或颏孔时，可加剧和诱发疼痛（图11-72）。

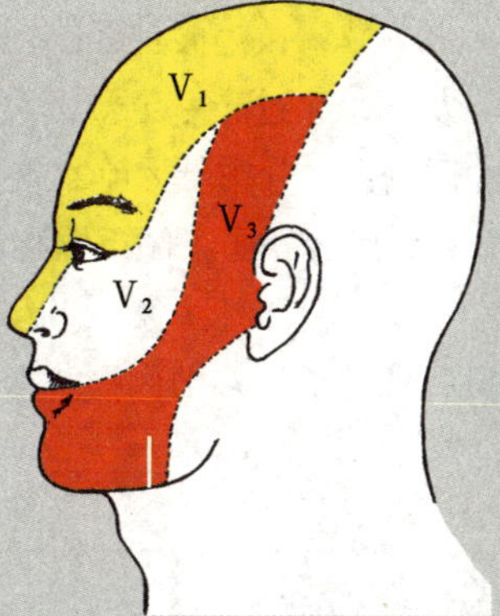

图11-72　三叉神经皮支的分布范围

（六）展神经

展神经由起于脑桥展神经核的躯体运动纤维组成。自延髓脑桥沟出脑，向前经海绵窦及眶上裂入眶，支配外直肌（图11-69）。

展神经损伤表现：一侧展神经损伤可导致外直肌麻痹，表现为患侧眼球不能向外转动，出现内斜视，多由炎症、肿瘤引起。

（七）面神经

面神经含有起于面神经核的躯体运动纤维和起于上泌涎核的内脏运动纤维以及终于孤束核的内脏感觉纤维，但大部分是躯体运动纤维。面神经在展神经外侧出延髓脑桥沟后进入内耳门，经内耳道入面神经管内，出茎乳孔后向前进入腮腺，于腮腺内分为数支并交织成腮腺内丛，出腮腺后呈放射状发出五支：即颞支、颧支、颊支、下颌缘支及颈支，支配面部表情肌及颈阔肌（图11-73）。

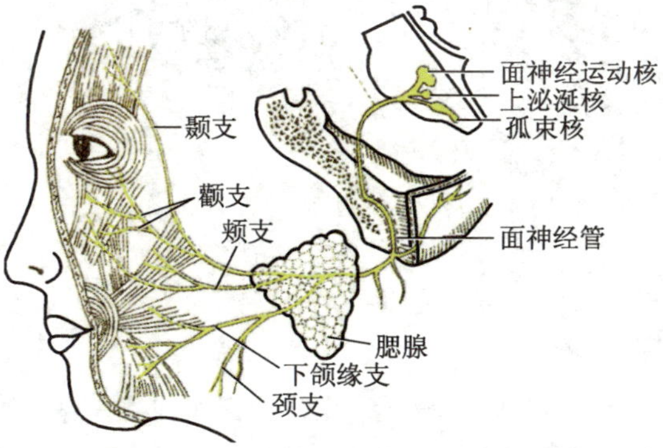

图11-73　面神经

面神经在面神经管弯曲处有膝神经节，此节由内脏感觉神经元的胞体组成。面神经在面神经管内发出分支为：

（1）鼓索：为面神经的重要分支，含内脏运动纤维及内脏感觉纤维。在面神经出茎乳孔前发出，穿过鼓室至颞下窝，并以锐角从后方进入舌神经。其中内脏感觉纤维是膝神经节的周围突，分布于舌前2/3的味蕾，司味觉。而内脏运动纤维在下颌下神经节内换神经元，其节后纤维分布于下颌下腺和舌下腺，支配其分泌活动。

（2）岩大神经：含内脏运动纤维，于膝神经节处离开面神经，出颞骨经破裂孔，向前进入翼腭神经节，在节内换神经元，其节后纤维分布于泪腺及鼻、腭部的黏液腺，支配其分泌活动。

临床链接

面神经损伤时表现为：① 面神经管外损伤主要是患侧表情肌瘫痪，额纹消失，不能闭眼，不能皱眉，鼻唇沟变平，不能鼓腮，口角歪向健侧。② 面神经管内损伤时除上述表现外，还可出现患侧舌前2/3味觉障碍，泪腺、舌下腺及下颌下腺分泌障碍，以及眼结膜、鼻腔、口腔黏膜干燥等现象。

（八）前庭蜗神经（位听神经）

前庭蜗神经由前庭神经和蜗神经组成。

（1）前庭神经传导平衡冲动，其双极神经元胞体在内耳道底附近，聚成前庭神经节。神经元的周围突分布于壶腹嵴、球囊斑和椭圆囊斑；中枢突组成前庭神经与蜗神经伴行，出内耳门入脑干，终于前庭神经核（图11-74）。

（2）蜗神经传导听觉冲动，其双极神经元胞体在内耳的蜗轴内聚成蜗神经节，神经元的周围突分布于感受听觉的螺旋器；中枢突在内耳道聚成蜗神经，经内耳门入脑干，终于蜗神经核（图11-74）。

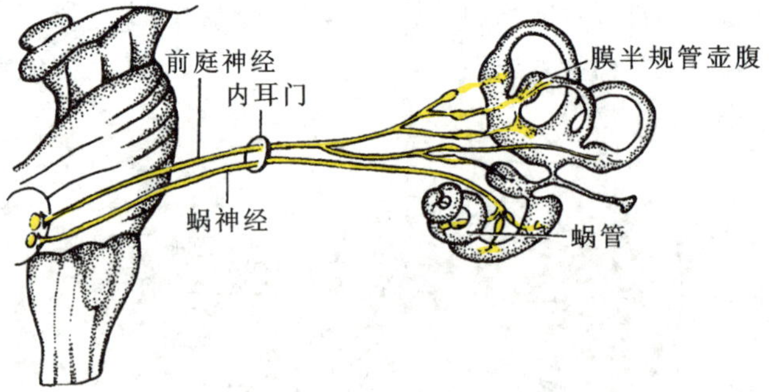

图11-74　前庭蜗神经

（九）舌咽神经

舌咽神经含有起于疑核的躯体运动纤维和终于三叉神经脊束核的躯体感觉纤维，以及起于下泌涎核的内脏运动纤维和终止于孤束核的内脏感觉纤维。于延髓橄榄后上部出脑，经颈静脉孔出颅。在孔内神经干上有两个神经节，即上神经节和下神经节，分别由躯体感觉和内脏感觉神经元组成（图11-75）。

舌咽神经出颅后，先在颈内动、静脉之间下行，经茎突咽肌外侧进入舌骨舌肌深面至舌根，其分支如下：

（1）鼓室神经发自下神经节，进入鼓室后与交感神经纤维共同形成鼓室丛。此丛发出分支分布于鼓室、乳突小房和咽鼓管的黏膜。鼓室神经的内脏运动纤维出鼓室终于耳神经节，在此节内换神经元，其节后纤维分布于腮腺，司其分泌活动。

（2）舌支为舌咽神经终支，分为数支，分布于舌后部1/3的黏膜和味蕾，司黏膜一般感觉和味觉。

（3）咽支有3~4支，在咽侧壁上与迷走神经和交感神经的咽支共同构成咽丛，分支分布于咽肌和咽黏膜。

（4）颈动脉窦支有1~2支，沿颈内动脉下降，分布于颈动脉窦和颈动脉小球，传导这两个结构的冲动入脑，以调节血压和呼吸。

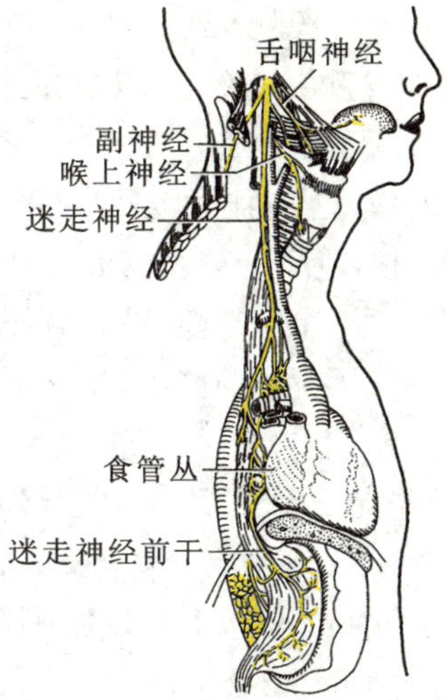

图11-75　舌咽神经、迷走神经和副神经

临床链接

舌咽神经损伤时患侧舌后1/3味觉丧失，舌根与咽峡感觉障碍，咽肌肌力减弱。舌咽神经损伤常伴迷走神经的损伤。

（十）迷走神经

迷走神经是脑神经中行程最长、分布最广的神经。由起自迷走神经背核的内脏运动纤维和终于孤束核的内脏感觉纤维，以及起于疑核的躯体运动纤维和终于三叉神经脊束核的躯体感觉纤维组成。

迷走神经于延髓橄榄后沟中部出脑，经颈静脉孔出颅，在孔内及其稍下方，神经干上有膨大的上神经节和下神经节，分别由躯体感觉神经元和内脏感觉神经元组成。进入颈部后，在颈内静脉与颈内动脉和颈总动脉之间的后方下行，经胸廓上口入胸腔。在胸腔内，左、右迷走神经的走行和位置各异。左侧迷走神经下降至主动脉弓前方，继而在左肺根部后方至食管前面，分支构成左肺丛和食管前丛，行于食管下端又汇合成迷走神经前干。右迷走神经经右锁骨下动、静脉之间，沿气管右侧下降，经右肺根后方至食管后面，分支构成右肺丛和食管后丛，至食管下端汇合成迷走神经后干。迷走神经前、后干随食管经膈的食管裂孔进入腹腔，分布于胃的前、后壁，其终支为腹腔支，参与构成腹腔丛。

迷走神经在颈、胸和腹部分支如下：

1. 颈部的分支　迷走神经在颈部发出喉上神经、脑膜支、耳支、咽支、颈心支，分布于喉、硬脑膜、外耳道及耳郭后皮肤、咽部和心。

喉上神经沿颈内动脉内侧下行，于舌骨大角处分为内、外两支；内支伴甲状腺上动脉的分支穿过甲状舌骨膜入喉，分布于声门裂以上的喉黏膜；外支支配环甲肌。

2. 胸部的分支（图11–76）

（1）喉返神经：左右喉返神经返回部位有所不同。左喉返神经为左迷走神经经过主动脉弓前发出，并向后勾绕主动脉弓返回颈部；右喉返神经为右迷走神经过右锁骨下动脉前发出，并向下勾绕该动脉返回颈部。左、右喉返神经返回颈部均沿气管与食管间的沟上行，在甲状腺侧叶深面环甲关节后方入喉，称喉下神经。其感觉纤维分布于声门裂以下的喉黏膜，运动纤维支配除环甲肌以外的所有喉肌。

（2）支气管支、食管支、胸心支：是迷走神经在胸部的细小分支，分别加入肺丛、食管丛和心丛。

3. 腹部的分支

（1）胃前支和肝支：为迷走神经前干的终支，胃前支沿胃小弯分布于胃前壁，其末支在胃小弯角切迹处以“鸦爪”形分布于幽门及十二指肠上部和胰头；肝支随肝动脉分支走行，分布于肝、胆囊和胆道。

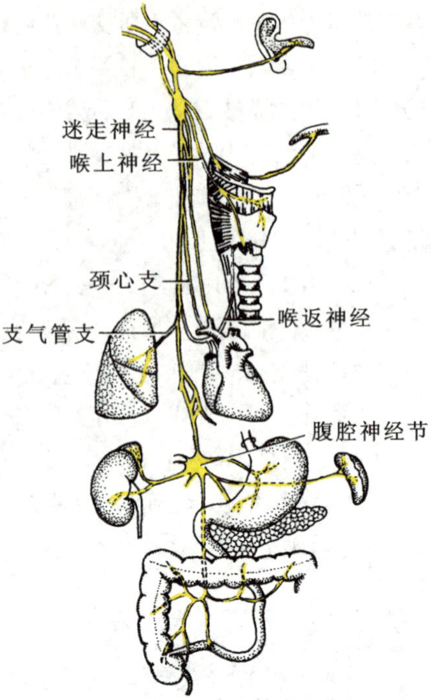

图11–76　迷走神经的分支及分布

（2）胃后支和腹腔支：为迷走神经后干的终支。胃后支分支分布于胃后壁，其末支也以“鸦爪”形分布于幽门窦；腹腔支向后参加腹腔丛，亦可与交感神经纤维伴行，随腹腔干、肾动脉和肠系膜上动脉分支分布于肝、脾、胰、肾及结肠左曲以上的消化道。

> **临床链接**
>
> 迷走神经损伤时表现为：① 病侧软腭瘫痪、声音嘶哑、心动过速。如双侧迷走神经损伤可引起失音、喉部肌肉瘫痪、呼吸困难、心律不齐甚至导致死亡。② 迷走神经损伤多伴有舌咽神经、副神经和舌下神经受累，而引起相应的系列症状。

（十一）副神经

副神经由起于疑核和副神经脊髓核的躯体运动纤维组成，从延髓橄榄后沟下部迷走神经根的下方出脑，经颈静脉孔出颅，出颅向后外斜穿胸锁乳突肌，自胸锁乳突肌后缘上、中1/3交点附近浅出后穿入斜方肌，支配此二肌。

（十二）舌下神经

舌下神起自舌下神经核。于延髓锥体与橄榄体之间出脑，经舌下神经管出颅。出颅后在颈内动、静脉之间下降到舌骨上方，呈弓形弯向前内，进入舌内，分布于舌内肌和舌外肌（图11–77）。

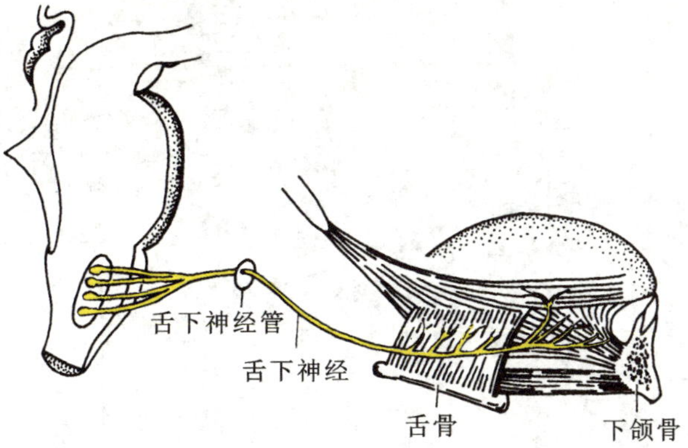

图11-77　舌下神经

舌下神经损伤表现：一侧舌下神经损伤，表现为伸舌时舌尖偏向患侧，患侧舌肌瘫痪、舌肌萎缩，多见于脑血管意外。

三、内脏神经

内脏神经系统主要分布于内脏、心血管和腺体，它包括内脏感觉神经和内脏运动神经。内脏运动神经因其功能在一定程度上不受意识所支配，称为自主神经或植物性神经。

（一）内脏运动神经

内脏运动神经（图11-78）根据形态结构、功能特点分为交感神经和副交感神经两部分，而且都有中枢部和周围部的区分。内脏运动神经与躯体运动神经二者相比较，在功能、形态结构及分布范围等方面存在着较大差异。

① 支配的器官不同：内脏运动神经支配平滑肌、心肌和腺体；而躯体运动神经支配骨骼肌。② 含纤维成分不同：内脏运动神经含交感纤维和副交感纤维两种纤维成分，大多数内脏器官同时接受该两种纤维的双重支配。而躯体运动神经只有一种纤维成分。③ 神经元数目不同：内脏运动神经自低级中枢到其支配的器官，需要两个神经元。第一个神经元称节前神经元，其胞体位于脑干和脊髓内，它们发出的轴突，称节前纤维；第二个神经元称节后神经元，其胞体位于周围神经的内脏神经节内，它所发出的轴突，称节后纤维。而躯体运动神经自低级中枢到其支配的骨骼肌，只需一个神经元。④ 分布的形式不同：内脏运动神经的节后纤维沿血管或攀附于脏器形成神经丛，由从再分支至所支配的器官。躯体运动神经以神经干的形似分布。⑤ 意识控制不同：内脏运动神经在一定程度上不受意识直接控制；而躯体运动神经受意识支配。

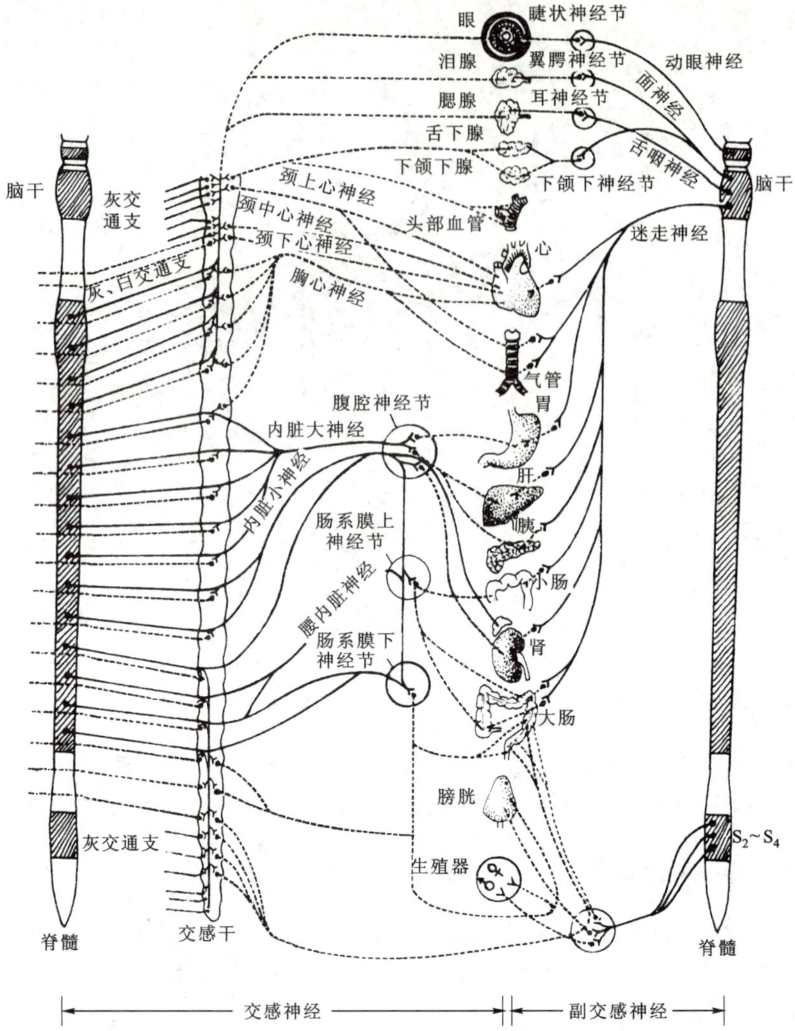

图11-78 内脏运动神经概况

——节前纤维 ------节后纤维

1. 交感神经（图11-79） 交感神经分中枢部和周围部。

（1）交感神经中枢部：交感神经低级中枢位于脊髓$T_1 \sim L_3$节段的脊髓灰质侧角内。侧角内的神经元即节前神经元，它发出节前纤维，有髓鞘，呈白色，形成脊神经的白交通支。

（2）交感神经周围部：交感神经周围部主要包括交感神经节、节前纤维和节后纤维。

1）交感神经节：包括椎旁节和椎前节两种（图11-80）。

椎旁节：位于脊柱两旁，共有22~24对。每侧的椎旁节自上而下分颈、胸、腰、盆四部分。椎旁节借节间支相连接，构成串珠状的交感干。交感干上达颅底，下至尾骨，在尾骨的前面，两干下端合并，终于奇神经节。

椎前节：位于脊柱的前方，其中比较重要的有成对的腹腔神经节、主动脉肾神经节以及单个的肠系膜上神经节和肠系膜下神经节。

2）节前纤维：由脊髓灰质侧角发出后，走行于脊神经前根和脊神经内，在脊柱两旁离

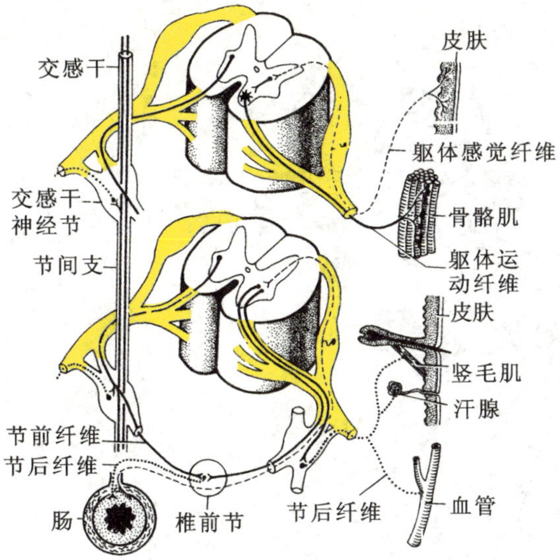

图11-79　交感神经纤维分布图

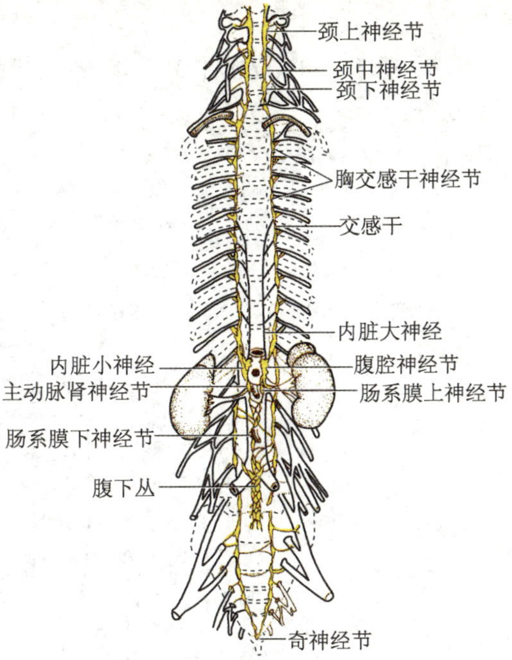

图11-80　交感干和交感神经节

开脊神经，形成白交通支进入交感干。进入交感干的节前纤维有三种去向：① 终于相应的椎旁节；② 在交感干内上升或下降一段距离后，终于远距离的椎旁节。其在交感干内上升或下降的纤维构成节间支；③ 穿经椎旁节终于椎前节。

3）节后纤维：发自交感神经节，无髓鞘，呈灰色，以下述三种方式分布到器官：① 由椎旁节发出的节后纤维，离开交感干，通过灰交通支返回脊神经，随31对脊神经分布到躯干和四肢的血管、汗腺和竖毛肌；② 缠绕动脉并随动脉的分支分布于支配的器官；③ 由交感神经节直接发出分支到达所支配的器官。

（3）交感神经的分布概况

1）颈部：颈部交感干位于颈血管鞘后方，颈椎横突前方。一般有颈上神经节、颈中神经节和颈下神经节，其中颈下神经节常与第1胸神经节合并，称颈胸（星状）神经节，位于第7颈椎横突前方（图11-81）。

2）胸部：胸部交感干位于相应肋头前方，一般有10~12对胸神经节。胸交感干的较重要分支有：① 内脏大神经：起自脊髓第5~9胸段侧角发出的节前纤维，穿过相应的胸神经节，向下组成内脏大神经，穿过膈，终于腹腔神经节和主动脉肾神经节交换神经元。② 内脏小神经：起自脊髓第10~12胸段侧角发出的节前纤维，穿过相应的胸神经节，向下组成内脏小神经，穿过膈，终于主动脉肾节和肠系膜上神经节交换神经元（图11-81）。

由腹腔神经节、主动脉肾神经节和肠系膜上神经节发出的节后纤维，分布于腹腔肝、胰、脾、肾等器官和结肠左曲以上的消化管。

3）腰部：有3~5对腰神经节，位于腰椎前外侧，腰大肌内侧缘。主要分支有腰内脏神经：由穿腰交感干的节前纤维组成，终于腹主动脉丛和肠系膜下丛，在丛内交换神经元后其节后纤维分布于结肠左曲以下的消化管和盆腔器官。

4）骶部：约有4对骶神经节和一个奇神经节，其节后纤维分布于下肢的血管、汗腺和竖毛肌等。

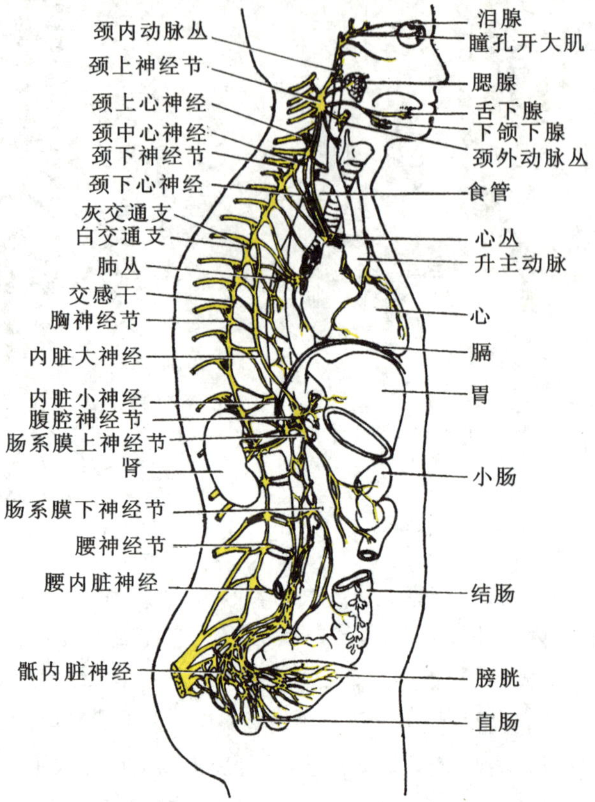

图11-81　交感神经分布模式图

2. 副交感神经　也分为中枢部和周围部。

（1）副交感神经中枢部：副交感神经低级中枢位于脑干的内脏运动核和脊髓第2~4骶节的骶副交感核。① 脑干内的内脏神经运动核（副交感神经核）所发出的节前纤维，分别加入到Ⅲ、Ⅶ、Ⅸ、Ⅹ四对脑神经中，随相应脑神经到达所支配器官的器官旁节或壁内节更换神经元，其节后纤维分布于所支配的器官。② 骶部副交感神经节前纤维起自脊髓2~4骶节的骶副交感核，随骶神经前支出骶前孔后，离开骶神经，组成盆内脏神经。盆内脏神经的纤维到达它所支配器官的器官旁节或壁内节更换神经元，节后纤维分布于结肠左曲以下的消化管、盆腔器官及外生殖器等。

（2）副交感神经周围部：副交感神经周围部包括副交感神经节、节前纤维和节后纤维等。副交感神经节多位于所支配器官的附近或器官壁内，分别称器官旁节或壁内节。副交感神经节是节后神经元的胞体部位。

3. 内脏神经丛　交感神经、副交感神经和内脏感觉神经在分布到脏器的过程中，常相互交织在一起共同形成内脏神经丛，如心丛、肺丛、腹腔丛等，由丛再发支到达所支配的器官。

（1）心丛：位于主动脉弓下方及主动脉弓和气管杈之间。由交感干发出的心支和迷走神经的心支组成，心丛分布于心脏。

（2）肺丛：位于肺根前、后方，分布于支气管和肺。

（3）腹腔丛：为最大的内脏神经丛。位于腹腔干及肠系膜上动脉起始处周围。丛内有腹腔神经节、主动脉肾神经节和肠系膜上神经节，其接受内脏大、小神经的节前纤维，交换神经元后发出的节后纤维与迷走神经后干的腹腔支组成腹腔丛，随腹腔干、肾动脉和肠系膜上动脉的分支，分布于腹腔的肝、肾、胰、肾上腺及结肠左曲以上的消化管。

（4）腹主动脉丛：缠绕于腹主动脉下份的前面和两侧。主要分布于结肠左曲至直肠上端消化管及下肢。

（5）腹下丛：分为第5腰椎前方的上腹下丛和盆部的下腹下丛。主要分布于盆腔内脏器官。

4. 交感神经和副交感神经的主要区别。 交感神经和副交感神经虽然常共同支配一个内脏器官，形成对器官的双重神经支配，但在形态结构和功能上两者又各有其特点。

（1）低级中枢部位不同：交感神经的低级中枢位于脊髓胸1~腰3节段的侧角内，副交感神经的低级中枢则位于脑干内的副交感核和脊髓骶2~4节的骶副交感核。

（2）周围神经节的位置不同：交感神经节位于脊柱的两旁或前方，副交感神经节位于所支配器官的附近或脏器的壁内。因此，副交感节前神经纤维比交感神经节前纤维长，而副交感节后神经纤维则较短。

（3）分布范围不同：交感神经在周围的分布范围较广，一般认为除分布于胸、腹腔脏器外，尚遍布头、颈各器官以及全身的血管和皮肤。副交感神经不及交感神经分布广，大部分血管、汗腺和竖毛肌、肾上腺髓质均无副交感神经分布。

（4）支配同一器官时而作用不同：交感神经和副交感神经对同一器官的作用即是互相拮抗又是互相统一的。如当机体运动量加强时，为适应机体代谢的需要，交感神经的兴奋性增强，而副交感神经的活动则减弱，出现心跳加快、血压升高、支气管扩张、瞳孔开大、消化活动受到抑制等。相反情况下，机体处于安静或睡眠状态时，副交感神经的活动加强，而交感神经的活动受到抑制，神经活动出现的现象亦恰好相反。

交感神经和副交感神经是对立统一的活动，从而保持机体内部各器官活动的动态平衡，使机体更好地适应内、外界环境的变化。

（二）内脏感觉神经

人体内脏器官除接受内脏运动神经的支配外，也有丰富的内脏感觉神经分布。内脏感觉神经元的胞体位于脑神经节和脊神经节内，也是假单极神经元。其发出的周围突随舌咽、迷走、交感神经和盆内脏神经等分布于相应的脏器及血管等；中枢突随舌咽、迷走、交感神经和盆内脏神经分别终于脑干的孤束核和脊髓的灰质后角。内脏感觉神经传入到中枢的神经冲动，一方面参与完成内脏反射或形成内脏-躯体反射，如排尿和排便反射等；另一方面将冲动传至大脑皮质，产生内脏感觉。内脏感觉神经与躯体感觉神经在形态结构上大致相同，但有其固有特点：

1. 内脏感觉痛阈较高　一般强度的刺激不产生主观感觉，较强烈的内脏活动才能引起感觉。例如胃的饥饿感等。内脏对牵拉、膨胀和痉挛等刺激较敏感，而对切割等刺激不敏感。因此，临床手术中挤压、切割或烧灼内脏时，患者并不感觉疼痛；但当过度牵拉内脏时，患者则有较难忍的不适感觉。

2. 内脏感觉的传入途径分散　即一个脏器的感觉纤维，可经几个节段的脊神经同时传入脊髓；而一条脊神经又可同时含有传导几个脏器的感觉纤维。因此，内脏痛往往是弥散性的，定位模糊，可出现牵涉痛。

当某些内脏器官发生病变时，在体表的一定部位产生疼痛或感觉过敏的现象，称为牵涉痛。

例如心绞痛时，可发生胸前区及左臂部内侧疼痛。发生牵涉痛的机制，目前尚不完全清楚，一般认为传导患病脏器疼痛冲动的内脏感觉神经和传导被牵涉区皮肤的躯体感觉神经，共同进入同一个脊髓节段，因此，从患病脏器传入的冲动，可以扩散到邻近的躯体感觉神经元，从而产生牵涉痛，临床根据牵涉痛部位，可协助诊断某些内脏疾病（表11-4，图11-82）。

表11-4　常见内脏器官牵涉痛部位

内脏器官	牵涉疼痛部位
心	胸前区、左臂部内侧
肝、胆囊	右肩部
胃	上腹部
小肠、阑尾	上腹部、脐周围
肾、输尿管	腰部及腹股沟区
膀胱、子宫	下腹部或腰部、会阴部

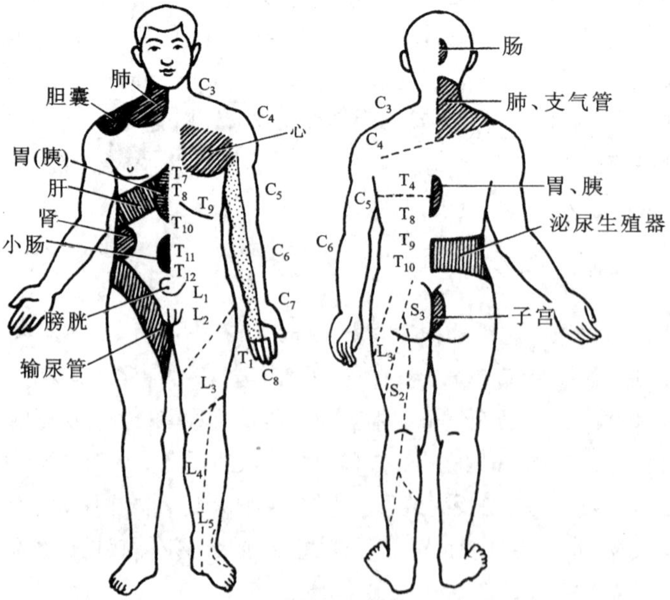

图11-82　内脏病时的牵涉痛区

第十二章
人体胚胎学总论

学习目标

1. 解释胚胎分期和胎龄的概念。
2. 了解生殖细胞的成熟。
3. 解释受精的概念（应用）；了解受精的过程和意义。
4. 解释卵裂的概念、过程和胚泡的构造。
5. 解释植入的概念、时间、过程、部位和条件。
6. 理解蜕膜的概念和分部（熟悉）。
7. 了解三胚层的形成。
8. 了解三胚层的早期分化。
9. 归纳胎膜的组成和功能。
10. 归纳胎盘的组成、形态结构和功能。
11. 了解先天性畸形与致畸。
12. 比较胎儿血液循环途径及生后变化。

第一节　生殖细胞的成熟和胚胎的早期发育

一、胎龄和胚胎分期

1. 胎龄　从受精卵开始至胎儿娩出，胚胎在母体子宫内生存约266日（38周），这种计算法称受精龄。以末次月经第1日算起为280日（40周），这种计算法称月经龄。胚胎学按受精龄计算胎龄。

2. 胚胎分期　胚胎学通常将从受精卵到胎儿娩出的这段时间分为两期。

（1）胚期：是胚胎发育早期，指第1~8周的胚胎，包括受精、卵裂、三胚层形成和器官原基的建立，至第8周末已发育成器官、系统与外形都初具雏形的胎儿。

（2）胎期：是指受精后第9周至出生，此期胎儿逐渐长大，各器官的结构与功能进一步完善。

胚期的细胞增生、分化极其活跃，以质变为主，胎期以量变为主。胚期的胎体易受内、外环境因素的干扰而发生先天畸形、死胎、流产，所以这个时期的孕期保健非常重要。

二、生殖细胞

生殖细胞又称配子，是个体发生的物质基础（图12-1）。女性的生殖细胞为卵子，男性

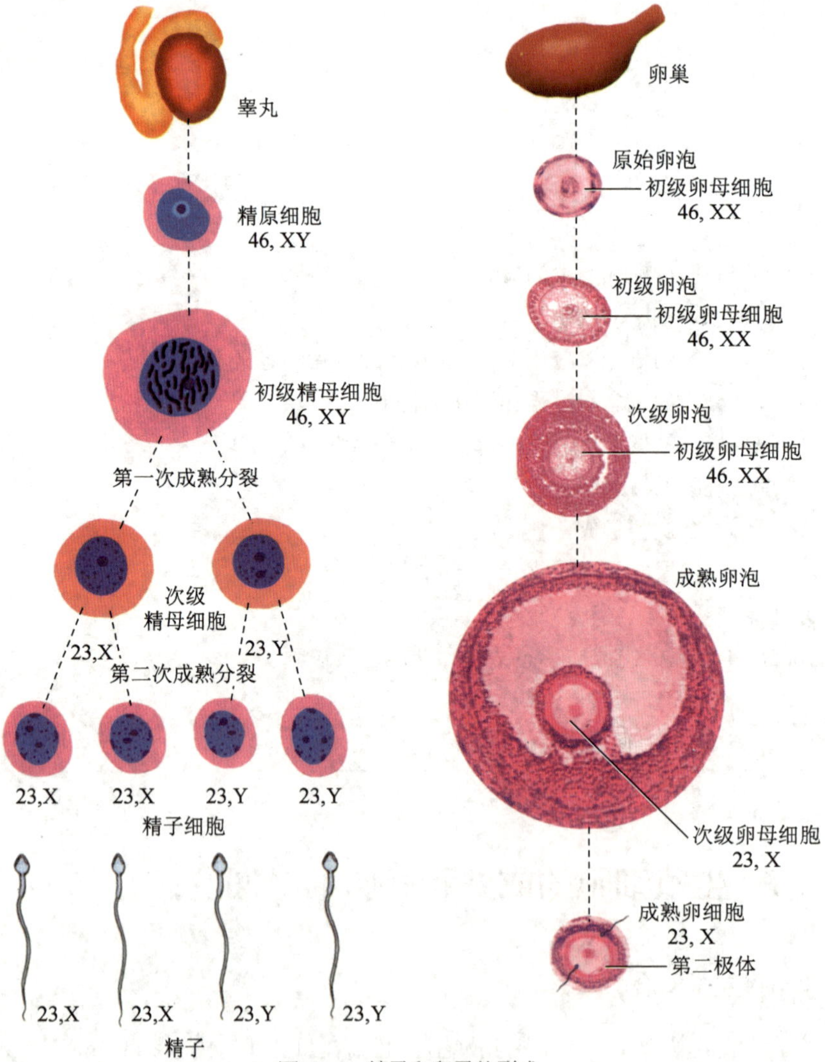

图12-1　精子和卵子的形成

的生殖细胞为精子，分别从卵巢和睾丸中产生。卵子和精子均为单倍体细胞，即仅有23条染色体，其中一条是性染色体。

1. 精子的成熟与获能　自青春期开始，在垂体促性腺激素作用下，睾丸精曲小管中的精原细胞，发育为初级精母细胞，经过两次成熟分裂（又称减数分裂）形成4个精子，其中两个精子染色体核型为23，X；另外两个精子染色体核型是23，Y。精子形成后进入附睾成熟，但尚无受精能力，精子头部的前2/3覆盖着顶体，其内含顶体酶，精子只有通过女性生殖管道时，在生殖管道上皮分泌物的作用下，精子才能获得释放顶体酶和穿越卵的放射冠、透明带的能力，此过程为获能。获能后的精子有受精能力。精子在女性生殖管道内最多能存活48h，但受精能力仅可维持24h左右。

2. 卵子的成熟　自青春期开始，在垂体促性腺激素的作用下，卵泡中的初级卵母细胞也要经过两次成熟分裂，才能形成一个成熟的卵细胞和3个小而圆的极体。自卵巢排出的次级卵母细胞处于第二次成熟分裂的中期，进入输卵管壶腹后，在精子穿入的刺激下才能完成第二次成熟分裂变成成熟的卵子，此时卵的染色体核型为23，X。极体将退化消失。

三、受精与卵裂

（一）受精

精子与卵子结合成受精卵的过程称为受精（图12-2）。

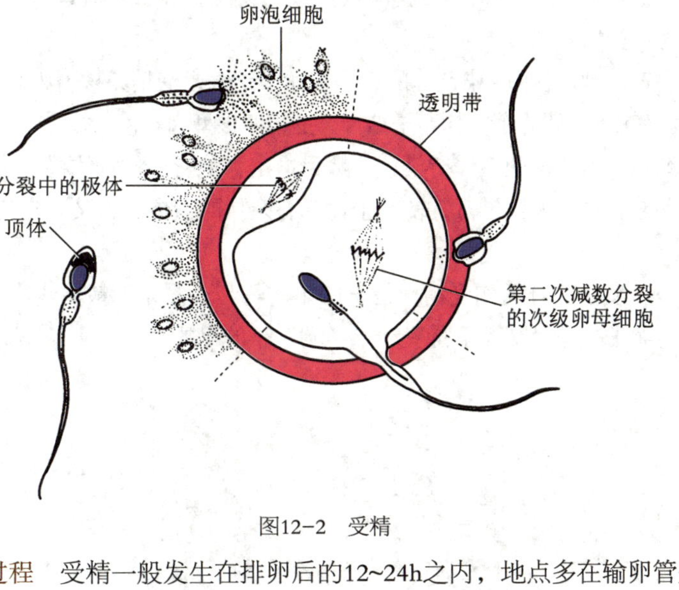

图12-2　受精

1. 受精的过程　受精一般发生在排卵后的12~24h之内，地点多在输卵管壶腹部。受精的过程分为三期。

（1）早期：当获能精子与卵子周围的放射冠相接触时，精子开始释放顶体酶，分解放射冠的卵泡细胞，使部分精子直接接触到透明带。

（2）中期：接触到透明带的精子与精子受体结合，然后释放顶体酶，并在透明带中形成一条孔道，使精子头部可接触卵子。精子释放顶体酶，溶解放射冠和透明带的过程称为顶体反应。一个精子成功进入卵细胞后，卵细胞膜会立即发生一系列变化，阻止其余精子的进入，这个结构上的变化称为透明带反应。

（3）后期：精子与卵子的细胞膜融合，随即精子的细胞核和细胞质进入卵子内。在精子的激发下，次级卵母细胞迅速完成第二次成熟分裂，形成一个成熟的卵。此时精子和卵子的细胞核分别称为雄性原核和雌性原核，两个原核在细胞中部逐渐靠拢，核膜消失，染色体混合，重新组成二倍体的细胞即为受精卵，又称合子，受精过程完成。卵子若未受精，于排卵后12~24h退化。

2. 受精的必备条件

（1）卵子在排卵前必须处于第二次成熟分裂的中期；精子成熟并已获能。

（2）精子数量足够且发育正常，正常成年男性每次射精为2~5ml，每毫升精液中含精子约1亿个。精液少或精子少于每毫升400万个或精子发育异常、活动能力弱，均可导致男性不育。

（3）生殖管道通畅：生殖管道发生阻塞，输精管或输卵管结扎及各种避孕器具的安放，都可以阻止精子与卵子相遇，导致无法受精。

（4）生殖细胞在限定时间内相遇：卵子排出后在12~24 h内死亡，故受精应在排卵后24h内进行。

3. 受精的意义

（1）受精标志新生命的开始，受精激发卵裂，使受精卵代谢旺盛，细胞不断分裂和分化，直至发育为一个新个体。

（2）受精决定性别，含有Y染色体的精子与卵子结合，受精卵核型为46，XY，新个体的性别为男性；含有X染色体的精子与卵子结合，受精卵核型为46，XX，新个体的性别为女性。

（3）恢复细胞二倍体核型，保持染色体数目恒定，维持了物种的稳定。由于受精卵的染色体23条来自父方，23条来自母方，使新个体既有亲代的遗传性，又具有与双亲不完全相同特异性状。

掌握受精一般发生的时间和受精部位，应用避孕套、输卵管粘堵或输精管结扎等措施，可以阻止精子与卵子相遇，从而阻挠受精，达到避孕的目的。

知识卡片

输 卵 管 炎

输卵管炎是女性不孕症主要原因之一。常见的致病菌有葡萄球菌、链球菌、大肠杆菌、变形杆菌和铜绿假单胞菌（绿脓杆菌）等。若在急性期未经积极治疗，转为慢性炎症，则导致输卵管伞端黏连，形成输卵管积水；或急性期感染重，遗留输卵管瘢痕或阻塞，将影响输卵管的蠕动和通畅；或输卵管上皮受累，直接影响上皮纤毛运动和分泌功能。

以上病变不仅阻碍精子的上行、降低伞端收集排出的卵子能力，丧失提供精卵相遇地点的功能，而且不能为受精卵在输卵管内停留约3天提供必需的营养，从而不能将孕卵送入子宫内着床。因此，输卵管的病变甚至轻微的病变都可以导致不孕。

（二）卵裂

受精卵早期进行的有丝分裂称卵裂（图12-3）。卵裂产生的子细胞称卵裂球。由于受精卵外面包有透明带，多次卵裂后，随着细胞数目的增多，细胞体积越来越小，受精后第3天形成了12~16个卵裂球的实心胚，称桑椹胚。在卵裂的同时，由于输卵管平滑肌的节律性收缩，管壁上皮细胞纤毛的摆动，形成管内液体流，使受精卵逐渐向子宫方向运行，桑椹胚由输卵管进入子宫腔。

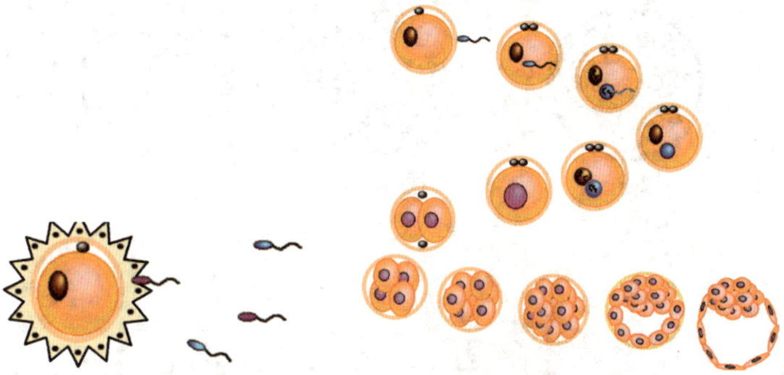

图12-3 卵裂

四、胚泡和植入

（一）胚泡

桑椹胚的细胞继续分裂。当卵裂球的数目增至100个左右时，细胞间开始出现小腔隙，它们逐渐汇合成一个大腔，腔内充满液体。此时整个胚就像被透明带包绕的一个囊泡，故称胚泡（图12-4）。胚泡中间的空腔称胚泡腔，胚泡壁由单层扁平细胞构成，可吸收营养，称滋养层。胚泡腔内一侧有一群细胞团，称内细胞团（又称内细胞群）。胚泡于受精后第4天形成并到达子宫腔，胚泡继续长大，透明带变薄并消失，胚泡得以与子宫内膜接触，开始植入。

（二）植入

胚泡逐渐埋入子宫内膜的过程称植入，又称着床。

1. 植入的过程　在受精后第5~6天开始，第11~12天完成。植入时，内细胞团侧的滋养层先与子宫内膜接触，并分泌蛋白酶溶解子宫内膜形成缺口，胚泡沿此缺口逐渐埋入子宫内膜功能层。在植入过程中，滋养层细胞增殖分化为内、外两层：外层细胞相互融合界限消失，称合体滋养层；内层由单层立方细胞组成，称细胞滋养层。胚泡全部植入子宫内膜后，缺口由周围上皮增殖修复，植入完成（图12-5）。

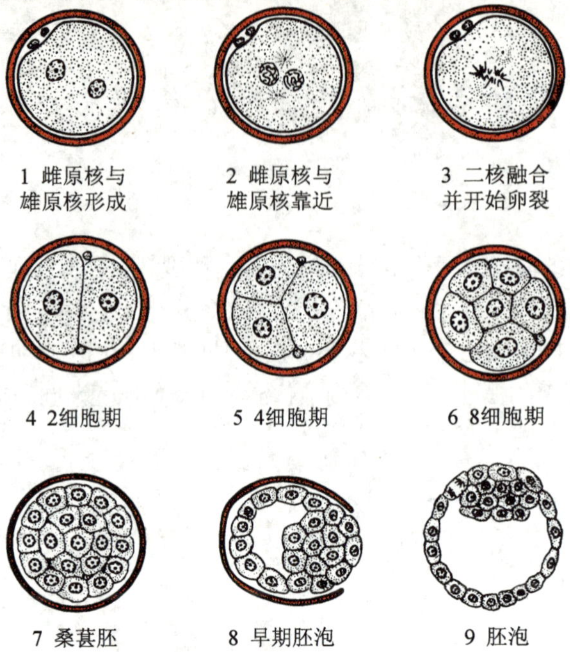

图12-4 卵裂和胚泡形成

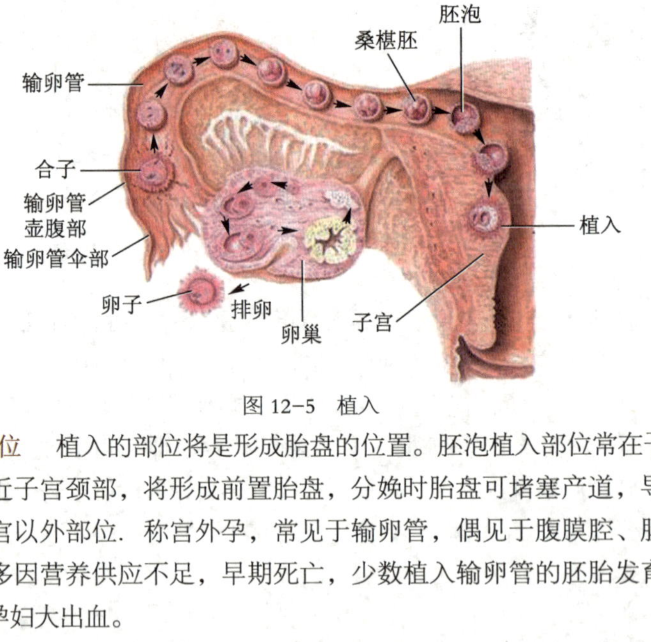

图 12-5 植入

2. 植入的部位 植入的部位将是形成胎盘的位置。胚泡植入部位常在子宫体上部或子宫底。若植入靠近子宫颈部，将形成前置胎盘，分娩时胎盘可堵塞产道，导致胎儿娩出困难。若植入在子宫以外部位．称宫外孕，常见于输卵管，偶见于腹膜腔、肠系膜、卵巢等处。宫外孕胚胎多因营养供应不足，早期死亡，少数植入输卵管的胚胎发育到较大后，引起输卵管破裂和孕妇大出血。

3. 植入的条件 正常植入是在母体神经内分泌调节下完成的，必备条件有：① 母体雌激素和孕激素分泌正常，这些激素可使子宫内膜保持在分泌期。② 子宫内环境正常，无干扰因素。③ 子宫内膜发育阶段与胚泡的发育同步，胚泡必须准时进入子宫腔，透明带及时消失溶解。以上条件必须全部满足，植入才能正常完成。母体内分泌紊乱或受药物干扰，子宫内膜有炎症或放有节育环等异物，均可阻碍胚泡植入。

知识卡片

试管婴儿技术

目前临床广泛采用辅助生殖技术（试管婴儿技术）治疗不孕、不育症，方法是用体外受精技术获得受精卵，在体外发育到桑椹胚或早期胚泡，再将其移植到子宫内发育成胎儿。其技术分为如下三种：① 第一代试管婴儿技术，主要解决女性由于输卵管原因导致的不孕症，但对男性因素所致不育无能为力；② 第二代试管婴儿技术，即采用单精子卵细胞浆内显微注射，不仅适用于女性输卵管因素所致不孕症，更主要适用于男性由于精子质量严重低下导致的不育；③ 第三代试管婴儿技术，是指在胚胎移植前，利用遗传学诊断技术，对植入前的胚胎进行筛选，保证将没有遗传性疾病的胚胎植入子宫内。

五、蜕膜和营养

（一）蜕膜

植入后的子宫内膜，称蜕膜（图12-6）。胚泡植入后的子宫内膜功能层在分泌期的基础上进一步增厚，血供更丰富，腺体分泌更旺盛，基质细胞变得肥大，胞质中含有丰富糖原和脂滴，这一系列的变化称蜕膜反应。胚泡植入后，蜕膜将不再脱落，待胎儿成熟并娩出时才脱落。根据蜕膜与胚胎的位置关系，可将蜕膜分为三部分。

1. 基蜕膜　基蜕膜是位于胚泡深部的蜕膜，它随胚胎的发育不断加厚和扩大，将来参与胎盘的组成。

2. 包蜕膜　包蜕膜是覆盖在胚泡子宫腔面的蜕膜。

3. 壁蜕膜　壁蜕膜是基蜕膜和包蜕膜以外的蜕膜。

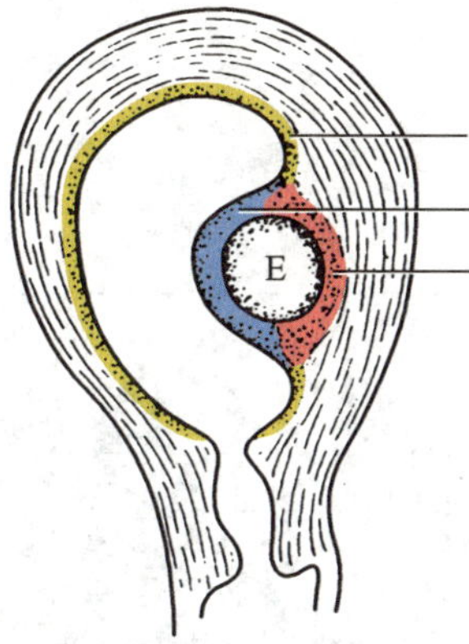

图12-6　蜕膜

（二）营养

胚胎在发育过程中营养全部来自母体，但在不同发育时期，营养来源可分为三种不同方式。

（1）分泌性营养在植入前，由卵裂至胚泡期是在输卵管和子宫腔内进行的。此时的营养来源为输卵管上皮细胞分泌的黏液和子宫腺体分泌的含有丰富糖原分泌物。

（2）组织性营养植入后到第3周末，滋养层细胞能产生消化蛋白酶，以消化母体子宫的组织，并吸收其组织液获取营养。

（3）血液性营养第3周后，绒毛迅速发育，绒毛中轴内血管形成，并浸润于母体血液中，可吸收血液中的营养，以维持胚胎的发育。第8周末，胎盘形成，直到出生，始终通过母体血液获得营养。

六、三胚层的形成及早期分化

（一）三胚层的形成

1. 二胚层的形成　受精后第2周，胚泡植入子宫内膜的同时，内细胞群不断分裂增殖，在靠近胚泡腔的一面，首先分出一层立方形细胞，称下胚层；下胚层的周缘的细胞向下延伸形成一个封闭的囊，称卵黄囊。同时，内细胞群的其余细胞，在邻近滋养层的一侧，构成一层柱状细胞，即为上胚层，上胚层与滋养层之间分化形成一层扁平的羊膜细胞并与上胚层细胞相连续，共同围成一个腔，称羊膜腔，羊膜腔内含羊水。下胚层与上胚层细胞紧密相贴，形似盘状，称胚盘，它是胚体发生的原基，将分化形成人体的各种组织和器官。滋养层、羊膜腔和卵黄囊则是提供营养和起保护作用的辅助结构（图12-7）。

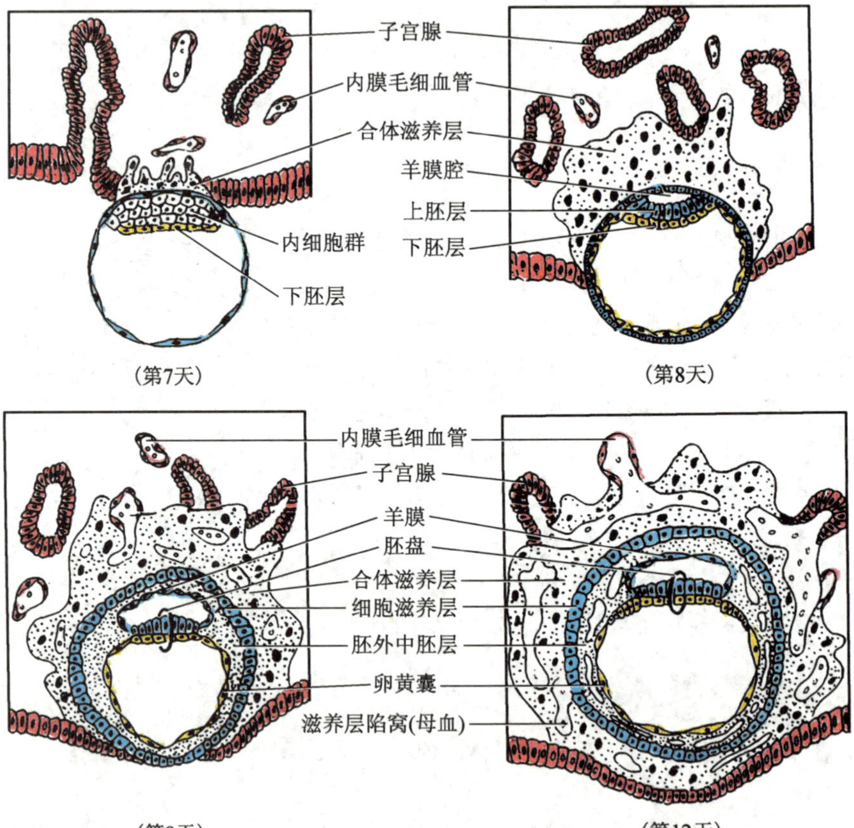

图12-7　二胚层形成

2. 胚外中胚层的形成　细胞滋养层向内增殖形成许多星形多突起的细胞，填充于滋养层和羊膜腔、卵黄囊之间，称为胚外中胚层，随之胚泡腔消失。第3周初，胚外中胚层内出现许多小腔，融合后并成一个大腔，称为胚外体腔（图12-8）。胚外体腔的出现，将胚外中胚层分为两层，一层衬于滋养层的内表面，另一层衬在羊膜腔和卵黄囊外面。连在胚盘尾端与滋养层之间的胚外中胚层称体蒂，是构成脐带的主要成分。

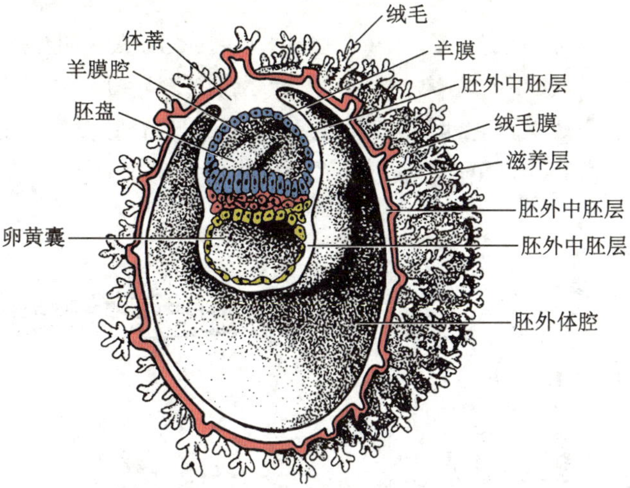

图12-8　第3周初胚的剖面

3. 三胚层的形成　第3周起，在胚盘中轴线的一端，上胚层细胞急剧增生，在胚盘中线上形成一条纵形隆起的细胞索，称原条。原条分头尾两端，头端细胞增殖较快，形成状如结节的细胞团，称原结。原条的出现确定了胚盘的中轴和头、尾方向。首先出现原条的一端为尾端，另一端为头端。原条细胞继续增生，中央凹陷成沟，沟底细胞在上、下胚层之间向胚盘左、右两侧及头尾端扩展，形成一层新细胞层称中胚层，它在胚盘边缘与胚外中胚层相连；一部分细胞进入下胚层，并逐渐替换了下胚层的细胞，形成新的细胞，称内胚层。在内胚层和中胚层形成后，原上胚层改称为外胚层。至第3周末三胚层胚盘形成，3个胚盘均起源于上胚层。在胚盘头端和尾部各有一小区域无中胚层，此处的内、外胚层相贴，分别构成口咽膜和泄殖腔膜（图12-9）。

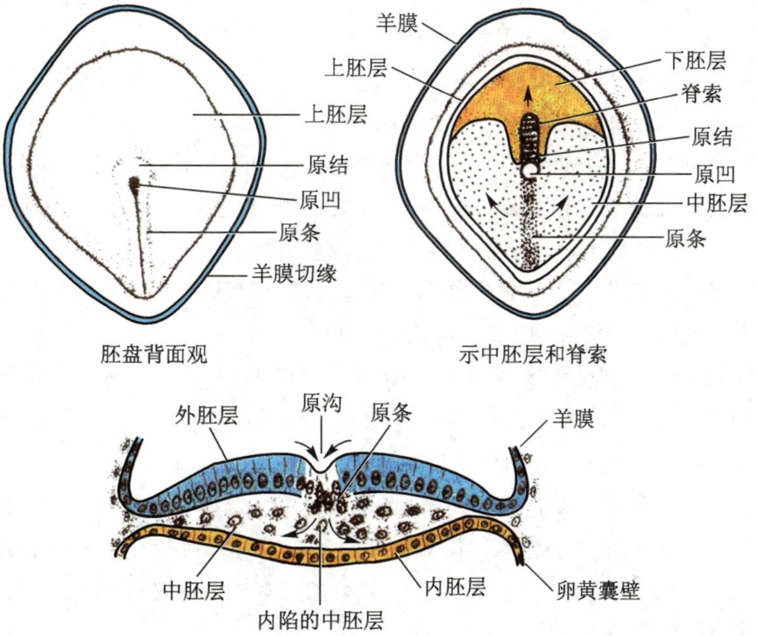

图12-9　第16天胚盘（示三胚层形成）

原结细胞继续增殖并下陷，在内、外胚层间向头端长出一条细胞索，称脊索。脊索和原条是人胚早期发育阶段的中轴结构，脊索对早期胚胎起支持作用，并可诱导胚胎神经管的形成。脊索最终退化形成椎间盘的髓核。原条逐渐缩短，最后消失，若原条细胞残留，人体骶尾部可分化形成由多种组织构成的畸胎瘤（图12-10）。演变过程中，胚盘逐渐变成梨形。

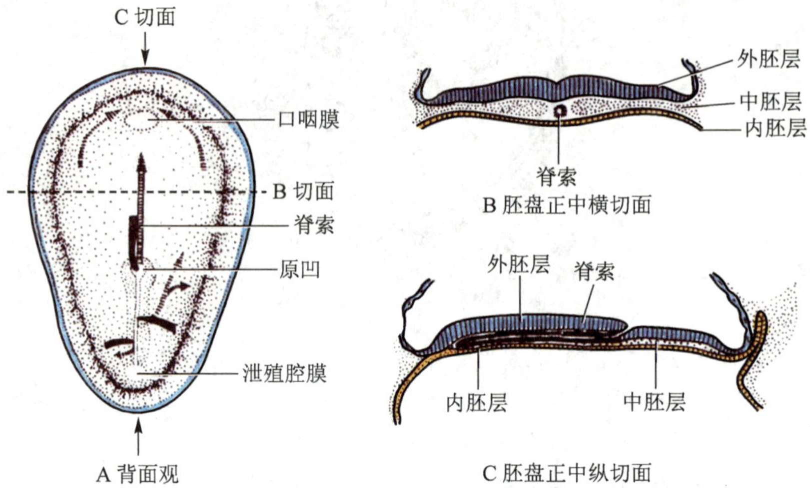

图12-10　第18天胚盘（示脊索形成）

（二）三胚层的早期分化

在胚胎发育过程中，结构和功能相同的细胞分裂增殖，形成结构和功能不同的细胞，称为分化。三胚层的细胞经过增殖和分化，形成人体的各种组织，再由各种组织构成各种器官。

1. 外胚层的分化　在脊索的诱导下，脊索背侧中线上的外胚层细胞增生形成板状的神经板，是神经系统发育的原基。神经板两侧的细胞生长较快而且隆起称神经褶，两神经褶之间的凹陷从胚的头端至尾端形成一条沟，称神经沟。胚体发育到22天左右，神经沟开始沿中线闭合，自头向尾进行，最后在头、尾两端各有一个开口，分别称为前神经孔和后神经孔，它们在第4周愈合，使神经沟封闭，形成神经管。神经管位于胚体中轴的外胚层下方，其头端和尾端分别发育成脑和脊髓。神经板两侧缘的细胞迁移到神经管的两侧形成细胞索，称神经嵴，它将分化成周围神经系统、肾上腺的髓质等结构。

神经管以外的外胚层包于胚体的外面，分化为皮肤的表皮和附属器。若前、后神经孔不闭合，会导致无脑儿或脊髓裂等畸形（图12-11，图12-12）。

2. 中胚层的分化　中胚层细胞在脊索两侧，从内向外依次分化为轴旁中胚层、间介中胚层和侧板中胚层（又称侧中胚层）。其余散在的中胚层细胞称间充质，间充质细胞具有多方向分化的能力，将分化为结缔组织以及血管、肌组织等。

（1）轴旁中胚层紧邻脊索两侧的中胚层细胞迅速增生，形成一对纵行的细胞索，即轴旁中胚层，它随即分裂为块状细胞团称体节。体节左右成对，自颈部向尾侧依次形成，随胚龄的增长而增多，第5周时，体节全部形成，共有42~44对，可根据体节数量推算早期胎龄。体节将分化为皮肤的真皮、骨骼肌及大部分中轴骨骼。

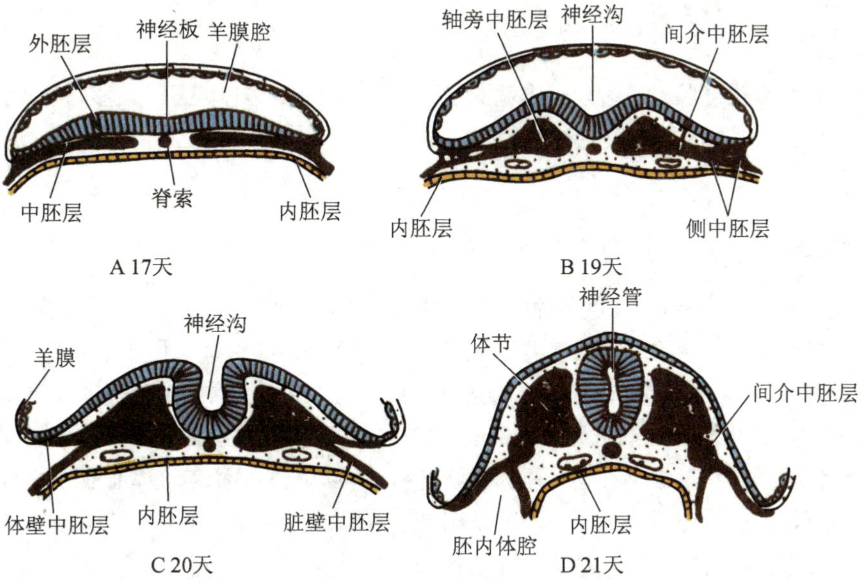

图12－11　神经管形成及中胚层的早期分化

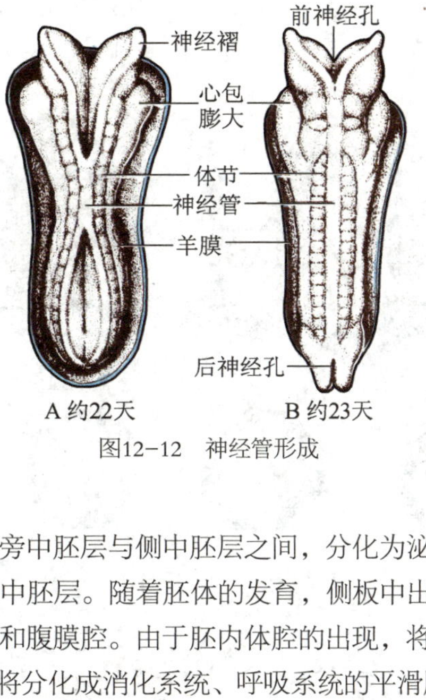

图12－12　神经管形成

（2）间介中胚层位于轴旁中胚层与侧中胚层之间，分化为泌尿、生殖系统的主要器官。

（3）侧板中胚层又称侧中胚层。随着胚体的发育，侧板中出现一个腔隙称胚内体腔。它将分化形成心包腔、胸膜腔和腹膜腔。由于胚内体腔的出现，将侧中胚层分为两层，贴于内胚层外面的称脏壁中胚层，将分化成消化系统、呼吸系统的平滑肌、血管、间皮和结缔组织；紧贴外胚层的称体壁中胚层，将分化成体壁的骨骼、肌肉、血管和结缔组织（图12－11）。

3. 内胚层的分化　胚胎第3周时，胚胎两侧缘和头、尾部向腹面卷曲，使胚盘卷折成一个圆柱状的胚体，内胚层也被卷成管状，形成原始消化管（原肠）。原始消化管分为前肠、中肠和后肠。其中前肠的头端由口咽膜封闭；后肠的尾端由泄殖腔膜封闭，中部与卵黄囊相连，称中肠。原始消化管将分化为消化系统和呼吸系统各器官的上皮组织。

第二节　胎膜与胎盘

胎膜和胎盘是胚胎发育过程中出现的胚体以外的附属结构，对胚体起保护和营养作用，有的还有内分泌功能。当胎儿娩出时一并排出母体外。

一、胎膜

胎膜是由受精卵分化而来的胎体以外的结构，包括绒毛膜、卵黄囊、尿囊、羊膜和脐带。

1. 绒毛膜　胚胎第2周，滋养层和衬于其内的胚外中胚层壁层形成绒毛膜。最初细胞滋养层与合体滋养层共同突向蜕膜，形成许多细小的绒毛，其中轴为细胞滋养层，外表是合体滋养层。合体滋养层细胞分泌蛋白酶，溶蚀子宫蜕膜，形成绒毛间隙，其内含有子宫螺旋动脉的血液，绒毛浸泡在含有母体血液的绒毛间隙内，不断与母体血液进行物质交换。以后绒毛逐渐长大，形成绒毛干，表面发出许多次级绒毛。胚胎第3周，胚外中胚层伸入绒毛干内，逐渐分化形成绒毛的血管、结缔组织。

胚胎早期，绒毛膜表面的绒毛分布均匀。随着胚体的发育，包蜕膜内绒毛供血匮乏，绒毛逐渐退化、消失，形成平滑绒毛膜；而基蜕膜内的绒毛血供丰富，生长旺盛，形成丛密绒毛膜，将来与基蜕膜组成胎盘（图12-13，图12-14）。若绒毛膜发生变性水肿，血管消

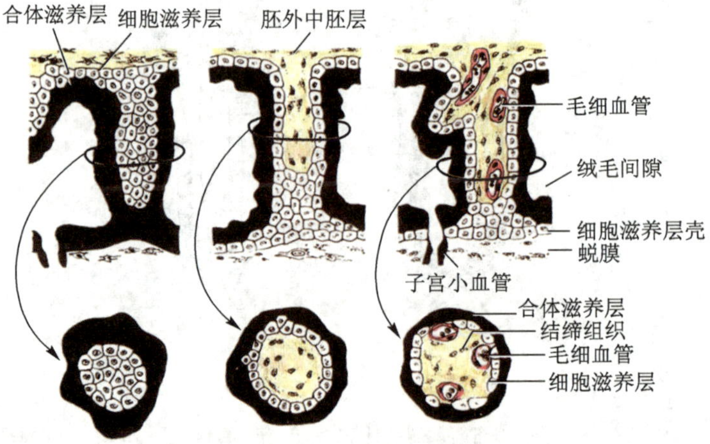

图12-13　绒毛干的分化发育

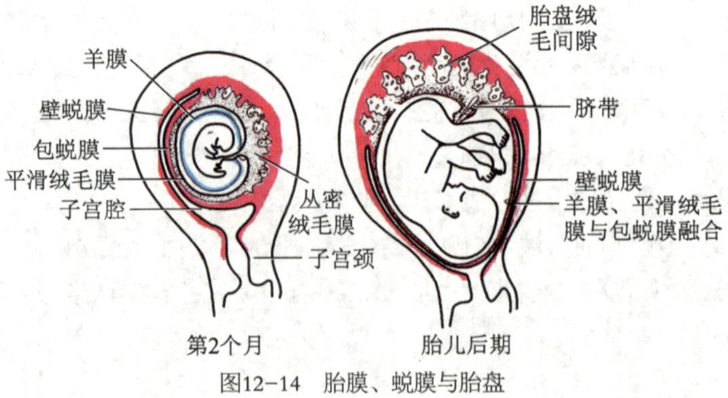

图12-14　胎膜、蜕膜与胎盘

失，胚胎发育受阻，绒毛内的结缔组织变性水肿，呈水泡状，称葡萄胎。若滋养层细胞发生癌变，则称绒毛膜上皮癌。

2. 卵黄囊　第3周，当胚盘向腹侧包卷，内胚层形成原始消化管时，卵黄囊逐渐变得细小形成卵黄蒂与中肠相连，至第6周闭锁，并与消化管断离，包入脐带内，卵黄囊退化消失。另外，人的造血干细胞来自卵黄囊壁上的胚外中胚层。

3. 羊膜　是包被于胚体外面第一层胎膜，是由羊膜上皮和胚外中胚层组成的半透明薄膜。羊膜附着于胚盘的边缘，羊膜腔位于胚盘的背侧。随着胚体的形成，胚盘向腹侧卷曲，羊膜的附着缘向胚胎腹侧包绕，最后整个胚胎被包在羊膜腔内。羊膜在胚胎的腹侧包裹体蒂形成原始脐带。由于羊膜腔的逐渐扩大，使羊膜与绒毛膜相贴，胚外体腔消失（图12–14）。

羊膜腔内充满羊水，胎儿在羊水中生长、发育。羊水由羊膜上皮的分泌物和胎儿的排泄物组成。羊水不断地产生又不断地被羊膜吸收和胎儿吞饮，因此羊水在不断更新。在胚体发育过程中，羊水给胎儿提供了生长和活动的空间，可防止胎儿肢体黏连，能减轻外力对胎儿的震动和压迫，分娩时还有扩张子宫颈和冲洗产道的作用。

足月胎儿分娩时，羊水为1000~1500 ml。如若少于500ml，为羊水过少，常见于胎儿无肾或尿道闭锁等畸形；羊水多于2000 ml为羊水过多，常见于无脑儿、消化管闭锁等畸形。

4. 尿囊　是胚胎第3周时从卵黄囊顶部尾侧的内胚层向体蒂内伸出的一个盲囊。其壁上的胚外中胚层分化为尿囊动脉和尿囊静脉。尿囊根部参与膀胱顶的形成，其余的部分退化并卷入脐带内。尿囊动脉和尿囊静脉最终演化为两条脐动脉和一条脐静脉。

5. 脐带　是连接在胎儿脐部与胎盘之间的柔软的圆柱状结构，是胎儿与胎盘间物质运输的唯一通道。脐带由羊膜将体蒂、尿囊及卵黄蒂等结构包绕而成（图12–15）。妊娠末期，脐带的长度约为55 cm，直径1~2 cm。如果脐带长度超过120 cm，称脐带过长，易发生脐带

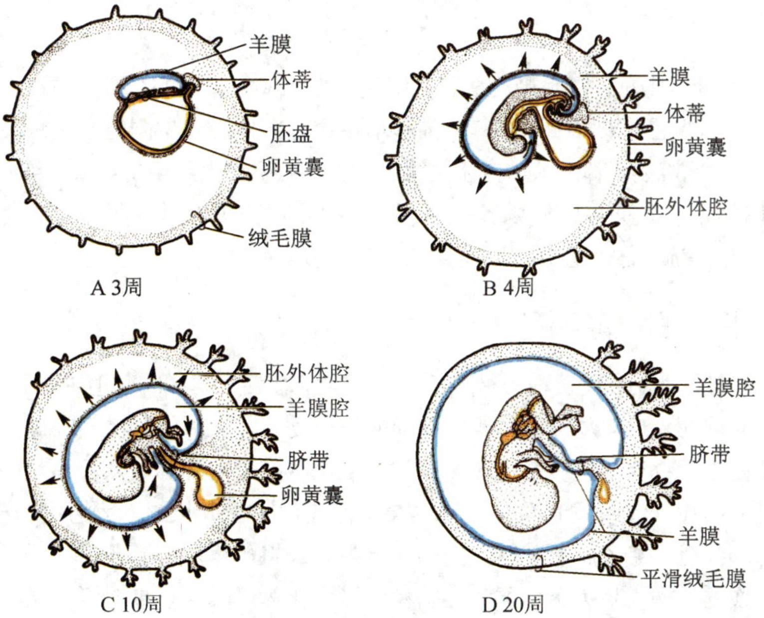

图12–15　绒毛膜变化示意图

绕颈、打结、缠绕肢体等，引起胎儿发育不良或窒息死亡。如果脐带长度短于20 cm，称脐带过短，可引起胎盘早期剥离，造成大出血。

二、胎盘

胎盘是由胎儿丛密绒毛膜和母体基蜕膜紧密结合构成的圆盘状结构，为胎儿与母体进行物质交换的重要结构，同时还有屏障和内分泌功能。

（一）胎盘的形态和结构

足月胎儿的胎盘呈圆盘状结构，中央厚，边缘薄。妊娠后期，胎盘约重500 g，直径15~20 cm，厚约2.5 cm。胎盘对向胎儿的一面称胎儿面，表面光滑，覆以羊膜，中央有脐带附着。胎盘朝向子宫壁的一面是母体面，表面粗糙，为剥离后的基蜕膜和丛密绒毛膜，可见15~30个胎盘小叶（图12-16）。

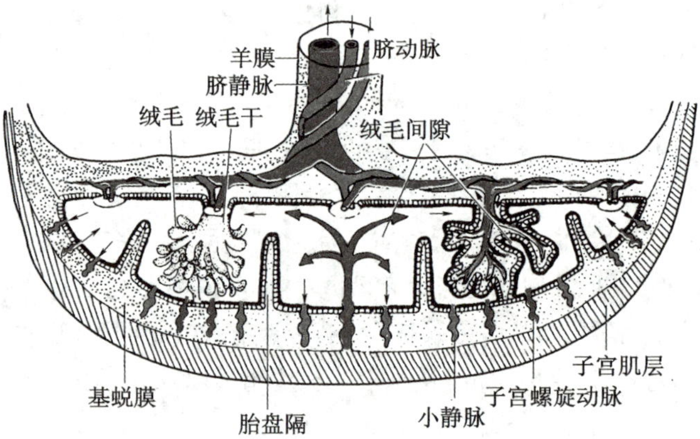

图12-16 胎盘

1. 胎儿部分　由丛密绒毛膜构成，自绒毛膜伸出60个左右的绒毛干，绒毛干又发出树枝状细小绒毛。绒毛干末端细胞滋养层细胞增生穿过合体滋养层固定于基蜕膜。其周围的绒毛游离于绒毛间隙的母体血液中。脐血管的分支沿绒毛干人绒毛内形成毛细血管。

2. 母体部分　由基蜕膜构成，基蜕膜向绒毛间隙发出不完全的胎盘隔，将胎盘分隔成胎盘小叶。子宫螺旋动脉和静脉穿过基蜕膜开口于绒毛间隙。

（二）胎盘的血液循环

胎盘内有母体和胎儿两套血液循环，两者的血液在各自封闭的管道内循环，互不混合，但可进行物质交换。母体动脉血由子宫内膜的螺旋动脉注入绒毛间隙，在此与绒毛内毛细血管的胎儿血进行物质交换后，代谢产物和二氧化碳经子宫静脉流入母体。胎儿的静脉血经脐动脉进入胎盘，流入绒毛毛细血管，与绒毛间隙内的母体血进行物质交换后，成为含营养物质的动脉血，经入脐静脉回流到胎儿体内。既将母体血与胎儿血隔开，又能进行选择性物质交换的结构，称为胎盘屏障。胎盘屏障由合体滋养层、细胞滋养层、基膜、绒毛膜内结缔组织、毛细血管基膜及内皮构成。妊娠晚期，胎盘屏障越来越薄．更有利于胎儿与母体间的物质交换。

1. 物质交换　胎盘的主要功能就是物质交换。胎儿通过胎盘从母血中获得营养和氧，排出代谢产物和二氧化碳。因此，胎盘既是胎儿的营养器官，又是胎儿进行呼吸和排泄的器官。

2. 屏障作用　胎盘屏障在正常情况下，能阻挡母血内大分子物质进入胎体，对胎儿有保护作用。但某些药物、病毒（风疹、麻疹及艾滋病毒）和激素可以透过胎盘屏障进入胎体，影响胎儿发育，故胎盘屏障作用并不完善，孕妇用药需慎重。

3. 内分泌功能　胎盘的合体滋养层能分泌多种激素，对维持妊娠、保证胎儿正常发育起着极为重要的作用。胎盘分泌的激素主要有：① 绒毛膜促性腺激素（HCG），由合体滋养层分泌，其作用与黄体生成素类似，能促进黄体的生长发育，维持妊娠；还能抑制母体对胎儿、胎盘的免疫排斥作用。在受精后第2周，HCG开始出现在孕妇尿中，故临床上常以此作为早期妊娠的诊断依据。② 人胎盘催乳素（HPL），又称绒毛膜催乳素。由合体滋养层细胞分泌，既能促进母体乳腺的生长发育，又能促进胎儿的代谢和生长发育。③ 孕激素和雌激素，由合体滋养层细胞分泌，起着继续维持妊娠的作用。

知识卡片

早 孕 检 测

人绒毛膜促性腺激素（HCG）是受孕妇女体内产生的一种糖蛋白类激素。卵子受精后第6天，由合体滋养层细胞开始分泌HCG，一般11天后可以测出。早期妊娠时HCG的分泌量增加很快，约1.7~2天增加一倍，而正常非怀孕妇女尿液检测不到HCG，但在受孕妇女血液和尿液中大量存在。所以，检测尿液中HCG是判定早期妊娠的可靠指标。

第三节　孪生、多胎和联胎

一、孪生

一次娩出两个新生儿，称孪生，又称双胎。孪生有两种。

1. 单卵孪生（单卵双胎）　又称真双胎，即一个受精卵发育为两个胚胎。此类孪生遗传基因完全相同，互相间进行组织和器官移植时，不会引起免疫排斥反应。两者性别一致，相貌和生理特征极相似。单卵双胎的发生原因可有以下几种：① 从受精卵发育出两个胚泡，各自发育为一个胎儿，有各自的胎盘、羊膜腔和脐带。② 一个胚泡内出现两个内细胞团，各发育成一个胎儿，他们位于各自的羊膜腔内，但共享一个胎盘。③ 一个胚盘上出现两个原条和脊索，诱导形成两个神经管，发育为两个胎儿，这类孪生儿位于一个羊膜腔内，共用一个胎盘（图12−17）。

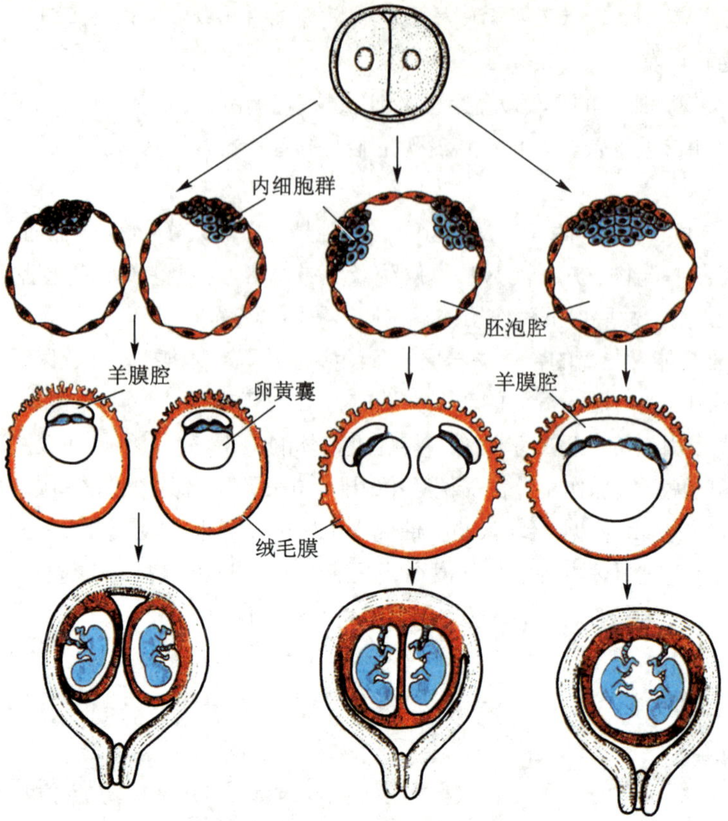

图12-17 单卵双胎

2. 双卵孪生（双卵双胎） 又称假双胎，即卵巢一次排出两个卵子，各自受精后形成两个胚胎。有各自的胎膜和胎盘，性别相同或不同，相貌和生理特性的差异如同一般兄弟姐妹。双卵双胎比单卵双胎多见，常有家族遗传倾向。

二、多胎

一次娩出两个以上新生儿为多胎。多胎形成的原因与双胎相同，有多卵多胎、单卵多胎和混合性多胎几种类型。多胎发生率低，3胎约万分之一，4胎约百万分之一，多不易存活。

三、联体双胎

当一个胚盘出现两个原条或两个内细胞团并发育为两个胚胎时，若两原条或内细胞团靠得较近，胚体形成时发生局部联接，称联体双胎。联体双胎有对称型和不对称型两种。对称型指两个胎盘大小相同，常见的有头联体、胸腹联体和臀部联体等。不对称型联体双胎指两个胚胎一大一小，小者常发育不全，称为寄生胎或胎中胎。

第四节　先天性畸形和致畸因素

一、先天性畸形

先天性畸形是胎儿在器官形成过程中，由于某些因素影响所导致的形态结构或功能代谢异常。先天性畸形又称出生缺陷，发生率为1%~2%，新生儿死亡中先天性畸形占20%~30%。常见的出生缺陷有唇裂、腭裂、脐粪瘘、房间隔缺损、法洛四联症和动脉导管未闭等。

二、致畸因素

引起出生畸形的原因主要分为遗传因素和环境因素两类。

1. 遗传因素　是指生殖细胞或受精卵因遗传物质改变而引起的先天性畸形。遗传因素可分为染色体畸变和基因突变。染色体畸变是指染色体数目或结构发生变化而引起的发育异常，该类畸形较明显，如先天愚型为21号染色体数目增多，呈三体型。基因突变是由于基因碱基的组成或位置顺序发生变化，DNA分子碱基组成和排列顺序发生变化，以致影响细胞的结构蛋白或酶的结构或功能的异常，主要引起微观结构和功能方面的遗传性疾病，如镰状红细胞贫血、多囊肾、多发性结肠息肉等。

2. 环境因素　引起先天性畸形的环境因素通称致畸因子，主要有生物性致畸因子、化学性致畸因子和物理性致畸因子三大类。

（1）生物性致畸因子：妊娠早期感染病毒的致畸发生率较高。常见的生物性致畸因子如风疹病毒、单纯疱疹病毒、梅毒螺旋体、巨细胞病毒、水痘、肝炎病毒等，主要是通过胎盘屏障影响胚体发育。也可作用于母体，使母体脱水、缺氧、发热或酸中毒等，干扰胎盘的功能，间接影胚胎发育。

（2）化学性致畸因子：工业“三废”、食品添加剂、防腐剂和环境污染产生的多种化学物质均可致胚胎畸形。药物中镇静药、抗肿瘤药、治疗精神病的药物、抗生素及激素均可致畸。

（3）物理性致畸因子：包括各种射线、机械性压迫和损伤等。特别是孕妇在妊娠早期接受大剂量X线、激光、放射性碘等，可导致胚胎多种畸形。

其他如吸烟、酗酒、缺氧、营养不良等均有致畸作用。

三、致畸敏感期

胚胎受到致畸因子作用最易发生畸形的发育阶段称致畸敏感期。受精后2周内，细胞处于未分化的全能阶段，受到致畸因子影响时，若大部分细胞受到损害，会导致早期流产。若少数细胞受到损害，则可由邻近未分化细胞补偿，故不会出现畸形。胚胎第8周后，胎儿多数器官已基本定型，对致畸因子的敏感性也非常低。而在受精后3~8周，细胞分化程度高，大部分器官原基已形成，故对各类致畸因子高度敏感，是致畸敏感期。

第五节 胎儿血液循环

一、胎儿血液循环的结构特点

胎儿在母体内，肺不进行呼吸，呼吸和排泄功能全靠胎盘来执行。所以，胎儿血液循环途径和心血管系统结构与出生后大不相同。

1. 脐静脉　为一条，由胎儿脐部进入胎儿体内，穿过肝进入下腔静脉。脐静脉在肝内形成静脉导管，并有分支与肝血窦相通。

2. 卵圆孔　位于右心房的房中隔右侧面，具有活瓣的作用，只允许右心房的血液冲开活瓣进入左心房。

3. 动脉导管　为肺动脉干与主动脉之间的一条短动脉，肺动脉的血液由动脉导管流入降主动脉。

4. 脐动脉　成对，由胎儿的髂总动脉发出，经胎儿脐部进入脐带（图12－18）。

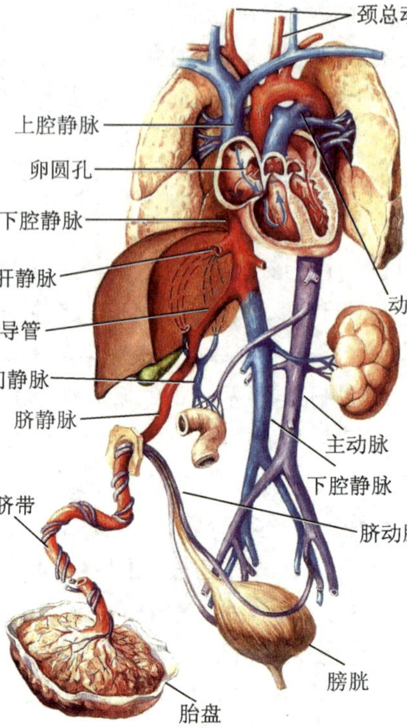

图12－18　胎儿血液循环

二、胎儿血液循环途径

来自胎盘的富含氧和营养物质的血液，经脐静脉至胎儿肝脏，大部分血液经静脉导管注入下腔静脉，小部分经肝内血液循环回流入下腔静脉，与下腔静脉收集的下肢和盆腔器官的静脉血混合，流入右心房。流入右心房的大部分血液经卵圆孔流入左心房，与来自肺静脉的血液混合后进入左心室。左心室的血液大部分经主动脉的分支供给胎儿头、颈和上肢，少部分血液流入降主动脉。从头颈和上肢回流的静脉血经上腔静脉进入右心房，与少量下腔静脉血混合后经右心室进入肺动脉干，大部分血经动脉导管入降主动脉，只有少部分血液供给尚无呼吸功能的肺。降主动脉的血液部分经分支供应腹、盆腔器官和下肢，其余经脐动脉返回胎盘，在胎盘内与母体血进行气体与物质交换后，再经脐静脉返回胎儿体内。

三、胎儿出生后血液循环的变化

胎儿出生后，胎盘血循环中断，新生儿肺开始呼吸，肺循环建立，导致心血管系统发生了一系列变化：① 脐静脉闭锁形成肝圆韧带。② 肝的静脉导管闭锁成为静脉韧带。③ 脐动脉远端闭锁形成脐内侧韧带，近端成为膀胱上动脉。④ 卵圆孔逐渐封闭为卵圆窝。⑤ 动脉导管闭锁成为动脉韧带。通过上述结构的变化，胎儿心血管系统的动、静脉血也完全分流，不再混合，和成人完全相同。

参考文献

1. 柏树令，应大君. 系统解剖学. 8版. 北京：人民卫生出版社. 2013
2. 殷磊. 护理学基础. 3版. 北京：人民卫生出版社. 2002
3. 孙庆伟. 生理学课外读本. 北京：人民卫生出版社. 2008
4. 王之一，孙新忠. 解剖学基础. 北京：科学出版社. 2009
5. 窦肇华. 人体解剖学与组织胚胎学. 6版. 北京：人民卫生出版社. 2009
6. 曾园山. 组织学与胚胎学. 2版. 北京：科学出版社. 2010
7. 高福禄. 组织学与胚胎学. 北京：高等教育出版社. 2005
8. 刘贤钊. 组织学与胚胎学. 3版. 北京：人民卫生出版社. 2002
9. 邹仲之，李继承. 组织学与胚胎学. 8版. 北京：人民卫生出版社. 2013
10. 沈宗起，张文利. 人体解剖学与组织胚胎学. 2版. 上海：上海科学技术出版社. 2010
11. 邢贵庆. 解剖学及组织胚胎学. 3版. 北京：人民卫生出版社. 1999
12. 王怀生，李君. 解剖学基础. 2版. 北京：人民卫生出版社. 2008
13. 高英茂，李和. 组织学与胚胎学. 2版. 北京：人民卫生出版社. 2010
14. 窦肇华. 正常人体结构学. 2版. 北京：人民卫生出版社. 2006
15. 刘文庆，吴国平. 系统解剖学与组织胚胎学. 2版. 北京：人民卫生出版社. 2010
16. 杨壮来，牟兆新. 人体结构学. 2版. 北京：人民卫生出版社. 2011
17. 林乃祥. 护理应用解剖学. 2版. 北京：人民卫生出版社. 2010
18. 尤黎明，吴瑛. 内科护理学. 5版. 北京:人民卫生出版社. 2012
19. 涂腊根，夏克言，郑德宇. 人体解剖学. 武汉：华中科技大学出版社. 2010
20. 李云庆. 神经解剖学. 西安：第四军医大学出版社. 2006

郑重声明